A Library of Academics by PHD Supervisors

博士生导师学术文库

西部地域文化心态与民族审美精神

李天道 著

中国书籍出版社
China Book Press

图书在版编目（CIP）数据

西部地域文化心态与民族审美精神/李天道著．—北京：中国书籍出版社，2019.6
ISBN 978-7-5068-7191-4

Ⅰ.①西…　Ⅱ.①李…　Ⅲ.①民族地区—审美文化—研究—西北地区②民族地区—审美文化—研究—西南地区　Ⅳ.①B83-0

中国版本图书馆CIP数据核字（2018）第295282号

西部地域文化心态与民族审美精神

李天道　著

责任编辑	杨铠瑞
责任印制	孙马飞　马　芝
封面设计	中联华文
出版发行	中国书籍出版社
地　　址	北京市丰台区三路居路97号（邮编：100073）
电　　话	（010）52257143（总编室）　（010）52257140（发行部）
电子邮箱	eo@chinabp.com.cn
经　　销	全国新华书店
印　　刷	三河市华东印刷有限公司
开　　本	710毫米×1000毫米　1/16
字　　数	426千字
印　　张	24.5
版　　次	2019年6月第1版　2019年6月第1次印刷
书　　号	ISBN 978-7-5068-7191-4
定　　价	95.00元

版权所有　翻印必究

目 录
CONTENTS

导论：西部民族审美精神与当代多元文化建设 1
  一、地域文化心态与审美意识 1
  二、地域文化传统与文艺审美特色 8
  三、审美文化发展与差异运动 10
  四、差异发展运动与文化交融 15
  五、西部审美精神的区域特色 19
  六、西部审美精神的突出表征 22
  七、西部审美精神的多元体现 26

西 北 篇

第一章　西北审美精神独特的区域背景 33
  一、西北审美文化的历史构成及其当代转型 33
  二、西北民族文化及其地域审美元素 48

第二章　西北民族文化的组成与审美特征 55
  一、西北民族文化的历史组成与轨迹 56
  二、西北民族审美文化与中华文化的历史认同 72
  三、西北民族审美文化区域特点及其多元格局 75
  四、西北审美文化的多样特性及其现代价值 79
  五、西北民族审美文化与中华文化的互动重构 99

六、"多元一体" ·· 118

第三章　西北审美文化及其精神的多样呈现(上) ············ 120
　　一、民族神话的审美精神 ································· 121
　　二、民族史诗的审美精神 ································· 143

第四章　西北审美文化及其精神的多样呈现(中) ············ 156
　　一、民歌的审美精神 ······································ 156
　　二、"花儿"的审美精神 ··································· 166

第五章　西北审美文化及其精神的多样呈现(下) ············ 183
　　一、民族文学的审美精神 ································· 183
　　二、当代西北文学的审美精神 ····························· 191
　　三、西北审美精神与民族的凝聚力 ························· 195

西 南 篇

第六章　多元共存的巴蜀文化审美精神 ······················ 211
　　一、冲决、大胆进取 ······································ 212
　　二、重生、活力四溅 ······································ 219
　　三、自由、热情四溅 ······································ 233
　　四、古老、深邃神秘 ······································ 239

第七章　地域文化与巴蜀文化审美精神 ······················ 246
　　一、西南地域文化与审美意识、艺术精神 ················· 246
　　二、中华地域文化与巴蜀审美精神 ························· 256
　　三、巴蜀地域的文化特征 ································· 272

第八章　巴蜀文化与审美精神的生成 ························ 284
　　一、巴蜀地域文化与人文品格 ····························· 285
　　二、巴蜀地域审美精神与文化心态 ························· 287

三、巴蜀文学成就与文化气息 …………………………………… 303
四、巴蜀文学审美精神对地域文化的影响 ……………………… 306

第九章　巴蜀文学审美精神显现的形态 ………………………… 310
　一、开放、包容的美学精神 ……………………………………… 310
　二、自由、创新的美学精神 ……………………………………… 314
　三、任情、尽性的审美精神 ……………………………………… 331
　四、奇特、虚幻的审美精神 ……………………………………… 342

参考文献 ……………………………………………………………… 376
后　记 ……………………………………………………………… 382

导论：

西部民族审美精神与当代多元文化建设

中国文化具有某种同一性，但民族与地域特性的悬殊，又使之具有民族与地域文化的"差异性"，从而形成区域文化心态与性格的差异。抓住民族与区域生存状态以及由此所生成的文化心态与性格差异性这一枢机，不但可以抓住民族与地域美学精神相互区别的特质，而且以此为轴心辐射开来，可以打通其与新世纪人文思潮，与当代中国现实，以及与现实主义、现代主义的诸多关系。当前的美学研究绝不应只是一个空壳，绝不应只是满足于体现当下的审美诉求与美学精神之交融与流动，绝不应停留在现象学所谓的"回到事物本身"，必须要有自己的思想脊骨和人文基础、精神指归和终极关怀。

一、地域文化心态与审美意识

所谓文化心态是指一个民族的风俗习惯、历史传统、伦理道德、文化教育、人生观价值观和现代观念及现代科技融合而成的整体心理趋势，是一个民族一个阶层的人们在某一特定的经济条件下对社会存在的感知和认同，并由此表现为以感情、风俗、习惯，乃至道德观念、审美意识、审美诉求为主要内容的心理倾向。而文化性格则是指由一定文化决定的人类群体或个体的心理特征。它由一整套价值观念、行为模式和文化心理积淀而成。一个国家的文化性格不是一成不变的，往往深深烙上时代的印痕。而今，全球化方兴未艾，中国则要形成符合时代要求的新型文化性格。中国文化性格显然指的是中华民族的优秀品质，是中华民族得以绵延存续、屹立不倒的精神。应该说，文化性格，是一种比喻，是一种文化的价值观与审美诉求的综合，它穿越了历史，融入每一个人的血液，凝于每一个人的心灵，沉淀和落实，腾起和升华，成为一种群体的无意识。"性格"作为一个生动化的比喻，其内核是在重塑中华文化多年来在演变中不断沉淀和坚持的核心价值观，文化性格是存在的,是需要我们在现代化转型过程中,给予极大的努力重新发现、重新反思、重新塑造的。审美精神是一种普遍的人类自我关怀,表现为对人的尊严、价值、命运的维护、追求和关切,对人类遗留下来的各种精神文化现象的高度珍视,对一种全面发展的理想人格的肯定和塑造。从某种意义上说,人之所以是万物之灵,就在于人是审美的生存,有自己独特的审美精神。审美精神不仅是人类人文精神的主要内容,而且影响到物质文明建设。它是构成一个民族、一个地区文化个性的核心内容;是衡量一个民族、一个地区的文明程度的重要尺度。

与文化赖以存在和发展的民族经济形态以及其他生存环境相适应,每个民族的文化都有着许多各个相异的特殊性质,展示着各自文化的民族人文品格。差异文化是孕育、生成其美学思想并熔铸其审美精神的土壤。不同地域文化的美学思想各有自己的审美精神和审美范式、审美特色、审美诉求,因此,研究中国西部地域文化心态及其审美精神,需要深入地探讨其赖以生存的文化背景和文化差异性,由文化差异性到审美文化生成演化的整体结构,再到源流趋向,即审美文化的具体问题。

地域文化,或称"区域文化",是研究人类文化空间组合的地理人文学科。它以广义的文化领域作为研究对象,探讨附加在自然景观之上的人类活动形态、文化区域的地理特征、环境与文化的关系、文化传播的路线和走向以及人类的行为系统,包括民俗传统、经济体制、宗教信仰、文学艺术、社会组织等,是某一地区社会历史发展过程中所形成的物质财富和精神财富的总和。地域文化的形成和发展主要受制于地域环境和社会结构,其中,地域环境对人类行为起着决定性作用,对地域文化的形成所带来的影响也是全方位的,换句话说,文化又是人类适应地域环境的产物。地域文化具有显明的地域性特征,是一个地方的灵魂,它因丰富的蕴藏量和广泛的群众基础而具有顽强的生命力,有力地推动着地区社会的进步。我国地域辽阔,历史悠久,地域环境千差万别,文化各具特色,正是这些独具特色的地域文化共同构成了中华民族的灿烂文化。

同时,地域文化又是民族文化在特定区域的积累。民族文化与美学思想,包括审美意识、审美趣味、文化心态与审美精神,离不开民族的地域文化的作用与影响。文化与美学差异现象,特别是审美意识上的差异是由地域文化,包括历史的和自然的因素所造成,忽视其中的任何一方,都不可能使我们的研究得出科学的结论。所谓"山林皋壤,实文思之奥府"①。"人之心与天地山川流通。发于声,见

---

① 刘勰著,范文澜注:《文心雕龙注·物色》,人民文学出版社,2006年版。

于辞,莫不系水土之风而属三光五岳之气"①。文化代表一定民族和地域特点,呈现出其精神风貌、心理状态、思维方式和价值取向等,是民族精神成果的总和。可以说,地域文化是构成全人类文化的基石。不同的国家和民族都有自己独特的文化;同一个国家,不同的自然地理环境、人文因素及历史发展进程形成互为区别的地域文化。中国文化有源有流、深厚深远、仪态万千,地域文化的特征也是非常明显的,南北地理、东西地貌以及由此生成的南北、东西文化是存在差异的。

的确,地域文化是生存于不同地域的民族在不同的人文与生态环境条件下创造的,表现出民族特有的生存方式,具有各自不同的特色。以中西文化为例,在宇宙论方面,早期的西方哲人认为,宇宙是空间的存在,是可分的、孤立的、对立的;人也是孤立的个体的存在。由此而形成的实证分析哲学则认为,宇宙间事物的存在是独立的,人与自然万物是对立的,人要探索、认识并征服自然。因此,西方文化的基本特征便表现为对个体与自由的追求,并以实证分析的科学精神为文化异向。中国哲人则认为,宇宙自然是和谐统一的,天地间的万事万物包括人与社会都是有机联系不可分割的,"万物同宇而异体"②,"万物各得其和以生"③,宇宙天地间的自然万物是丰富、开放与活跃的,而不是单一、保守和僵化的。单个的物不能孤立存在,单个的人不能独自生存。正如《淮南子·精神训》所指出的:"夫天地运而相通,万物总而为一。"宇宙间的自然万物雷动风行,不断地运动、变化,同时又处于一个和谐的统一体之中,阴阳的交替,动静的变化,万物的生灭,都必须"致中和"。只要遵循"中和"这个原则,就能使"天地位""万物育",就能构成宇宙自然和谐协调的秩序。"和"既是天道,也是人道。从一个方面看,自人类社会产生以来,作为地域文化因素之一的自然就已不再是原初的自然,而是历史的自然;历史也从此不会是单一的历史,而是自然的历史。历史和自然的这种必然而然的关系集中体现在"人地关系",即人类社会与地理环境的关系。换句话说,审美文化的差异与审美意识上的差异是构成地域文化因素的自然地理环境和人文地理环境综合作用的结果。从另一方面看,生成于文化土壤中的包括审美意识在内的意识首先不是纯粹自然的,而是观念的,是从人的生命原初生成的,是"自我"或生命的现在形态,是当下。如德里达所指出的:"这是当下,或者毋宁说是活生生的现

---

① 王应麟:《诗地理考·序》,《津逮秘书》影印本,见《丛书集成初编》。
② 《荀子·富国》,见杨倞:《荀子注》,上海古籍出版社,1996年版。
③ 《荀子·天论》,见杨倞:《荀子注》,上海古籍出版社,1996年版。

在在场……是活生生的现在,是先验的生命的自我在场。"①按照德里达的差异论观点,"自我"中包含着非自我,它的在场中包含着不在场。这种不可还原的非在场"有一种建构价值,与它相伴的是一种活生生的现在的非生命、非在场或非自我从属,是一种不可还原的非原初性"②。也就是说,"自我"在根本上就是相对的、差异的。"自我"不是统一、一体的,而是差异、开裂。既然知识和世界都建立在"自我"之上,而这种"自我"本身是差异的、开裂的,那么知识和世界当然不可能是统一、一体、封闭的,而只能是差异、多元、开放的。作为一个具有生命力的生成于"地域文化场"或"地域文学场"的审美文化与审美意识,就是这种差异、多元、开放的一种表征。

审美文化与审美意识是多元的、有差异的、开放的。这种现象与地域环境的影响分不开。世界上第一个表达环境对人类气质的影响这一概念的人是公元前5世纪古希腊的医生希波克拉底。他在《关于空气、水和地》一书中提出了如下的看法:"(居住在酷热气候里的)人们比较北方人活泼些和健壮些,他们的声音较清明,性格较温和,智慧较敏锐;同时,热带所有的物产比寒冷的地方要好一些……在这样温度里居住的人们,他们的心灵未受过生气蓬勃的刺激,身体也不遭受急剧的变化,自然而然的,使人更为野蛮,性格更为激烈和不易驯服。因为从一种状态到另一种状态的迅速转变能焕发人们的精神,把他们从无所作为的状态中拯救出来。"③中国古代也有类似的论述。《管子·水地》说:"地者,万物之本原,诸生之根莞也,美恶、贤不肖、愚俊之所生也。水者,地之血气,如筋脉之通流者也……故水一,则人心正;水清,则民心易。"《管子·地员》又说:"地者,政之本也,辨于土而民可富。"孟子则把"经界"作为仁政之始。《礼记·王制》说得更明确:"凡居民材,必因天地寒暖燥湿。广谷大川异制,民生其间者异俗,刚柔轻重,迟速异齐,五味异和,器械异制,衣服异宜。修其教,不易其俗,齐其政不易其宜。"《考工记》说:"橘蓻淮而北为枳,瞿鹆不逾济,貉逾汶则死,此地气然也。郑之刀、宋之斤、鲁之削、吴粤之剑,迁乎其地而弗能为良,地气然也。"这就是说,气候、空气、山水等自然环境的不同导致了不同的性格气质、好恶情感和服饰饮食。后来,明代学者王士禛在论及关中与川中水土与人性之关系时亦曾指出,关中土厚水深,"故其人

---

① Jacques Derrida, speech and phenomena, trans, by David B. Allison Northwest University Press 1973. p6.
② Jacques Derrida, speech and phenomena, trans, by David B. Allison Northwest University Press 1973. p6-7.
③ 波德纳尔斯基:《古代的地理学》,中译本,第60页。

禀者博大劲直而无委曲之态……川中则土厚水不深,乃水出高原之义,人性之禀多与水推移也"①。至于从地域文化来解释具体的文化差异现象就更为常见。如唐代赵耶利就曾用地理环境的不同解释川派与吴派琴乐风格的差异,他说:"吴声清婉,如长江广流,绵延徐逝,有国士之风。蜀声躁急,如急浪奔雷,亦一时之俊杰。"②现代琴家徐立荪也说:"音由心生,心随环境而别。北方气候凛冽,崇山峻岭,燕赵多慷慨之士;发为语言,亦爽直可喜。南方气候和煦,山水清嘉,人文温雅,发为音乐亦北刚而南柔也。古琴本为我国普通乐器,历代知音者多有曲操流传,初无所谓派也。既因气候习尚,所得乎天者不同,各相流衍而成派,乃势所必然。"③可见,从自然环境考察文化,在中国也有一个极为深远的传统。并且比希波克拉底分析得更为深入,如《王制》还谈到了人们的生产工具和衣食住行与自然环境的联系。当然,必须指出,希波克拉底对气候和季节变换对于人类肉体和心灵的影响的研究,因当时生理学不成熟,在有时和个别地方会发生错误。但是,从原则上看,希波克拉底在认识上却开拓了一条重要的途径,不只是亚里士多德和上古末期的一些研究者,近代人物如波当和孟德斯鸠,都承袭着希波克拉底的见解④,其中以孟德斯鸠的影响为最大。

孟德斯鸠(1689—1755年)曾到北欧和南欧进行过实地考察,他从反宗教神学出发,站在启蒙思想家的立场,对地理因素在人类社会发展中的作用给予了肯定。他认为,地理环境,特别是气候、土壤和居住地纬度的高低、地域的大小,对一个民族的性格、气质、风俗、道德、精神面貌、法律性质和政治制度有着决定性的影响。作为启蒙思想家、法国大革命的思想先驱,孟德斯鸠的地理环境决定论对史达尔夫人"自然环境决定文学风格"⑤的观点和丹纳"精神文明的产物和动植物界的产物一样,只能用各自的环境来解释"的"种族、环境、时代三大原则"⑥的确立有着直接的影响。

普列汉诺夫在关于历史的起点和动力的研究中,也表现出地理环境决定论的倾向。据统计,在将近20年的文稿中,普列汉诺夫有15次之多地阐述了他的地

---

① 王士性著,吕景琳校:《广志绎》卷3,中华书局,1981年版。
② 朱长文:《琴史》卷四载。
③ 徐立荪:《论琴派》,载《今虞琴刊》,第15页。
④ 阿尔夫雷德·赫特纳:《地理学—它的历史、性质和方法》,王兰生译,商务印书馆,1997年版,第20页。
⑤ 史达尔:《论文学》,见《西方文论选》下卷,上海译文出版社,1979年版,第125页。
⑥ 丹纳:《艺术哲学》,人民出版社,1963年版,第9页。

理环境决定论思想。他在1893年底完成的《唯物主义史论丛》一书中所指出的"周围自然环境的性质,决定着人的生产活动、生产资料的性质。生产资料则决定着人们在生产过程中的相互关系……人与人之间的相互关系,则在社会生产过程中决定着整个社会结构。自然环境对社会结构的影响是无可争辩的。自然环境的性质决定社会环境的性质"是这种理论的代表。

普列汉诺夫虽然分析了自然环境对人类社会发展所产生的影响,但他犯了一个类似费尔巴哈的错误:忽略了人地关系中的中介。也就是说,他没有看到人与自然界之间的能动关系。普列汉诺夫"之所以认定人类历史的初始点和发展的根本动力为自然地理环境,其根本原因就在于他对实践、对生产活动的本质和作用作了片面的、非科学的理解"①。在一点上,他甚至还赶不上黑格尔。黑格尔一方面认为地理环境与"生长在土地上的人民的类型和性格有着密切的联系",另一方面又以他的辩证法眼光指出:"我们不应该把自然界估计得太高或者太低;爱奥尼亚的明媚的天空固然大大地有助于荷马诗的优美,但是这个明媚的天空不能单独产生荷马。"②

真正对人地关系及地理环境在人类社会发展中的作用进行科学分析的是马克思和恩格斯。马克思和恩格斯是把自然地理环境作为人的对象和条件纳入人的实践范围内来考察的,从创作者与客体的结合、主观与客观的关系上研究人与自然环境之间的物质变换规律和精神生产现象。在《德意志意识形态》中,马克思在分析人类物质生活资料的生产是人类社会的"第一个历史活动"时,特意加了一条注解:"黑格尔。地质学、水文学等等的条件。人体、需要、劳动。"这说明马克思并没有否定自然地理环境在人类社会历史发展中的重要作用。在同一著作中,马克思和恩格斯又指出:"任何人类历史的第一个前提无疑是有生命的个人的存在。因此第一个需要确定的具体事实就是这些个人的肉体组织,以及受肉体组织制约的他们与自然界的关系。当然,我们在这里既不能深入研究人们自身的生理特性,也不能深入研究人们所遇到的各种自然条件——地质条件、地理条件、气候条件以及其他条件。任何历史记载都应当从这些自然基础以及它们在历史进程中由于人们的活动而发生的变更出发。"③在这个基本思想的作用下,马克思在分析人类社会的起源和发展、人类社会生产方式的差别、人类自然需要,特别是人类审

---

① 徐咏祥:《论导致普列汉诺夫地理环境决定论倾向的理论根源》,载《中国社会科学》,1986年第1期。
② 黑格尔:《历史哲学》,上海书店出版社,1999年版,第123页。
③ 马克思恩格斯:《马克思恩格斯选集》第1卷,人民出版社,1972年版,第24页。

美需要的差异时,都对自然地理环境的作用给予高度的重视。恩格斯在《家庭、私有制和国家的起源》中指出,自然环境在人类社会发展阶段中所起的作用是随社会发展而产生的。他说,"随着野蛮时代的到来,我们达到了这样一个阶段,这时两大陆的自然条件上的差异,就有了意义。野蛮时代特有的标志,是动物的驯养、繁殖和植物的种植。东大陆,即所谓旧大陆,差不多有着一切适于驯养动物和除一种以外一切适于种植的谷物;而西大陆,即美洲,在一切适于驯养的哺乳动物中,只有羊驼一种,并且只是在南部某些地方才有;而在一切可种植的谷物中,也只有一种,但是最好的一种,即玉蜀黍。由于自然条件的这些差异,两个半球上的居民,从此以后,便各自循着自己独特的道路发展,而表示各个阶段的界标在两个半球也就各不相同了。"[1]这里,恩格斯肯定了"自然条件"的差异,对于人类文明进程的不同有很大关系。

从以上所引述的材料和马克思恩格斯一贯的观点来看,马克思恩格斯关于地理环境与人类社会发展的关系的分析,至少包括下面两个方面的内容:一是承认和重视地理环境在人类社会发展中的一定作用,而这个作用是通过地理环境对生产方式的决定和制约来发挥的。地理环境对人类社会的这种影响既通过生产方式的先进与否表现在推进或阻碍社会历史的发展方面,也通过对人们心理气质和性格特征的某种制约表现在审美意识的差异上。但是,地理环境对人类社会历史的影响是随着人们认识自然、改造自然的能力的增强而逐渐减弱的。"因为他们不仅变更了植物和动物的位置,而且也改变了所居住的地方的面貌、气候,他们甚至还改变了植物和动物本身,使他们活动的结果只能和地球的普遍死亡一起消失"[2]。再就是把地理环境作为人类社会发展必不可少的精神生产的对象来看待,即把植物、动物、石头、空气、光等作为艺术的对象,把它们看成"人的意识的一部分,是人的精神的无机界,是人必须事先进行加工以便享用和消化的精神食粮"[3]。前一个方面揭示了审美创作者心理结构差异的根源,后一个方面揭示了审美对象的形态差异的根源,二者构成了文化心态与审美意识的差异。我们所说的审美文化差异的历史因素和自然因素正是就这个意义而言。

所谓地域文化特征,是指人类活动与地形、气候、水文、土壤等自然环境的关系,以及在这种关系影响下人类行为的表现方式,包括特定地理环境中人们的生

---

[1] 马克思恩格斯:《马克思恩格斯选集》第4卷,人民出版社,1995年版,第19-20页。
[2] 马克思恩格斯:《马克思恩格斯全集》第20卷,人民出版社,1971年版,第517页。
[3] 马克思:《1844年经济学哲学手稿》,人民出版社,1985年版,第52页。

活方式、居室、服饰、食物、生活习俗、性格、信仰、观念、价值等。

地域文化不同于自然地理环境。也就是说,它已具备了促使自然地理环境决定人们审美意识的可能性向现实性转化的种种因素,比如政治、经济、风俗、性格、信仰等,在这些因素中,生产力的制约是最重要的因素。因为,自然地理环境影响人类物质生活和精神生活的程度与生产力的高低成反比。生产力水平越低,人类对气候、土壤、河流、湖泽、森林的依赖就越多。而"过于富饶的自然,'使人离不开自然的手,就像小孩子离不开引带一样',它不能使人的发展成为一种自然必然性,因而妨碍人的发展"①。人的劳动创造性和自然属性在恶劣的自然环境中能够得到更多的施展机会和磨炼实践,审美需要和审美能力也因此得到发展,创造出反映特定地域文化精神的艺术作品。

二、地域文化传统与文艺审美特色

同时,作为一个区域性的概念,"地域"必须具有相对明确而稳定的空间形态和政治的、经济的、军事的、文化的意义。因此,所谓地域文化,必须具有相对明确与稳定的文化形态。这就涉及地域文化的时间和传统。因为任何一种形态都是一定时间段中积累的结果,对于文化形态而言,更是如此,所以没有传统,也就不可能有相对明确和稳定的文化形态。并且,"地域"又是立体的,其表层是自然地理或自然经济地理等,再深一些,则是风俗礼仪、典章制度、性情禀赋等,最深处才是文化心理、集体无意识和价值观念、审美意识、审美意趣等。各个层面相辅相成,互为关联,互相影响,互相制约,共同作用,以形成一个有机的整体,影响并规定着人的传统审美意识和文化心态。此外,"地域文化"还有可比性、对照性,有一个可资比较、对照的参照物。也正由此,"地域文化"的特征才有可能彰显。

文艺审美创作与地域文化传统关系密切,从一定的程度上看,文艺审美创作的发展与地域文化传统的丰富性和多样性的作用分不开。

众所周知,中国传统文化是由早期多元分立而又相互联系的多种文化因素,经过较长时间的相互吸取和综合发展,然后逐步凝聚形成的一种具有中华民族共同心理特征的文化结构整体。我们如果把历史追溯到我国古代原始的氏族社会,

---

① 马克思:《资本论》,中国社会科学出版社,1982年版,第528页。

根据现代考古的重大发现和多数学者的一致看法,认为我国古代史前曾经存在着三大比较强大的民族集团,即河洛地区的华夏民族集团、海岱地区的东夷民族集团和江汉地区的苗蛮民族集团,从而形成由这三个民族集团所在地区的氏族文化共同组成的多源头、多根系的汉文化。到了先秦时期,这种初具规模的汉文化又发展派生为邹鲁、秦蜀、荆楚、三晋、燕齐、吴越等不同地域的区域文化。在区域文化的基础上,经过春秋战国"百家争鸣"文化热潮的激荡磨炼,转而又出现了诸如阴阳、儒、道、墨、法、名、兵等众多不同的思想文化。这是中国历史上首次出现的文化高涨时期,它为传统文化的形成和发展准备了充足的条件。

地域文化传统总是在一定的空间中展开的。时间和空间是地域文化传统的两种最基本的运动形式。"地理是历史的舞台,历史即地理之骨相。读历史如忽略地理,便失去其中许多精彩的真实的意义"①。地域文化的发达与否与地区的经济有关,但经济对文艺审美创作的作用不是直接的。在富庶的经济和繁荣的文艺审美创作之间,还有一个重要的中介,这便是教育。中国古代的教育分私学和官学两种。官学到处都有,私学则以经济发达地区为多。以两汉时期为例,当时经济最发达的地区在关中、中原和齐鲁三地,而当时的私学教育也以这三地最为兴盛。自宋代开始,中国的私学教育发生重大变化,这就是书院教育的蓬勃兴起。宋代及以后的元、明、清各代,中国的经济重心稳定在南方,中国的书院也以南方为最多。一个地方的官私教育发达,与教育有密切关系的刻书、藏书事业也随之发达,这一切为文人与审美文化的生成提供了重要的条件。

经济发达的区域不仅官私学校发达,图书事业兴旺,而且交通方便。这里的文艺审美创作人才除了受到良好的教育之外,还有条件外出漫游。这一点对文艺审美创作家的成长也是非常重要的。中国古代的文艺审美创作家,真正意义上的穷人很少。这些人要么是官僚,要么是地主,要么是商人,要么是官僚、地主和商人的子弟。他们并不以文艺审美创作为专业,做官才是本行。孟浩然、顾炎武以及后期的陶渊明不做官,但是他们都有田庄,都有可观的经济收入。所以所谓的"诗穷而后工"这个"穷"字,是"穷通"的"穷",是指政治上的不得志,不显达,不是指经济上的贫寒。在中国古代,士人人生的目的不外两点:一是求生存,一是求发展。读书、交游、写作,都是求发展的行为,只有生存问题解决了,才能谈发展的事。真正的穷人连饭都吃不饱,还有什么审美活动,还存在什么审美文化与审美精神呢?

---

① 王恢:《中国历史地理·编著大意》,台湾世界书局,1975年版。

文明程度高的区域对文艺审美创作的影响也是非常显著的。所谓文明程度高的区域，是指那些文化传统悠久、文化根基深厚的地区。文明程度高的区域文化传统的形成需要相当长的时间，一旦形成，就有相当的稳定性，不会因政治、经济等外在条件的改变而立刻改变。文明程度高的区域即便不是国家的政治和经济重心之所在，只要不发生剧烈的社会动荡和经济萧条，仍然可以开出灿烂的现实文明之花。文明程度高的区域文化传统是文艺审美创作及其审美诉求、审美价值取向与审美精神生成的一个渊薮。

三、审美文化发展与差异运动

的确，文化特殊性与差异性的形成与一定的地域环境分不开。地域环境是文化赖以形成的基础。不同的地域环境，不同的地势、水文、气候等自然生活条件对文化间差异性的形成往往有着多种影响。中华文化形成于中华大地上，这里地域辽阔，空间地理环境优越，四周都有天然限隔，内部构成体系完整的地理单元，这种独特地理单元的构成对于以后中华文化一体性的形成也有着重大影响。中国历史上各文化长期统一，分裂的时候尽管也有，但统一始终占据主流，终于使我国成为一个统一的多文化国家。但具体来说，地理环境不但对中华文化的一体性有着影响，对它多元性的构成也起着重大作用。我国东西南北间跨度都很大，地形地势非常复杂，自然地理等方面的条件相差悬殊，人们的生活习惯、风俗等自然也就有了重大差异。而人们习俗的差异必然造成文化及审美意趣与美学精神的差异。同时，审美意趣与美学精神的差异与认同运动又是地域文化及审美意识发展不可缺少的一个环节。但是综观目前关于审美意趣、审美诉求与美学精神差异与认同问题的研究，绝大多数只是以同一性的视角对审美诉求与美学精神认同的概念及其表征形式进行辨析，对西方的审美意识认同进行介绍、分析和论证，对一些关注审美意趣、审美诉求与美学精神认同问题的审美意识认同理念进行评价，而忽视了与同一性相对应的差异性及其形成根源的文化发展史视角。在文化发展史看来，正如万紫千红才是春，成千上万的物种才能构成生机勃勃的生物圈的哲理一样，只有承认文化差异性的或多样性的审美意趣、审美诉求与美学精神比较观念才会让文化比较审美意识与美学精神的内涵和特性变得丰富、多彩。文化的发展非是单因单果，每进一步，必会牵动民族与地域历史、文化传统、文化心理和整个民族与地域生存的方方面面，于是，一种更深广的反思开始了，它围绕着如何重新认识文化自身,认识民族与地域和文化历史的现状,试图开辟重铸民族文化灵魂的道路。这一思考重心的迁移,归根结底,就是思索我们的文化生存状态,先不忙下结论我们"是什么",先弄清我们民族与地域文化的生存状态以及由此所生成的差异性。中国文化与审美意趣、审美诉求与美学精神与西方思潮具有某种同一性,但与地域特性的悬殊,又使之具有"差异性"。抓住生存状态以及由此所生成的差异性这一枢机,不但可以抓住它与西方美学精神相互区别的特质,而且以此为轴心辐射开来,可以打通它与21世纪人文思潮,与当代中国现实,以及与现实主义、现代主义的诸多关系。当前的美学研究绝不应只是一个空壳,绝不应只是满足于体现当下的审美意识、审美意趣、审美诉求状态之流动,绝不应停留在现象学所谓的"回到事物本身",它必须有自己的思想脊骨和人文基础、精神指归和终极关怀。

当代对于文化的差异与同一、差异与同质问题的研究应该以德里达的解构理论最为深入。20世纪末以来,以德里达解构理论为代表的后结构主义理论从东方人的角度第一次空前彻底地清理了西方从古希腊到现代的各种在场的形而上学,全方位地拆解了西方传统的文化思想,彻底摧毁了旧的文化系统,将西方文化导入了一个全新的时代——后现代主义时代。德里达的解构理论不仅开辟了文化哲学思想的一个新纪元,而且也开辟了美学研究的一个新纪元。解构理论的思想观念和策略深深触及并改变了新一代批评家们的批评理念和方式,他们以之为基础从不同的角度去审视和解读不同文化所生成的审美意识、审美意趣、审美诉求与美学精神及其话语文本,创立了各种各类的新型的批评理论和方法,深刻影响了人们的批评理念和方式,为各路后现代主义批评打下了坚实的基础。

在解构主义理论看来,从根本上说,作为人类精神的一种体现,文化与审美意识、审美意趣、审美诉求与美学精神不是基于一种唯一的因素之上,是统一体的,而是基于各种不同因素的差异运动之上,是有差异的、多元的。关于这一点,我们可以从德里达的"延异"观念中获得学理依据。

"延异"是德里达在改造和发挥索绪尔的一个关键词"差异"的基础上生成的。索绪尔的"差异"原是一个描述语言符号的性质和状态的词语。他提出语言的核心因素是符号,符号由两个层面构成:一是意义的层面如观念概念等,二是指示的层面如声音形象等;索绪尔将前者称作所指,将后者称作能指。传统中人们普遍认为,观念和概念源自事物的客观属性,声音、形象源自观念、概念,索绪尔的看法正好相反,意义所指不是源自事物本身的属性,而是源自一种事物与其他事物间的差异关系,能指符号也不是由概念所指决定的,而是源自一种符号与另一符号的差异关系。意义所指源自符号间的差异关系,符号的能指如声音形象也不例外。德里达在对胡塞尔现象学理论的精细解读和彻底反思中深刻体察到:世界不是基于某个统一的原点之上,而是基于事物与事物间的差异关系之上,不是统一的、一元的,而是有差异的、多元的。为了充分阐发他的这种差异论思想,德里达不仅在他的力作《言语与现象》中从反面反驳了胡塞尔的"自我"中心论观念,而且还从正面阐发了一个重要的理论范畴——"延异"。

德里达借鉴索绪尔的"差异"原则,提出"延异"说,承认差异性,强调他性,并力图弘扬作为他者的因素。他在《哲学的边缘》中表示:"哲学始终就是由这一点构成的:思考它的他者。"①这里也表明德里达主要致力于探讨为逻各斯中心论全面渗透的全部哲学史中的"同一"与"他者"关系。在他那里,"延异"这个"非概念的概念""非语词的语词"对于理解他有关"他者"问题的思考至为重要。"延异"其实是"差异"一词的"延误"和"区分"两个含义的充分展开,而关于"他者"和"他性"的思考则推动了德里达解构理论后一个含义的游戏性"播撒"。区分意味着"不同,他者,不能辨别",与"争论""他性""距离""间隔"②相关。在此基础上,"延异"又开启了德里达解构理论的一种"新逻辑":它不求"同",但也不是简单地求"异",而是注意到了自身(同一)与他者(差异)之间的往复运动,或谓差异发展运动。

德里达解构理论的"延异"说是建立在其"书写"理论之上的。"书写"是德里达哲学的实践方式。一般来说,任何话语(或文本)都是通过一定的说话过程来实现作者的某种目的,这个目的是确定的,明晰的,因此,作者的写作(话语)就是在传达某种既定的意义,话说完的时候,文本就打上了一个句号,这样,在作者与读者之间无形中就由于话语的形式构成了权力与服从的关系。德里达的"书写"力图避免这种情况,他要给自己与读者提供一块共同创造新的意义的阵地,作者的写作是创造一个独立的文本,它一旦说出,便有了构造自身的力量。作者根本不可能以语言来表达某种意图,他越是写,越是远离自己,这样的写作虽然失了"权力",却获得了一种神奇的魔力,一个新的说话的生命。当文本与读者相遇时,作者与读者的身份界限消失了,写作与阅读混为一谈,作者与读者成了游戏的伙伴,就是德里达解构理论所谓的"书写"。

具体而言,所谓"延异",也译为分延、缓别、缓分,法文是 differance(英文

---

① 雅克·德里达:《哲学的边缘》,芝加哥,1972年版,第1页。
② 雅克·德里达:《哲学的边缘》,芝加哥,1972年版,第8页。

difference),它是德里达由发音相同的 difference 在词尾中以字母 a 替换 e 而来。"延异"虽然在书写形式上跟"差异"只差一个字母,可在内容上却大相径庭:"延异"不是一种有限的差异,而是一种无限的差异,德里达将之称作"差异的自由运动"。这种无限性主要表现在:它不仅涵盖了索绪尔的"差异"之意,用来指代所指与所指、能指与能指间以及所指与能指之间的空间差异关系,而且进一步超出了索绪尔的"差异"的内涵,用来指代各种符号因素本身的时间性差异关系。德里达明确指出,"延异"有两个显然不同的意义:作为区别、不同、偏差、间隙、空间化的差异,和作为迂回、延缓、接替、预存、时间化的延衍。在动词 differer 当中,既有 differ(差异、分别)之前,又有 deffer(延缓、耽搁)之意。关于延异的这种写法,德里达说过:"延异一词中的字母 a 表明主动状态与被动状态的不确定,而且这种不确定也不再受二元对立的控制和构组。"①经过这样的改写,"延异"一词具有了一种独立的活力。德里达指出:"延异既表明意义条件既定差别的状况,也表示那种使意义产生差别的行为。"②前者可以说是符号的空间化的差异,后者是符号的时间化的延衍。以空间关系来讲,我们使用的符号总是有"非同一的、与其他符号相区别的意思。"③即我们使用的任一符号都被其他符号所限制,也在这种被限制中获得自己的意义。能指与所指都被抛入茫茫的符号之网中,语言在空间上获得了无限的自由。从时间关系来讲,也就是"延异"的第二层意思:延缓、推迟、耽搁等义。对于符号来说,它只有在所指不在场(absence)时才成其为符号,即才有差异、区分的可能,才能漂浮在差异性符号之网中;能指符号的存在也使所指的出场受到延缓、推迟、耽搁,这也是由于差异性的规定,使能指在时间之流中不断向前滑动,从而使所指被延衍,这是一个无限的过程。这样,时间和空间的界限也消融了。德里达说,"延异"是"时间的空间化和空间的时间化"。由延异所造成的意义——在书写或阅读活动中——成了无序的"播撒","这里播撒一点,那里播撒一点"。播撒,就是"延异"的第三层意思。播撒的过程既对文本本身解构,也指向更广阔的意义域。"延异"的写作和阅读真正变成一种随意的、开放的、无限的、增补的游戏。

这样一来,德里达对"延异"一词的写法就使"书写"变成了一种颠覆行为,阅读就是参与由德里达挑起的游戏。德里达说:"延异是一种不能基于在场(pres-

---

① 雅克·德里达:《立场》(Position),伦敦,1981 年版,第 27 页。
② 卡勒:《论解构》,伦敦,1983 年版,第 97 页。
③ 雅克·德里达:《言语和现象》,埃文斯顿,1973 年版,第 131 页。

ence)/缺席(absence)的对立来理解的结构和运动。延异是对元素得以区分的差异、差异的踪迹、分隔所进行的总的游戏,这里的'分隔'(spacing)是结果,它既是主动的,也是被动的,它也是一种间隔,没有这种间隔,完全的符号就不能表达意义、发挥功能。"①

书写的生命之"力"并不是整齐划一的,它有阴阳之分,刚柔之别,存在着差异,因此才有了生生灭灭的生命运动。就此而言,生命中没有任何实体性的支配者,只有变化万端的阴阳、刚柔之间的差异运动,或者说,生命力的自我创造与自我毁灭就表现为这种强弱力量的差异运动。德里达在他的各种各类的论作中曾反复申述:世界上没有什么东西可以逃避开"延异",所有的事物都不是纯一的,一切都是"差异的自由运动"的结果,一切都在"延异"中。这一"延异"运动就是海得格尔所谓的"一切事物的永恒回复"②。"一切事物的永恒回复"指的就是力与力之间的差异运动,即作为生命的自我运动,这种运动就是存在的世界。

在形而上哲学看来,"差异"是造物主,如柏拉图的"理式"、黑格尔的"绝对精神"、基督教的"上帝"等。这一形而上学的差异既先于一切个别存在者而存在(它是创造、派生一切个别存在者的终极因),又在一切个别的存在者中存在(它在一切个别存在者中并支配着它们的存在),并在一切个别存在者消失之后存在(它是永恒的)。在德里达的解构理论看来,这个造物主不可思议的怪物,一个逻各斯中心,这个中心既在结构之中,又在结构之外,它支配着结构,却不被结构所约束。因此,德里达认为这样的"中心"是形而上学的虚构,它根本就子虚乌有。差异不像这个形而上学的造物主,存在于生命世界之外,差异就是生命世界,差异运动的创造与毁灭就是生命本身的创造与毁灭,差异与生命同生死。这也就是"延异"。

显然,德里达的"延异"说非常适合对文化与审美意识、审美意趣、审美诉求与美学精神差异性发展运动的解释的。的确,文化与审美意识、审美意趣、审美诉求与美学精神不是基于一种唯一的因素之上,是统一一体的,而是基于各种不同因素的差异运动之上,是有差异的、多元的。而当今世界文化的发展则来自文化的这种差异多元化。我们知道,文化是有生命的,没有生命的文化只能成为历史。只有保持巨大的凝聚力和无穷无尽的生命力,文化才能恒动不已,生生不息。而这种凝聚力和生命力又来自不同文化的互证、互补和互济,来自各种文化之间的沟通、理解、认同与融合,这中间又包含着相互吸收与借鉴,要达到沟通、理解与交

---

① 雅克·德里达:《立场》,伦敦,1981 年版,第 27 页。
② 海德格尔:《尼采》,孙周兴译,商务印书馆,2001 年版,第 25 页。

流就离不开比较,可见比较的目的是通过对差异性的发现、沟通、理解而促进文化的认同与发展,发展是文化的本质特性,发展才是比较的目的。

四、差异发展运动与文化交融

应该说,在现代化和全球化的语境中,差异发展运动中的"他者"化和民族与地域文化"自我"认同是并行不悖的。"他者"是"自我"之外并且异于"自我"的存在。"他者"既然是"自我"的"他者","自我"也就是"他者"的"他者"。我们既可以用自己的眼光看自己,看他人,也可以用他人的眼光看他人,看自己。问题并不在于两种视角孰是孰非,而是在于"自我"与"他者"差异发展运动中的视域融合。我们对于"他者"视域,完全可以用平和心态看问题,不必认同,但也不必被动地接纳。

差异发展才是文化的本质特性,在差异与同一过程中发展才是比较的目的。为了发展,需要保护不同的文化和群落和生态。这种见解无疑是极有见地的。但同时,我们还必须进一步追问,文化的发展为什么得力于文化的差异多元化。无论是从世界文化与民族和地域文化关系看,还是从"自我"与"他者"的关系看,恒动不已、生生不息的发展与构成的生命力都来自差异文化间的互证、互补和互济。德特里夫·穆勒说得好:"文化是一个活跃的机体,它需要不断地创新,需要不断地用新的现实去修正它历史的记忆。"①。作为"一个活跃的机体",促使其创新与发展的生命力来自多种文化的交往与差异运动与认同。同时,文化间也只存在差异并不存在高低。即如梅洛·庞蒂在谈到东西方文化差异时所指出的:"人类精神的统一并不是由'非哲学'向真正哲学的简单归顺和臣服构成的,这种统一已经在每一种文化与其他文化的侧面关系,在它们彼此唤起的反响中存在。"②在他看来,"东方哲学"并不仅仅是某种生存智慧,它乃是探讨人与存在的关系的某种独特方式。"印度和中国哲学一直寻求的不是主宰生存,而是寻求成为我们与存在的关系的回响与共鸣。西方哲学或许能够由它们学会重新发现与存在的关系、它由以诞生的原初选择,学会估量我们在变成为'西方'时所关闭了的诸种可能性,

---

① 穆勒:《跨文化对话》(2),上海文艺出版社,1999年版,第45页。
② 梅洛·庞蒂:《哲学赞词》,商务印书馆,2000年版,第115页。

或许还能学会重新开启这些可能性。"①他显然不像黑格尔和胡塞尔那样把东方文化看作是低于西方哲学文化的"经验人类学"形态，而是承认了它的"哲学地位"。不过，梅洛·庞蒂仍然只是把东方看作为西方可以借之考虑自身发展的多种可能性的一面镜子，因此看到的只是不同文化在人类共性基础上的差异，并没有充分考虑文化间的真正差异性或他性。

如罗素在《中西文明比较》一文中所指出的："不同文化之间的交流过去已经证明是人类文化发展的里程碑，希腊学习埃及，罗马借鉴希腊，阿拉伯参照罗马帝国，中世纪的欧洲又模仿阿拉伯，而文艺复兴时欧洲则仿效拜占庭帝国。"②就中国文化发展史看，可以说，中国文化能够于四大文明古国中唯一长存于世，仍然保持着旺盛的生命力，其中一个重要原因就是多种文化发展的差异运动与认同。首先，中国是一个多民族国家，幅员辽阔，区域众多，而中国文化则正是在各民族、各区域文化发展的差异运动与认同、碰撞与融合中发展起来的。同时，中国文化的发展更离不开外来文化的冲击与促动。据现存史书记载，早在汉桓帝延熹九年，即公元166年，中国就有了与被称为"大秦"的罗马帝国的文化发展的差异运动与认同。尽管有喜马拉雅山的阻隔，中国与以印度为代表的南亚世界文化发展的差异运动与认同也从未被阻断。佛教的传入与中国陆地上的丝绸之路，就是中外文化交流的证明。佛教文化传入中国之后，古代学者在大量翻译佛经的过程之中，吸收印度古代音韵学"声明"原理，创造了中国的音韵学，促进了唐以后诗歌的发展。同时，佛学与中国儒道之学的结合，又创生了中国禅宗，使佛学最终成为中国文化的重要组成部分，并由此而建构了中华民族儒、道、释互补的文化精神。到了近现代，包括改革开放的今天，正是在中外文化与中国文化各民族与地域审美意识、审美精神的不断交流、碰撞、融合与互补中，中国文化才能得以长久地发展。文化发展的事实证明，差异文化的互补与融合是促进文化发展的新的生命力，没有不同文化体系之间的交流与传播，则不能保证文化不断健康地向前发展。文化的发展需要从差异文化的相互碰撞、相互发展的差异运动与认同中触发新的生机，衍生新的生命活力。

既然承认文化是一个活跃的机体，需要不断地创新，那么我们就必须要承认差异文化的并存，要推崇差异文化间的相互理解、交融与汇通。世界文化如此，对中国文化以及生成于文化土壤的审美文化与审美精神也应如此。具体到中国美

---

① 梅洛·庞蒂：《哲学赞词》，商务印书馆，2000年版，第115页。
② 罗素：《中西文化之比较》，见《一个自由人的崇拜》，时代文艺出版社，1988年版，第8页。

学的界域,首先应该明确,各民族与东西地域美学差异性的形成与其文化背景、文化根源有直接关系,要对生成于差异异源文化体系中的东西美学及审美精神进行比较、交流与借鉴,就必须注意同与异两个方面的内容,既要注意其可比的共同性,更要注意其因不同文化背景而形成的差异性,考察其文化背景以及由此而产生的民族与东西地域特性。换句话说,为了美学发展的目的,要从求同出发,展开寻根探源的辨异活动,进一步研究与考察形成其差异性的深层文化原因;并且,在同与异的跨文化比较研究中,去揭示中国文化内部东西美学及审美精神的各自不同的地域特点和独特价值,才能于交流、理解、认同与整合中达到融化出新的目的。

　　无论世界,还是中国内部,文化的相互理解首先是通过对话来实现的。不同文化间的对话必须要有共同的话题。而属于不同文化体系中的差异文化间的共同话题是极为丰富的,尽管世界上有各种各样的民族,不同民族与地域间千差万别,但从客观上看,各民族间总会有构成"人类"这一概念的许多共同之处。仅就美学领域来看,因为人类具有大体相同的生命形态及其体验形式,而这一切必定会在以关注人类生命与体验的美学中表现出来,并由此而使其具有许多相通与共同的层面,如"入世出世""思故怀乡""时空恐惧""死亡意识""生命环境""乌托邦现象"等。处于不同文化背景中的人们会遵从自己所亲身经历的不同文化,以及其思维方式、价值观念、行为方式这些问题做出不同的回答。这些回答既包含民族与地域传统文化精神,又同时受到当代人和当代语境的选择与解释。因此,只有通过差异文化之间的交流与比较,通过对话加深对地域审美文化与审美精神间的理解与认同,才能促使文化与审美精神获得进一步的发展和提高。

　　从中国哲人的有关论述中,我们也可以得到一些对于上述观点的学理上的支持。可以说,中国哲人就主张事物间或差异文化间通过差异发展运动得以交流与沟通以求得变易与发展。如老子就认为,"万物负阴而抱阳"[①](四十二章),"天下万物生于有,有生于无"(四十章),阴阳、有无,既对立又统一,处于互生、共生之中。在老子看来,世界上存在着多种多样的"对立"关系,其内容与范围包括宇宙天地、自然万物和人类社会生活、文化艺术的方方面面。同时,事物之间的这些"对立"关系,并不是绝对对立的,在其对立中还包含着相互平等、相互对应、相互贯通和相互交融的成分与机遇。老子说:"天下皆知美之为美,斯恶矣,皆知善之为善,斯不善已。故有无相生,难易相成。"(二章)这就是说,天下都知道美之所

[①] 陈鼓应:《老子注释及评介》,中华书局,1984年版,第64页。

为美,丑的观念也就产生了,人们都知道善之所以为善,不善的观念也就有了。有与无是相互生成的,没有"有",也就没有"无",难和易相因而成。并且,这种有无相生,难易相成的互对互应、相辅相成,既相互对立又相互依存、相互发展的现象是永远存在的,是事物的根本特性。因此,我们在看待宇宙间与文化的这种"对立"差异关系与差异现象时,决不能将其绝对化。

与事物间的这种差异发展运动相同,作为中国文化的组成,各民族与地域差异文化之间之所以既相互对立又相互依存,相互促进,是因为双方之间存在着这种差异发展运动,有一座由此达彼的桥梁,即对方的内核存在着一种差异与同一的发展过程。在老子看来,许多表现上看似对立的事物,其实质上则是同一的,它们内在相通,都以"道"为本源,各事物间互相依存,失去一方则另一方不存在。事物的运动最终都要回到当初的出发点,而这个出发点就是清虚渊深的大道。老子说过,"万物并作,吾以观复。夫物芸芸,各复归其根,归根曰静,静曰复命。复命曰常,知常曰明""知常容,容乃公,公乃全,全乃天,天乃道,道乃久,没身不殆"(十六章)。宇宙天地之间的万物,都是生生不已、不断发展变化的,其发展变化是"复",即向静态复归,因为有起于虚,动起于静,所以万物最后归于虚静,然后才能得到生命的真谛和人生的奥秘。人如果能知此殊途同归之理,则必能包容而无所不通,合于自然,同于大道,则可以超越个人生命有限的体验,超越地域的局限,而共同发展。

依照中国传统的宇宙意识,世界上的一切,包括自然、社会、人生,以及由人所创造的文化艺术,所谓天、地、人三才,均为阴阳二气交感化合的产物。诚如老子说:"万物负阴而抱阳,冲气以为和。"(四十二章)"气"连绵不绝,冲塞宇宙,施生万物而又不滞于万物。大自然中的云光霞彩、高山大海、小桥流水、珠宝贝壳、花草鸟兽,从自然、社会到人事以至人的道德、情感、心态等,都是由气所化生化合,都包含着阴阳的属性。阴阳二气相互补充,相互转化,才能生育化合出万物。也正是由于阴阳二气的互待、互透、互补,相互激荡,循环往复,从而由这种差异发展运动构成万物生生不息的属性。在中国美学看来,宇宙大化的生命节奏与律动,人们心灵深处的节律与脉动,都是源于阴阳二气的激荡、碰撞中的差异与趋同、差异与同质过程中的相互化合作用。这种"阴阳"意识与观念渗透在整个中国传统文化之中,使其充溢着一种和谐精神。正是由于作为生命之源的"道"(气)有阴阳的对立统一、互存与共生特性,才构成氤氲、聚散、动静、磨荡而运动变化,并由此生成自然万物与人类以及由人所创造的文化,故而,当中国古代哲人面对世界进行沉思时,往往把万物与人的生存放在阴阳对待的矛盾中去考察,从阴阳与气化的运动中去描绘。天地万物与人都借阴阳而生,而阴阳又都存在于万物之中,故而在审美意识中,天与人、心与物都相渗相透,相互沟通与融合。

自然与社会的生成与发展需要相辅相成,相互对立又相互对话,从而相互促进,由人所创构的文化的发展也应如此。目前,人类已经迈进一个新的纪元,面对一个多元文化同生共存的时代,无论是世界文化,还是中国文化内部,文化间的交流日趋频繁、活跃,领域不断拓展,各民族与地域文化间的对话与沟通对其自身的发展便显得越发重要。恰如乐黛云所说:"多种文化相遇,最重要的问题是能够相互理解。人的思想感情都是一定文化的产物,要排除自身文化的局限,完全像生活于他种文化的人那样去理解其文化几乎不可能。但如果我们只用自身的框架去切割和解读另一种文化,那么我们得到的仍然只是一种文化的独白,而不可能真正理解两种不同文化的特点。要达到上述目的,就必须有一种充满探索精神的平等对话,对寻求某种答案而进行多视角、多层次的反复对谈。"①文化的本质属性是发展,对中国西部审美文化与西部地域审美精神进行研究的目的与宗旨也是促使审美意识更为健康地变易与发展。对中国文化内部各民族与地域文化生态及其审美精神进行比较、交流与借鉴中的文化寻根探源的目的更是加深理解以增进中国美学发展。要发展则必须要有民族与地域审美精神的沟通,必须通过对话,只有通过对话,通过"反复对谈"才能达到中国东西地域文化体系的审美精神的互相交融,以推动当代中国美学向着全球化、现代化的方向发展。

五、西部审美精神的区域特色

应该说,由于地域文化传统、民族心理和审美观点上的差异,中国西部民族审美文化呈现出迥然不同的风格特色和审美精神。将西部审美文化置于中华、世界审美文化的整体格局来审视,其独特的审美精神与美学价值,及其审美文化内涵就会凸现出来。这不仅体现在西部审美文化的混合性、西部宗教的独特性和民族的多样性所带给西部审美文化的影响,即各民族游牧文化之间的冲撞与融合以及游牧文化与内地农耕文化、现代都市文化的撞击和融合上,而且也体现在不同身份和境遇的民族人民的审美体验与审美感受之中。由于特殊的文明形态的影响,

---

① 乐黛云:《中西美学对话中的话语问题》,见《多元文化语境中的审美意识、审美意趣、审美诉求与美学精神》,湖南文艺出版社,1994年版,第11页。

西部审美文化的审美精神呈现出了绚丽斑斓的多种色彩。因此,西部审美文化的建设对中华审美文化的建设具有举足轻重的影响。发扬西部雄健、刚强、深厚、苍凉、幽默、诙谐的审美精神,对当代中华审美文化的建设具有非常重要的意义。因为在后现代时代,缺少的就是风骨。因此,提倡刚健、厚重,生机四溢的西部审美精神,对西部的经济建设、文化建设,对21世纪中国审美文化的建设都具有极为重要的现实意义。

中华民族文明的起源不是一线单传,而是多源流汇。在中国西部,民族审美文化的构成也具有多维性和多元性,并具体表现为多民族性和多流派性。千百年来,回纥文化、吐蕃文化、蒙古文化、巴蜀文化、南诏文化、辽金文化一直和汉文化多维并存,构成中华审美文化的有机成分。其中,中国西部的各种审美文化在这种区域结构中占有举足轻重的地位。而在汉文化的诸种圈丛和流派中,如先秦时期的秦、巴蜀、齐鲁、三晋、燕赵、荆楚、吴越和其后的儒、道、墨、法、兵、农、阴阳,也回响着西部文化嘹亮的声音。隋唐以后,中华审美文化在发展中渐趋统一,形成儒、道、释三足鼎立、三位一体的格局,原先的多维性却潜藏下来,形成统一审美文化中的隐形多维结构。在这个隐形结构中,西部审美文化是风格极为独特的构成部分。

在中国博大精深的民族文化中,西部地区当数其中民族审美文化的精华宝地之一。西部审美文化不但是中华文化稳态结构中的重要一翼和中华文化成果辉煌的一个光环,而且是推动中华文化发展的重要动力。中华民族文化精神的一个重要传统就是通过"通变",以对差异文化的开放来增进本体文化的发展与开拓。在这个历史传统中,中国西部文化可算作是最为活跃的因素。自古以来,世界各地、各民族的差异文化进入中国的主要通道就在西部。是西部的绵长走廊引进了各种新的文化元素,冲击着中华本土文化,使之产生种种裂变、交汇,出现种种新的组合、勃起。

历史积淀厚重的西部审美文化及其所呈现出的审美精神不容忽视,历史文化的血脉不能割断。传统是精华的历史文化遗产,是在一定的历史时期或之后被世人接受并肯定的东西,是民族文明象征的组成部分。在国际交流中,一个民族一个国家,只有发扬自身的传统精华,才能展示具有自己的独特民族风格特色、本土化的审美文化艺术精髓,以实现对话。

中国的西部广袤而又瑰丽,厚重而又苍凉。它既有着雄奇、壮丽的自然景致:晶莹的雪山、冰川,粗犷的大漠、戈壁,秀美的绿洲、湖泊,也有着辽阔无垠的草原、牧场;同时西部又有着深沉、古朴的人文景观:奇特神秘的兵马俑、佛宝舍利,深邃幽秘的敦煌莫高窟、楼兰古城,神圣威严的布达拉宫、拉卜楞寺……既是自然的西部,同时又是人文的西部,不同地域的审美文化,表现出不同的民族性格、民族心理和人们对自我实现的不同追求。民族的、地域的审美文化以及审美精神,都是适应各自的自然环境和生产方式、生活方式,在长期的历史进程中形成的。历史上多种文化交汇融合形成的儒道释文化圈、伊斯兰文化圈、藏传佛教文化圈,以及地域原因而造成的秦陇文化、蒙宁文化、西域文化、雪域文化、巴蜀文化、滇黔桂文化区域,都潜藏着开掘不尽的文化富矿。几千年的历史风云的激荡造就了生生不息的西部文化源脉,使这片广袤的大地上遍布辉煌灿烂的文化遗存,古朴原始的遗址、蜿蜒起伏的长城、雄伟恢宏的王都、苍凉浑厚的城址、绚丽多姿的庙宇、巍峨壮观的建筑、精美绝伦的石窟、瑰丽神秘的墓葬、古拙粗犷的岩画、浑然天成的彩陶……从巍巍昆仑之巅到滔滔江河之滨,其间文物古迹、名胜景点灿若星辰。从自然宗教、儒教、道教、佛教到基督教和伊斯兰教乃至萨满教,在这块地域上交错并立着。所以在西部这样一个多民族的地区,文化生态上就具有多样性。这些不同民族在繁衍生息过程中,根据自己所依赖的不同的自然环境和人文环境形成了自己独特的民族文化和审美精神。不同的生活方式造就不同的文化传统与审美情趣,如剽悍勇猛的民族习性,淳厚质朴的民族风俗,异彩纷呈的民族节日,独树一帜的民族建筑,五彩缤纷的民族服装,闻名世界的民族史诗,曲调悠扬的民族歌舞,色泽艳丽的民族绘画……独特的民族生活方式,生成于民族生活之中的民族审美观念,都具有鲜明的民族风格,每个民族都有自己的文化个性和审美精神,这些民族的文化历史与审美精神和汉族一样悠长、一样重要和一样珍贵。历史上各民族文化相互借鉴,相互交融,不断发展,形成了特点鲜明、丰富多彩的多民族文化艺术,从而使得中华民族文化得以斑斓多姿。这些五彩缤纷的民族文化,在这新的历史条件和新的文化背景下,必将产生新的变化和有新的发展。

  文化的自觉是文化建设的前提,它揭示并展现西部审美文化在东西方文明互融互补的过程中形成的审美精神,充分发挥本土文化的巨大魅力。从广义上来讲,可以更加增强民族的自信心、责任感和凝聚力,并为构建当今的西部审美文化建设提供新思路和新战略,为实施西部跨越式发展提供可资参考的美学思想资源。今天,在继承发扬中华民族优秀文化传统时,一定要辩证地把握稳态和动态两个方面,双管齐下汲取营养,为我所用。这两方面,前者即中华文化已经形成的稳态结构,是一座巍立天宇的丰碑,是中华文化历史的既在标高。后者即中华文化在不断吸收差异文化基础上发展前进的动态结构,是一条流动不尽的长河,它将引导中华文化向更高、更远的地方奔流。

六、西部审美精神的突出表征

西部审美精神的内核是对人文精神的诉求。中国西部幅员辽阔、生态相对恶劣,艰难的生存条件对人的精神系统构成一种地老天荒的文化元素。世世代代在与险恶的自然环境和频繁的社会灾害中搏斗的西部民族,在多舛的命运中锻造了坚韧的气质。这种气质,有时表现为含蓄内忍,有时表现为达观自信,都闪烁着凝重的忧患意识的光彩,它促使西部人确认自己的社会责任。个人力量在大自然面前显出的微不足道,使群体力量成为维持生存的支柱,使人们互助互爱的需求更为迫切,内向的团队凝聚精神成为传统。与大自然更密切更深刻的直接交往,使西部人对大自然的各种精神内涵有更强的启悟和感应能力。西部干裂的土地、苍茫的云天、辽阔的草原、雄浑的大山、沧桑的世事、贫瘠的沙漠、荒凉的戈壁,早已练就了西部人的多情与执着,爱则爱切,恨则恨彻。大自然对人精神上的直接启悟,又铸就了西部文化性格的纯洁质朴,以致多情重义、古道热肠、坦诚率真、伦理重于功利、道德超越历史,成为西部中国文化心态的一种特色。自然,也使得这里内向的、狭隘的、稳态的社区意识、地域意识和部落意识、宗教意识较为浓重。因此,西部的审美精神诉求主要体现在以下几个方面。

第一,守业、守成与开拓、进取、创新相对相生的审美取向。这是西部充实、明朗、积极的入世精神所造成的。中国西部的审美文化传统主要体现在各民族千百年来以口头或文字的形式凝结而成的社会文化心态和意识形态。中国西部生活历史感的整体,是本地区各族人民群众创造性的历史活动,这就决定了中国西部审美精神的一个鲜明特征:参与意识极强,和当下生活紧紧结合,同时渗透着强烈的忧患意识、责任意识和使命意识。对生存意识的现实感觉比主观感觉更为强烈。在强烈的竞争与自我意识的驱使下,形成了西部人积极的社会参与意识和强烈的参与现实的意识。在这种审美精神作用下,西部文学呈现出一种执着、一种信仰、一种宗教。一种西藏高原上善男信女们用等身长头丈量天堂之路的虔诚。这种渴盼是不愿认命的西部人书写给自己灵魂的诗行,这种执着是不愿认命的西部人发给沧桑世事的呐喊,这种精神是西部人在贫瘠人生中繁衍绿色、抵御风沙的顽强的芨芨草。在这种意义上,西部人不是丽音轻歌的画眉,也不是自由飞翔的燕子,而是痛苦啼血的杜鹃。于是,悲剧频频上演。一口口血,吐自撕裂的心。什么样的山水,造就什么样的人。西部有肥沃的河西走廊,苍茫的祁连山,九曲黄河,它是中原进入西亚的中介。进入西部地域,既是黄土大山,没有树,没有草,又是绿洲平原,物华天宝,粮丰林茂,六畜兴旺,文化悠久,还是荒漠戈壁,风沙走石,环境恶劣,但也日照充足,瓜果飘香。在这里,南国湿润的风吹不过来,只有刚劲的西北风是它的主流,因之在冷峭中变得严峻。这就决定了西部人性格的奔放、热情、朴实、忠厚、粗粝、爽朗。贫瘠的土地和苦寂的岁月,孕育了西部人的多情与热烈,骨子里练就了疾恶如仇和宽容大度。他们似乎更需要在激情亢奋中证明自己的个性与价值:爱则爱切,热辣辣不顾一切地去爱;恨则恨深,恨不能将一切撕成碎片。即使在沮丧与绝望的日子里,身上也涌动着狷介狂放的血,黏稠并且奔腾。西部精神,既古色古香又新鲜奇特,既深邃神秘又充实明朗、积极入世。其审美意识和西北的土地一样,空旷、厚重和深沉,踏踏实实,干干净净,亮亮堂堂,充满智慧,活泼勇敢,坚定挺拔,奋勇向前,温暖善良,贫困却志气执着,庄严深邃,厚重豪壮。这就和在中国作为主流文化的儒家思想与刚健质朴精神取得了一致,呈现为强烈的参与意识,渗透到社会的每一个层面,体现为维护社会稳定发展的高度自觉性和责任感。这种传统凝结为一种文化心理模式,深深地影响着今天的西部人,促使他们进一步增强忧患意识和使命意识,自觉履行当今西部人的历史使命。

中国西部物产丰盈,无所不有,其不同于中原内地的是,同时存在着多民族、多部落的"小区域生存状态"。这使它有别于中原地区,而和中世纪初期欧洲的政治地图——有的历史学家比喻为"一条政治上杂乱拼缝的坐褥"①有些相似。所谓"小区域生存状态",即在大一统中自成格局,具有一定的独立性,由此产生的小区域间的竞争、交流、迁徙、征战,客观上都是对封闭的大一统政治结构和思想观念的冲击。同时,中国西部农耕文化和游牧文化的交相杂处,也为封闭自守和开拓开放的两极震荡创造了条件。农耕文化区域的守土为业,游牧文化区域的游畜就草,这两种不同的生产方式,带来了文化心理上一系列的反差。重视守成甚于创业。认为只有有守有成,所创之事业方有价值可显。守业、守成、守道、守心,不但演化为西部农耕文化区域的生活方式,也构成这里重要的思维方式和价值诉求。所谓"守业、守成、守道、守心",即守既成之业,守传统之道,守舍之内魂,以静为贵,视动为乱,衡变为害,成为这个地区正统的、恒常的群体文化结构和个体心理定式。在这个地区,"守成"渗透到历史评价、经济评价、道德评价、审美评价之中。万事万物皆有度。守住此"度",无过与不及,就是均衡,就是最完美的。而在

---

① 海斯、穆恩、韦兰:《世界史》(上),生活·读书·新知三联书店,1975年版,第474页。

游牧文化区域,游,游变,是人的生存和发展能力的重要标志。在需要不断移畜转场以追寻、争夺丰富草原的地方,游则活,游则强,游则胜。引申到思想意识方面,则重创新,不重守成;重专业,不重综合;重自创,不重师承。强调发前人所未发,喜欢标新立异,但有创新,无垂统,自己如此,他人亦复如是。"守"与"游"、"家"与"路",两种文化意识也暗暗支配着两种人生命运和两种生活背景。在游牧文化区域,人在"动"中,在无尽的路途跋涉中完成自己的人生;在农耕文化区域,人生的路却大都在"静"中,在"家"里,在"房顶"下,在"老婆娃娃热炕头"中度过的。随着时代的发展,经济文化的发达,信息交流的便利,这种文化与思想意识的差异虽依然存在,但互补、融合已日益成为主要趋势。

就这样,西部审美精神中封闭守成和拓展开放两极对峙却又如影随形地存在着、活动着。封闭守成在抑制创造力的同时,又激发着冲破自己硬壳的反作用力,使在开拓开放中前进的社会要求越加迫切和强烈。

第二,深厚的人文精神、美好生活的向往与厚重的悲剧精神、忧患意识的涵容交织的审美意念。忧患意识不能单纯地理解为忧愁、忧伤、忧郁。它的精神实质,是人对社会、对民族的责任感,是一种以天下为己任的历史意识。忧患意识的实质乃是爱国精神。应该说,爱国精神是中国传统文化的基本精神。在《史记》中,司马迁之所以把《伯夷列传》置于诸传之首,就因为伯夷是一位"义不食周粟"而"饿死于首阳山"的殷代遗民。在古人心目中,遗民(如元初之宋遗民、清初之明遗民)乃是忠君爱国的典型人物,而伯夷又是遗民中之典范,是最受后人崇仰的模范遗民,尤为后世忠君爱国者所心仪。著名爱国诗人屈原在其《九章·橘颂》中,就曾以伯夷自比:"年岁虽少,可师长兮;行比伯夷,置以为象兮。"

生活环境和人生道路的严酷磨砺出西部人坚强内忍的气质,他们要求承受人和自然、人和社会、现实和理想的分离所造成的各种精神压力。粗犷的外部性格和沉郁内向的心理特质,外部生活的缺憾和内心追求的美好、欢乐,民族的大迁徙,政治地图的频繁变动,使得在通常状况下千百年或好几代人才能感受到的那种人世的沧桑变幻,集中在较短时间里呈现出来。从这个意义上说,生活的动荡使西部人有更多更加深沉的人生思考和感喟。承受各种各样人生的苦难和坎坷而不丧失勇气,不懈地奋斗,历经磨难,终于达到崇高,这构成了西部生活中沉雄苍凉的忧患意识的底蕴。忧患,从人生的广阔背景中升华出来,形成特殊的美感。所有这些,又可以在西部的高天远云、荒漠峻岭、绿洲碧湖的自然环境中找到悲凉苍茫色彩的合适的景框。而当它们在社会文化的(不论是文化心理还是意识形态)层次上得到反映时,便浸润着一种深厚的人文精神,使社会责任感带上伦理道德的感情色彩而显得分外亲切。这种忧患意识在不同的时代和环境中催化着各式各样的实践活动。在当代,它集中表现为一种变革现状、开拓西部的审美精神渴求,从而汇进新时期文化建设之中。

第三,古朴厚重、纯朴善良的审美文化品格与任情适性、乐观幽默交相融合的审美风味。西部人民是豁达乐观、幽默风趣的。这是在长期的改造自然和社会的搏斗中磨砺出来的一种昂扬奋发,是洞察人生、练达世事之后的一种超然恬适,是弱者对付强者、贫者对付富者的一种智慧优势,是和自然对峙的人最终感受到了自然与人心互惠交流之后的一种"天人合一",也是西部人在艰苦生活中的一种精神调剂和情绪松弛。达观,是西部人在漫长历史道路上艰难前行的一种重要的精神润滑剂。这些,常常结晶为西部人的浪漫主义气质,结晶为对生活艰苦、山川险恶的淡化与美化,结晶为幽默或达观的性格。家喻户晓的阿凡提大约是西部中国达观幽默的最著名的典型人物了。岂不知,中国西部地区远不止一个阿凡提,这里的每个民族和大部分地区都有阿凡提式的典型人物在民间流传,其中有的已经被其他兄弟民族和地区所接受。如维吾尔族和乌孜别克族有阿凡提,哈萨克族有和加归斯尔、阿勒的尔、库沙,回族有依玛姆,等等。这个庞大的阿凡提家族的共同特点,就是他们的幽默是积极参与现实的,不是旁观者的嘲讽,具有当事者的热烈和热情。他们作为社会发展积极力量的代表,既用勇敢坚毅,更用智慧幽默,承担起自己的社会责任——比如辛辣地讽刺、机智地报复统治阶级和财主老爷,敏锐地指出劳动者身上的道德的、性格的和思想方法的缺陷,善意地甚至有意装愚卖傻地在这些缺陷面前树立起一个理想形象等。

可见,他们虽然较少采用理性的思辨而较多采用侧向思维,但从介入社会、承担责任、认同群体几方面来看,西部幽默达观和西部的忧患意识有着一条深层的社会责任感、群体归属感的纽带,正是这个纽带为忧患和达观的两极既在对峙中分立,又在震荡中同一奠定了基础。

忧患与达观审美精神是在深刻的层次上构成矛盾统一体的。在对待生活的态度上,一个是灼人之热;一个是冷峻之热;一个表现为切实的负重远行,一个表现为机智的圆融无碍。二者作为西部精神的两个侧面,在分立对峙的同时,在更深的内涵上,在诸如坚韧、执着、自信自强等方面则相互联系,互相转化。

七、西部审美精神的多元体现

西部多元化的审美精神体现,具体说来,在西北有以下几种。

一是古道热肠,沉郁内忍,强悍坚毅的审美精神。由异族与本土文化的交会、佛教艺术、宗教情感与审美体验的融合所熔铸成的古朴、厚重的高原审美风格。

二是神秘厚实,既弥漫着神灵佛光又充溢着人性意味的宗教净化的审美精神。由藏传佛教信仰与审美体验、神秘、复杂的密宗仪轨,由原始宗教信和审美萌芽。万物有灵、自然崇拜、图腾崇拜和生殖崇拜、神秘的宗教仪式、苯教、萨满教信仰与审美体验、宗教净化与审美净化相得益彰、生命永恒的追求、幻想中现实生活的延续等所形成的淳朴、执著,充满人性化关怀的神秘审美风味。

三是热爱生命、友善平和的审美精神。由独特的西部伊斯兰文化圈、多样化的伊斯兰艺术风格所生成的西部民族风情与审美意识:重礼好客、尊友重情、喜庆欢乐声中的悲怆古韵、诞生仪礼与丧葬习俗中生命意识、求存禳夭中的忧患意识、喜庆欢愉中对丰收的祈盼和美好生活的向往、神秘的信仰活动中蕴含审美情趣、多彩的艺术活动给人以美的享受、民族内聚力和自由精神的升华、由实用走向审美、自然美的模拟和观照、形式多样佩饰中的审美追求、信仰崇拜对民族服饰观的渗透所形成的审美情趣。

在西南,尤其突出地呈现于巴蜀审美文化中的有以下几个方面。

一是恢宏的气概和开放的审美精神。作为商代长江流域城市文明和青铜文化的杰出代表,三星堆宏阔的古城、辉煌的青铜文化孕育了巴蜀文化开放的审美精神。从青铜文化来看,三星堆青铜合金技术、铸造工艺和青铜制品种类均有十分鲜明的特点,达到相当成熟的水平。身居内陆盆地的三星堆文明绝非封闭型文明,它不但与中原的文明和中国其他区域文明有这样那样的联系,而且还发展了与亚洲其他文明古国的关系,证明它是一支勇于迎接世界文化浪潮冲击的开放型的文明。

二是素朴敦厚、尚义言孝、锐勇刚强的审美精神。西南民族文化重祭祀、喜歌舞、自然任性、率直豪放、勇敢尚武、民风淳朴厚重。

三是既务实创新又灵活机变、异端叛逆、幽默鬼黠的审美精神。西南地区具有厚重的原始宗教的神秘氛围,从而造成巴蜀文化离经叛道、胆大妄为、标新立异、无所顾忌、敢想敢为、敢说敢干的审美进取精神。自古以来,这里的文人就敢于取法异域，大胆锐利地进取开拓。他们泼辣果敢，勇往直前，放言无惮地否定批判，敢于冲破僵化的传统观念，具有张狂、反叛的审美意识。这一反叛精神促使他们在现代文化思潮中多次扮演"时代先锋"的角色。

巴蜀地域审美文化自古以来就呈现出一种突出的开创精神，"首开风气"的开拓前进，还不断掀起一次又一次的反叛传统的审美风潮。巴蜀人泼辣凌厉，特别能够求新逐异，更愿意显示自己年轻气盛的一面，善于自我否定、自我更新。恃才傲物的巴蜀文人也层出不穷。司马相如"苞括宇宙，总览人物"的恢宏气概，陈子昂的骋侠使气，李白"天子呼来不上船"，雍陶自负"矜夸"，苏舜钦"寨若傲世"，苏辙有"狂直"之名。从古到今，巴蜀文人就敢于突破传统，离经叛道、标新立异，自创一格。除了首开风气，巴蜀文人也灵活善变，不断地自我调整以求适应时代的发展，反映在巴蜀学术思想史上，便涌现出了大量的关于"变化"的论述，以清末廖平学术思想的"六变"最是有名。为了适应时代的变迁和西方文化的冲击，廖平学说不断地花样翻新，一变再变，他自己也引以为荣："为学须善变，十年一大变，三年一小变，每变愈上，不可限量，所谓士别三日，当刮目相待也。"曾任四川学政的张之洞就此总结道："蜀中人士聪明解悟，向善好胜，不胶己见，易于鼓动，远胜他者。"当巴蜀式的反叛逐渐成为一个普遍的事实，这实际上就意味着传统礼教的松弛已经构成了这一地域的特异的文化习俗，在与中国正统的儒学文化、礼教秩序稍有偏离的地方，巴蜀孕育着自己别具一格的"叛逆品格"，某种程度的反传统成了传统，部分的逾越规范成了规范。无论是自觉还是不自觉，生活在这块土地上的现代四川作家已经浸润在这一种特异的地域习俗与品格之中，这些习俗和品格也就会继续滋养和鼓励他们的反叛、先锋行为。

整体而言，西部审美精神的生成基因是多元的，是多元美学元素的交汇、借鉴、融合和创新，与西部审美文化突出地体现为放牧游牧文化特性的自由创造精神分不开。西部审美文化是西北、西南地区民族歌舞与民族生产、生活的遇合，交汇着土风民情的民间歌舞，弥漫着神灵佛光的宗教歌舞，洋溢着初民朴素而浪漫的审美意识的图腾神话、创世神话与英雄神话融合，其中恢宏与野性的魅力、人性的觉醒和张扬、奋发而又富于意味的表现形式、积极昂扬和达观忧患的审美意趣，都是生成西部审美文化率真、厚重、悲怆、风趣审美精神的重要基元。

民族、地域文化特色的审美意象群，崇高、雄壮的英雄主义精神是西部民族史诗的基调，高度理想化的造型使民族史诗充满雄浑之美，口耳相传的演唱吟诵使民族史诗有了特殊的光辉。各种质朴厚实的劳动歌、庄严风趣的礼俗歌、浪漫率真的情歌、情趣盎然的生活歌、隐含锋芒的时政歌，饱含着高山的气息和悠扬的基调、勇敢的人格和豪迈的吟唱、伟岸的意象和缠绵的情调、悲剧精神和幽怨的意绪、浓烈的宗教气息、崇高的审美追求、坦荡的胸怀、直露的情感、丰富多样的风格，雄奇而又神秘、绚丽夺目的姿彩。撼人心魄的定礼塔"阿赞"、飘动的经幡、屹立的玛尼堆是寥廓、悠远的历史时空中西部民族先民的足迹，古羌人、突厥人、匈奴人、回纥人、吐蕃人、党项人、吐谷浑人和他们的子孙们共同创造了西部审美文化宝库。

如何从更深层面揭示多维审美文化交汇中所熔铸出的西部审美精神及其在当代多元文化建设中的作用是意义所在。西部审美精神不仅仅是在单层面上陶铸的，而是多层融会和穿透的。如佛教文化在中国西部漫长的流传过程中，不断汲取各地的宗教文化，发生了多次变异，从而才得以形成今天神秘而独具异彩与饱含人性化关怀的宗教精神。西部在多维文化多层向心交汇中所形成的四圈四线网络结构，不但明显地表现于古代，也绵亘至今天。

差异文明能够较快地向本位文明转化，能以博大的胸怀将多民族、多地域、多流派的文明熔铸为西部地区的审美精神传统。就审美文化而言，反映或感应着西部地区多民族、多文化丛生的现实状况，对人物杂色风情、复杂性格和杂化心态的描绘成为这些地区各类审美文化作品对世界审美文化宝库的独特贡献；而宏阔壮丽的景观、艰难的生存条件和每一步都需要搏斗的人生道路，又使这些地区的审美文化从各个角度追求以刚美为主的多种审美形态的结合。在中国西部审美文化中，"浑厚、悲壮、苍凉"审美精神的呈现一度雄踞一时，展现严峻豪迈、刚毅强健的文化性格，成为西部审美文化的突出风貌。

中华传统审美文化就其创作者精神看，不是扬励刚强、扬励进击的文化，而是以柔克刚、以天达人、以阴取阳、以道补儒的文化。儒的"中庸"、道的"不争"，都少了一点豪强和刚劲。中华民族的阳刚气质和自强精神之所以能生生不息地传承发展下来，相当程度上是透过统治阶级文化的缝隙，游弋于主流意识文化的边缘得到实现的；是经由民间文化和民族地域文化领域，经由亚文化和副文化领域，经由文化混交林和次生林领域留存、传播、交流、再生的。不用说，西部文化最好地保留了这一特质，由此，历史也从这个角度又一次选择了西部。

西部民族审美文化在中华文化中从来都属于地域文化；西部民族审美文化在中国又总是划归差异文化，所谓"夷狄之地"的文化，很难成为社会的创作者文化；西部审美文化较少以精致和正统的形态存留在典籍和殿堂中，常常鲜活地保存在文化的地域边缘。因而，它有可能在儒道互补的创作者文化圈外，较多地较好地将自己的阳刚雄强气质保存下来，成为中华文化中极有活力的一脉。这股西部的阳刚之气,在古代曾经对中国文化的发展与改造起过重要的作用。隋唐两代的汉胡文化发展的差异运动与认同和南北民族迁徙,曾经激活了中华文化的内在生机,使之出现了空前的繁荣发展;历代中原与西北民族连绵不断的征战,又促进了中原和西部经济与审美文化发展的差异运动与认同,强健了我们民族肌体内的雄性审美精神。

当代西部最主要的审美文化建设目的和精神成果,就是焕发民族审美精神中的阳刚之气、雄强之气,祛除民族审美精神中那种甘于落后、甘受欺凌的柔弱之态。人们重新发现了西部,发现了站在崇山峻岭、长河落日之中的那位大写的西部男子汉,听见了他那高亢的男性之歌。

西部审美文化具有开放性、兼容性、革新性的历史个性。这种历史个性是在东西方文化发展的差异运动与认同进程中通过互融互补而丰富起来的。汉唐时期,通过丝绸之路,西部的丝绸、蜀郡的漆器和铁器远销到中亚、西亚和希腊、罗马,而中亚、西亚的毛皮、毛织品、马匹、瓜果、香药又不断输入我国西部。在四川新都画像砖上有西域双峰骆驼的题材,在四川彭山崖墓有安息艺术中的翼形兽的形象。四川画像石中的神仙羽人和裸体人像是受到希腊罗马艺术构思的启迪。巴蜀审美文化、楼兰审美文化、河西走廊审美文化就是在这种东西方审美文化的交融互补中而形成自己独到的审美精神的。这对今天在中西文化的发展的差异运动与认同撞击中构建西部的特色审美文化有相当的启迪性。

文化是一个较为宽泛的概念,无论在东方还是西方其都是个争论不休而歧义层出的问题,据统计,截至20世纪70年代,世界文献中有关文化的定义已达250种之多。在引进、吸收西方民族学、文化人类学的有关成果之后,目前中国学术界大体上认可的文化可分为广义与狭义两种。广义是指人类在历史实践过程中所创造的物质财富和精神财富的综合;狭义指社会的意识形态以及与之相适应的制度和组织机构。文化定义的纷繁以及概念认识上的不一,使得人们在从事民族文化交流与整合的研究中,有必要依据民族文化发展的实际对文化内涵进行具体化的界定,即在民族文化总体发展论述的前提下,依据表征性和可操作性原则,从文化诸多要素的构成中选取影响民族文化发展的主要因子,如民族语言、民风民俗、民族文艺审美创作、民族歌舞等,这些可视又可悟的文化因子对于主要依据文献资料,包括考古资料来考察民族文化的交流与整合,显然具有实际意义。在历史时期,民族文化之间的交流与整合是一种常态社会现象,尤其是在民族交错分布的地区,更是如此。我国西北地区自古以来就是多民族多文化分布地区,也是我国古代与西方世界交往的重要通道,独特的历史人文区位使西北地域成为不同质的文化发生代际演替的典型地区。现今,民族文化的交流与整合依然在不同地域不同层次上持续发生。但以往的研究大多集中在对民族迁徙、民族斗争、民族文化的相互影响方面,而从区域角度、用文化地理学的空间占用、生态演替等相关理论来研究民族文化之间相互移植、借用、吸纳的还不多见。

最后,需要说明的是,在研究中本课题采用实证方法和阐释学方法相结合,既重实证又重理论分析,从审美的视角,对中国西部审美文化与审美精神进行研究和考察,从西部审美文化的深层,梳理并挖掘出其审美精神。同时,力求站在中华民族整体审美文化的制高点来审视、描述和阐发中国西部民族审美文化的审美精神,同时力求把握其时代、地域和民族特征。就时限而言,将从远古的史前时期到现代作纵向扫描,从古至今,以古为主。不做史的描述,但力求清晰地梳理出西部民族审美文化与审美精神纵向发展的脉络。鉴于不同民族审美精神发展的差异运动与认同、互渗从而引起嬗变是审美精神发展过程中的一条规律,在引证阐述中将在中华民族内部各民族审美精神间乃至中外民族审美精神间做必要的横向比较,既体验、感悟,又审视、解读西部民族审美精神。

01

西北篇

第一章

西北审美精神独特的区域背景

中国西北是欧亚大陆的制高点。由帕米尔山结向四面八方像一把伞那样撑开,高的山棱是一条条脊梁似的大山脉,那是阿尔泰山、天山、昆仑山、喜马拉雅山;低的褶皱里流淌着一条条生命河,那是黄河、长江、雅鲁藏布江、叶尼塞河。中国西北是山之根、河之源,而山与河又将西北与欧亚大陆的广阔空间联结为一体。地老天荒的山川大漠则成为生命、历史、人生在漫长时空走廊中的意象。

西北地区,幅员辽阔、人烟稀少、地老天荒,沙漠、戈壁、荒原、沟壑、烈日、战马,突出地呈现出一种力度之美和阳刚之气,开阔的地貌,厚重、源远流长的历史,雄浑豁达的个性使西北审美文化呈现出鲜明的特征。

一、西北审美文化的历史构成及其当代转型

西北地域,处蒙新高原、青藏高原、高原黄土,在自然地理区划上属于典型的内陆干旱气候区。西北地区戈壁、草原、绿洲相间分布的空间形态,为不同民族文化的入居、成长提供了理想的生存环境。

西北地域宜农宜牧的自然环境,使入居于斯的民族或部落形成了深厚的西部文化心态。早期生息于此的羌、月氏、匈奴等族就是如此。当中原汉王朝占有西北地域之后,原居于此地的各民族或部落却难以释怀。这种不同民族共同的乡土意识是历史时期西北地域多民族文化趋于一致的重要文化背景,也是西北地域多民族文化碰撞、交流与整合的内在推动力。

从文化地理区位来看,西北地域处于我国古代蒙古文化圈、青藏文化圈的交汇地带,也是中原文化、西域文化有效辐射之区域。与不同民族文化在地域上的临近性使西北文化对不同质的文化都具有一定的亲和力,历史上不同地域的民族或部落正是基于此而相继进入西北地域的。而多民族文化的不断入居及其生存

空间的交互占用,使西北地域文化结构趋于多元和开放,在西北儒家文化中异质文化因素加重的同时,也使得西北地域文化更易接受异质文化的影响,并将这种影响整合到自己的文化格局中,变为区域文化传统。这种兼容并蓄、相互认同的地域文化形态,是历史时期西北地域民族文化交流与整合的地域基础。

西北人古道热肠,沉郁内忍,强悍坚毅,个性豪放不羁,不拘儒家礼法。这种品格以不同于东部人的价值坐标和文化心理,成为西北人精神生活的另一种存在。千百年来这些精神生活行为在西北渐渐成为一种历史积淀,形成西北人的厚重激扬和豪爽粗犷的性格特征。由于历史的原因,西北人饱经忧患,生存艰难,命运起伏跌宕,蕴涵着无限的丰富性和传奇性。历史的悠久和空间的辽阔,使他们精神自由地游荡,充满奇情异想,而这种强烈的苦难感与强烈的自由意志的对立和相互渗透也正是西北审美精神的来源。正是西北这种独特的地域环境,以及西北浓厚的审美情怀使得草原上的西北汉子常常猛地勒住疾驰的骏马,沉思地遥望着东方。山峪里的西北女性有时蓦地煞住跳"锅庄"的脚步,谛听着风儿带来的什么音讯。西部开放无疑给西北审美文化的转型带来一种契机,也为西北地区审美文化的繁荣发展带来了机遇。如何抓住机遇,努力创建新的既有地域特色、民族特色,又具有时代特色的西北审美文化,必须做到以下几点。

第一,西北审美文化的动态多维组合和当代世界文化的综合发展趋势的认同。

就地域空间看,西北和外区、外族、外国接壤的地方,常常比西北腹地的封闭性要小,城镇、工厂和知识密集地区、民族聚居地区、游牧地区,也常常较为开放。中国西北各民族的文艺审美创作意识,由于民族杂居的缘故,并不是封闭、静止的。和中原地区的汉族相比,他们更易于接受差异文化的影响,并将这种影响整合到自己的民族文化格局中,变为自己的传统。因而,中国西北的本土文化和民族意识,在一定程度上实际是一种多维坐标的文化传统,即一种带杂色杂光的文化传统。这样,民族文艺审美创作意识和它的另一极,其空间意识心态杂化色彩便又出现了深层的沟通,构成一种两极现象。这是西部精神中极有价值的一点。

这种杂化色彩大致有两种形态。第一种是在多民族动态交流中作纵向显示。西北不同民族、不同社区在共居中,多维文化在不同层次上做广泛的差异运动与认同,使民族文化心态展示出一种独有的杂色来。西部生活和西部文化的发展,常常起因于另外一个民族、另外一个文化层次元素的引入。新元素的介入使得原来民族的、社区的沉静生活产生了动荡,在动荡中进入一个新境域。这时,多民族文化的交汇表现为质变、飞跃。一方面,文化发展的必要条件是差异运动与认同;

另一个面,文化个性形成和保存的必要条件却是隔离。隔离和差异运动与认同一样都是文化发育的机制。西北的这种"文化隔离机制",使古波斯、古印度、古中华文化得以在相对封存的环境下发展,在漫长的岁月中逐步形成了自己的个性。我们甚至可以不无痛切地说,是中国西北区域文化以自己旷古未有的荒蛮为代价,成就了世界古文化几个最具标志性的景观。

中国西北在多维文化多层向心交汇中所形成的网络结构,不但明显地表现于古代,也绵亘至今天。从文化圈看,西北新疆、青藏、陕甘、蒙宁几大文化圈,在经济发展的差异运动与认同、交通发达和政治一体化的当代,仍然大体保存着自己的特色。而从交通线看,接轨贯通的欧亚大陆桥中段(西安至苏联中亚段)恰好大致在古丝路上;青藏公路和青藏铁路,又恰好大致修建在唐蕃古道上;今天的宝成、成昆铁路和滇缅公路,又恰好大致修建在博南古道上;亚洲大陆(也部分地包括欧洲和北非的地中海文化)的几座文化高峰开始朝中国的西北文化低谷向心而汇,使西部在漫长的历史积淀过程中逐步形成六圈四线的文化地图——新疆文化圈、青藏文化圈、陕甘文化圈、蒙宁文化圈、川渝文化圈、云贵文化圈和将它们联结起来的丝绸古道、唐蕃古道、草原古路和南方丝路。六个文化圈清晰地反映出波斯文化、印度文化、蒙古文化、地中海文化和中国中原文化在中国西部不同程度的组合交融(新疆文化圈就鲜明地体现出中华文化和波斯文化、中亚文化多维交汇的特色);四条文化古道则将西部的六个文化圈和世界各大古文明结成网络。这使多维性和动态性成为中国西部文化和西部人文化心理上的一个传统优势。

我们在世界文化地图上还能看到另一种多维文化交汇现象,这便是世界几大文化在美洲、澳洲、非洲和那里的本土文化发生碰撞、交融。这种交融不是中国西部内向性聚合的交汇,而是欧亚文化外向辐射的交汇,是多维文化的离心交汇。于是,美、澳、非的新大陆文化和中国西部文化便呈现出一种内在的同构,尽管两者是在不同时空中发展的,发展的形态和程度都有很大差异和差距,却渐渐有了自觉的呼应和不自觉的感应。

当今,世界文化的发展已经由古代的隔离发展时期、近代的选择发展时期,进入了当代的综合发展时期。第二次世界大战以来,文化的综合发展方式在世界兴起,它克服了选择发展的片面性,即在竞争和淘汰中常常忽视吸收、融汇对方的优点和长处。现代文化开始重视综合统摄当代各种文明的精华和具有生命力的因素,积极主动反映各种文明的共同趋势和发展可能;同时在文明发展中既重物质环境的改善,更重以人为本;既重历史,又重当下审美。苏联学者甘图诺娃认为,后现代主义在自己的探索中吸取、融合了欧美、非洲和东方各地的指导经验和审美经验。美国学者詹明信解释,后现代主义和帝国主义之后的"多民族资本主义"相联系,它由从时间角度把握世界转为从空间角度把握世界,这是由"线"到"面"、到"体"的转化,由一维到多维的转化,也就是由否定性的竞争—淘汰发展,进入综合性的竞争—交汇发展。文化的多维构成的底蕴,文化的开放容受的结构,文化的综合统摄的能力,都是现代社会对人在素质上的要求,在这方面,西部与现代有着一种相互应和的潜质。

第二,加强西北地区人文生态建设,增进民族团结,促使西北民族杂居状态和现代人跨社区发展状态的进一步认同。

自然生态是相对于人而言的外部物质世界,它是人类赖以生存与发展的物质基础。一个地区的自然生态状况影响着该地区人类的生存质量和发展水平。自然生态的原生状态是不以人的意志为转移的客观存在,但人的实践活动却可以并已经大大改变了它的原生状态。伴随着全球性的人类生存环境的恶化,源于自然生态的可持续发展的问题日益成为全世界关注的焦点,其核心思想是:在经济发展的同时,注意保护资源和改善环境,使经济发展能持续进行。从处理人类与自然的矛盾关系讲,西部大开发面临着发展经济和保护与改善西部自然生态的双重任务。因此,在发展西部经济的同时,必须保护西部的自然生态资源和改善西部的自然生态环境,使西部经济发展能持续进行。同时,西部大开发还面临着发展经济和建设与保护西部人文生态的双重任务。从处理人类社会内部的矛盾关系讲,对可持续发展核心思想的理解应是:在西部经济发展的同时,注意建设和保护西部的人文生态资源,改善西部的人文生态环境,从而持续发展西部经济。

西部大开发要关注改善人与其生存的自然环境的关系,致力于自然生态的建设与保护;更要关注人的发展,致力于人文生态的建设与保护。中国西部是中国的民族博览会,是民族文化的百花园。我国56个民族起码有50个以上生活在西部。西部民族的分布大约有四种情况。第一种是相对集中于一个地区,且人多地广,有的已从事农耕活动,形成定居的村落,如西南许多民族和新疆维吾尔族、宁夏回族。他们长期生活在纯一稳定的社区中,心灵的杂音杂色较少。第二种是虽然相对集中,但游牧为生,居无定所,如蒙、藏、哈萨克族,流动性较大,对不同生活习俗和价值标准,容受性和适应性较强。第三种是几个较大民族交界地区的杂居状态,比如青海湖、祁连山一带,正处于大西北四个民族文化圈的结合部位,自古以来民族杂居,衍生了一些新的民族如东乡、裕固、保安、撒拉等。他们和汉、藏、蒙、回、哈萨克族比邻而居,四面交通、八方往来,在驳杂的文化心理中呈现出强劲的生命力。第四种是已经在城镇有了各种职业的民族。他们以单个的家庭和个体,或小群体、小家族,进入五方杂处的城镇社区,不但要适应多民族杂居的现实,还要承受由牧区、农村到城市,由部族文化、村社文化到城市文化的价值转移、价值杂交。就心态杂色而言,他们是最丰富的了。

杂居就是不同文化场、心理场的交叉和交汇,这无疑会使西部人的心灵挟带着多层面的声音,造就他们对差异文化具有较强的容受渗化能力、视角转换能力和智慧杂交能力。王蒙下放伊犁时,敏锐地感觉到了西北人在民族杂居中形成的这种杂色心理,他在"文革"复出后写的纪实小说《在伊犁》对此做了反映。书中描绘了几个民族、几种政治态度、几种生存观念的人共居一个大杂院的日常生活故事,在表层生活的下面,杂色的文化在杂居中杂交,那是何等的精彩而又深湛。张蔓菱的中篇小说《唱着来,唱着去》,写新疆阿勒泰中、蒙、俄边界地区多民族共居的人类学景观。他们的交往和友谊、亲缘和爱情,总是超越于民族和国家的疆界之上"唱着来,唱着去";而他们按照祖训,要在民族杂居区保持本族血统的神圣责任,在那些和异族相爱的年轻人心中,又产生了何等刻骨铭心的痛苦。人性人情可以超越国界却无法超越信仰,冲突在心灵深处撕裂着他们。这方面的作品极少见到,可以说是西北文艺审美创作对当代文学独有的贡献。

今天,跨社区生活已经成为现代人生存的常态,市场经济的一体化要求对世界有一体化的文化态度,这就需要现代人把多民族、多国家、多社区的世界作为一个"地球村"来看待。现代人既在自己的小社区生活,被亲缘、地缘、业缘等关系固定着,又是一个全球居民,被国际大循环的一体化经济流通所固定着。复杂的世界将自己全部的复杂性在人的心里留下影像,人也就不能不在自己的心里预备一面能够照出这复杂的多维镜子,以便有能力对付这个复杂的世界。复杂的客体正在催动、激活着创作者的复杂化。时代发展的这一趋势,有可能使西部人还处于自发状态的杂化心理优势,在一体而又多维的现代文化结构中得到充分的发挥和科学的提高。

第三,西北人流动生存状态和动态生存意识的现代适应与转化。

自然生态是社会发展的客观物质前提,人文生态是社会发展的创作者条件。从人类实践经验看,社会发展是人类与自然和人类自身协调发展的过程,即保持自然生态平衡和人文生态平衡以及实现自然生态与人文生态二者良性互动的过程。历史经验证明:自然生态和人文生态的建设与保护协调,则社会经济增长快,社会发展水平高;如果对自然生态建设与保护关注不够,虽然在短期内也可以达到经济较快增长,但缺乏可持续性;而如果人文生态环境恶劣,其建设与保护措施不力,则经济增长一定受阻,社会总体发展水平必然较低。

我国西部地区与东部地区相比较,存在着东西部社会发展严重不平衡问题。这种不平衡既有自然生态资源条件的原因,亦有人文生态资源条件的原因,而且人文生态资源条件是更重要的原因,为此,我们主要分析西部地区的人文生态及其建设与保护对西部大开发的重要意义。需要说明的是,人文生态作为一个整体,是由诸因素相互联系构成的动态平衡系统。人文生态的建设与保护涉及建设和保护两个层面——首先是保护西部地区人文生态中对社会发展起积极作用的诸因素;对于西部地区人文生态中对社会发展起消极作用的诸因素,在大开发的伟大实践活动中,通过创作者自觉能动的创造性活动,消除消极因素的不良影响,优化人文生态环境。

处于中国西部的西北地区拥有独具特色的丰富的人文资源。首先,西北地域辽阔,人文历史悠久。它是中华民族和中华文明的重要发祥地。因此,西北地区有着得天独厚的历史文化资源。合理开发并利用这些资源,对西北的经济与社会发展将会产生积极影响。其次,西北地区民族众多,孕育了丰富的民族文化资源。有学者统计:全国5大自治区有3个在西部,30个自治州有27个在西部,汉族和38个世居民族的人民在这里和睦相处。因此,西部地区有着灿烂多姿的民族文化,是我国民族文化资源最富集的地区。民族文化的多样性是人类社会的瑰宝,是社会发展最有利的人文生态资源之一。维护民族文化多元化,并保持和利用民族人文生态资源,对民族社会生态的建设具有积极意义。

从中国西北的人口构成来看,除了农耕文化区域的世袭农民外,主要有生活在广袤原野上的游牧群落,如蒙、藏、哈等兄弟民族;还有生活在新开垦的处女地和新开发的工矿区的集团移民,如生产建设兵团和石油、地矿工人;部队和军事科研基地军旅生活群落,所谓"铁打的营盘,流水的兵";还有失意官员、落魄文人和他们的后裔组成的流放者群落,这是西北的知识阶层;还有由于失去土地盲目流入的移民,俗称"盲流"的那一类人;还有在心灵中放逐自我,来西北寻找真情真性真自然、寻求文化补偿和生命复壮的精神旅行者群落。无论是游牧、移民,还是行旅、军旅,都处于一种动态之中,显现着多数西北人处在流动的生存状态之中。

没有"动"则没有西北的人生,没有"动"则没有西北文化、西北文艺。西北人在自己的命运中,大都经历过与环境的多次剥离,既造成心灵撕裂性痛苦,也锻打了对流变不居的各种生存环境的应变力,这使他们和中原农耕文化区域"守土为业"的静态生存状态和生存意识区别开来,而和现代人在更大空间流动的人生相呼应。衡量人的生存能力,不是守土、守业的能力,而是流动、创业的能力;衡量人的价值观念,不是尚静、贵静,而是"树挪死,人挪活",在动中实现人生、增值人生,这一点,西北和现代是相互认同的。西北人精神的"家"在马背上,现代人精神的"家园"在汽车里,他们都不愿意将自己的生存空间永远限定在一个地方,他们的人生永远在"路途"上,在运动的过程中。

第四,西北的自然景观、人文景观、精神景观的现代化建设与开放。

作为中华民族和中华文明的重要发祥地,西北地区有着得天独厚的历史文化资源。民族众多,具有丰富的民族文化资源,有着灿烂多姿的民族文化,是社会发展最有利的人文生态资源之一。维护民族文化的多样性,有效地利用各民族文化多元化并存的人文生态资源,对自然生态的建设和保护,亦有着积极意义。

西北地区良好的人文生态资源,为西部大开发及社会大发展提供了可能性。但是,西北地区人文生态还存在诸多不利于社会发展的因素,正是由于这些不利因素的存在,在西部大开发中关注人文生态建设与保护才显得尤为重要。西北地区人文生态建设所面临的问题主要有文化素质问题、观念问题、教育问题。社会是在人与自然、人与人、人与身心等方面的和谐统一中进步发展的,是综合的全面的社会进步。社会发展的过程是在自然生态得到较好建设和保护的同时,推进人文生态的建设和保护,以不断改善人类的生存条件,提高人类的生活质量,促进人的发展。就西部大开发而言,人文生态的建设和保护对西部大开发有着重要意义。在具体的实践活动中,应当充分利用人文生态资源中对社会发展有利的各要素,促进经济和社会的发展;同时,应当改善和根除人文生态资源中对社会发展不利的各要素,促进人文生态的优化平衡和良性运动,以促进西北地区大发展。

实现西北地区人文生态的建设与保护工作的良好运作,应该是在广泛参与的前提下,以保护现有的人文生态资源为基础,在保护的基础上建设和开发。这既包括对西北地区丰富的历史文化遗产和民族文化的保护、开发利用,又包括解放思想,更新观念。人的实践活动受着人们固有观念的影响,人的现代化,某种意义上也就是人的观念和行为方式的现代化。西部大开发,从西部广大群众来说,需要解放思想,革新观念,需要以现代观念、现代精神改造数千年自然经济在人的意识上的积淀,以及数十年计划经济在人们头脑中形成的思维定式。调整西部地区人口的生存态度、价值观,对西部发展至关重要。正确对待和处理民族和宗教问题。西部地区民族众多,民族文化和宗教信仰不同。避免民族纠纷和宗教冲突,增进西部地区各民族人民的团结,充分调动各民族广大群众的积极性、创造性,共同开发西部,这对西部大开发战略的有效实施有着积极意义。

当今,现代性的物质化进程绝不单单是自己孤独地前行,它毫无疑问将现代人携裹其中,并驱使着现代人不断地品尝和回味这个历史性的现代性浪潮。这就是现代性激发的个人体验。现代人和现代化进程之间存在着这样一种互动的复杂的经验关系:现代生活锻造出了现代意义上的个体,锻造出他们的感受,锻造出他们的历史背影;同样,这些现代个体对现代生活有一种前所未有的复杂想象和经验。现代主义文化正是这种感受的各种各样的历史铭写,尤其是受到现代社会猛烈撞击的文人感慨的经验抒情,这个意义上的现代性指的就是一种人们对现代社会的体验,以及经由这种体验所表达出来的态度,人们通常称此为现代主义。其中一种表达了肯定的态度,即欢呼现代性的历程;而另一种则表达了否定的态度,现代性进程引发了人的暴躁、忧郁、焦虑、呐喊和反抗。物质性的现代性进程、被这种进程席卷而去的现代人,以及这二者之间敏感而丰富的经验关系,所有这些构成了现代性的核心内容。现代人处于无所不在的物质化之中。人类在千秋万代的生命长河中创造的物质和精神文明成果,一方面逐步提高了人类的生活质量,拓宽了人类的生活视野,极大地增强了"社会人"的生命力;另一方面构成各种半透明的隔层,将人和真自然、真生命、真世界拉远,削弱着人的自由的生命力。各种机动车和飞行器扩大了人的生命空间和速度,也退化着人自身身体活动的能力。各种取暖降温设施使人在严冬酷夏中可以舒适地生活和工作,也使人抗御严寒酷暑的能力不断衰退。现代信息和现代传媒,尤其是互联网,改变了传统的时空观,天下变小了,人心贴近了。科技的"千里眼"和"顺风耳",电脑的互通、记忆、分析、重组能力,使人对世界了解的幅度、速度、深度急速增加,但由于"文化膜"的阻隔,人和真世界的距离又正在拉大,人对真世界的亲历、亲感、亲知和直观、直悟、直思日趋模糊。对现代文化弱化生命的趋势,人类早已关注,而且正在抗争。人类正在千方百计进入真世界,呼吸大自然、大生命的空气。

突破现代性物质化进程对人的弱化,一般有两个渠道。一是实践强化,也就是近年来兴起的文化寻根和回归自然的旅游热。一是模拟强化,也就是近年文艺创作兴起的文化寻根热和"人与自然"热,其中包括西部文艺热。正是这种逃离、超越文化窒息的情绪,使现代人选择了西部。西部未被污染的自然风景、悠远沉厚的人文风景、古道热肠的心灵风景,是现代世界仅有的几个还没有被现代文明膜完全覆盖的地区。当你面对西部地老天荒的世界,在人和自然的暗通中听到天籁的秘响,一种出自生命本体的感悟和哲思会在心头蒸腾而出。当你面对西部人文风习中那种重义轻利、淳厚质朴的人生气度,那种群体认同、崇尚天然的价值尺度,那种大而化之的整体把握世界的致思方式,你会感到是对当代实用主义、个体自足的价值观和过分实证、精微把握世界的致思方式一种极好的平衡和补偿,就像在三伏天里喝几口清冽的山泉。

西北地区非文字表述体系的文化较为发达,对文字符号给予现代社会的笼罩和现代人的制约,也是一种平衡、补偿,西北地区的许多文化传统,如一些民族的创世神话和英雄史诗,都是采用民间口头说唱这类纵向传统的方式保存、延续下来的。它和现代印刷的大面积横向传播有很大不同,较少受文字符号的局限和制约,也较少受信息接收者理解符号、再现符号时的局限和制约。这里每一次制约,都是一次失真。它虽然不具备现代传播覆盖全球的快速和同步,却可以避免共性文化同步覆盖所导致的文化个性的消失,得以更多保存原生文化的真性真情真趣。

与此相应,西北地区的非语言表述体系也较为发达,大量的文化财富和生活经验、心理经验,既通过语言(如传说和弹唱),又通过音像(如歌舞)和其他自娱(如民俗)性的表述体系传播和留存。这些表述形态,和现代语言文字文化相比,当然显得粗糙,却也自有其优越性——它的轻符号、重感觉,轻精确、重意会,轻微观内容、重总体情绪,以及它的现场交流和自娱参与特色,应该说都值得现代文艺参考,而且事实上与现代文艺的一些发展趋势和创新探索暗相符合。这恰恰表明了两者之间的应和。

第五,西北人在艰难的生存和滞后的发展中养成的悲怆和忧患,和现代人在高速发展、信息超载中产生的焦虑情绪和忧患意识相应和。

西北审美文化所展现的不是仅供猎奇的边缘地区的粗犷景色与风习,而是一种雄浑深厚的美学风貌与苍凉深广的悲剧精神。大西北既是贫穷荒寒的,又是广阔坦荡,它高迥深远而又纯洁朴素——也许只有面对这种壮丽苍凉的自然,精神才能感受到世界的真正的崇高风貌;只有面对这种生存的极境,人类才能真正体验到生存的深广的悲剧精神。在中华民族的审美心理中,西北人常常和悲壮、悲怆、悲哀、悲愤、悲悯等意象和情绪有不解之缘。大自然的"夕阳西下"和"西风送冷",使人类固定地将黑暗、寒冷和西北联结在一起,"落日"和"西风"于是成为西北悲剧美最主要的两个自然意象。自然之夜在日落西山中来临,与人生之夜产生感应,"断霞散彩,残阳倒影"(柳永),"夕阳在山,人影散乱"(欧阳修);自然之冬在西风渐紧中来临,与人生之冬产生感应,"快倚西风作三弄,短狐悲,瘦猿愁,啼破冢"。这是天人差异同构在西北产生的生命共感现象,它构成悲剧美的重要渊薮。

这与西北在古代为流放之地分不开。秦汉时期,流放地点的选择大致以偏荒之地或帝国新近征服的地方为主,主要就有西北边疆地区,如河西走廊、河套平原等地区。如《史记·秦始皇本纪》记载:秦始皇三十三年(公元前214年),蒙恬

"西北斥逐匈奴。自榆中并河以东,属之阴山,以为四十四县,城河上为塞。又使蒙恬渡河高阙、阴山、北假中,筑亭障以逐戎人。徙谪,实之初县"。这里的"榆中"就大致相当于现在的鄂尔多斯高原;"阴山",即今大青山;"高阙、阴山",都在今阴山山脉西段;"北假中",则大致相当于今天的河套平原。"汉承秦制",继续对河套地区、河西走廊、青海东部以及新疆中部的大规模屯垦移民。两汉时期谪戍流放的地点逐步扩大到河西五郡(金城、武威、张掖、酒泉、敦煌),很多大臣获罪后其本人与家属都被流徙河西。阴山、河套地区在汉代属朔方刺史部;河西五郡属凉州,所以我们在文献中看到很多流徙朔方、凉州的记载。

而更早,远古神话故事中赤足西行、追日不息、倒毙于地仍然抛出手杖化成一片桃林的夸父,以及被轩辕黄帝流放西北、怀着原罪感躬腰西行的茄丰和他的后裔"扶伏民",这几个人物则构成了西北悲剧美的人格原型。夸父是西北悲壮者的原型,暗喻着对社会发展、对人类生存强烈的忧患感和责任感。他可能只是一个虚拟的神话,我们却能够从最早西巡的周穆王、出使西域的张骞,以及班超、苏武、朱士行、法显、玄奘身上,从和西北各族联姻的王昭君、解忧公主、弘化公主、文成公主身上,从贬谪西北、屯垦西北的林则徐、左宗棠身上,从古代一直到20世纪社会主义时期遍布西北各省的几百万生产建设兵团和石油、地矿、冶金、科技大军身上,看到夸父的精神元素,更不用说世世代代生活于斯、奋斗于斯的兄弟民族了。历朝历代各兄弟民族开发建设西北的先行者,用自己艰难的生命实践要让太阳永驻西北,他们都是夸父的子孙,都属于夸父这个庞大的家族。"扶伏民"在西北也有着一个家族。在漫漫的历史征途中躬腰西行的政治流亡者、精神流亡者、生活流亡者(如"盲流"),以及他们和其他人身上常常表现出来的他虐型和自虐型症状,都能够看见匍匐于西北地平线的"扶伏民"的影子。这是西北人悲剧文化心理的一个重要方面。

在历代西北地区文艺的叙事性作品中,人与环境冲突导致的人境相悖悲剧、道德与历史错位导致的史美相悖悲剧、理想与现实背离导致的神形相悖悲剧、动态生存和静态生存矛盾导致的动静相悖悲剧、人与自然对立导致的天人相悖悲剧,那真是俯拾皆是。在抒情性作品中因人生命运的流散际会,国家民族的兴盛衰亡,天地自然的枯荣运动而从西部人生命深处发出的歌吟和慨叹,更是响彻中华民族的精神宇空。唐代诗人陈陶的《陇西行》云:"可怜无定河边骨,犹是春闺梦里人。"这里没有直写战争带来的悲惨景象,也没有渲染家人的悲伤情绪,而是匠心独运,把"河边骨"和"春闺梦"联系起来,写闺中妻子不知征人战死,仍然在梦中想见已成白骨的丈夫,使全诗产生震撼心灵的悲剧力量。知道亲人死去,固然会引起悲伤,但确知亲人的下落,毕竟是一种告慰。而这里,长年音讯杳然,人早已变成无定河边的枯骨,妻子却还在梦境之中盼他早日归来团聚。灾难和不幸降临到身上,不但毫不觉察,反而满怀着热切美好的希望,这才是真正的悲剧。又如陈子昂《感遇诗》云:"但见沙场死,谁怜塞上孤。"李华《吊古战场文》云:"鼓衰兮力尽,矢竭兮弦绝,白刃交兮宝刀折,西军蹙兮生死决。降矣哉,终身夷狄;战矣哉,骨暴沙砾。无贵无贱,同为枯骨。"无数发自西北地区的千古绝唱,构成民族悲剧审美的一个重要声部。

西北文化中也有着对悲剧意义的消解因素,那主要是大自然和酒。西北自然既悲壮、悲怆,又唤起人的强健和振作,诱发人的宏阔旷达,激励人从悲哀和悲悯中走出来。酒是西北人的宠物,它不像在内地,常常起超脱避世作用,有时从消极一面来化解人生的悲苦,在西北,酒是强壮人生、扬神励志之物,它让你振作精神以消解生活的悲苦。

现代社会也存在着深刻的悲剧感。现代悲剧感最深刻的原因,在于物质生产和精神生产的失衡,在于社会发展和心理承受的失调,现代社会急速发展造成的剧烈动荡,使人的心理压力增大,甚至造成适应能力的崩溃。现代社会各种矛盾的复杂纠缠常常诱发各种突发事件,过度刺激的心理病变使人经常陷入亢奋的痛苦。现代社会超量的信息轰炸和感觉轰炸,一方面使人类疲于奔命地处理信息、捕捉感觉,以保持自己岌岌可危的地位和利益;另一方面又使人感觉麻木,使人厌倦和排拒信息,使人体察和思考现实的真实程度和科学程度大为减弱,理性和感性都出现某种病变。现代社会生态的急剧恶化,以及由此衍生的各种问题,也常常增加了现代人的悲观主义,这些充满悲剧感的现代病使现代人回望西北,他们思念精神家园和根性文化,同时在西北悲剧人生中汲取力量。西北和现代于是在正向、逆向两方面出现应和。

第六,西北人由于空间疏离造成的孤独和侠义心态的现代呼应与反思。

不同国家、民族、地区,由于所处不同的自然地理条件以及不同的经济社会发展的历史路径,形成了不同的典章制度与物质器物,同时,也形成了不同的精神文化心理积淀——表现为不同的精神文化性格。如东方社会和西方社会的精神文化性格就有很大不同,而同是东方的中国和日本社会在精神文化性格方面也不一样。同此道理,同是中国,南方与北方,东部与西部,文化性格亦有明显差异。有些民族和区域的人尚勇好武,历史上惯于征战,属于尚武文化类型;有些民族和区域的人心气平和,乐于农耕田亩与读书科举,属于耕读文化类型;有些民族和区域的人刚直勇悍,常结义举事,啸聚山林,属于江湖侠义文化类型。西北的地广人稀,西北的山川阻隔,造成孤独。"孤独的牧羊人""孤独的远村""孤峰独立""孤鹰独翔"都是西北的孤独意象。这是生存状态和生存环境导致的孤独,还有生存精神和审美心理导致的孤独。大景观、大性格、大气度和豪强刚韧也造成孤独、博大崇高之美,往往需要较大的空间来展现,小树杂木才丛生,蝼蚁蜂蝇才群居。孤独往往削弱了西北人语言交际的能力,却极大地发展了他们与自然直接进行形而上和形而下交往的秉赋。他们不善表达,善沉思;不善言辞,善意会;不善舞文弄墨,善轻歌曼舞;他们在现代的文字和其他传播手段之外,创造了和外部世界交流的"手语""眼语""心语""情语"。这是孤独给予西北人的天籁。

　　现代人很孤独。这种孤独,有情感上的,有精神上的,有心理上的,也有人际关系上的。对于这种孤独,人们很恐惧,但又很无奈。因为摆脱孤独需要沟通,可沟通却又是麻烦的、艰难的,有时甚至是痛苦的、危险的。现代社会的高节奏、生活的城市化、人口的密集化,使人与人之间利益的争夺日益激烈。身体的面对面常常诱发心灵的背靠背,相互难于理解使人孤独。变动不居的生活常常使人要学会在陌生的环境中善于自处,自信自立使人孤独。现代人整体文化素质的提高和内心生活的丰富,促发孤独。孤独常常是智慧的苗圃,是思考的沃土,是驰骋感情的旷野。现代人认为最有资格说话的人、最想说话的人,不是喋喋不休和津津乐道者,而是沉默者,即思考者。至真至善至美至爱至思的境域,都是无可言说的境域。内心的丰富便这样导致了孤独的偏颇。生活越是规范化,个性越要求独立;社会越是一体化,人越希望独处。现代人渴求着精神创作者的大幅度张扬,孤独和交流便同时成为创作者张扬的天空。个体在孤独中自足,个体在交流中认同。在市场经济中无法逃离的人与人的频繁交往,反而导致对这样"逃离"的浪漫蒂克的神往,于是于孤独中放逐自我。他们在生活中,也在作品中自言自语,本我、自我、超我"对影成三人",在对视中对话;在自己一个人或极小的一群人的心境、语境与身境中,过着孤独的生涯以自救,尽管这种自救也许是无望的挣扎,甚至是更深的自溺。

　　与孤独中作自我放逐相适应的是中国西部所拥有的那种强烈的侠文化色彩,那些快意恩仇的浪漫故事、侠肝义胆的传奇人物,更重要的是那一份无拘无束、浪迹江湖的自在情怀,构筑了很多中国人心中奇幻瑰丽的江湖梦。

　　这种侠义心态的形成与西北地域文化的影响分不开。西北有广袤的地域环境。西北博大的地域,不论是沙漠、戈壁,还是荒原和沟壑都给西北地区审美文化的创作留下了巨大的创作空间,而沙漠、烈日、战马、荒原这些又无一不具有一种力度之美和阳刚之气,而力度和阳刚正好契合了武侠电影所展现的侠义精神与侠义情怀。正如我们前面所讲到的,几乎所有的西部文人都用了西北的沙漠来作为艺术文本的外在背景与内在意象。西汉历史学家司马迁在《史记》中,以编写"游侠""刺客"列传点出他对正统义理的疑惑,渴望着另一种侠的世界。以后,很多文人受到司马迁的影响。从魏晋到唐朝出现了很多咏侠诗,如曹植、左思、陶渊明、李白和一些边塞诗人,他们用诗人的眼光把游侠理想化,满怀激情地展示了游侠美好的一面。这些诗人个性豪放不羁,不为儒家礼法所拘束,不为五斗米折腰。他们的仕途并不顺利,只能在诗文中寄托自己的理想。咏侠诗人的生活方式或隐逸或放浪形骸,陶渊明与李白就是这两种典型,这说明了侠在中国文化中成为一种象征,是对正统文化和儒家精神的一种质疑和反叛,渴望着在儒家伦理之外还有另一种可能。20世纪80年代中国大陆武侠小说的盛行,说明人们对侠充满了渴望和想象,这跟历史中侠的消失与文艺审美创作对侠的继续呼唤有密切的关系。

西北审美文化所呈现出的强烈的侠文化色彩与社会历史的作用分不开。中国社会最早的侠出现在战国时代,当时侠作为一种独立的社会力量为人们所公认,如《韩非子》就将"侠"作为与"儒"并列的重要社会力量看待。从秦至唐,侠的势力渐渐衰弱。宋朝以后,"重文抑武"的国策使侠义之风丧失殆尽,而只能在《水浒》《说唐》这类通俗文艺中流传,存在于人们理想之中。儒家治世一直是中国政治的传承,虽然中国正统文化所确立的修身齐家治国平天下,成为历代知识分子的不懈追求,但一些知识分子也渴望着另一种精神世界,在中国文艺审美创作中一直在呼唤"侠义"精神,从《史记》《游侠列传》《刺客列传》开始,司马迁就在其笔下对侠不自觉流露出同情与赞美:"今游侠,其行虽不轨于正义,然其言必信,其行必果,已诺必诚,不爱其躯,赴士之厄困,既以存亡死生矣,而不矜其能,羞伐其德,盖亦有足多者焉。"

西北开阔的地貌、厚重的历史、雄浑豁达的个性使侠文化呈现出鲜明的特征。侠文化在西北源远流长,最早的"侠"是陕西的俗语方言的转音,《说文解字》说:"傛,侠也,三辅谓轻财者为傛。""三辅"就在陕西关中一带。明清时代,关中地区出现了不少好义尚侠的刀客,这是自宋以来渐渐消亡的侠客的又一次复出和侠义精神的传承。当时一些人在官府里含冤莫伸,走投无路,一些人带有世仇而仇杀对方,为避免追捕、报复,共同结合起来,形成了刀客。他们为商家贩运私盐、私茶、抽取保护费,他们也常常替受屈者打抱不平,虽牺牲性命,亦在所不惜。关中刀客源于何时,说法不一。有的说是汉代"朱家郭解"等游侠的遗风;有的说是"唐之五陵年少"的"流风余韵";有的说起于清道光同治年间,西北回民反清发生的所谓"回乱"……总之，千百年来这些侠士的行为在西北边疆渐渐成为一种历史积淀，形成西北人行侠尚义的古道热肠和豪爽粗犷的性格特征。历史的悠久和空间的辽阔，使他们的精神自由地游荡，充满奇情异想。那种强烈的苦难感与强烈的自由意志的对立和相互渗透也正是西北侠义精神的来源。正是西北这种独特的地域环境，以及西北浓厚的侠义情怀使得西北审美文化与审美精神在中华文化与民族精神中有着极为重要的地位。

于是，现代人纷纷把目光投向处于边缘地带的西北草原、荒野、沙漠、乡村、山野，探寻中华民族古老历史与文化的渊源。在这种文化思潮的影响下，现代人自然而然地从西北最贫困、最落后的苍凉莽原出发，去寻找中华民族力量的源头和希望，从而达到反思文化、反思历史的目的。在寻根渴求的指引下，当代西北审美文化在审美取向与诉求上，以及转化方面深刻的内蕴主要得益于对西北历史、文化、民俗的吸收与消化。这同时也表征出西北文化说到底就是传统汉唐文化、黄河文化、巴蜀文化、云贵文化、西域游牧文化等的多元共生体，应该说，正是这些多元性文化内在精神的延续与扩张，才形成了以黄河文化为核心表征的中国传统文化体系。

第七，西北人文山川的阳刚之气和它的人格化，与现代竞争社会所要求的强者精神和它的人格化的相互交融与再生。

中国传统文化就其创作者精神看，既有自强不息、刚强劲健、刚毅坚卓、发愤图强、不屈不挠的审美文化精神，也有以柔克刚、以天达人、以阴取阳、以道补儒的审美文化精神。中华民族的阳刚气质和自强精神之所以能生生不息地传承发展下来，相当程度上是透过统治阶级文化的缝隙，游弋于主流意识文化的边缘得到实现的；是经由民间文化和民族文化领域，经由亚文化和副文化领域，经由文化混交林和次生林领域留存、传播、交流、再生的。不用说，西北文化是最好的储存地之一。

就文化历史来看，西北地区文化较多地、较好地将自己的阳刚雄强气质保存下来，成为中国文化中极有活力的一脉。它和中原文化在气质上的差异，从《资治通鉴·唐纪》纪录的一位突厥人的话可见一斑。他说："释老之流，教人仁弱，非用武争胜之术，不可崇也。"他劝他的可汗不要学内地这种仁弱的文化，而要保持"用武争胜"的锐气。这股西北地区的阳刚之气，在古代曾经对中国文化的发展与改造起过重要的作用。

20世纪的中国进入了现代社会。百多年挨打的历史，几代人受辱的创伤，使中国人清醒地看到了国家在经济上的落后和政治上的腐败，尤其深深感受到了中国民族精神的雌弱。在各种矛盾交错中急速动荡的现代社会,在知识信息爆炸中剧烈竞争的现代经济和科技,都要求有与之同步的强者和以这种精神铸造的现代人格,无此中华在世界何以自处？从一定意义上说,由革命建设到改革开放,除去政治的、经济的成果,最主要的是焕发民族精神中的阳刚之气、雄强之气。这时候,人们重新发现了西部。

文学艺术作为社会最敏感的神经,一度出现了讴歌强者精神、塑造"硬汉子"形象的热潮。西北文学中,张贤亮、路遥、唐栋、李斌奎的小说,"硬汉子"形象作为主角在其中驰骋,并且在人物形象和生活形象、自然形象的交相辉映中,传达出对力的强烈呼唤。由此,西北文艺审美创作便在中国当代文学中形成了自己独有的"硬汉子"形象系列。西北抒情文学则形成了自己的阳刚意象系列。在周涛、昌耀、章益德、林染等人的诗歌作品中,诗人从各自不同的气质出发,经过立意—具象—意蕴这样一个诗化过程,创造出了雄性精神的意象系列:雪峰、荒原、苍穹、流沙、长风、断崖以及无边的寂寞、伟大的沉默,使雄性审美精神在西北文艺审美创作中流贯。

中国西北的阳刚之气和文艺审美创作中的"硬汉子"形象,不仅与美国西部文学中的"大山人"性格和"牛仔"形象系列、与俄苏西伯利亚文学中被高尔基称为"大性格"的形象系列有着深层呼应,而且和现代人的气质也有着深层呼应。现代竞争社会呼唤强者,敢拼抢、敢争先、奋发有为、百折不挠,而又能承受失败,在挫折中前行,唯有这样的强者才能在现代社会高频震荡的竞争和汰选中成为中流砥柱,这又成为西部文化精神中的一种现代潜质。

西北民族更多分布于广大农村和牧区,主要从事农牧业生产,所处的自然条件差,环境闭塞,社会发育滞后。同时,近几百年来,由于"天高皇帝远"使西部文化带上的某种圈外色彩,西部人具有的某种圈外心理,和现代文化、现代人由多元化进而边缘化的趋势相应和;西部由于隔离造成的对传统道德精神的留存,由于宗教和民族特质导致的对理想精神的留存,它的形而上气质,和现代道德、理想被解构之后,反激出来的强烈的精神重构要求相应和;还有,西北农牧业的自然经济造成的人和自然的相对亲近,人文、生文、地文、天文在西北人心中的相对和谐,这样一些心态和情愫,对于现代社会在工业化和后工业化进程中急剧发展造成人和自然的疏离、对立,也是一种平衡。某种意义上,对现代人文精神发展的逼仄,西部情致从大生命系统进行了十分必要的补偿——上述种种问题,都是我们思考西部热和当代潮、研究西部文化心态现代潜质应有的话题。

当我们从西部审美文化的现代转化的视角来解读西部审美精神时,往往更多地着眼于其优秀传统和与现代的联系。既要立足于实际,又要着眼于世界、未来。还要看到,在理论上我们可以将一种文化结构从特定时代的社会和文化环境中抽象出来,与另一时代的文化结构做类比,在现实中其实是不能的。文化结构是一种理念形态,是抽象之后的产物,它的现实存在形态永远和具体时代的经济、政治、思想、文化和实际生活内容血肉交融地粘连在一起,构成鲜活的生命,因而,我们不能把西部与现代在文化结构上的某种相类、相关和同构、转化,理解为具体内容的相通、相似、相迭甚至相等。如果说时代的发展呈现的是螺旋曲线,那么,西部热和现代潮的转化,其实是处在不同螺旋段,亦即不同经济文化发展阶段的两个同位点的转化。这种应和只构成西部文化心理的现代潜质,只是一种潜在资源优势,还远不是现实优势①。

在西部,高原、峡谷、雪山、戈壁的古老神奇,曾经辉煌过的土地,既无比壮丽,又具有素朴、厚重的历史文化沉积。一方面是生活方式的单调、社会发展的滞后和思想观念的保守,生存环境的艰难、困苦;另一方面是西部地域的独特和丰富多彩。既是充满生命力的创造,尚未被现代文明所污染的令人神往的地方,又是环境严酷、充满艰辛而考验着人们生存意志和力量的所在,同时这里还是有着尚待开发的巨大资源和充满无穷潜力与诱人前景和希望的"天堂"!而如何由资源优势转化为现实优势,则需要西部人在现代生活实践中做漫长的努力。

二、西北民族文化及其地域审美元素

审美文化与审美精神与地域文化关系密切,从一定的程度上看,审美文化与审美精神的生成与地域文化的丰富性和多样性的作用分不开。文明程度高的区域对审美文化与审美精神生成的影响是非常显著的。文明程度高的区域是生成审美文化的一个渊薮。

---

① 肖云儒:《西部热和现代潮——谈谈西部文化心理的现代潜质》,载《人文杂志》,2000年第4期。

(一)西北民族地域文化的沿革

中国西部有广义和狭义之说①。广义上通常指的是西北的陕西、甘肃、青海、宁夏、新疆和西南的西藏、云南、贵州、四川、重庆10个省、市、自治区,其面积约为540万平方千米,占中国陆地面积的56%;其人口约为2.85亿,约占全国总人数的23%;居住有50多个民族,占全国民族人口的80%。另外,内蒙古自治区和广西壮族自治区尚属欠发达地区,也被列为西部开发地区。

狭义的中国西部,主要是指的西北,即指西北各省区(不含陕西)和西藏以及生存于此的民族和其所创造的游牧文化圈。之所以这样划分"西部",其依据主要是文化类型,是在研究了这一地区民族的生态状况之后提出的。从地理环境看,整个中国地势西高东低,西北属于地势高的干寒地区,这里有耸立云天被称之为世界屋脊的青藏高原和横亘西北的漫漫戈壁;从经济土壤看,即如冯天瑜所指出的:"延绵久远的中国文化大体植根于农耕与游牧这样两种经济生活的土壤之中。以年降水量400毫米线为界,中国约略分为湿润的东南和干寒的西北两大区域。自然条件的差异,使前者被人们开辟为农耕区,养育出一种以定居农业作基石的,礼制法规齐备、文物昌盛的农耕文化;后者则成为游牧区,繁衍着无城郭、礼仪,游牧为生,全民善骑的游牧文化。"②正是基于此,这里划定的西北,或谓狭义的西部,基本上属于游牧文化地区;从社会结构和精神意识来看,生活在农耕文化圈里的民族逐步形成宗法型的社会结构,表现在审美意识上是伦理的、观念的、神性的,而生活在游牧文化圈的西部民族,其社会生活则较少宗法色彩,而更多地带有个体特点,表现在精神意识层面是审美的、情感的、世俗的。从这几方面比较可以认定,今天西北地区的陕西属于农耕文化区域,无论从地理环境、经济土壤,还是从社会生活的实际状况看都应如此。而西藏地区无论从哪方面看,都属于西部游牧文化圈。且不说青藏高原把西藏和西北地区连成一体,单从考古学的资料就

---

① 在中国历史上,狭义上的"西部"最早等同于"西域"。在几乎整个封建社会,"西部",或谓"西域",都同中西方的政治、经济、文化往来密切相关。连接二者的显著通道被史家称为"丝绸之路"(一般指新疆、青海、甘肃、宁夏、内蒙西南等地)。直到近代,人们才开始把西藏(古称吐蕃)、陕西、内蒙古大部和四川一部与"西域"合称为"大西北";至于"大西南"的提法,应该是民国年间的事了(古代人们一直把该地区称为蛮夷、象郡、夜郎、巴蜀、南诏等)。现在,广义上的"西部",包括了"大西北"和"大西南"两个地理单元,在中国版图上纵横跨越了12个省市自治区。它已经成为一个与东部现代化程度较快较高相比而言的经济文化概念:一方面,是指经济上农业为主的欠发达状态;另一方面,也是指文化上的传统价值观念为核心的多元互动状态。

② 冯天瑜:《中国文化史纲》,北京语言学院出版社,1994年版,第5页。

足以证明远古时期生活在甘、青一带特别是青海河湟地区的古氐羌人中的一部就曾南下进入西藏地区,成为藏族先民吐蕃人的重要组成部分。古老的唐蕃古道就是西部民族交往的重要通道,也是西部与中原农耕文化圈继丝绸之路之后的又一条重要通道。

(二)中国西部审美文化具有独特的景物造型与意象指称

西部审美文化中的自然景物已不再单纯是叙述情节、塑造人物、刻画人物性格的背景元素,已超出了环境造型的一般功能和作用,而成为具有独立存在价值和深厚美学意蕴的艺术形象。当广袤深沉的黄土高原、雄浑舒缓的黄河流水、奇崛壮美的秦岭山脉、辽阔无限的大漠莽原、厚重古朴的黄河故道、悠远神秘的可可西里……以一种西部独有的风姿特色和艺术形象展现在我们面前时,那种不加雕饰的原生形态的朴拙与沉实、淳厚与凝重,不仅给人以视觉影像的审美愉悦,而且还令人思索回味不已。这其中,在西部神秘、奇特的各种自然景物中,太阳、沙漠、荒原、戈壁为西部所独有;西部文人喜欢在艺术文本上呈现太阳、沙漠、荒原、戈壁,喜欢把他们故事发生的景地纷纷搁置到西部的太阳、沙漠、荒原、戈壁之上。太阳、沙漠、荒原、戈壁在这些艺术文本中主要具有以下两层含义。

首先,在艺术传达方面,太阳、沙漠、荒原、戈壁在艺术文本中作为一种景物造型,它不仅渲染环境气氛,也参与剧情和人物命运的发展,从而成为艺术形象重要的组成部分。太阳、沙漠、荒原、大漠作为故事发生的背景地不仅直接参与了情节的演进和发展,而且大漠的特质也渗进了人物性格发展的命运轨迹中,添加了一种阳刚和力度之美。正义、守信、见义勇为是西部人的本性,而这种刚毅的英雄本色也正是太阳、沙漠、荒原、戈壁所具有的那种粗犷、大气和力度的风格。

其次,在思想内蕴上,高原、荒漠又是一个重要的文化意象与意义指称。意象是抽象的,也是具象的,它是创作者与客体、经验与超验、感官与意念的高度聚合。意象是中国文化尤其是古典文艺理论的基本要素之一,在文化流变过程中,意象已经成为中国诗歌艺术的基本的、传统的表现技法,接受认知系统和艺术评判标准。从《诗经》里的"关关雎鸠""杨柳依依"到《楚辞》里的"香草美人",再到唐诗宋词,莫不如此。而作为西部文艺审美创作中的古代边塞诗里那种"大漠孤烟直,长河落日圆""胡天八月即飞雪,千树万树梨花开"的独特景象,尤其成为颇具西部特征和气息的意象经典。新时期以来的西部电影充分吸取了古代诗歌以及西部诗歌对意象的设置和运用,从而在影片中自觉或不自觉地凸现西部文化内涵和中华民族传统文化内蕴。

西部审美文化中的意象主要包括两大类别:父性文化意象系列和母性文化意

象系列。父性文化意象系列主要是以太阳、沙漠、荒原、戈壁等为代表的阳刚意象群,而母性文化意象群则主要是以黄土地、黄河、湖泊、草原、月亮等为代表的阴柔意象群,这两大群体意象共同构建了西部审美文化层次和精神品格。当代一些有名的电影导演喜欢选择西部为背景,就是因为沙漠作为一种意象,它不仅代表着一种阳刚、强悍、英雄主义情结,同时也隐喻着人内心情感孤独而荒芜的处境。一天又一天,一年又一年,或许只有大漠的狂沙才能吹散他们心中的那份隐痛与思念。西部人的心境就如同这片沙漠,荒芜而又寂寥,而他们的情感也正如沙漠中不时弥漫的风沙尘埃一样,总是飘舞、浮动,不知路在何方,亦不知根在何处。

太阳、沙漠、荒原、戈壁、荒原等意象生成的共同心理依据是西部人潜在的英雄情结和原始英雄主义精神。自然的暴力、历史的风雨、个人经历的苦难是英雄情结和原始英雄主义生成的渊源和土壤。这种精神文化现象不仅是西部人的共同心理,也是整个西部人普遍的文化心态,建筑在这种心理之上的文化创造形成了一个西部特有的文化传统,西部审美文化正是这一传统的精神结晶。西部文化人对西部沙漠景地的偏爱,既是看到了这种独特的景物造型的镜语表述功能,同时,在思想内蕴上也是对西部父性文化传统、西部原始英雄主义和雄性精神的无限思慕与热爱,这种思慕与热爱,从他们内心深处来说,是一种对于久违了的父性话语"存在"的外化表现。

神话意识的传承和呈现,使得西部审美文化带上了沉甸甸的历史文化色彩。西部审美文化意象中的黄土地和黄河,既是西北黄土高原自然原生状态的"物质现实的复原",同时这种近乎凝滞的空间构成又以静止的形式体现了历史的绵延性,传达出一种亘古久远的远古神话气息。从而使那苍茫阔远的黄土地、那浊浪翻滚的黄河水等景象已经越出自然地理的形式外观,建构成中华民族历史与文化的能指。正是因为中国西部有着浓郁的神话色彩和文化因素,西部审美文化才具有一种浓重的神秘色彩和厚重精神。

西部民族的足迹延伸到远古。从考古发现可知,中国是远古人类活动的一个重要地区。生活在中国土地上的各民族的远祖经历了从猿人到直立人、到智人的整个演变过程。至今,在全国范围内发现的旧石器时代的文化遗址,达数百处之多。就西部而言,甘肃、宁夏、青海、西藏等省区均有发现。青藏高原平均海拔4000米以上,长期以来人们一直认为不适合人类生活。但近30年高原考古资料证明,从旧石器时代晚期起,这里就有人类生活。1956年,青藏高原地质普查队在海拔4300米以上的西藏那曲县(今色尼区)发现两件古代人类制造的石器。同时,在与那曲邻近的青海霍霍西里西南曲水河等地区发现了3个石器点,采集了

10余件石器。1964年,西藏西夏邦马阵地区科学考察队,在定日县东南苏热山南坡小河阶地上发现了40件石器。1976年,中国科学院青藏高原综合考察队深入藏北考察,分别在那曲地区的多喀则、奇林、雄海、尼玛、绥绍拉、阿里地区的拉竹龙、帕耶曲真、马拉木措湖东北岸等地,采集到各种古人类石器380多件①。

中国新石器时代文化遗存更为丰富,仅新中国成立以来发现的新石器文化遗址就数以千计。在新疆、甘肃、宁夏、青海和西藏广大西部地区,发现了大量内涵丰富的新石器时期的文化遗存。以小型细心核、细石叶和以细石叶为材料进一步加工成的细小石器,遍布于西部地区,且自成体系,与其他地区的细石器有明显的不同②。而更具特色的是西部地区文化遗存中的大量彩陶。

考古发现证明,中国是世界上最早出现彩陶的国家之一。地处黄河上游的青海、甘肃地区是出土彩陶最多的地区。可以说,彩陶是这一地区民族远古初民文化的显著标志。最早发现于甘肃临洮县马家窑遗址的马家窑文化,地理分布广泛,东起泾、渭水上游,西至黄河上游的青海共和、同德县,北入宁夏清水河流域,南达四川岷江流域的汶川县一带。马家窑文化的彩陶,不仅数量为诸远古文化之首,而且以质地、花纹装饰精美著称于世③。1973年在青海省大通县上孙家寨出土的属于马家窑文化的舞蹈纹彩陶盆为文化人类学、民族学、绘画史和舞蹈史研究提供了宝贵文化遗存,引起国内外轰动,被誉为国宝。之后,1995年在青海省同德县宗日遗址出土的另一件更为美观传神的舞蹈纹彩陶盆,堪称新石器时期马家窑文化的又一件稀世珍宝。马家窑文化距今5000多年,它经历了1000多年的发展,按其不同文化特征又可分为马家窑类型、半山类型和马厂类型。马家窑文化的居民,根据出土文化遗存分析,可以认定是古代戎、羌族系的祖先。马家窑文化之后,还有齐家文化、辛店文化和沙井文化。齐家文化的中心地区,在甘肃洮河流域。齐家文化向西发展,形成了卡约文化,向东发展,形成了寺洼文化。一般认为,这两种文化是古代羌族部落的遗存。以甘肃民勤县沙井遗址为代表的沙井文化分布于河西走廊。沙井文化的主人至今众说不一,说明在这一地区活动和交往的民族先民流动性大,以至于新疆且末、吐鲁番、库尔勒等地新石器时代遗址中出土的彩陶,都明显地受到沙井文化的影响④。

因西藏拉萨北郊曲贡遗址而得名的曲贡文化和因西藏昌都东南卡若遗址而

---

① 冯育柱、于乃昌等:《中国少数民族审美意识史纲》,青海人民出版社,1994年版,第34页。
② 杨建新、马曼丽主编:《西北民族关系史》,民族出版社,1990年版,第22页。
③ 赵生琛等编著:《青海古代文化》,青海人民出版社,1985年版,第21页。
④ 杨建新、马曼丽主编:《西北民族关系史》,民族出版社,1990年版,第26页。

得名的卡若文化,都是新石器时代具有西藏地方特色的典型文化类型。从出土的文物看,这两种文化既有密切的联系,也有明显的差别。可以明显看出,远古时期西藏确实存在着两大民族部落群体,他们都是藏民族的先民。从出土文物看,卡若文化显示出强烈的地方特点,是和西藏地区旧石器文化一脉相承的。但从一些石器样式、陶器彩绘特点以及遗址中发现的粟米看来,卡若文化与马家窑文化有千丝万缕的联系。这种氐羌文化南移与藏族原始文化融合的现象,是历史记载的牦牛羌"出赐支河曲数千里,与众羌绝远,不复交通"①,并与西藏地区土著居民融合成为藏族的证据之一。

原始社会解体,历史由远古进入上古时期。在夏、商、周三代时期,夏族与其他民族的关系,古史中记载很少。商族兴起之后,与周围诸方国曾发生关系。西周时,在华夏族周围已经分布了四个民族集团,即"东方曰夷,西方曰戎,南方曰蛮,北方曰狄"。戎,是对生活在西部的民族的统称,但当时也确实有一个活动于今青海、甘肃、陕西一带的戎族。戎族诞生于陇山东西和泾、渭、洛水流域,从西周起,开始东迁,到达黄河中游乃至淮河流域。它与周族的兴起及西周的灭亡有直接的关系,在秦、晋称霸时期,也发挥过重要作用,为开发中国的西北以及华夏族的发展,做出了积极贡献②。但以后或与华夏族融合,或成为其他民族的一部分,所以,到战国以后,除义渠等还存在一段时间外,戎这个显赫一时的民族就不存在了。

秦汉之际在西部活动的有许多民族。在甘肃河西一带,主要是月氏和乌孙。他们都是游牧民族。"东胡强而月氏盛",大约在战国末期至秦初,乌孙被强大的月氏赶出河西,投奔了匈奴族,月氏成为河西的唯一主人。后来匈奴族在其杰出首领冒顿带领下不断强大,用武力迫使月氏西迁,沿天山以北,到达伊犁河下游地区。事隔30年左右,在匈奴扶持下强大起来的乌孙又击溃了月氏,迫使其南迁。到汉初,乌孙成为当时西域各国人口最多的一个民族集团。张骞曾代表汉王朝与乌孙结盟,细君公主和解忧公主先后嫁给乌孙昆弥,促进了民族友好交往。"吾家嫁我兮天一方,远托异国兮乌孙王,穹庐为室兮旃为墙,以肉为食兮酪为浆。"细君公主的诗就是民族间"和亲"交往的生动描写。

西域民族是中国上古时期民族大家庭的重要成员。在《山海经》《穆天子传》等古籍中,对古代西域山川、人文以及西域与中原的经济、文化联系多有记载,表

---

① 《后汉书·西羌传》,中华书局,1985年版。
② 杨建新、马曼丽主编:《西北民族关系史》,民族出版社,1990年版,第36~43页。

明西域与中原联系的历史是久远的。西汉时,张骞出使西域,为开辟和疏通丝绸之路,沟通中原与西域经济文化联系以及中外文化发展的差异运动与认同,做出了杰出的贡献。西汉初,西域地区除乌孙、月氏外,还出现了许多"城郭之国",汉宣帝时,都护属国多达 36 个,俗称西域 36 国,以后连同葱岭以西的康居等,多达 55 个之多①。

---

① 江应梁主编:《中国民族史》上册,民族出版社,1990 年版,第 186 页。

第二章

西北民族文化的组成与审美特征

中国西北民族文化底蕴深厚，内涵丰富，地域特色浓郁，自然与人文融为一体，形态多姿多彩，独具魅力，西北部民族众多、地域广袤，在长期的历史变迁中孕育了灿烂的文化。西北文化具有地域性、多元性和原生态性，是中华文化的重要组成部分。

西北民族文化具有鲜明的地域性、民族性、多元性等特征。由于西北独特的历史背景和社会生活，形成了其别具一格的西北文化。从地域和文化个性上看，这种多样性的文化形态与各个民族的生活方式、观念、习俗、宗教、艺术以及悠久历史、生存环境紧密相连，是一种广义的文化集合体。

西北地理复杂多样，辽阔无垠。因此，西北民族文化也表现出了鲜明的地域性。西北地区历史悠久、地域广大，它孕育的文化在质朴中藏着博大。同时，在久远的历史长河中，西北地区的人民创造并形成了包括语言、宗教信仰、自然崇拜、神话传说、故事、歌谣、舞蹈、节日、服饰、建筑、手工艺、礼仪习俗以及生存理念、生活和生产方式等在内的民族文化。这些内容有的在不同民族中是相近或相似的，有些则相去甚远。即便是同一民族因为部落不同或居住地不同在许多方面也有很大差异，民族文化由此更显丰富多彩。并且，西北民族文化不是一种完全封闭和孤立的文化，而是一个多元文化的综合体，它在本土文化的基础上，将许多外来文化的因素转化吸纳为自己的成分，从而变得生机勃勃。西北民族文化以其浓厚的乡土气息活跃在人们的精神生活和物质生活中。流传千年的英雄史诗《格萨尔王》依旧在藏族民间传颂；古老的歌舞、服饰仍在质朴地表达着对生活的向往。现代文明的传播与扩张并没有使这种古老的文化远离人们的生活，而是代代传承，绽放异彩。西北地域文化所表现出的活形态，或者是原生态的特点，具有浓重的人性化、情感化的色彩，这正是西部民族文化最具魅力的一面。

需要指出，西部民族文化也有其不足之处。地域性造成的相对封闭与分割，制约了西部民族文化的整体发展。地域广阔、交通不便、人口相对稀少和分散的特殊环境形成了小范围、小规模文化发展状态。另外,西部少数民族大多没有文字,文化的传承主要靠世世代代的口耳相传,缺少文字记载的稳定性,不利于对外传播和交流。

应该说,西部民族文化是一座异彩纷呈的文化资源宝库,它所包含的内容极其丰富,它的表现形式多种多样。它不仅为研究文化人类学、宗教人类学、民族学、民俗学、生态文化学等学科提供了宝贵财富,也为文化产业的开发提供了丰富的资源,同时也对我们今天的文化建设具有十分重要的借鉴意义。

一、西北民族文化的历史组成与轨迹

在漫长的历史中,西北地区相继建立了一系列邦国性质的地方政权或酋长性质的土司政权,如西夏、吐谷浑、"西域三十六国"等,它们在政治、经济、文化等方面有明显的特殊性,在创造自己历史的同时,形成了众多的民族。几千年来,经过不断地迁徙、分化、融合、发展,作为独立的族群,许多原生民族虽然已经消失了,但从今天众多的少数民族以及汉族中仍然可以发现它们的身影,这些民族大多在发展和形成过程中与其他民族融合,并造就了各自不同的文化。显然,多民族是西部的一个突出特点。这一特点决定了西北与众不同的民俗民风,也造就了多姿多彩的民族文化。

从其历史组成看,西北民族文化主要有以下几大族群。

(一)匈奴

从族源看,匈奴的由来,据多数学者认为,与鬼方、混夷、獯鬻、荤粥、猃狁、胡等有关。《史记·匈奴列传》云:"唐虞以上有山戎、猃狁、荤粥,居于北蛮。"《集解》引晋灼云:"尧时曰荤粥,周曰猃狁,秦曰匈奴。"又引韦昭云:"汉曰匈奴,荤粥其别名。"《周礼·考工记》云:"胡无弓车。"郑玄注云:"今匈奴。"《吕览·审为篇》云:"太王亶父居邠,狄人攻之。"高诱注云:"狄人猃狁,今之匈奴也。""匈奴"原义,直译汉意为"人",或"群众""居民""土民",义为"天帝之子",它起源于原始时期对天神的信仰。《汉书·匈奴传》记述匈奴单于致汉帝的书信中就自称:"天地所生、日月所置匈奴大单于。"据王国维考证,"匈奴"二字急读为"胡"。而"胡"一词在匈奴人心目中,就是天帝娇纵惯了的儿子。即如《汉书·匈奴列传》所记载的,单于遣使遗汉书,称"南有大汉,北有强胡。胡者,天之骄子也,不为小礼以自烦"。所谓"天之骄子",就是"上天的宠儿"。

作为一个骁勇善射的游牧民族,匈奴自公元前3世纪至公元5世纪一直活跃在中国东北到西北的辽阔土地上。黄河河套地区是古匈奴人的历史摇篮。公元前209年,冒顿杀其父头曼自立为单于,他东灭东胡,西击月氏,南并楼烦,北服丁零,建立了北方草原上第一个奴隶制政权,控地东尽辽河,西至葱岭,南邻长城,北达贝加尔湖,是匈奴的鼎盛时期①。据《史记·匈奴列传》,其时"夷灭月氏,定楼兰、乌孙、呼揭及其旁二十六国,皆以为匈奴"。这里记载的正是匈奴势力控制西域大部分地区的史实。

当时,由于匈奴日益强大,所以经常凭借武力与汉王朝发生军事摩擦与冲突。汉初,高祖刘邦就曾亲自率兵攻打匈奴,但招致失败,不得已,只好以"和亲"之策来缓和矛盾,避免大规模的战争。以后,从汉武帝元光二年到汉宣帝本始二年60年间,汉匈间战乱不止,双方都遭受巨大损失。匈奴呼韩邪单于采取归附汉王朝的断然措施,促成了塞北与中原的统一。公元9年王莽篡汉建立"新"朝,对匈奴等民族实行歧视政策,汉匈复又兵戎相见。之后部分匈奴或臣服或西迁西域,并终使匈奴后来分裂为南匈奴与北匈奴,公元5世纪时北匈奴阿提拉在欧洲建立起匈奴帝国,南匈奴几乎同时在中国建起帝国。自公元89年至91年时,北匈奴在南匈奴与汉朝军队的共同打击下接连大败,受北匈奴控制和奴役的部族或部落也纷纷乘机而起,北匈奴主力便远走伊犁河流域、中亚、顿河以东与伏尔加河等地。其后,中国北方的鲜卑族强大起来,逐步占有匈奴故地,五六十余万匈奴人遂"皆自号鲜卑",都成了鲜卑人。

西迁的匈奴人在公元374年击灭位于顿河以东的阿兰国后,便开始扮演着推动欧洲民族大迁徙的主要角色,同时也揭开了入侵欧洲的序幕。匈奴人不仅压迫哥特人避入罗马帝国,甚至兵临罗马城下。此时,匈奴人不仅越过了多瑙河和莱茵河势力直达西欧,还于5世纪时在多瑙河畔建立了匈奴帝国,即"阿提拉王国",对欧洲历史产生了很大影响。许多学者认为匈牙利人就是其后裔。匈牙利人与欧洲其他地方人的长相有明显区别,匈牙利民歌很多与陕北、内蒙古的民歌在调上是一样的,匈牙利人吹唢呐和剪纸的情形和中国陕北的一样,他们说话的尾音也与陕北口音很相似。

融入鲜卑族中的一部分匈奴人,有的则成为新的部族。如十六国时期,刘渊、赫连勃勃、沮渠蒙逊先后建立过"汉""大夏""北凉"等民族政权,他们都是匈奴人。在南北朝后期,为中国重新统一奠定基础的"北周"政权的建立者宇文觉,也

---

① 《中国古代民族志》,中华书局,1993年版,第70页。

是匈奴人。从公元前3世纪到公元5世纪,为开拓祖国北疆、创造物质和精神文化做出过巨大贡献的匈奴族,在中华民族的历史大舞台上活动了800年之后,终于在南北朝以后的史籍中消失了。

虽然作为一个民族消失了,但匈奴族的文化习俗仍部分保留下来了。以现在主要流行于蒙古国、俄罗斯以及中国的内蒙古与新疆的"胡笳"为例,胡笳虽为匈奴乐器,但其传播、继承却早已超出了匈奴。

流传下来的匈奴文化遗传因子还有当时的匈奴民歌。民歌是民族的心声,游牧民歌更是研究游牧民族和游牧文明盛衰兴替的历史和心灵的天窗。史载匈奴民歌"亡我祁连山,使我六畜为蕃息;失我焉支山,使我嫁妇无颜色"就是在汉代大将霍去病率大军击败匈奴后,匈奴对失去阴山的无限怀恋。这一古老民歌的曲式、主题、情节和结构至今仍然保留在蒙古民族丰富的民歌曲式当中。

(二)西羌

西羌,又称羌,是西部民族中历史最悠久的民族之一。古代羌族对中国历史发展和民族发展有着广泛而深远的影响。从历史传说时期共工壅防百川,到神农教民耕织,从炎黄到夏禹,到华夏族的形成,都与古羌族密不可分。贾逵《周语》注说:"共工氏姜姓。"《太平御览》说:"神农氏姜姓。"姜即羌。《史记·六国年表》云:"禹生于西羌。"《太平御览》引皇甫谧《帝王世纪》云:"伯禹夏后氏,姒姓也,生于石纽……长于西羌,西羌夷(人)也。"谯周《蜀本纪》说:"禹本汶山广柔县人也,生于石纽。"广柔在今羌族地区。《水经注·沫水》广柔县条:"县有石纽乡,禹所生也。"现今羌族人聚居的茂县、理县、汶川、北川县等地区都有禹迹及记载,特别是北川县禹里乡,大禹的遗迹、记载、传说等保留得更为完整。学术界大多认为,根据传说和历史记载,北川禹穴当为禹所生地。著名历史学家徐中舒说:"夏王朝的主要部族是羌,根据由汉至晋五百年间长期流传的羌族传说,我们没有理由再说夏不是羌。"①所以,古代羌族对缔造中国的第一个王朝,即夏朝的贡献是昭然史籍的。古代羌族主要活动在西北的广大地区,迁徙到中原地区的羌族大多华夏化。今甘肃、青海的黄河、湟水、洮河、大通河和四川岷江上游一带是古代羌族的活动中心。殷商时期,古羌族有"北羌""马羌"等众多部落,过着居无定处的游牧生活,也有一些羌族人从事农业生产。《说文》释"羌"曰:"西戎牧羊人也。"表明古代羌族人主要从事畜牧,以养羊为生。

秦汉之际,西北羌族分布地区比较广泛,但在民族舞台上最为活跃的是生活

---

① 徐中舒:《我国古代的父系家庭及其亲属称谓》,载《四川大学学报》,1980年第1期。

在河湟地区的羌族。据《后汉书·西羌传》记载,在河湟羌族人的历史上,有一位名叫爰剑的人,在秦厉公时被俘为奴隶,后逃归河、湟间,被羌族人推为首领。他教羌族人从事农耕与畜牧,促进了生产的发展和人口的增长。后受秦国威胁,大量羌族人被迫南迁,进入西藏的有发羌、唐旄等,进入甘肃、四川境内的"或为牦牛种,越嶲羌是也;或为白马种,广汉羌是也;或为参狼种,武都羌是也"①。生活在云南的彝、纳西、哈尼、景颇、普米、独龙、傈僳、拉祜、基诺、阿昌等族,都与南下的羌族人有关。文献上称之为"婼羌"的,是迁到新疆天山南路的一支羌族人。据《后汉书》记载,留在河湟地区的羌族游牧部落有数十个,其中比较重要的有先零羌、烧当羌等。汉王朝建立之后,曾在羌族人生活地区设置郡县,以加强统治。东汉时期,羌族人与汉王朝矛盾突出,曾多次爆发起义,前后延续60多年。十六国时期,羌族人是进入中原地区的"五胡"中的重要一员,在长安建立后秦政权的就是羌族人姚苌。后秦存在30年,一时颇为兴盛。羌族人后来多与其他民族融合,仅有四川岷江上游一支羌族人延续至今。

（三）氐族

和羌族关系密切的是氐族。氐族和羌族有同样悠久的历史。《诗经·商颂》诗云:"昔有成汤,自彼氐羌,莫敢不来享,莫放不来王。"《竹书纪年》亦有记载说:成汤及武丁时,曾两次有"氐羌来宾"的事实。表明早在商初,氐羌就被迫向商称臣纳贡。古书常以氐羌连在一起称述,表明两族间的关系至为密切。但古书对氐族的记述更少于羌族。《三国志·东夷传》末裴松注引三国时魏人鱼豢《魏略·西戎传》有一段颇为珍贵的叙述,说:"氐人有王,所从来久矣。自汉开益州,置武都郡,排其种人,分窜山谷间,或在福禄,或在、陇左右。其种非一,称槃之后,或号青氐;或号白氐;或号蚺氐,此盖虫之类而处中国,人即其服色而名之也。其自相号曰:'盍稚。'各有王侯,多受中国封拜。近去建安中,兴国氐王阿贵、白项氐王千万各有部落万余。至十六年,从马超为乱。超破之后,阿贵为夏侯渊所攻灭;千万西南入蜀。其部落不能去,皆降。国家分徙其前后两端者,置扶风、美阳,今之安夷、抚夷二部护军所典是也。其本守善,分留天水、南安界,今之广魏郡所守是也。其俗语不与中国及羌杂胡同,各自有姓,姓如中国之姓矣。其衣服尚青绛。俗能织布,善田种。畜养豕、牛、马、驴、骡。其妇人嫁时著衽,其缘饰之制有似羌,衽有似中国袍。皆编发,多知中国语,由与中国错居故也。其自还种落间,则自氐语。其嫁娶有似于羌,此盖乃昔所谓西戎在于街、冀、獂道也。今虽都统于郡国,然故自有

---

① 《后汉书·西羌传》,中华书局,1984年版。

王侯在其虚落间。又故武都地、阴乎街左右,亦有万余落。"由此可知:汉魏时,武都、阴平、天水、陇西、南安、广魏、扶风及酒泉诸郡,都有氐族人居住。实际还不止以上各郡。前已言及,商初,氐羌即与商政权常有往来,说明那时氐族人居地离商都并不太远。而到两汉时,氐族人早已迁至比较偏僻的今甘、陕、川交界地区,当系商周时氐族逐渐退缩的结果。不过,氐族人与汉族人是有长期杂居过程的。所以氐族人的习俗服饰与汉族人有不少相似之处。氐族人善田种,能织布,畜养豕牛,多知中国语,姓如中国之姓。说明氐族人的文化比较进步。另外,氐族人的婚、丧之礼与服饰亦有似于羌,主要原因是氐羌相处时间很长,相互影响亦比较多。关于氐族的历史渊源,由于魏晋南北朝及其以前古书多以氐羌并提,故学者多以为氐族、羌族原来属于同一族类。如范晔在《后汉书·西羌传》赞曰:"金行气刚,播生西羌,氐豪分种,遂用殷强。"即认为氐族是从羌族中分出来的一个支族。

所以说,氐族与羌族是同源而异流。到战国之后,氐与羌才在中原人的概念中明确分为两个民族。住在汧、陇地区的原有氐羌诸部落才专称为氐,而生活在河湟地区的羌人诸部则专称为羌①。公元3至6世纪,氐族在中华民族的大舞台上特别活跃,匈奴、鲜卑、羯、氐、羌诸民族进入中原之后,公元304年,氐人李雄攻下成都,称成都王,两年后称帝,国号大成,揭开了十六国的序幕。而此后在十六国中影响最大的是公元351年氐族人建立的前秦。氐族人苻坚是一位有作为的政治家,他在政治、经济、文化等方面采取一系列重要改革措施,统一了北方大部分地区。当前秦政权被羌人姚苌灭亡后,原是苻坚部下大将的氐族人吕光遂在姑藏(今甘肃武威)建立政权,称大凉王,史称后凉。后也被羌人的后秦政权灭亡。这样,氐族遂融合于其他民族之中。隋唐以后,氐的称号便在史籍中销声匿迹了。但是氐族在创造中华民族辉煌历史中的功绩是不可磨灭的。

(四)突厥

突厥是居住在中国古代北方和西北地区的游牧民族,起源于中亚。公元6世纪中叶到8世纪中叶,兴起于新疆东北部,强大时,突厥人曾两度在阿尔泰山和蒙古高原建立了统一西北、君临中亚的突厥汗国,以与中原相抗衡。但突厥汗国建立不久,就分裂为东西两部分。汗国创始人伊利可汗向东发展势力,是为东突厥。其弟室点密率大军占领西域诸国,将势力延伸到波斯和克什米尔,并控制着欧亚草原和绿洲的商路,自立为可汗,是为西突厥。

突厥一词的含义,根据17世纪成书的《突厥语辞典》,释为"最成熟的兴旺之

---

① 《中国古代民族志》,中华书局,1993年版,94页。

时"。突厥人属于中亚民族,其语言属阿尔泰语系突厥语族,文字为西方的阿拉米字母拼写,基本字母38个。突厥人创造文字,开北方民族之先河,遗字散见于阴山和乌兰察布草原的岩画和蒙古国的碑刻上。

突厥属铁勒族系,其先世为战国秦汉时期的丁零,魏晋南北朝时期的敕勒,隋时统称为铁勒,分布在东起贝加尔湖,西至中亚,横跨大漠南北的广阔地区,分41个部落,突厥是其中之一。约在公元6世纪初的北朝晚期,突厥臣属柔然,有发达的冶铁技术,但以游牧经济为主。公元552年,突厥打败柔然,建立起幅员广阔的突厥汗国,势力迅速扩展至蒙古高原。其文化及风俗习惯,如制造高轮木车、东向拜日、崇拜萨满巫师等,对契丹、蒙古多有影响。突厥人的后裔"汪古部"在阴山以北游牧,因支持成吉思汗建国有功,被蒙古人视为"安答"(伙伴),与成吉思汗家族保持世世通婚的密切关系。突厥汗国后分东、西突厥和后突厥,立国近200年(552年—745年)。突厥人以狼为图腾,旗帜上绘制金狼头,以阿史那氏为最高的氏族,各部可汗均出自该族。可汗征发兵马时,刻木为信,并附上一枚金箭,用蜡封印,以为信符。各部接到信符,立即应征作战,战马的装备、给养皆由牧民自备。

突厥分裂成东西两部后,东突厥位于漠北,西突厥位于西域中亚一带。突厥汗国与隋唐间时有战争,但主要仍以臣属、姻亲关系为主,如隋代曾两次以公主下嫁突厥可汗,突厥亦多次降附中原王朝。突厥人亦通过唐朝在内蒙古草原的大单于都护府,及东、中、西三座受降城,进入中原营商,更有突厥人在唐朝中任官。

突厥社会经济的主要支柱是畜牧业,以羊马为主,余则称为杂畜。《隋唐·突厥传》记,"或南入长城,或往白道,人民羊马,遍布山谷"。突厥以畜牧业为主要生活资料来源,在衣食住行上无不体现游牧民族的习俗,他们在继承前代北方游牧民族风俗的基础上又有了更大的创造与进步。特别值得提及的是,突厥是最早创制文字的中国北方游牧民族。

隋文帝时为统一中国,采取离间政策,引起东西突厥的争斗,以图分化瓦解。至唐贞观四年(630年),东突厥灭亡,统一于唐。一度称雄中亚,使西域诸国尽皆臣服的西突厥,和唐王朝时而冲突、时而和解。公元657年,终被唐王朝所灭亡。公元682年,东突厥贵族势力再起,史称后突厥汗国。它和唐王朝时战时和,并曾一度建立比较亲善的关系。731年,毗伽可汗之兄阙特勤死,唐玄宗派人吊唁,并亲自撰写碑文,让人用汉文和突厥文书写。公元732年所立的碑1889年被俄国人雅德林采夫在鄂尔浑河畔发现,成为重要的历史遗存。后突厥内部争夺汗位,最后一位可汗在公元745年被回纥人所杀,极盛一时的突厥汗国,由于对外战争屡遭失败,加之内部分裂,以及单一游牧经济的脆弱性,终于由分裂而衰亡。突厥人的后裔,一部分留在蒙古高原,另一部分迁至中亚(今土耳其)及中国新疆地区。

突厥族在中古历史上活跃了200年之久,它是中国古代西北各民族第一个创造民族文字的民族。虽然退出了历史舞台,但它留下的宝贵文化遗产,对中国乃至对世界历史来说,都是弥足珍贵的。

(五)回纥

与突厥同源的回纥,也是中国北方和西北的古代民族。据目前所见文献记载,丁零人可能是最早与回纥人有关联的源头古代群体。不少人认为,汉魏时期的"丁零"、十六国北朝时期的"高车"、隋唐时期的"铁勒",应为同一民族在不同历史时期的称谓。按汉文史籍中的"丁零"名称,《山海经》作"钉灵"、《史记·匈奴传》作"丁灵"、《汉书·苏武传》作"丁零"、《魏略·西戎传》作"丁令"。据前人研究,汉魏时期丁零的居住地在今南西伯利亚东起贝加尔湖西至巴尔喀什湖一带地方,当时,丁零与华夏以及北方匈奴之间有着密切的关系,丁零作为古代民族共同体存在应是一个不可否认的事实。有一些学者甚至对丁零的源头进行了追寻,认为先秦时期文献中的"狄(一称'翟')"和"鬼方"应是丁零的历史源头,这方面可供参考的成果是比较多的。据《魏书·高车传》记载:"高车,盖古赤狄之余种也。初号为狄历,北方以为敕勒,诸夏以为高车、丁零……其种有狄氏、韦纥氏、斛律氏……"《新唐书·回纥传》指出:"回纥……亦号高车部。或曰敕勒,讹为铁勒,其部落曰袁纥……"据此,有人认为:"丁零、高车、敕勒、铁勒实为同类,是不同时期、不同民族对这一民族的不同称谓。"① 南北朝时期,包括回纥在内的铁勒各部分布于蒙古高原到中亚的广大地区。公元6世纪,当铁勒部中的突厥兴起之时,回纥部曾沦为其附庸。后逐渐强大起来的回纥于公元745年,与唐王朝结成联盟,南北夹击灭亡了突厥汗国,以回纥汗国取而代之。回纥与唐王朝的关系是历史上罕见的和好关系,其13位可汗中有12位接受了唐的册封,唐先后有4位公主嫁给了回纥可汗。公元839年,回纥汗国遭到严重雪灾,其将军句录莫贺勾结黠戛斯军队乘机袭来,回纥可汗兵败自杀,强盛一时的回纥汗国于公元846年灭亡。汗国崩溃后,一部分回纥部落南下,进入中原,融入汉族之中,另有三支回纥部落向西迁徙,一支到了河西走廊的甘州(今张掖),史称甘州回纥或河西回纥。他们和五代以至北宋王朝都有交往。到元代,蒙古族进入这一地区,一部分蒙古人与回纥人融合而形成今天的裕固族。当今生活在甘肃肃南裕固族自治县西北的裕固人,操西北裕固语,属阿尔泰语系突厥语族;而生活在该县东部的裕固人,

---

① 杨建新、马曼丽主编:《西北民族关系史》,民族出版社,1990年版,第227页。

操东部裕固语,属阿尔泰语系蒙古语族①。一个民族操两种语言这罕见而有趣的现象,很能反映民族融合的历史。西迁的另一支到达了西州(吐鲁番),于866年建立了西州回纥王国,都城是高昌,所以亦称高昌回纥。高昌回纥王对内善于治理国家,对外和契丹族建立的辽王朝以及宋王朝都有密切的交往关系,经济、文化得到很大的发展,一直存在300多年,直到成吉思汗发动征服世界的战争时,西州回纥王才投靠蒙古大汗,成为元朝的一部分。西迁最远的一支回纥,在庞特勤率领下越过葱岭,史称葱岭西回纥。他们和当地土著居民以及先期到达的突厥诸部落一起,建立了强大的喀喇汗朝。喀喇汗朝历时三个多世纪,鼎盛时期其辖区包括今天新疆西北部和南部以及中亚广大地区,它和宋、辽、西夏等政权,都有密切关系。喀喇汗朝的统治者一直自称"桃花石汗",意为"东方与中国之王",始终坚持是中国的一个王朝。还值得注意的是,由于中亚伊斯兰文化的影响,喀喇汗朝成为第一个信仰伊斯兰教的回纥汗国,并且成为伊斯兰教东传的重要中介。

公元1125年,辽亡。契丹贵族耶律大石率部在天山南北和中亚一带建立了西辽政权,高昌回纥和喀喇汗朝都成为西辽的属国。1211年,成吉思汗征服西辽,两部分回纥人又都归属于元朝。从9世纪40年代到16世纪初,西迁的高昌回纥和葱岭西回纥历经六个多世纪的漫长岁月,又与塔里木土著人融为一体,形成了维吾尔族。

(六)吐谷浑

吐谷浑也是活跃在西北颇有特色的民族。吐谷浑是国名也是人名,其开国之君吐谷浑是鲜卑人,他家世代都是鲜卑贵族。吐谷浑的曾祖名叫莫护跋,曾经协助司马懿平定公孙渊,被封为率义王。率义王非常前卫,爱赶时髦。他率先仿效汉族人束发戴起步摇冠。在鲜卑人看来是奇装异服不伦不类,不无讥刺地管莫护跋这支部落叫"步摇",由于方言口音奇妙的发展变化,天长日久"步摇"就读成了"慕容"。莫护跋对这种讥讽似乎也坦然接受,慕容也就成了这族人的姓氏。

莫护跋极力汉化向中原政权靠拢,其家族也逐渐内迁,地位逐步上升。吐谷浑的父亲慕容涉归被封为鲜卑单于。按说吐谷浑作为慕容涉归的长子,应当继承单于之位。可惜他是小老婆生的,地位卑贱——正史上连他的生年和生母名姓都没有记载。结果这个宝座轮到了吐谷浑的异母弟弟奕洛瑰(慕容廆)来坐。慕容廆也是一代豪杰,五胡十六国中的四燕国都是他的后裔所建,他还亲手奠定了前燕的基础。

---

① 杨建新、马曼丽主编:《西北民族关系史》,民族出版社,1990年版,第384页。

慕容廆以嫡子身份继承大位，却始终对才略不输给自己的大哥吐谷浑不放心。另外，慕容涉归临终前分封给吐谷浑牧民700户（也有说1700户的），有一定实力。所以，慕容廆总想向吐谷浑找点碴。某年春天，牲畜发情，吐谷浑和慕容廆两部的马匹公母相斗，这种小事却让慕容廆找到了借口，他派人责怪大哥说："先公处分于兄异部，何不远徙，而致马斗相伤？"弟弟的心思，吐谷浑一清二楚，他也不甘心久居人下。于是反驳了一番，之后吐谷浑就率领本部西迁。鲜卑汉子到底实诚些，慕容廆听说大哥负气出走，心中也颇为愧悔。于是派遣长史七那楼（或曰史那楼冯）前去追赶致歉，请吐谷浑还乡。不过吐谷浑已经决心另开辟一番新天地，对于老长史的挽留谦辞谢绝。后来推辞不过，于是，吐谷浑说咱们听天由命吧，你们试着把马匹东赶，马要回去，我就回去。可是头马领着马群往东走出数百步后，忽然回头向西，而且还"欻然悲鸣"，"声若颓山"。再试一次依然如此，老长史只好跪地长叹："天意啊天意！"七那楼回去向慕容廆复命，慕容廆后悔不已，后来因为经常思念兄长，他于是作了《阿干歌》来纪念。这首歌写于公元289年，歌云："阿干西，我心悲，阿干欲归马不归。为我谓马何太苦？我阿干谓阿干西。阿干身苦寒，辞我土棘住白兰。我见落日不见阿干，嗟嗟，人生能有几阿干？"哀切悲凉、情真意切、催人泪下。当慕容廆的子孙建立了"大燕国"之后，《阿干歌》就作为皇帝出巡或者祭祀宗庙时演奏的"鼓吹大曲"，俨然就是大燕国歌。

吐谷浑西迁先到了阴山，不久又西移甘陇，渡过洮水，在羌族的故地建立了国家。这时是西晋怀帝司马炽永嘉末年（公元312年），一个大动荡、大分裂的时代正在到来，不过僻处西陲的吐谷浑并没感受到多少冲击，在北起甘松，南至白兰，东临洮河，西至于阗的数千里疆域内，吐谷浑部落——该称为吐谷浑国了，过着宁静的游牧生活。吐谷浑本人活到了72岁，在当时是难得的高寿，并且还留下了60个儿子。

继承吐谷浑事业的是他的长子叶延，在位13年留下12个儿子。因为和昂城羌族首领姜聪争夺草场，被其用剑刺伤，伤重不治。临终前托孤大将纥拔泥，让他辅佐自己十岁的长子叶延继位。叶延是个果敢的孩子，又有孝心。他练习射箭时总是扎个草人当靶子，说那是姜聪。每当射中了就哭泣号啕。除了练习射箭，叶延还饱读《诗》《传》，后来他宣称既然自己的曾祖父奕洛韩曾被封为昌黎公，那自己就是公孙之子。根据周礼，公孙之子可以用王父的字为氏。所以把姓氏改为吐谷浑，放弃了原本的姓氏慕容。不过显然中原的史家对他这种复古的举动不以为然，如新旧唐书等多数史书提到吐谷浑王族依旧称他们是"慕容氏"。

至吐谷浑之孙叶延建立政权开始，才以吐谷浑作为民族的称号和国号。叶延能吸收汉族治国经验,且团结和依靠居住地氐、羌各族群众,所以能在群羌之地立足。到树洛干在位时,达到"控弦数万"的局面。公元426年,慕璝执政后,吐谷浑进入鼎盛时期,直到南北朝结束,它经历了100多年欣欣向荣的黄金时代,成了西北的强国。其间,由于河西走廊先后出现前凉、后凉、南凉、西凉等割据政权,战祸频仍,丝绸之路时通时断,吐谷浑人趁此机会开拓、经营,在青海境内开辟了一条东西交通的孔道,成为丝绸之路的重要辅道。东西方的使者、商队及僧侣往来不绝,吐谷浑作为对外交往和国际商贸活动的中介,发挥了很大作用,并因此得到发展。1956年在青海西宁出土了76枚波斯萨珊王朝卑路斯王(459—483年)时期的银币,就是当时商贸活跃的明证。隋王朝建立之后,吐谷浑和隋之间时战时和。公元596年,隋文帝将光化公主嫁给吐谷浑世伏可汗,而到炀帝当政时,吐谷浑又受到沉重的军事打击。到唐代,李世民以"抗衡上国,剽掠边郡,拘留行人"为由派大军征伐吐谷浑,在迫使吐谷浑归附之后,又将弘化公主嫁给吐行浑诺曷钵可汗。后吐蕃势力增强,进入青海,占据了吐谷浑控制的地区,唐王朝派大军帮助吐谷浑复国,也遭到失败。吐谷浑部落有的进入唐朝统治区域,融入其他民族,有的被安置在河西一带。之后吐蕃占据河西、陇右,迫使吐谷浑部落解体。在中华民族古代的历史大舞台上活跃了350年之久的吐谷浑族有组织的、集团的活动终止了。但宋代文献上还有吐谷浑人在青海活动的记载。后来,留在河湟地区的吐谷浑人和进入河湟地区的蒙古族人,经过长时间交往融合,遂形成了土族①。

(七)党项族

在西北显赫一时的民族中,还有党项族。党项之名,在汉文史籍中最早见于《隋书》。《隋书·党项传》载党项的居地是:"东接临洮、西平,西拒叶护,南北数千里,处山谷间。"到唐前期,党项居地发生了一些变化,《旧唐书·党项传》称:"其界东至松州,西接叶护,南杂春桑、迷桑等羌,北连吐谷浑,处山谷间。"阎立本《西域图》绘党项国的方位是:"吐国(谷)浑之南,白兰之北,弥罗国也。"弥罗即弥药,弥药即党项。可见,汉文文献所载党项族的居地就在我国西北地区的青海东部、甘肃南部及四川西北部之间。党项之主源是羌,而其他民族则是后来逐渐融入其中的。《隋书·党项传》云:"党项羌者,三苗之后也。其种有宕昌、白狼,皆自称狝猴种。"《旧唐书·党项传》云:"党项羌在古析支之地,汉西羌之别种。"《旧五代史·党项传》云:"党项,西羌之遗种。"其他各种文献基本上均略同于上述记载,无不在党项之后冠以"羌"字,以示党项源出羌族。党项与西羌同源,故称之为党

---

① 杨建新、马曼丽主编:《西北民族关系史》,民族出版社,1990年版,第382页。

项羌。党项人生息于古析支之地,即今青海黄河河曲一带。西魏、北周之际,党项开始独立发展和显露头角,后内附于隋朝。至唐时,由于吐蕃势力发展到党项故地,党项人被迫内迁,归附唐朝。其首领拓跋赤辞被封为西戎州都督,赐姓李。唐末,党项族首领拓跋思恭因助唐镇压黄巢起义有功,被封为定难军节度使,再度赐姓李。宋王朝建立,党项人归附宋,拓跋氏被赐姓赵。在较长的时间里,党项族偏居西北,采取保全实力、稳步发展的策略。公元1031年,元昊执政,取消唐、宋赐姓,更号嵬名氏,创制民族文字,不断加强军事实力,于1038年正式称帝,建都兴庆府(今宁夏银川),因号大夏(史称西夏),开创了西夏立国190年的基业,其辖境包括今宁夏、甘肃大部、陕西北部和青海、内蒙古的部分地区,并先后形成夏—北宋—辽、夏—南宋—金的三足鼎立局面。这样,党项族进入历史极盛时期。西夏从元昊建国起,传十帝。经过近两个世纪,国力逐渐衰落,1227年被成吉思汗统帅的蒙古大军所灭。党项人逐渐与西北各民族(包括汉族)融合,但有一支党项人南渡洮河经松潘到达四川木雅,"建立了一个小政权,又存在了470多年。这部分党项人基本融合到了藏族中。不过,这些被称为木雅藏的藏民,至今在建筑、服饰、习俗、语言上,还保持了与藏族不同的某些特点。"①

(八)藏族

藏族是中国西部的古老民族之一,是中华民族的重要成员,自古以来就生活在青藏高原上。考古发现证明,至少在距今1~5万年以前的旧石器时代中、晚期,西藏高原的大部分地区就已经有古人类活动,他们无疑是最早的土著居民。从考古资料看,新石器时代西藏至少存在着三种文化:藏东河谷地区的卡若文化、雅鲁藏布江流域的曲贡文化和藏北高原的细石器文化,因而人们确认,藏民族多源,直接起源于新石器时代三大原始居民群体的融合。这三大群体是:西藏高原的土著居民群体;由北方草原地区南下的游牧居民群体;由黄河上游地区南下的氐羌系统居民群体。经过漫长的发展,到公元前4世纪,西藏高原由象雄、雅隆和苏毗三大部落联盟的兴起而逐步形成三足鼎立局面,最终以雅隆吐蕃部落的强大及其对象雄、苏毗两部落的征服而告结束。公元7世纪初,松赞干布最终完成了西藏高原的统一②。松赞干布定都逻娑(今拉萨),组织创制藏文、藏历,创订法律、度量衡,分设文武各级官职,建立了奴隶制的吐蕃王朝。这是吐蕃历史上最兴旺的时期。历经九代赞普,到公元842年朗达玛被杀,统一的吐蕃分裂为四个政

---

① 《中国古代民族志》,中华书局,1993年版,第111页。
② 石硕:《西藏文明东向发展史》,四川人民出版社,1994年版,第36页。

权。从公元629年松赞干布建立吐蕃王朝到朗达玛被杀,200多年间,吐蕃与唐王朝不断发生冲突,诸如灭亡已经臣服唐王朝的吐谷浑,控制"丝绸之路"这一战略要冲;与唐争夺安西四镇,向西域扩张势力;兼并河湟地区向东扩展并一度攻占长安等。但这只是一个方面。应该看到,另一方面是吐蕃与唐王朝间的密切交往、交通、交流。这是相互关系的主流。如松赞干布即位初期,就开始与唐建立密切关系,公元641年,唐太宗将文成公主远嫁松赞干布,成为友好关系的纽带。唐中宗时,金城公主与墀德祖赞的联姻,是汉藏关系史上又一重大事件。它直接导致了公元732年的开元会盟和两年以后的赤岭(青海日月山)立碑,开创了民族友好交往的新时期。后来吐蕃王朝与唐王朝相继衰落。中原宋王朝建立之后,吐蕃四个王系纷争割据持续了一段时间,但生活在河湟一带属于四王系之一的雅隆觉阿王系赤德之后的唃厮啰,却在相对稳定的环境中于北宋初年建立了政权,使青唐(今青海西宁市)成为甘肃、青海一带藏族的政治、经济、文化和宗教中心。唃厮啰和宋王朝的关系也比较密切,特别是在河西走廊被西夏人占领的情况下,为开辟经青海湖北入西域的丝绸之路新通道,做出了很大的贡献。

  13世纪继蒙古兴起之后,曾遣使与西藏地方实力集团取得联系。1247年,在新兴的蒙古王朝大兵压境之际,萨迦派第四代祖师萨班·贡噶坚赞与蒙古皇子阔端举行了著名的"凉州会谈",从此西藏正式纳入祖国版图。贡噶坚赞向全藏发出《萨迦班智达致蕃人书》,促进了吐蕃内部的统一,加强了民族之间的团结。这是历史性的伟大贡献。凉州会谈后,贡噶坚赞留在凉州,住持白塔寺,传经说法,于1251年圆寂于此,阔端为他建塔多座,至今遗址尚存,成为西藏纳入中国版图的历史见证,成为各民族大团结的象征。

  贡噶坚赞的侄儿、弟子八思巴继承了他的事业,对元朝统治上层进行了成功的宗教渗透和影响。他先后被忽必烈封为"国师"和"皇天之下、大地之上、西天佛子、化身佛陀、创制文字、辅治国政、五明班智达八思巴帝师"①。在元代,西藏僧人被封为帝师的达14人之多。八思巴之弟恰那多吉被忽必烈任命为西藏首席行政官,代表中央王朝行使对西藏的行政统治和管理。他执政三年去世,忽必烈根据八思巴举荐任命释迦桑布为萨迦本钦,即西藏首席行政官。此后,萨迦本钦一职由帝师举荐、元朝皇帝任命遂成定制。

  公元1368年,明王朝建立,沿袭元朝旧制,很顺利地完成由西藏与元朝政治隶属关系向与明朝政治隶属关系的嬗变与转换。明成祖时对有影响的宗教领袖

---

① 陈庆英等译:《萨迦世系史》,西藏人民出版社,1989年版,第147页。

封授大宝法王、大乘法王和大慈法王称号,对地方实力集团也先后分封阐化、赞善、护教、辅教、阐教五王,起到了政治上的凝聚作用。15世纪初,藏传佛教格鲁派(黄教)创始人宗喀巴大力整顿、改革宗教,使黄教迅速发展成为占主导地位的教派,先后形成达赖、班禅两大活佛转世系统。明末清初,蒙古和硕特部固始汗驻牧青海,后入据卫藏地区,崇奉格鲁教派。满族入主中原成立清朝后,采取了"兴黄教以安众蒙古"的政策,设置理藩院,管理蒙古、西藏事务,先后正式册封了格鲁派两大活佛为达赖喇嘛(1713年)和班禅额尔德尼(1713年)。从此形成定规,历代达赖、班禅转世皆需中央册封。1715年,清王朝正式设立西藏地方政府"噶厦"。1793年,清军击退了入侵西藏的廓尔喀军,并颁布《钦定藏内善后章程》,把元代以来西藏与中央政府的关系推向一个新的阶段。1840年鸦片战争以后,帝国主义列强势力侵入西藏,西藏人民积极投入爱国守土斗争。1888年,英军入侵西藏,在隆吐山遭到西藏军队的坚决抵抗,而清王朝却在1890年与英帝签订丧权辱国的不平等条约。1904年英军又入侵拉萨,沿途遭到西藏人民坚决反击,西藏军民在江孜奋勇抵抗,给侵略者以沉重打击。英国侵略者极力挑拨西藏与中央的关系,妄图把西藏从祖国大家庭中分裂出去,但帝国主义的罪恶阴谋终未能得逞①。

(九)唃厮啰

唃厮啰为吐蕃余晖。公元842年,随着吐蕃王朝赞普达玛被弑,吐蕃贵族、边将混战不息,奴隶平民起义不断,王朝在各地的统治机器被彻底摧毁。建国200余年的吐蕃王朝自此灭亡。此期间,从公元9世纪晚期至11世纪,无论在吐蕃本部,还是在河陇地区,吐蕃社会都发生了深刻的变化。封建农奴制的因素不断增长,奴隶制逐渐为封建农奴制所代替;政治上则是出现了一些僧俗首领割据的地方势力集团。在这些割据势力中,有赞普后人建立的政权,河湟地区的唃厮啰,就是其中代表。

唃厮啰,本名欺南陵温,藏文史籍《西藏王统记》中说唃厮啰是吐蕃王朝末代赞普达玛五世孙赤德的后人。当他12岁时,被大贾何郎业贤带到河州(今甘肃临夏),不久,又被大户耸昌厮均迁到移公城,欲在河州联合各部落首领聚众举事,建立政权。当时河州人称佛为唃,称儿子为厮啰,自此欺南陵温又叫唃厮啰,故史称其建立的政权为唃厮啰。

吐蕃人有尊崇贵族的传统,被奉为佛的化身的唃厮啰在河湟吐蕃人中有巨大的魅力。因此,宗哥李立遵、邈川(今乐都)温逋奇等大首领,得知河州有赞普后人

---

① 《中国古代民族志》,中华书局,1993年版,第151页。

这样一位政治人物后,立刻以武力将唃厮啰劫持到廓州(今化隆境),建立政权,尊唃厮啰为赞普。

不久,李立遵将王城迁到经济比较发达的宗哥城,自立为相,挟"赞普"以令诸部,势力大增。北宋大中祥符八年(1015年)九月,李立遵派人到宋朝,号称聚众数十万,争取宋室的支持。后又上书宋朝的秦州守将曹玮,请求朝廷册封其赞普称号。宋朝廷没有答应他的请求,仅授予他保顺军节度使一职。对此,李立遵非常不满。于是在第二年亲率3万余众攻打秦(今甘肃天水)、渭(今平凉)二州一带城寨,与宋将曹玮战于三都谷(今甘谷县境),为宋军所败,落荒而走。

李立遵得势后骄恣好杀,御下严暴。唃厮啰对他的所作所为日渐不满,相互之间嫌隙日深,于是带领亲信和属下部族来到邈川。以温逋奇为首的当地首领拥戴唃厮啰为主,自为国相,并派人到宋朝进贡修好,请求封赐。明道元年(1032年),宋授唃厮啰为宁远大将军、爱州团练使、邈川大首领温逋奇为归化将军。后来,温逋奇对唃厮啰的势力增长甚为不安,想取而代之,于是发动了宫廷政变,囚禁唃厮啰。唃厮啰被守卒放出,以赞普的地位和威望集部众捕杀了温逋奇和其党羽。平息政变后,唃厮啰举族迁徙到青唐。此后的近百年间,唃厮啰政权遂以青唐为首府,成为这一地区吐蕃人的政治、经济、文化和宗教的中心。

正当唃厮啰刚刚立足青唐,专心经营河湟之时,近邻西夏又继占领甘、凉二州后,把矛头直指唃厮啰。西夏广运二年(1035年),李元昊亲率大军进入湟水流域,攻城占地,掳掠人畜。唃厮啰指挥吐蕃诸部奋起反击,与西夏激战200余日,终以奇计破元昊,大获全胜。唃厮啰抗击西夏的胜利,不仅保卫了新生的政权,而且极大地提高了在吐蕃人中的威望,许多不甘屈服于西夏统治的凉州(今甘肃武威)的六谷部吐蕃人和甘州(今张掖)回鹘人都纷纷南下投奔唃厮啰,进一步壮大了与西夏抗衡的实力。后来,宋、辽、西夏为争夺西北战略要地而互相角逐,唃厮啰的地位就显得特别重要了。

西夏天授礼法延祚元年(宋宝元元年,1038年)十月,西夏李元昊称帝建国,宋室为之大震。宋朝为了牵制西夏南下,不得不重赏在西北地区能为之效力的唯一的同盟者。十二月,加封唃厮啰为保顺军节度使。次年六月,派左侍禁鲁经带上宋仁宗的诏书和2万匹丝绸的厚礼出使唃厮啰,使其从背后牵制西夏。宋康定元年(1040年)八月,又派屯田员外郎刘涣到青唐,与唃厮啰商议讨伐西夏事宜,受到隆重接待。唃厮啰献上誓书和西州地图。宋加封唃厮啰为保顺、河西等军节度使。

同时,唃厮啰与辽国亦有往来,元昊称帝后,辽夏关系恶化。辽为了继续牵制西夏,曾西联甘州回鹘、唃厮啰为外援,策划对西夏用兵。为此,辽在清宁四年(1058年)以公主(当为宗室女)下嫁唃厮啰的儿子董毡,共图夏国。吐蕃与辽贡使的往来,自李立遵时起皆不乏记载。

宋治平二年(1065年)十月唃厮啰病逝,终年69岁。其第三子董毡继位,史仍称唃厮啰后裔的政权为唃厮啰。唃厮啰有三房妻子,前二妻为李立遵之女,各生一子,一为瞎毡,一为磨毡角。李立遵死后皆失宠,各携其子逃出青唐,磨毡角居宗哥;瞎毡居龛谷(今甘肃榆中境),后其子木征迁河州。董毡为乔氏所出,甚为唃厮啰宠爱,从少年时代起就受到良好的教育。唃厮啰在世时,董毡就已参与军政事务,征战沙场,屡立战功。他即位后,仍继续执行其父的施政措施,与宋朝保持着友好关系。宋熙宁三年(西夏天赐礼盛国庆元年,1070年),西夏出兵攻宋环(今环县)、庆(今庆阳)二州,董毡提兵助宋,乘西夏西线空虚,沿边抄掠,迫使西夏撤兵,宋军大部分将士才得以生还。但是,这种友好关系在王安石任相后就蒙上了一层黑色的幕纱。王韶向宋朝廷上《平戎策》,提出"欲取西夏,当先复河湟"的主张。王安石于是任命王韶前往秦州主持边事。熙宁五年,又命王韶率大军向唃厮啰政权属下的熙河地区发动了进攻,到次年九月,相继占领熙(今临洮)、河(今东乡西南)、洮(今临潭)、岷(今岷县)、叠(今迭部)、宕(今宕昌)等地,"招抚大小蕃族三十余万帐"。熙河之役给董毡政权造成了严重威胁,加剧了宋朝与河湟吐蕃的民族矛盾,从此这一带成为战争频仍、烽火不灭的地方,给吐蕃人民带来了莫大的灾难。宋军占熙河后,遇到董毡的奋力抵抗。他首先与西夏通好,西夏以公主、秉常妹下嫁董毡的儿子蔺逋叱,结为婚媾,共同对付宋朝。同时派出部将鬼章攻打河州,杀宋将景思立于踏白城。董毡侄河州大酋木征也率部助鬼章围河州宋军,后因军力悬殊而败绩。木征降宋,赐名赵思忠,成为宋朝的命官。熙河之役后,由于政治和经济的原因,董毡和宋朝恢复了中断七年之久的友好关系。熙宁十年十月,董毡派人到宋进贡,宋依旧例回赐。董毡由保顺军节度使改为西平军节度使,后又由常乐郡公进封武威郡王,其他首领则依其实力授团练使、刺史、本族军主、副军主等职。宋神宗接见董毡使者时也称赞:"其上书情辞忠智,虽中国士大夫存心公家者不过如此。"《宋史·吐蕃传》记述:"阿里骨本于阗人,少从其母给事董毡,故养为子。元丰兰州之战最有功。自肃州团练使进防御使。"由于阿里骨非唃氏家族,所以遭到唃厮啰族人的竭力反对,在这种形势下,阿里骨为了巩固自己的地位,曾一度改变前朝依宋抗夏以自保的政策,欲利用西夏的力量收复被宋占领的熙河地区,并通过战争缓和内部矛盾。于是与西夏相约在对宋的战争中如能取胜,熙、河、岷三州归阿里骨,兰州、定西归西夏。北宋元祐二年(西夏天仪治平元年,1087年)四月,阿里骨令鬼章攻洮州,西夏也出兵围河州。后因鬼章被宋军俘获而结束战争,阿里骨收复失地的希望破灭。

阿里骨受挫折后,于次年派人携带厚礼到宋朝上表谢罪,并要求释放鬼章,边界息兵。宋朝同意了阿里骨的请求,自此,阿里骨与宋朝的关系重归于好。绍圣三年(1096年)九月,阿里骨卒,终年57岁。其子瞎征继承青唐主位。

瞎征执政后,唃厮啰家族溪巴温及其后人、各地的部落首领纷纷据地而治,自立为王,整个政权处于分崩离析的状态。瞎征执政之初,宋朝授其为"河西军节度使"。后来看到瞎征不能控制政局,属下各有篡夺之心,窥伺河湟已久的北宋认为进取的时机已经成熟。于是在元符二年(1099年)六月命王愍、王赡为正副统军,由河州北渡黄河进入湟水流域,连下宗哥、邈川诸城,直逼青唐。瞎征和其他首领纷纷往宗哥城降宋。

瞎征出走,青唐无主,大首领心牟钦毡父子迎溪巴温入青唐,立木征之子陇拶为主,陇拶不能控制早已造成的残局。于是在同年九月同契丹、西夏、回鹘三公主以及大小首领出城降宋。宋军占领河湟后,由于遇到吐蕃人的反抗,后方供应不继,于次年开始撤出河湟,当地首领又立溪巴温第三子溪赊罗撒为主。建中靖国元年(1101年)十一月,宋朝授溪赊罗撒为西平军节度使、邈川首领。

蔡京当国后,于崇宁二年(1103年)六月再次出兵河湟,次年四月取青唐。龟兹公主及诸大首领开青唐城出降,溪赊罗撒走投奔西夏。北宋在濒临崩溃前夕两度占领河湟,仅维持了20年统治。北宋宣和七年(1125年)以后,金兵大举南下,宋朝江山危在旦夕,无暇西顾,由北宋陕西经制使钱盖寻找到唃厮啰的后裔,任命他为措置湟鄯事,赐名赵怀恩,这是北宋在河湟的最后一名命官。南宋绍兴元年(1131年),金兵占领河湟。绍兴四年,赵怀恩率众来到阆州投附南宋,至死也未再回到河湟。唃厮啰政权及其后人在河湟地区百余年的统治从此结束。

唃厮啰政权统治河湟期间,特别是在唃厮啰和董毡时期,在内外施政方面制定了一些较为得体的措施,因此,其经济和文化都有长足的发展。据载,牧业是河湟吐蕃人的传统经济部门,牧放牲畜是人们的主要生产活动。李远《青唐录》说当地人们善逐水草,"以牧放射猎为主,多不粒食"。又农业比较发达,在湟水、洮河、黄河诸水两岸,宜五谷种植。李远笔下的河湟竟是一派江南村色,邈川一带"川皆活壤,中有流水,羌多依水筑屋而居,激流而碓",宗哥川则"川长百里,宗河行其中,夹岸皆羌人居,间以松篁,宛如荆楚。"

贸易也是唃厮啰的重要经济支柱。西夏崛起后,传统的丝绸之路受到严重威胁,到景佑三年(西夏大庆元年,1036年),西夏完全控制了河西走廊。西夏对过境商人十分苛刻,沿途"夏国将吏率十中取一,择其上品,商人苦之"。因此,来往于宋朝和西域的商队和贡使只得绕道青唐,改走青海故道。当时,在青唐城东就居住着好几百家往来做生意的于阗、回鹘商人。"谷城通青海,高昌诸国商人皆趋鄯州贸易,以故富强"。唃厮啰使用传统的藏文,向宋朝上表皆用蕃字,时人称之为蕃书。唃厮啰没有年号,记年则用十二属代替,如兔年如何,马年如何。宗教以藏传佛教为主,古老的苯教在民间仍有极大影响。根据藏文史籍记载,河湟地区是藏传佛教后弘期"下路弘传"的发源地,对藏传佛教在西藏再度弘传起了重要作用。唃厮啰迁到青唐后,开始在青唐城西建寺院。

此外,在河州建有积庆寺,在青海湖海心山岛上也有建有佛院。佛塔则遍布各地。唃厮啰执政者不仅大力提倡佛教,而且自己也信奉佛教,国主处理军政大事的宫殿旁就供有高数十尺的金冶佛像。岷州的广仁禅院就是当地吐蕃大首领赵醇忠、包顺、包诚等施财建造的,这些都是河湟地区藏传佛教得以兴盛的重要原因。

二、西北民族审美文化与中华文化的历史认同

在中国古代,狭义的西部或谓西北,又称"西域"。"西域"一词从字面来说其含义就是"西部地区"。这一概念始见于汉代,有广义和狭义之分。狭义的西域是指玉门关、阳关以西,葱岭以东,巴尔喀什湖以东以南的天山南北地区;而广义的西域主要指玉门关、阳关以西,中亚、西亚地区,及至地中海、东欧、北非的广大地区。西域的概念的变化反映了古代中国对西部地区的认知程度。汉代西域只是指今南疆和东疆地区。而进入魏晋南北朝以后,"西域"范围更加扩大,它不仅包括今新疆地区,而且还包括今中亚、西亚、南亚、北非部分地区、以意大利半岛为中心地中海周围。清代关于"西域"的这一概念,正是当时中国西北的边界,即指今新疆包括巴尔喀什湖以东以南的广大地区。

1. 经济联系

中国统一多民族国家的历史进程表明,历史上中国各地,包括边疆民族聚居区域,不仅一直保持了密切的政治联系,而且保持了密不可分的经济文化联系。从先秦时期,西域与内地就有着经济文化发展的差异运动与认同和联系,内地的丝绸传入西域,西域的玉石输入内地。汉朝统一西域之后,丝绸之路日益繁荣,内地的大量钱币在西域流通,并且在西域出现了汉文和当地民族文字合璧的双语钱

币,而西域与内地贸易不断,并将大量当地产品如玉石、牲畜等输入内地。无论在统一还是分裂割据时期,西域与内地都形成了持久而良性的互动与文化发展的差异运动与认同,从而使西域的经济纳入古代中国的整个经济系统中,成为中国经济的一个有机组成部分。

汉朝统一西域后,更加促进了西域与内地的经济贸易的往来。这一时期丝绸之路畅通,中国内地与西域商品流通范围扩大。隋唐时期,丝绸之路经济贸易空前繁盛,唐朝货币大量流入西域。清朝统一西域后,西域社会稳定,商品经济繁荣,为中原与内地的经济文化发展的差异运动与认同创造了良好的条件,大大丰富了中原和西域各民族之间的物质文化生活。

西部与内地密切的经济文化发展的差异运动与认同,不仅丰富了各族人民的物质生活,更重要的是,它反映出西域与内地不同的经济类型之间,有极强的互利、互惠、互补性,因此相互依存,联结成为一个有机的整体,从而保证了中国统一多民族国家的巩固和发展。

2. 文化交流

从历史的发展看,西部与内地一直保持着密切的文化发展的差异运动与认同,内地汉族吸收了许多的新疆各民族的文化,而新中原文化中汲取了大量营养,西部与内地各民族人民共同缔造了光辉灿烂的中华文化。

汉朝统一西域后,内地的典章制度传入西域。汉代西域与内地的音乐歌舞也相互交流。魏晋南北朝时期,麴氏高昌王朝深受中原文化的影响。这一时期,西域地区流行的龟慈乐、疏勒乐、于阗乐、高昌乐等对中原产生了很大的影响。唐代西域各民族文化与中原文化的相互交汇、吸收、融合,大大丰富了中华文化宝库。五代辽宋金时期,西域与内地的文化发展的差异运动与认同有增无减。这一时期,西域文化的特点是保持了中原之风,政府的官方语言文字是汉语。汉文化在西域地区的广为传播,有力地促进了西域文化的向前发展。元朝时期,大量畏兀儿人迁居内地,他们学习汉文化,不少人成为精通汉文化的政治家、军事家、文学家、翻译家和艺术家。清朝统一西部后,为西部与内地的文化发展的差异运动与认同创造了良好的条件。

自汉代统一西域后,历代中央政权在绝大多数时间里保持着对西域的最高统治权和管辖权,并实施有效的控制与管理。公元前60年,西汉设立了西域都护府,汉朝中央政府的政令已在西域通行,汉朝正式开始在西域行使最高统治权和管辖权,对西域进行有效的控制和管理,西域从此成为我国领土的一个组成部分。东汉时期于74年重新恢复了西域都护及戊巳校尉。三国两晋南北朝时期,虽然国家处于分裂状态,但对西域的管辖却一直没有中断。隋唐时期曾先后在鄯善、且末、伊吾三地设郡。648年,唐朝完全控制了天山南北广大地区,迁西安都护府于龟兹。702年,唐朝又设立北庭都护府,唐代在西域最高军政建制是安西、北庭两大都护府。其机构完善,官有定员,职有专任,所有军事民政事务都有专门机构负责。元朝时期,于1251年在别失八里设立了别失八里、阿姆河等处行尚书省。明朝设立哈密卫。清朝于1762年设置了"总统伊犁将等处将军"①,治地在惠远城(今霍城县境内)。

在国家拥有的领土上设立军事机构并驻军,是行使国家主权的重要标志。历代中央政权在西域一直设立有军事机构,并派驻大量军队,行使管辖权和自卫权。

汉朝多次出兵西域并实施屯田,设立军事官职,行使军事管辖权;魏晋南北朝时,中原各割据政权也纷纷驻军西域;唐朝在西域设有安西和北庭都护府,下设军、守捉、城、镇等军事机构;元朝在西域的驻军有蒙古军、汉军和新附军驻守各地;清朝的伊犁将军兼理军事和民政,有满、蒙古等八旗军队以及绿营兵长期驻守新疆。历代中央政权在西域建立军事机构,派驻军队,并把当地民族纳入军队后,有力地巩固了在西域地区的统治。

在所辖领土内,征收赋税,推行中央政府统一的法律制度,是国家行使主权的重要标志之一。历代中央政权在新疆有效地行使了赋税征收权和最高司法权。两汉魏晋南北朝时期,西域各地均向中央进贡;北魏在鄯善"赋役其民,比之郡县"②;唐朝在西政府在内地实行的均田制和租庸调制也推行到西域;元朝在西域地区按人丁计算征收赋调;清朝在西域征收田赋。

对作为国家主权标志的立法权和司法权,在历代中央政府管理西域的过程中,除保留了当地民族的习惯法外,还把中央各种法令推广于新疆地区。汉朝至魏晋南北朝时期,中央政府在西域设立的官职,往往是军政合一,同时也兼理司法。唐代的安西、北庭两大都护府,设有兵、法、功、仓、户诸曹参军,其中的法曹参军的职掌即司法事务。元朝在西域设立提刑按察司,纠察各级官员的不法行为。清朝在西域地方的司法由行政长官兼理,保证清朝的《大清律》在西域贯彻执行,同时又根据西域特点制定了《回疆则例》。

西北各族人民往往是把一家一姓的专制君主、君主世袭的王朝视为国家认同的对象,汉代西域各地对汉文化的坦然接受和热爱,要求汉朝政府派都护进驻西

---

① 《清高宗实录》,卷673,13页。
② 司马光:《资治通鉴》,卷第一百二十五。

域,魏晋南北朝时期西域仍保留着汉朝政府颁发的信物,喀喇汗王朝的可汗常常在其头衔上冠以"桃花石汗",意即"中国汗"的称号,高昌回纥称与宋朝的关系为"甥舅关系"①,清朝在平定准噶尔势力和大小和卓叛乱时,各族人民踊跃支持。在打击阿古柏和沙俄侵略势力的过程中,西域各族人民都同仇敌忾,一致对外,有力地证明了中华民族的向心力和凝聚力是不可动摇的。

三、西北民族审美文化区域特点及其多元格局

1. 西北的地域文化多元特征

西北是黄河、长江的源头,两河流域的文化孕育了中国五千年的文明。历史上,从先秦到隋唐时代的漫长岁月里,西北曾经作为中华文明的发源之地,创造过无数的灿烂与辉煌。强大的奴隶制帝国西周;第一个扫荡六合、统一中国的封建中央集权国家秦朝;北击匈奴、南抚夷越、西通丝绸之路的两汉帝国;世界农业文明与封建政治文化顶峰的隋唐盛世,都是从西部崛起而完成中国统一大业的。成功以后,这些王朝及统治者,均建都于长安或咸阳,以西部为国家的政治、经济、文化中心来统治全国。

横贯于中国西部版图的昆仑山脉,是地球上平均海拔最高且延伸面积最大的山系。它西起新疆南部,连接西藏北部,向东绵延至青海,全长2500余千米,被世人称为万山之祖,众山之王。文化学术界公认,昆仑神话体系是中国五千年文化的最初源头。昆仑神话是原始文化、初民哲学,人类处于童年时期的观念和愿望在西部的大汇合。

在西部先民的想象中,昆仑山作为男神而存在,青海湖(西海)作为女神而存在,昆仑为阳,西海为阴,阴阳结合,天地归一。于是,对昆仑和西海的顶礼膜拜就成了远古先民们的一种原始宗教意识。后来,当中原文化逐渐进入青藏高原,高原的男神女神观念便演化成新的神话传说,昆仑山被说成轩辕黄帝的九重宫阙,而西海则被说成西王圣母的聚仙瑶池。

在《山海经》里有西王母和昆仑山的记载,第一次出现了黄帝战蚩尤、升驾于昆仑之宫的传说,第一次出现了大禹治水、导河积石的故事。在随后出现的先秦古籍《淮南子》《穆天子传》里,这种以昆仑为地域载体的神话传说便越加系统化、

---

① (后晋)沈昫:《旧唐书·吐蕃传》,中华书局,1975年版。

具像化。在昆仑神话体系里,包括了许多广为人知的故事和传说:盘古开天辟地,共工怒触不周之山,女娲造人和炼石补天,以及黄帝创世,羿射九日,嫦娥奔月,夸父追日,造父驭车,穆王西游,蟠桃盛会……形成了整套具有东方色彩的昆仑神话体系。其中西王圣母和轩辕黄帝构成了昆仑神话的轴心。因此,有专家学者称:昆仑山是创世神话、英雄神话和创造神话三位一体的东方奥林匹斯山,如今看来,其意义远不止此,它是我中华大地真正的脊梁。

中国西北地区是欧亚大陆的制高点,也是地球上最精彩的一部分。巍巍昆仑如灵魂般统领着喜马拉雅山、冈底斯山、唐古拉山、帕米尔山、阿尔泰山、天山。一座座瑰玮奇特的雪山冰川孕育着一条条充满激情的生命之河,那是黄河、长江、雅鲁藏布江……它们顺流而下,在地图上如一条条银线,连缀起湖泊、草原、森林、田畴、乡村、山寨、城镇等一颗颗珍珠,赋予地老天荒的山川大漠以生命,使之成为历史、文化和漫长人生时空走廊中的意象。

同时,西北地区历史悠久,有着强大的民族文化凝聚力和生存延续力,可以说是中国文化的上风上水,源远流长,其中的青藏高原文化、西域文化、秦陇文化等又各有自己的地域性或民族性特色。生态多样、物产丰盈、民族众多、民风习俗各呈异彩。从简陋的穴居到独具特色的民族建筑,从充满浪漫色彩的彩陶到丰富精致的民族器皿,从原始的体饰到五光十色的民族服饰,从神秘的岩画到富有浓郁生活气息的绘画艺术,从远古初民的巫舞傩祭到灵动飞扬的近代歌舞,从创世神话到民族史诗,我国西北民族在悠久的历史发展中创造了绚丽多彩的文化氛围,在今天,又成为文化振兴乃至西部振兴的根基。

西北地区多元的文化格局使其带有浓重的浪漫色彩,轻伦理、重自然,轻观念、重情感,雄浑中透出悲壮,自由奔放而豪迈。西北地区有两种文化圈,即藏传佛教文化圈和伊斯兰教文化圈。西北民族的宗教信仰历史悠久,且许多民族自古以来形成全民信教的传统,宗教发展和民族的生存与发展息息相关。而西北不同民族、不同地区由古至今逐步形成的两大宗教文化圈,有明显的差异性,这种格局使得西北民族审美文化更是异彩纷呈。

在我国西部的西北民族地区,还存在着伊斯兰教、佛教与汉文化三大文化区域并存博弈的文化格局。这三大文化区域都远离其文化发祥地,或因创作者的移动,而使西北民族传统文化具备了边缘性文化群落特征,因此其文化发展与传播包含了更多的政治与军事内容。而且这三大文化区域以及各区域内部派系形成的次文化圈,构成了西北民族发展的差异运动与认同及冲突的文化单位。这种冲突与博弈的直接后果就是文明的整合与民族的融汇,并逐渐向以汉文化为纽带的

"三元一体"格局演变。除此之外,严酷而相似的自然环境又使他们在人与自然、社会的相互砥砺、交融过程中,形成了独具高原特色与草原风情的文化底蕴,表现了"你中有我,我中有你"的共聚性特征。如在世界观上敬天、顺天思想以及对"神"的崇敬,在思维方式上长于具象思维,人际交往中热情好客、质朴坦诚,而性格则内敛敦厚、保守务实等。

世界各民族文化从源流上看,大致可分为三大系统,即中国文化、西欧文化、印度文化。中国西北地区是最早将这三种文化联结起来的关键地带,它在世界文化地图上占据着举足轻重的位置。

就文化学的视野来看,所有文化的传播与扩张,都必须通过一个文化场域到另一个新文化场域的过程,必然经过新文化场的中介区域的过滤和折射,可以说,在世界文化的传播中,中国西北地区则无疑是文化传播间的"中介区域"。中国文化西传波斯、阿拉伯、希腊、罗马乃至整个欧洲。欧洲和西亚文化的东渐,西北地区是必经之地;中国文化南传印度、印度文化传入中国,西北地区是必由之路。中国西部地区自古以来就是世界三大文化区域文化发展的差异运动与认同的枢纽,从秦汉到隋唐,中原文化曾与中亚、西亚的草原文化以及南亚次大陆的佛教文化进行过颇有声色的交流。

西北地区在文化上的优势是毋庸置疑的。丰厚的历史文化积淀和多姿多彩的民族文化,足以令这里的文化傲视世界,也足可以让西部文化人大显身手,大有作为,以大手笔写大文章。

2. 西北民族审美文化的多元格局

西北民族审美文化的格局,简单地说,就是一个创作者、两种文化圈、三条通道。所谓一个创作者,即以游牧文化为创作者。回顾历史,我们知道,距今约一万年前,旧石器时代向新石器时代的过渡时期,人类生产发生了历史性飞跃,最初的食物采集者分化为两种食物生产者:以种植谷类作物为主的农业生产者和以繁殖畜类为主的牧业生产者。在中国,以黄河中下游为中心形成了黄河、长江流域农耕文明区和以西部为创作者的牧业文明区①。生产生活方式的差异,必将生成不同特质的民族文化类型。早在先秦时期,即有"华夷之辨",到清代,思想家王夫之更对农业文化和游牧文化做了明确的概括,指出前者的特点是"有城廓之可守,墟市之可利,田土之可耕,赋税之可纳,昏姻仕进之可荣";而后者则是"自安其逐水

---

① 王宁宇:《中国西部民间美术论》,青海人民出版社,1993年版,第53页。

草、习射猎、忘君臣、略昏宦、驰突无恒之素"①。这种以游牧生活为创作者的生存环境必然在西部民族审美文化中烙下深深的印痕，使其带有浓重的游牧文化特色。

而所谓两种文化圈，即指藏传佛教文化圈和伊斯兰教文化圈。人类学证明：任何民族的历史都伴随着宗教活动，宗教的历史和人类文明史一样久远。加上宗教神话的出现，既增加了宗教意识的作用，也加强了早期人类的心理张力。对于早期人类的发展来说，宗教与神话的作用力是不可忽略的。一方面，宗教神话记录了人类童年的思想情感，这种"记录"通过反复的观照活动，拓宽了后人的心理空间。也正是在反复的观照活动中，逐层出现早期人类的那种真实而美丽的梦幻所具有的特殊价值。人类童年时代的宗教神话是极有魅力的。在他们眼中，一切都是真的。对原始人来说，谁若戴上面具，谁就是面具所表示的那种动物或魔鬼，而不单是魔鬼或动物的形象。同样，对原始人来说，他若梦见某人的灵魂，他就毫无反省地感到目击其人。这是人类童年的一种纯真。另一方面，宗教神话也显示了早期人类的思维能力，并构成自己的思维方式和思想体系。虽然《易经》《圣经》《古兰经》《大藏经》已远离古人，但人们不得不承认，他们是远古人类思维能力发展的结果。他们在人类文化史上的显赫地位和重大影响，充分体现了远古宗教神话既给人类带来了野蛮，更给人类带来了强大的心理力量和宗教与神话意识的烙印。西部民族的发展历史表明，宗教与神话意识从远古时代起就深深渗入民族文化的深层内涵之中。

宗教意识导源于原始崇拜，从原始宗教信仰起，经历了过渡宗教信仰，最终形成系统的宗教信仰。西部民族的先民们，原始信仰和巫术活动虽然因地区不同有所区别，但万物有灵、灵魂不死的意识，是他们原始信仰的共同基础，这是一种自发的原始宗教信仰。继之而起的，是出现在青藏高原的以吐蕃民族为主信仰的苯教和西域维吾尔、哈萨克等族先民信仰的萨满教。这种过渡性宗教是由原始宗教衍化生成的，具有比较浓厚的自发的原始宗教特征。但和典型的原始宗教相比，它们又带有明显的自为的系统宗教色彩。最后出现并延续至今的是属于世界性的两大系统宗教，即佛教和伊斯兰教。

公元7世纪中叶，佛教从中原和印度不同渠道传入吐蕃，至今已经1300多年。在这漫长的岁月里，佛教经历了与青藏高原原有苯教的斗争和融合，也经历了内部各种教派的争锋和消长，终于形成扎根青藏高原、具有民族和地域特色的

---

① 王夫之：《读通鉴论》卷二十八，中华书局，1975年版。

藏传佛教。在西部,藏族、门巴族、土族、裕固族等西部民族都信仰藏传佛教,从而以青藏高原为中心形成了藏传佛教文化圈;伊斯兰教公元7世纪进入中国,到10世纪中叶由于中亚伊斯兰国家势力进入西城,新疆地区信仰佛教的民族改变信仰,崇奉伊斯兰教。公元15世纪以后,生活在西部新疆、青海、甘肃、宁夏等省区的回、维吾尔、哈萨克、乌孜别克、塔吉克、塔塔尔、柯尔克孜、保安、撒拉、东乡10个民族在西部形成了伊斯兰教文化圈。西部民族的宗教信仰历史悠久,且许多民族自古以来形成全民信教的传统,宗教发展和民族的生存与发展息息相关。宗教意识深深扎根于广大群众的心灵深处,往往成为融哲学思想、价值观念、艺术、文学、民情、风俗为一体的主要文化形态,并构成不同特质的地域审美精神和审美特性。因而,可以说,正是西部的这种宗教文化格局,使得西部民族审美文化显得异彩纷呈。

所谓三条通道,是指丝绸之路及其辅道、唐蕃古道和麝香丝绸之路。这几条古道历史悠久。它们的开通,不仅把西部藏传佛教和伊斯兰教文化圈连接起来,而且使西部游牧文化区域和中原农耕文化区域得以贯通,从而共同构成了华夏文明的整体,不仅对促进各民族的融合和共同发展,推动民族文化的交流、互渗,加强中华民族大家庭内各民族的团结,发挥了巨大的作用,而且把中国文化、印度文化和欧洲文化这世界三大文化区域连成一片,使中国西部成为世界文化的汇合区和中介场,在世界文化文化发展的差异运动与认同及融通中扮演着不可替代的重要角色。

四、西北审美文化的多样特性及其现代价值

中国西北民族审美文化的这种格局,是西北民族在长期的生产和社会实践活动中形成的。西北的地域环境是西部民族文化的形成和发展的生存空间,受西部宗教氛围和地域文化的影响,古老而又绚丽多彩的西部民族审美文化呈现出多样的审美特性。

1. 传承与开放性

西北审美文化突出地呈现出一种传承与开放性特征。作为文化系统中的一个子系统,审美文化主要是指文化的审美层次或层面。在人类的文化方面,这种审美层面并不是一开始就独立存在的。马克思创立的历史唯物主义艺术史观以社会物质生活条件为出发点来解释包括艺术在内的各种社会意识形态的起源和

发展，认为物质的生产活动是人类最基本的实践活动，它决定其他一切活动。艺术作为一种特殊的精神活动，它的根源与本质也只能从生产活动这一人类基本实践中探求。人类学、考古学提供的大量有关原始艺术的材料证明，人类最初的审美意识和艺术活动是直接在生产劳动基础上产生，并为生产实践所决定和制约的。原始人在物质生产过程中，在劳动工具、狩猎对象以及周围生活环境上，直观到自己的力量和生活，体验到萌芽状态的审美愉快。与模仿劳动活动有关的原始舞蹈，与劳动节奏和语言发展有关的原始音乐，与制造劳动工具有关的造型艺术的陆续出现，以一种物化形态集中体现着原始人们的萌芽状态的审美意识。原始艺术还保持着对象的直接的实用功利关系，后来才获得某种独立的审美价值。原始民族的艺术活动还往往同图腾、神话、宗教、巫术等观念或活动混杂在一起，并在其影响下产生出来。原始艺术所以具有这样一些特点，也正是当时低下的生产力状态和原始的生活方式造成的。

随着生产力的进一步发展，在社会分工，特别是体力劳动和脑力劳动的分工基础上，艺术作为一种相对独立的精神生产活动从物质生产中分化出来，成了专门满足人们审美精神需要的活动和对象。艺术作为一种相对独立的社会意识形态，它的内容、形式的发展和演变归根结底受一定社会的经济基础的制约，并同政治、法律、哲学、宗教、道德等其他社会意识形态相互影响，从而反作用于经济基础。在阶级社会中，各种形式的阶级斗争对文学艺术的发展有深刻影响，制约和推动着各种文艺思潮、流派的演变和更替。艺术的变化归根结底受社会变化的制约，但又有其本身的特殊规律。艺术的历程主要表现为对以往人类文化艺术发展成果的继承和革新，表现为对世界艺术掌握的方法、手段和形式的不断丰富、发展和变化，也表现为各种艺术思潮、创作方法和风格流派的相互影响、因袭和更替，从而不断丰富和发展人类艺术文化宝库。但是，艺术生产同物质生产的发展又往往形成不平衡关系。古希腊艺术随着神话的消失而永不复返，但它作为人类童年时代发展的最完美的一种艺术表现，至今保持着其永久性的魅力。

艺术的进程是一个曲折复杂的历史过程，它反映出社会发展的深刻矛盾和冲突。古代民族的最初的审美活动是和其他实践—精神活动，诸如物质生产活动、认知活动、膜拜活动和道德活动结合一体，混融不分的，表现出社会意识以体化特征，明显地带有功利性质。比如产生于旧石器中期、繁荣于新石器晚期和中石器时代的原始图腾，作为各民族先民包括西部民族先民的一种重要文化，它就是人类早期所创造的混沌未分的一种文化现象。它既是宗教文化，也是社会文化，因为它包含宗教、生产、法律、艺术、婚姻和社会组织制度等多方面的因素。图腾是先民万物有灵信仰的具体化,"原始人认为自己的氏族都源于某一种动物、植物或自然物,并以之为图腾。图腾是神话了的祖先,是氏族的保护神"①,故图腾氏族的成员,为了使自身受到图腾的保护,就有同化自己于图腾的习惯,此时,图腾饰体的现象就发生了。他们将自己扮成图腾状,以示图腾同体,而头部作为人体重要的部位之一,也因其特殊性而得到应有的装饰,所以,图腾头饰应运而生。虎图腾头饰的产生同当时的生产力水平和思维意识有关,是原始先民动物崇拜的产物,只是当时的图腾头饰是完全取自真正的兽头戴在自己头上作为装饰,其象征性意义是获得了虎的灵性和力量。

随着生产力的进步和社会的发展,人们对外界事物和自身状况的认识能力不断提高,人类的崇拜心理轨迹逐渐从对幻化的图腾物的崇拜走向了实际生活中有血有肉的群体首领,这是历史发展的必然趋势。而作为首领的翘楚人物,继承前辈知识、经验和集中群体智慧、力量的双重优势,从劳苦众生中脱颖而出。他们生前为氏族和部落立下功勋,并受到群体普通成员的尊敬和景仰,嗣后又被认为氏族和部落的英雄或准神而加以崇拜,而且他们还被视为氏族和部落的保护神,同时也会流传出部落或形成与英雄有关的神话传说。

氏族首领为了彰显自己的权力与力量以及象征自己的族源承继关系,他们会刻意地佩戴标志氏族族徽的图腾头饰。但此时的图腾头饰造型已然不是原始时期先民所戴的兽头头饰,而是变异为抽象的表意的图腾造型。根据图腾标志演变的过程:在图腾早期(原生型图腾),图腾标志是全兽型,即图腾为现实中的狩猎对象物;图腾中期(次生型图腾),随着图腾祖先观念的产生,图腾标志演变为半人半兽型和复合型;到图腾晚期(再生型图腾),图腾标志演变为人兽分立型,就是以抽象的更具符号化的图形作为图腾符号象征。

人们今天称为图腾艺术的图腾人体装饰、图腾雕塑、图腾绘画、图腾音乐和舞蹈等,都不过是图腾观念在艺术领域里的体现,它们的审美功能是和崇奉膜拜以及其他社会功能交织在一起、混沌不分的。图腾人体装饰,就是用艺术手段把人体扮成图腾模样。这是先民让图腾认识自己并保护自己而进行的"图腾同体化"活动。A.M.佐洛塔廖夫说:"相信某种自然客体——多半是动物,与氏族有着紧密的联系……"这种自然客体便是该氏族的图腾。他还进一步认为:"图腾崇拜是一种宗教形式,是与氏族发展初期的社会结构相符的意识形态。"②英国民族学家

---

① [苏]Ⅱ.E.海通:《图腾崇拜》,何星亮译,广西师范大学出版社,2004年版。
② [苏]Ⅱ.E.海通:《图腾崇拜》,何星亮译,广西师范大学出版社,2004年版。

J. G. 弗雷泽则认为:图腾崇拜是半社会半宗教的一种制度,全氏族成员都应当表示对图腾的尊敬,进而形成氏族的信仰,以获得图腾的护佑。为了获得图腾的护佑,原始人往往通过各种手段,如改变自己的外形和生活环境,力求与图腾物发生某种联系,亦即存在着"图腾同化"的心理。弗雷泽说过:图腾部族的成员,为使其自身受到图腾的保护,就有同化自己于图腾的习惯……或取切痕、黥纹、涂色的方法,描写图腾于身体之上①。这种"同化自己于图腾"的活动就是"图腾同体化",其目的是"为使其自身受到图腾的保护"。比如吐蕃先民奉猕猴为祖,有模仿猕猴肤色文面的习俗,这种习俗作为图腾文化残余形式延续下来。《旧唐书·吐蕃传》《资治通鉴》都记载有远嫁吐蕃的唐文成公主亲见吐蕃人"皆以赭面"的情景;《新唐书·吐蕃传》也说吐蕃人"以赭涂面为好"。生活在西北的古氐羌人有鸟图腾和蛙图腾崇拜的习俗。这可以从出土的属于马家窑文化的彩陶上的鸟纹和蛙纹得到印证。这种原始的带有审美意味的绘画艺术寓含着古氐羌人的图腾膜拜意识。古代西域各民族盛行模仿动物的舞蹈,追溯其渊源,应该还原到原始图腾舞蹈。至今仍盛行内地的狮子舞,是从古代龟兹传入的。狮子舞在唐朝以前就由波斯(今伊朗)传入龟兹(今新疆库车县),然后又由龟兹传入我国内地。据《乐府杂录·龟兹部》记载:"五常(方)狮子舞由龟兹传入长安。"狮子在波斯被当作王权的象征,波斯王在举行朝会时坐在金狮座上。输入中原的狮子,从色泽上可分为"金狮""黑狮",外形上又分为"坐狮(狮身短,喜坐卧)""棒狮(腿长身长)"。狮子并非仅供观赏,西域人民将狮子筋做成琴弦,"狮子筋为弦,鼓之,群弦皆绝",对于歌舞之乡,真可谓得天独厚。撒玛尔罕城是西域名城,古时因为周围多产狮子,被誉为"狮子城"。张骞"凿空"丝绸之路后,中亚和西域各族人民,曾将狮子带到中原,故称之"西域狮"。并将西域狮那剽悍威武的形象,融进艺术海洋之中,创造出绚丽多姿的狮子舞艺术。《后汉书·西域传》记载:87年,安息国王遣使献狮,第二年,月氏王也向中原献狮,这是我国有关狮子的最早记载。狮子难以捕捉,中亚各国都视之为国宝,西域人民也都喜爱狮子勇猛无畏的进取精神。唐代高僧玄奘赴印度求学,经过高昌时,高昌王麴文泰铸金狮子座赠玄奘,鼓励他勇于进取。可惜由于历史变故,西域狮现已绝迹。但在天山南北许多出土文物中,却留下了西域狮的威武形象。新中国成立后,自治区博物馆在吐鲁番发掘唐墓的出土文物中,有一组乐舞百戏的彩色泥俑,其中就有"狮子舞俑",其造型与内地由两人扮演的狮子舞神态一模一样。狮子是古代西域一些民族的象征,狮子舞是崇狮的图腾

---

① 何星亮:《中国图腾文化》,中国社会科学出版社,1992年版,第136~149页。

意识的物化形态。崇狮历来又演化为王权的象征,如龟兹"坐众狮子座",琉勒王朝"金狮子冠"。龟兹地区绿洲宽广,动物繁多,产生了许多装扮或模仿动物的姿态所形成的舞蹈,统称为动物模拟舞。它或许和远古的图腾崇拜、原始宗教、祭祀活动有关。这类舞蹈是维吾尔族舞蹈的重要组成部分,至今活跃在新疆民间的多姿多彩的动物模拟舞,可谓以龟兹乐舞为代表的西域乐舞生命的延续,如猴舞。在龟兹石窟壁画中猴是数量特多的动物之一。唐人段成式《酉阳杂俎》龟兹国条载:"婆罗遮并服狗头猴面,男女无昼夜歌舞。"这也表明猴舞普遍流行于龟兹。传入中原后,同样受到城乡各种人士的喜好。又如马舞,这种舞蹈的生成显然是因西域盛产骏马,人们模仿马的各种雄姿而形成的模拟舞蹈。古代龟兹骏马大都来自乌孙,并且源源不断地输入中原,而龟兹恰好位于农业与游牧的交接地带,所以马舞在龟兹境内也很流行。据《唐音癸签》载,唐代有《舞马倾杯曲》,古代的乌孙、黠戛斯和现在的哈萨克族都普遍流行马舞。《新唐书·黠戛斯》载:"乐有笛、鼓、笙、筚篥、盘铃,戏有弄驼、狮子、马伎、绳伎等。"可知马舞是北方游牧民族中普遍流行的舞蹈。又如鸟舞。在龟兹石窟壁画中有种类繁多的鸟,所以各种鸟舞在古代龟兹民间很流行。如在克孜尔石窟17窟壁画中绘有一女子,上身赤裸,下身着裙,两手舞动飘带作鸟飞翔;80窟则绘有一修士头顶小鸟的画面。克孜尔石窟160窟绘有鹰舞图,库木吐拉石窟24窟绘有鸽舞图,这些都为鸟舞传入中原找到了历史的渊源。综上所述,无论是借涂面以求与"图腾同体化"也好,还是借彩陶纹饰以寓含崇拜心理也好,或者是借模仿动物舞蹈以表现图腾意识也好,都说明图腾崇拜中所呈现的审美精神是和膜拜意识、功利目的融为一体、混沌不分的。

　　但是,作为人类一种生活方式的结晶、产物,应该说,就其本质上来看,审美文化是一种超越功利的自由形式。文化是为满足人类生存与发展需要而产生的,它以其目的性和实用性而体现某种价值。人类生活活动与动物的生命活动具有本质意义上的不同。"动物是和它的生命过程直接同一的,它没有自己和自己生命活动之间的区别,它就是这种生命活动"[①]。生命活动是完全受本能支配的活动;而人类的生活活动是超越本能的活动,是以生产劳动为基础的人类生存、繁衍和发展的全部活动之总和。生活活动特性导致人与对象的诗意情感关系;动物的生命活动是纯自然的活动,没有超越自然的可能。因此,动物与对象的关系只是一种基于本能需求的自然关系,除本能关系之外,动物不能与对象建立其他的关系;人与对象的关系随着人的进化过程而不断发展;人首先与自然对象的关系也是一

[①] 马克思:《1844年经济学——哲学手稿》,人民出版社,1979年版,第60页。

种基于本能需求的同一关系,但在人的劳动过程中,人与自然的关系由一种被动的适应(同一)关系转化为一种超越自由的关系,在人与自然的交往过程(劳动是其主要形式)中,自然的人化与人的自然化在双向发生着,人的活动因此既是自然的又是超自然的;人对自然对象的关系因此既有本能需求的一面,又有超本能需求的一面,即自由主动的一面;人对自然及其他事物的感觉既可以是功利的,又可以是超功利的诗意情感的;人不仅可以用利害的眼光打量对象,还可以用诗意的眼光欣赏对象,而后一种情感关系是人类特有的,任何动物都不可能有;生活活动特性导致人类自觉能动的文化与文学艺术创造。人的生活活动是合目的性与合规律性的活动,合目的,合乎人类的创作者设计与要求。目的,指人类进行活动前希望达到的目标;合规律性,指合乎事物本身固有的特性与规则;人的生活活动是合目的性与合规律性的统一;他能既按"物种的尺度"又能按人"内在的尺度"来进行创造活动,因此,人的活动是自由的活动,是自由自觉的创造。而人类的文化与文学艺术活动是最能体现这种自由自觉的创造活动的特征的。

人的生活活动特性使文艺审美创作成为对人的本质力量的确证形式。人的本质力量,指人所具有的属于人的全部显在与潜在体能、技能、智能之总和;以劳动为创作者的人的生活活动是人的全部本质力量之显现,是属人的冲动、生命力、感觉、知觉、激情、想象力、意志力、创造力、认知能力等全部能力的确证。审美活动就是体现人的本质力量的形式之一;文化与文学艺术活动作为人的审美活动之一,自然也是这种活动。

人类文化生活活动总体可分物质文化生产与精神文化生产两个层次,即注重实用目的的物质文化生产,与不完全服从实用目的的精神文化生产,后者表现为一种超越功利目的的自由创造,这就构成了文化的审美层面。因而,超越实用功利性就成为审美文化的重要特点之一。它要求文化中的审美层面适时剥离、分化出来。混融,是审美文化产生的必经阶段;而分化,是审美文化生成的必由之途。当然这种分化过程是漫长的。我们知道,促成人类文化生活由混沌到分化的决定性因素是人类独具的创造性劳动。这种创造性劳动不仅给人类带来了生命自由感,即美感,而且还促成了人类对劳动产品的价值观点由"适用"到"赏心悦目"的嬗变。这就是文化意识的分化,即审美意识从一般实用意识中的分化。作为审美意识体现的审美文化,也必然遵循这一规律。马家窑文化彩陶纹饰作为精神产品呈现于物质生产活动中,通过"适用"以及原始图腾崇拜的中介,审美的意识才在其间生发出来。随着时间的推移,历史已经把原始艺术中表达的巫术图腾意义逐渐湮没,在原始文化背景中形成的包含丰富内涵的纹饰在图腾的意义消失后衍生出厚重的审美意义,人们对某些民族民间元素所包含的独特审美意义的理解,积淀于形式美的内核,作为观念形态的意义成为一种单纯、简明的花纹而世代沿用。今天,我们使用回旋纹、波浪纹,只觉得有种形式上的流畅和优美的装饰美感,而决不会将它们作为鸟或蛙甚至作为氏族图腾来感觉。的确,作为图腾舞蹈的延续,如隋代时龟兹人白明达创作的《鸟歌万岁乐》、新疆克孜尔千佛洞中人模拟鸟状展翅飞翔的壁画,以及维吾尔族、塔吉克族、哈萨克族民间流传"鸽舞""鹰舞""天鹅舞",具有独特的象征意义及其丰富的审美内涵,在今天,已经呈现为一种西北民族审美文化,不再是作为图腾崇拜,而是作为审美文化为人们所感受与鉴赏了。

2. 多元与整一性

从原始部落到氏族联盟到形成民族,各个民族都经过了一个漫长的过程。在漫长的历史发展中,由于社会经济发展的不平衡,政治历史背景的差异,不同民族的审美文化有不同的特点,这就造成了西北民族审美文化结构不是单一的,而是多元的。同时,由于西北民族所生存的地域环境大体一致,物质生活条件也大致相同,从而决定了西北民族审美文化又呈现出整一的特点。多元与整一,体现了西北民族审美文化形态的个性与共性。并且,正是有了多元与整一的特色,才使得西北民族审美文化形态显得异彩纷呈而又不乏西部特色的整体意味。

西北民族审美文化形态的多元与整一的特色突出地呈现在西部宗教神话中。宗教与神话是两种不同的文化现象,但他们具有极其密切的联系。从艺术的角度来说,它们之间似乎存在着一种说不清的亲缘关系。在远古时代,宗教神话与巫术魔法也以仪式等手段密切地混融在一起。宗教神话源远流长,倘若溯流而上,则可追寻到人类远古文化之印迹。原始宗教产生于原始社会。在原始社会中,人和自然的矛盾是社会的主要矛盾。反映这种意识形态的神话便应运而生了。正如马克思所说的:"任何神话都是用想象和借助于想象以征服自然力,支配自然力,把自然力加以形象化。"[1]宗教与神话是互相依存的。神话是宗教的注脚。在社会生产力极其低下的原始社会,人类对整个世界的认识,处于极为蒙昧的状态,他们常常从自身出发,用类比方法去理解外部世界,把自己同外部世界混同起来,于是便产生了对自然界人格化过程,也就具备了原始宗教崇拜的雏形,而自然万物在人们的心目中,也都变成没有灵气的、幼稚生命的神灵和精怪,亦即所谓"人格化"的神。产生了图腾崇拜的思想意识,同时图腾崇拜的发展亦已为祖先崇拜

---

[1] 马克思:《〈政治经济学批判〉导言》,见《马克思恩格斯选集》第2卷,第113页。

的萌芽打下了基础。

宗教神话产生的因素与稚拙的文化心理相关。早期人类由大自然的动物世界中分离出来,他们在物质和精神上只拥有赤贫,所以文化也只有以"稚拙"为其基本特征。精神上单薄、虚弱,没有什么文明的符号,物质上粗陋简朴,没有相当的生产能力和生活能力。这种由简单的社会关系和狭隘的自然关系所构成的人类童年稚拙的文化土壤,构成了人类宗教神话发生的土壤。马克思说:"古代各族是在幻想中、神话中经历了自己的史前时期。"①在这一意义上,中国西部民族宗教神话的产生与生成是一致的,但其宗教神话内容却有多种。如西部民族有关氏族起源的神话就多种多样,藏族神话有什巴杀牛化万物、猕猴生人等多种,珞巴族也有《九个太阳》的传说和《斯金金巴巴娜达明和金尼麦包》中关于天父地母的观念。多样中又有一致,异中有同。如共同生活在西藏高原的藏族、门巴族和珞巴族,都把猴子视为本民族的始祖。哈萨克族视白天鹅为始祖,还流传有《迦萨甘创世》的神话,柯尔克孜族的英雄史诗《玛纳斯》也记载了柯尔克孜族来源于"四十个姑娘"的传说。但这两个民族又有共同的狼图腾崇拜。哈萨克族以狼为有些氏族命名,柯尔克孜族在《玛纳斯》中也把英雄玛纳斯描绘成一只大公狼。

西北民族审美文化多元与整一的特点在宗教信仰方面也有明显的表现。如前所述,宗教发展的进程,在原始宗教信仰和系统宗教信仰之间,有一个过渡性宗教系列,在西部就是萨满教和苯教信仰。苯教的细微称谓名目繁多,据苯文探索,"苯"字原意指"瓶",系早期巫师施行法术时所依助的神坛或一种宗教器皿,遂称巫师为"苯",逐渐竟成了一种宗教的教名。它是在西藏境内产生并发展起来的,在其漫长的历史发展过程中也掺进了外来成分,特别是注入了佛教的"血液"。随着社会的进步、生产力的发展和阶级的出现,苯教乃由祈神禳鬼崇拜自然的原始宗教,成为一种"护国奠基"的社会力量,演变为阶级的宗教,并出现了派别。作为过渡性宗教,萨满教和苯教都具有原始宗教和人为系统宗教的二重性,当然更多的是保留了原始宗教的色彩。萨满教中的萨满是作为人与神或精灵之间的调停者出现的。萨满可使精灵附体,手舞足蹈,口念咒语,为人驱邪治病,或祈求狩猎成功。在中国西部萨满教主要流行于维吾尔、哈萨克、柯尔克孜等族。而苯教则发源于作为古代蕃地政治宗教中心的象雄地区。苯教既相信万物有灵,类似原始宗教信仰,也带有阶级社会等级伦理色彩。除中国西部外,萨满教主要流行于跨洲际的各国狩猎民族中,而苯教只局限于青藏高原山地的藏民族中,各具有不同

---

① 马克思恩格斯:《马克思恩格斯选集》第1卷,人民出版社,1972年版,第6页。

的特色。但是萨满教和苯教也有惊人的相似之处：一是将世界划分为地下的魔鬼界、地上的人间和天神生活的天界；二是将动物神化。所以说，苯教是古代西藏地区生产力发展到一定阶段发生的一种社会现象。因其同萨满教有某些相同之处，故有人认为它是萨满教在西藏地区的表现形式。不难理解，之所以呈现这种文化的整一现象，是因为生活在西北草原和青藏高原山地的不同民族从事共同的牧业经济，同属一个文化圈，有着共同的物质和精神需求，以及共同的自然生存环境。

又如，藏族、门巴族、珞巴族共同开拓、创造了西藏审美文化。但如果将这三个民族的审美文化作为"共时"性形态放在同一层面上进行研究，不难发现，又明显地反映出"历时"性特征，即各自代表了不同的历史类型。珞巴族审美文化是原始型的审美文化；门巴族审美文化是由原始型向阶级型过渡的过渡型的审美文化；而藏族审美文化是完成形态的、成熟的阶级型的审美文化。这就是西藏审美文化的多元性。珞巴族审美文化—门巴族审美文化—藏族审美文化，完整地反映了西藏审美文化结构的历史序列。在某种意义上说，西藏审美文化的多元性反映了人类审美活动的发生、发展史，这对研究人类审美活动的规律具有特殊的意义。但这三个民族毕竟共同生活在西藏高原，地域相接，文化互渗，显然，这又使西藏审美文化明显表现出整一性特点，共有的"猴子变人"的神话传说，使三个民族在族源上有认同心理。在藏区、门隅和洛渝地区发现的新石器时代原始文化遗存，均属于同一文化类型，也是文化呈现整一性的有力物证。西北民族审美文化呈现出的多元与整一性，揭示了审美文化构成共性与个性的辩证统一的内在规律。

随着社会的发展，西北审美文化多元性的差异特征也越来越明显。除了从神话传说、图腾崇拜乃至古老的宗教信仰中容易找到西北民族的共同点，从西北的马家窑文化遗存和西南的卜若文化遗存中也不难发现古代氐羌人和藏族先民之间千丝万缕的联系和共同的审美追求。应该承认，属于西北民族审美文化共性的特点一直在延续，但同时必须看到，体现西北民族审美文化个性的多元化特色随时间的推移，也越来越鲜明和突出。这是审美文化史的进步，是社会文明的进步，从根本意义上说，它体现了人类与自然的关系所发生的由恐惧、依赖到征服的变化，是人类自由审美创造力不断发展的体现。

3. 深厚与神秘性

神秘性是西北民族审美文化的又一突出特性。这一特性的形成与西北民族审美文化浓重的宗教色彩分不开。前面曾经指出，远古人类原初的审美活动是和其他实践活动，包括信仰膜拜活动混融不分的。因此，任何民族的历史都伴随着宗教活动。刚由大自然的动物世界中分离出来的早期人类，对整个世界的认识还处于极为蒙昧的状态，其意识活动还属于普泛的生命意识。而宗教活动的产生则与普泛的生命意识相关。早期人类认为，自然生命之上有一种超自然的东西，即便是人停止了生命运动，这种东西仍然存在，它就是灵魂，即所谓"万物有灵"。这就是宗教活动产生的原初意识。人类对大自然的依附感是宗教活动产生的根本原因，这是由于自然界为人类提供了赖以生存的条件，如人类狩猎时期，要设法捕获野兽。此外，劳动工具、生活用品以及生活环境等都要依赖大自然的赏赐，成为早期人类生存必不可少的物质前提，也是早期宗教活动赖以产生的土壤。

人类在依赖自然、利用自然的过程中，往往采取表达愿望的宗教仪式活动，这是宗教活动产生的直接因素。这种仪式，常常与巫术、魔法紧密联系在一起，成为宗教活动赖以生存的土壤，如中国南方的傩仪形式。民族审美文化在萌发、发展、蜕变到走向成熟的过程中，和宗教文化结下不解之缘，信仰崇拜与审美体验交织，始而熔为一炉，继而相互影响、渗透，使民族审美文化带有鲜明的宗教色彩。

西北民族和其他民族一样，远古时期原始的宗教信仰是先民统驭一切的精神支柱，带有全民性的心理倾向。同时，作为原始审美文化的主要形态，原始宗教艺术的胚芽也在人们制造劳动工具和交际活动中产生了。大自然是严酷的，为了生存和发展，出现了先民们企图借助超自然的力量影响周围事物以摆脱困境的巫术，人们进行巫术活动企图把愿望当作现实。在原始社会，巫是最有知识、最有学问的人。他们往往在盛大的节日，以唱"根谱"的方式，将大量神话融进民族史诗而得以保存。鲁迅在《中国小说史略》中论及《山海经》时，就肯定了巫师的作用。他说："所载祠神之物多用糈（精米），与巫术合，盖古之巫书也。"袁珂也认为这是一部"古代楚国或楚地的巫师们留下的一部书"。这里是巫术的场所，又是神话的世界，巫术性质非常明显。其中保留了大量的原始神话和古帝王传说，几乎和巫术都有密切的关系。

在原始社会，巫最初没有专业化，到了原始社会末期，随着私有制和阶级的出现，巫便成为宗教领袖，有的由部落首领兼任，能沟通于人神之间。他们无所不知，无所不晓，集天文、地理、历法、历史、医药……各种知识于一身。在神权无上的原始社会有崇高的威信。马克思在《摩尔根·古代社会》一书摘要里，提到辛尼加部落曾有一种巫医会，是他们"宗教上的最高仪式和宗教上最高的神秘祭"。"每个巫医集会是一个兄弟会。加入的新成员都要经过正式的入会仪式"。这一"巫医集会"组织，实际上行使部落首领的职能。他们在氏族社会末期的确起着十分重要的作用。而此时，原始艺术就成为巫术活动的载体，巫术活动也促进了原始艺术的发展。在原始社会一定阶段上，"巫术和艺术是混融和交织在一起的，这种混融和交织见于仪式"。就西北民族的先祖而言,原始巫术活动主要是狩猎巫术仪式,歌舞、绘画、文身、面具等是巫术仪式中的重要组成。这种"多职能混融性结构"的仪式,对先民来说,能"满足他们在求知、教育、抒情和审美等方面的需要"。他们可以认识狩猎对象、学到狩猎本领、抒发炽热情感,"处于萌芽状态的审美需要也得到满足"①。巫师在仪式中的祝词和咒语是古诗歌的一部分,巫师在仪式中的跳神活动是原始舞蹈的一部分。原始先民的文身、跳神时所戴的面具,既有图腾崇拜意义,也是原始的绘画形态。就分布于西北广阔地区的岩画来看,从西藏的日土县到青海刚察县的哈龙沟,从宁夏贺兰山到甘肃嘉峪关的黑山,乃至新疆天山南北的广大地区都有发现。这些岩画的内容异彩纷呈,除了反映游牧生活的特点外,巫术仪式活动是一个共同的突出的主题。西藏日土县任母栋山的岩画上画有4个戴鸟首形面具的人正在舞蹈,跳舞的左下方排列10个陶罐,其下分9排横列125只羊头。这幅岩画生动地表现了藏族先民为祈求人畜兴旺而进行的原始宗教祭祀活动的宏大场面。又如新疆天山以北岩画中的一幅行猎图,图中猎人用长长的箭杆控制了猎物,画面上还有一只山羊,显然已经被巫术所制伏。显然,这些伴生于巫术活动的原始歌舞和绘画所创造的艺术形象都包含着处于萌芽状态的西北民族审美意识。

的确,西北是一个多民族、多宗教地区,不同民族、地区都有不同宗教信仰。其俗信巫尚鬼,敬巫师,赛神愿,吹牛角,跳仗鼓等,其形象除了其内含或潜藏的真善性质、功利内容之外,必须具有愉悦性和形式性。一旦原始宗教活动产生了这种愉悦性和合律性的形象机制,巫术便被选择为艺术,巫师或术士也就自然升级为艺人乃至艺术大师了。

作为西藏地方宗教的苯教不同于原始宗教,其所主张的不是众神平等,各领一方,而是有信仰的主神"斯巴",有系统化的宗教仪式和仪轨,并且有宗教经典和带有理论色彩的宗教哲学。信仰苯教的主要是藏族。苯教审美文化中的面具藏戏、崇神舞蹈、"斯巴"祭歌,以及神山、神水、神石的传说既和苯教祭祀仪式有关,也是西北民族审美文化的重要组成部分。

萨满教是在原始信仰基础上逐渐丰富与发达起来的一种民间信仰活动,曾经长期盛行于中国西北各民族。一般认为,萨满教起源于原始渔猎时代,在各种外来宗教先后传入之前,萨满教几乎独占了中国西北各民族的古老祭坛,它在中国西北方古代各民族间的影响根深蒂固。萨满师是有意地改变其意识状态,以接触

---

① 马克思:《摩尔根·古代社会》,人民出版社,1965年版,第134页。

或进入另一个实在之中,由此获得力量和知识的巫师。任务完成之后,萨满师从萨满旅程回到原本的世界,以其所得的力量和知识帮助自己或他人。萨满教具有较冥杂的灵魂观念,在万物有灵信念支配下,以崇奉氏族或部落的祖灵为主,兼有自然崇拜和图腾崇拜的内容。崇拜对象极为广泛,有各种神灵、动植物以及无生命的自然物和自然现象。没有成文的经典,没有宗教组织和特定的创始人,没有寺庙,也没有统一、规范化的宗教仪礼。巫师的职位常在本部落氏族中靠口传身授世代嬗递。

据《三朝北盟会编》记载:"兀室奸滑而有才……国人号为珊蛮。珊蛮者,女真语巫妪也,以其通变如神。"可知,萨满一词最早是在中国史籍中出现的。但是萨满一词引发了一些研究者关于萨满教起源和分布区域的许多联想。有些学者认为,"萨满"一词源自通古斯语 Jdam man,意指兴奋的人、激动的人或壮烈的人,为萨满教巫师即跳神之人的专称,也被理解为这些氏族中萨满之神的代理人和化身。萨满一般分为职业萨满和家庭萨满,前者为整个部落、村或屯之萨满教的首领,负责全族跳神活动;后者则是家庭中的女成员,主持家庭跳神活动。萨满,被称为神与人之间的中介者,他可以将人的祈求、愿望转达给神,也可以将神的意志传达给人。萨满企图以各种精神方式掌握超级生命形态的秘密和能力,获取这些秘密和神灵奇力是萨满的一种生命实践内容。

萨满教的本质像其他宗教一样,是关于神灵的信仰和崇拜。萨满教在宗教意识之中确立了各种具体的信仰和崇拜对象,并建立了同这些对象之间或沟通、利用、祈求、崇拜,或防备、驱赶、争斗等宗教行为模式。萨满服务其中的社会组织约束并规范了其社会的共同信仰和各种宗教行为,决定了萨满的社会角色和社会作用,并利用它们服务于现实的社会生活秩序和社会组织体制。因此萨满教应看作是以信仰观念和崇拜对象为核心,以萨满和一般信众的习俗性的宗教体验,以规范化的信仰和崇拜行为,以血缘或地域关系为活动形式三方面表现相统一的社会文化体系。

在中国西北,信仰萨满教的地区广泛,前面已经有所阐述。从宗教特色来看,萨满教既不是单纯的原始多神教,也不是巫教,更不是以天神为主的一神教,而是原始的自发的多神教向人为的一神教过渡的宗教。正因为脱胎于原始宗教,所以萨满教还带有自然崇拜、图腾崇拜和祖先崇拜的原始宗教色彩,这种原始宗教文化色彩的遗存通过萨满这个宗教形态得到发展。信仰萨满教的维吾尔等民族的先民,就是在萨满祭仪的氛围中创造着民族审美文化。萨满作法时念诵的祝词包含着诗意,他们手持法器,边念边舞,传达神的旨意,表达了人的祝愿和企盼,成为西北民族特有审美情致的一个重要方面。

萨满教的宗教仪式是跳神：一是跳鹿神，消灾求福；二是跳神治病；三是领神跳神，是萨满物色接班人的仪式。跳神的主要形式是舞蹈，萨满身穿神衣，头戴神帽，穿神衣裙，戴上腰铃和铜镜，左手持神鼓，右手拿神槌，依鼓声节奏起舞，模拟巫师与妖魔搏斗和媚神崇神的情景。动作时而粗犷豪迈，时而果敢勇猛，时而和谐柔顺，刚柔合韵，特别是腰铃的加入，金属撞击的声音与震耳欲聋的鼓声配合，配上光彩夺目的服饰及闪闪发光的铜镜，给人一种独特的美感。在萨满那里，音乐明显地不是什么独立于生活方式之外的一种"艺术"样式，它是人神沟通的媒介，就是生活本身。在这种音乐观支配下的萨满跳神音乐，是一种与神沟通的特殊语言；而神鼓和腰铃则是萨满使用这种语言的专用工具。神鼓和腰铃作为萨满跳神的代表性乐器，在萨满的手中只是个通神的祭器。忽略了这一点，它那变幻莫测、简朴粗犷而又充满野性的音响，便失去了摄人魂魄的魅力和威力。所以，我们应当看到它作为通神祭器所表达的意念及其作用和影响。正是由于宗教活动需要，音乐是否悦耳，不是萨满的追求。宏大而嘈杂的鼓、铃之声几乎占据了萨满音乐的全部。因而，萨满跳神的旋律形态并不发达，而鼓乐却极其丰富，在整个跳神仪式中占有十分重要的地位。

萨满行跳神礼，要经过由人到神，又由神还原为人的人格转换过程，即萨满从大自然和元素中汲取力量。鼓声突停，萨满浑身大抖，这是神已附体的表现，这时附体的是祖先神。神灵附体，借萨满之口代神立言。神灵附体时，萨满进入癫狂状。以朦胧的诗意，如醉如幻、庄严舞蹈，混混续续、兀兀腾腾，神依气立，气依神行。此时，铃、鼓大作，节奏骤紧，制造出神秘、空幻，使人神情迷离的氛围和非人间的情境。在这种氛围中，似乎有一种难以名状的强烈情绪在萨满心中跃动并统摄整个身心，一股汹涌的心潮迫使他不由自主地向天界升腾。萨满的这种心理体验，并非个人独享，而是伴着鼓、铃、歌、舞爆发出来。他代神立言，宣启神谕，再由辅祭者（栽立子）解释给他人，实现了由个人体验向社会群体体验的转化。可以说从审美形态来看，萨满音乐是歌、舞、乐的综合体；以文化形态来看，萨满音乐是宗教、民俗和艺术的综合体。

审美文化与宗教文化的交织在系统宗教出现之后也很明显。号称世界三大宗教的佛教、伊斯兰教和基督教在我国西北民族地区都有传播，其中尤以佛教、伊斯兰教影响最大。如前所述，在西北以青藏高原为中心形成了藏传佛教文化圈，以西域为基点形成了伊斯兰教文化圈。

藏族是一个全民信教的民族，对佛的虔诚信仰深深积淀在广大群众的心灵深处。除了藏族以外，藏传佛教还广泛传播于西部的门巴、土、裕固等民族之中。这些民族的审美文化是和藏传佛教的发展同步的。宗教文化借艺术得到广泛传播，艺术也借宗教获得神秘意味。从西藏的大昭寺、扎什伦市寺到青海的塔尔寺、甘肃的拉卜楞寺，巍峨的殿堂、辉煌的金顶、精致的楼阁和飞动的经幡，让人感受到的既是极乐世界的幻境，又是虚无的浪漫精神。走进神圣的殿堂，千姿百态的佛像雕塑和满壁生辉的佛教绘画，既是信徒们迷茫心灵中的神圣偶像、漫漫人生中的指路明灯，也是佛教艺术理想美的高峰。尤其是大量经变画，用艺术手段既让人们形象地感受到人间苦难的恐怖，又带给人们对天国胜境的憧憬，既神秘又美好。藏传佛教还艺术地塑造了众多民族英雄形象，如米拉日巴（见《米拉日巴传》《米拉日巴道歌》）、曲吉尕哇（见传奇小说《郑宛达哇》）、勋努达美（见诗体小说《勋努达美》）就是其中的典型。虽然佛教艺术为这些英雄人物注入了忍辱顺从的性格弱点，但我们仍不难从他们艰难的人生历程中感受到人性的美丽。总之，本质是迷狂的宗教与本质是自由的艺术二者的结合，把对佛性的领悟还原为对色相的观照，把对虚幻的憧憬转向对意象的默察，这样，使"出世"与"入世"、般若与黄花、空无与实有的严格界限模糊了，使"此岸"和"彼岸"、人间和天堂、凡夫与佛陀之间遥远的距离缩短了，从而使具有形式因素和形式结构的美和艺术，在宗教的神坛上有了存身之地。

伊斯兰教传入中国内地的年代，学术界尚无定论。一般以唐永徽二年（651年）作为标志，据中国史籍《旧唐书》与《册府元龟》记载，这一年伊斯兰教第三任哈里发奥斯曼（644年—656年在位）派使节到唐朝首都长安，晋见了唐高宗并介绍了伊斯兰教义和阿拉伯国家统一的经过。阿拉伯帝国第一次正式派使节来华，对后来中阿两国在政治、经济和文化上的广泛交流，以及穆斯林商人的东来都产生了重大影响，故历史学家一般将这一年作为伊斯兰教传入中国的开始。另外，中国史料中还有"隋开皇中""唐武德中""唐贞观初年""8世纪初年"传入等说法。这些说法多为一些学者的一家之言或对明、清以来穆斯林民间传说的记述，因此还难以定论。

唐、宋、元三代是伊斯兰教在中国传播的主要时期，迄止明代，中国先后有回、维吾尔、哈萨克、乌孜别克、柯尔克孜、塔吉克、塔塔尔、东乡、撒拉、保安10个民族信奉伊斯兰教。经过长期的传播、发展和演变而形成具有民族特色的中国伊斯兰教。伊斯兰教对中国西北民族的审美文化、伦理道德、生活方式和习俗产生了深刻影响。伊斯兰文化同中国传统文化发展的差异运动与认同、融合，成为西部民族文化不可分割的组成部分，并丰富了中华民族的审美文化宝库。在中国西北，凡穆斯林聚居区,均建有规模不等的清真寺,形成以清真寺为中心的穆斯林社区网络。中国穆斯林绝大多数属逊尼派,遵行哈乃斐学派教法,新疆极少数为什叶派的伊斯玛仪派。苏菲主义各学派在西北地区有广泛影响。历史上,由于伊斯兰教传入各民族地区的时间、途径以及各民族的社会历史环境和文化背景不同,伊斯兰教在中国的传播与发展又分为内地伊斯兰教(汉语系)和新疆地区伊斯兰教(突厥语系)两大系。

伊斯兰教在世界三大宗教中出现较迟,但一经出现就显示出凝聚力。在建筑、绘画和工艺美术方面,伊斯兰教艺术开创了独特的体系。伊斯兰教徒自称穆斯林,意即皈依安拉顺从先知的人。伊斯兰教徒相信:凡信仰安拉在世为善者,来世进天堂;凡不信仰安拉在世为恶者,来世下地狱。就是在这个基础上,伊斯兰教的美术得以诞生,并创造出了自己的特征。

在形式上,细密工整、精巧华丽是伊斯兰教美术在具体对象上表现出来的特色;在内容上,包容性和延续性是伊斯兰教美术的突出特点。在伊斯兰的工艺美中,装饰纹样独具特色,成为其装饰工艺中最核心的表现形式。无论是避免装饰,还是植物印染;无论是玻璃陶器,还是牙雕玉石,都被视为画眉、富丽、具有伊斯兰式幻想的纹样。伊斯兰装饰纹样善于在有限的空间中进行无限的延续,并施尽了线与线变化之妙趣,构成了著名的"阿拉伯风"的纹样装饰。伊斯兰工艺装饰纹样大致上可分为三类,即几何纹样、植物纹样和文字装饰纹样。在纹样的组织上,采取铺满整个器物的手法,具有"慢""平""匀"的装饰特色,细腻而不繁缛、充实而不拥塞、华丽而不矫作、工整而不匠气。在伊斯兰工艺装饰中,特别是在清真寺建筑的壁面绘饰和地面镶嵌上,几何形纹样运用非常广泛。伊斯兰几何形纹样的特点是以圆形、三角形、方形或棱形等为基础性,成90度或60度相互交叉,从而组成各种变化不定和结构复杂的几何纹样。

伊斯兰植物纹样的代表是缠枝纹。缠枝纹的特点就是在整个构成上,植物的花、叶、藤蔓互相穿插、互相重合,给人造成各种曲线的和律动的美感。伊斯兰的缠枝纹在构成上显得尤为复杂。各种螺旋状的曲线往往布满整个画面,似乎是艺术家在梦幻中做出的曲线游戏。伊斯兰的缠枝纹常常利用像葡萄枝蔓似的细纹作为展开的中心,再在其间装饰百合花形或喇叭花形,以达到装饰性效果。

以文字装饰建筑和工艺美术,尤以《古兰经》的章句和诗文作装饰在伊斯兰教工艺美术和其他领域十分常见。这与中国的书法艺术十分相似。

从公元8世纪初到公元9世纪,伊斯兰世界流行一种严格的书法,壁画挺直较粗,常常是在壁画本身做一点图案化的装饰。从公元10世纪开始,又在文字图案之间的空白处用植物纹样穿插、填补,使坚挺的壁画和曲线纹样形成了强烈对比的效果。自12世纪开始,伊斯兰文字装饰更注重形、线的律动效果,特别是当他与阿拉伯风的装饰纹样组合在一起时,更显示了一种协调和华美的装饰趣味。

伊斯兰金属工艺十分发达,以铸造和锻造两种基本手法为主,造型独具匠心,装饰十分精巧。著名的金属工艺品有金属镂空香炉和鸟兽形容器等,显示了伊斯兰工匠的较高水平。最具伊斯兰金属加工技艺和装饰特色的是金属镶嵌和景泰蓝。金属镶嵌工艺即以各种不同质地和色泽的器壁为底,选择镶嵌材料。最常见的是在黄铜底上镶嵌银或铜;在铁和青铜底上镶嵌金和音。其中,又以在黄铜底上用银来镶嵌各种图案为伊斯兰工艺品中最富有特色的品种。

作为宗教文化,伊斯兰教和伊斯兰艺术虽有明显的区别,但还应该看到,"伊斯兰艺术是一种与伊斯兰教有着千丝万缕联系的艺术";"伊斯兰艺术是通过伊斯兰教,审美地表现人、生活和世界"①。应该说,伊斯兰艺术和信仰共同存在于人们的心灵深处。伊斯兰教反对偶像崇拜,有节制歌舞、禁止绘画人物和动物的教规,因而在一定程度上影响到音乐、舞蹈、绘画、雕塑艺术的发展。生活在中国西域的维吾尔、哈萨克等民族的先民,在历史上都以酷爱音乐、舞蹈著称,而且早在佛教进入西域之后,就在石窟中创作了大量的佛像雕塑和佛教壁画,至今还保存着一部分。改变信仰之后,这些民族仍保留了能歌善舞的传统,还出现过突厥族法拉比这样的大音乐家和维吾尔族"十二木卡姆"这样的举世闻名的音乐杰作。伊斯兰宗教活动也有音乐相配合,比如宣礼的招祷歌、咏经曲调、礼拜歌、赞美歌等均出现在伊斯兰宗教活动中。据《西域闻见录》等著作记载,伊斯兰宗教活动中还有西域各族群众在毛拉、阿訇组织下参加拜天、迎日、送日等活动时演奏"鼓吹"(即音乐)的情景。在伊斯兰审美文化中颇具特色的是建筑艺术。伊斯兰建筑外观的最大特色,在于它的穹隆形拱顶以及大面积装饰中的几何纹饰。遍布穆斯林居住地区的清真寺风格别致,高耸的精致的宣礼塔引人注目,寺院大殿的建筑宏伟壮观,其藻井、横梁、门、柱、壁上都彩绘着具有伊斯兰特色的花卉和几何图纹,和藏传佛教建筑大异其趣。新疆吐鲁番清真寺有一座建于清代中期高36米的额敏和卓塔,塔身外有精美的型砖镶饰,共嵌组出15种图案花纹,显得严密、巧妙,具有阿拉伯艺术的细密风格和数学式的严谨格律美。

从宗教发展历程中宗教文化和审美文化的交织,我们不难看出:审美由艺术

---

① [英]贝尔纳·迈耶尔、特列温·科泼斯通主编:《麦克米伦艺术百科辞典》,舒君等译,人民美术出版社,1989年版,第100页。

走向宗教,同时,宗教也借艺术而走向审美。作为审美文化重要方面的艺术和宗教的关系之所以如此密切,是因为它们具有某些共同的特点。马克思将对世界的艺术和宗教的把握称之为对世界"实践—精神"的把握,是抓住了这两种意识形态的根本特点的。艺术创作离不开幻想(即创造性想象),而宗教信仰离开幻想也无法产生和发展。可以说,幻想是艺术和宗教共同的必要的因素,尽管艺术幻想激发人积极进取而宗教幻想使人脱离现实,两者有原则区别。艺术和宗教另一个更重要的共同因素是情感。艺术创作和艺术鉴赏无不伴随着审美情感体验;宗教信仰之所以能主宰信徒的世界观和人生观,是因为它是建立在信徒对超自然的神佛强烈的情感体验基础上的。尽管人们的审美情感指向实在的客体和信徒的宗教情感指向虚幻的客体有根本的不同,但不可否认的是,无论是对世界的审美态度还是对世界的宗教态度,都蕴含着情感体验过程。总之,幻想和情感使审美和宗教在共同的心理基础上找到了契合点,从而使审美文化明显地带有信仰膜拜性。但这里要强调指出的是,"审美活动和宗教活动(膜拜活动)在远古时代尚未分家这一事实并不能得出结论说,这两种活动一种导衍于另一种,一种派生出另一种"①。因为产生审美活动和宗教活动的社会需要有原则区别:"艺术植根于人们的豪放不拘的创造性活动,植根于人们的才能、本领和知识的施展和应用,那么巫术——乃至整个宗教———的根源则应当到人类实践的局限性中,到人们的不自由中,到人们对统治他们的自发力量的依赖性中去寻找。"值得一提的是,一些民族艺术,包括民间艺术和民族艺术家的创作,由于种种原因在历史的尘埃中湮没,但和宗教信仰有关的艺术却由于宗教的庇护而保存下来,如西北的藏传佛教建筑、伊斯兰教建筑、寺院和石窟雕塑、壁画,宗教音乐、舞蹈等。当你有机会观摩西北藏传佛教寺院庄严的佛事活动,听到那神圣、典雅、婉转、优美的佛教乐曲《咏叹词》,并进而了解到是由于古代高僧用特殊的记谱方法使佛教名曲保存下来时,一定为藏族人民的智慧和创造精神而惊叹;当你有机会观赏藏传佛教的大型法会活动,一定会被大型的"跳神"即"羌姆"这种古老的宗教舞蹈所吸引。"跳神"有的地区叫"跳曹盖"。"曹盖"即面具的意思。喇嘛们穿着特定的服装,戴上不同的面具,表演酬神驱鬼的故事。扮演者或独舞,或对舞,或群舞,时而威猛狞厉,时而流畅柔婉,时而滑稽幽默。这种典型的藏传佛教庆典仪式舞蹈,实际上是古老的傩舞。这种被人们视为傩文化的活化石的舞蹈之所以有如此旺盛的生命力,宗教无疑是它的保护神。

---

① [苏]乌格里诺维奇:《艺术与宗教》,生活·读书·新知三联书店1987年版,第1页。

综上所述，可以说，正是由于西北民族审美文化和宗教文化有千丝万缕的联系，具有浓厚的宗教色彩，才使西北民族审美文化呈现出强烈的神秘性。

4. 自然与纯真性

西北游牧民族生活在高原、草地、戈壁、荒漠之中，逐水草、习射猎、忘君臣、赂昏宦、驰突无恒，长久地浸没在个体面对辽阔无限自然环境的生存状态之中，游牧生活和生存竞争，又使他们的生活方式带有很大的流动性。这样，主宰农耕文明区的以儒家为代表的宗法思想影响淡薄，因而西北民族审美文化表现出明显的纯真、浪漫色彩，轻伦理、重自然，轻观念、重情感成为重要的审美特点，阳刚之美成为审美形态的核心，于雄浑中透出悲壮。

西北民族崇尚自然纯真。如西北岩画就呈现出一种纯真自然审美风貌。岩画是一种古老的文化艺术，在远古时代，远古人类在漫长的岁月里，运用写实或抽象的艺术手法，在岩石上凿刻下的用以反映社会生活、经济文化、风俗习惯的图画，是一种石刻艺术，人们称之为岩画。它在人类文明的艺术宝库中占有重要的位置。在世界上，中国是岩画诞生最早、分布最广、内容最丰富的国家之一。据考证，早在1500年前中国就有了岩画。中国岩画绝大部分分布在民族地区，而西北民族地区的岩画又是华夏土地上遗存最集中、题材最广泛、保存最完好的岩画地区之一。

在古代，西北是匈奴、鲜卑、突厥、回鹘、吐蕃、党项等北方民族驻牧游猎、生息繁衍的地方。西北民族地区的岩画题材多以动物为主，风格注重写实，这是古代西北游牧民族生活的自然写照。他们把生产生活的场景，凿刻在岩石上，来表现对美好生活的向往与追求，再现了他们当时的审美观、社会习俗和生活情趣。在这些岩画中，有记录游猎、游牧民族同大自然拼搏的英姿；有描绘中国西北地区民族社会习俗和生活情趣的图景，还有反映游猎、游牧民族文化观念、宗教信仰以及械斗与战争的场面。仔细端详那些刻在石头上的图案，白描的手法虽显粗糙、稚拙，但各种形态，动静结合，轮廓分明。动物中有奔马疾如飞，野牛肥又壮，山鹰远飞翔，老虎逞威猛，牧犬快奔跑，金蛇狂舞蹈，梅花鹿昂首凝望，骆驼负重前行；在人与自然融合的图案中，有猎人骑马格斗，牧人放牧悠闲，武士腰佩长刀，先民载歌载舞；也有崇拜类的人面像，如自然崇拜、生殖崇拜、首领崇拜、神灵崇拜、图腾崇拜等。据说可归为动物图像、人面像、人体像、生活图像、符号与图案五大类。每种形态都表现逼真、写实，栩栩如生，也不乏想象力，给人一种真实、亲切、肃穆和纯真的感受。可以说，西北岩画就是一部我国古代西北地区民族现实生活的写真集，是研究、探讨中国西北地区民族历史、文化、艺术、宗教以及民族关系的教科书,所以,西北岩画又被中外史学界誉为"无言的史书"。

　　服饰是人类生活的重要物质资料,它具有实用价值和鉴赏价值,为民族文化的重要载体。青海土族的聚居地被称之为"彩虹的故乡",其突出的标志是土族青壮年妇女身着五彩花袖衫,双袖按虹的彩色由红、黄、绿、黑、蓝五色彩布或彩缎圈逐段镶接而成,五彩缤纷,美观大方。而这五种色彩分别象征着太阳、五谷、森林草地、土地和天空。其内涵和人们的生存境遇息息相关,富有自然特色,而绝少伦理观念。生活在牧业地区的藏族、哈萨克族、柯尔克孜族、维吾尔等民族多以动物皮毛作服装的主要原料。哈萨克族、柯尔克孜族牧民还喜欢用花草纹、羊角纹、双马纹、贝母花纹和牛角纹等作服装上的装饰图案,生动地体现了西北民族崇尚自然、纯真的审美旨趣。西北游牧民族的建筑也有自然实用的特点。藏族的帐篷,哈萨克、塔吉克、柯尔克孜等民族的毡房,就是典型的代表。所谓"敕勒川,阴山下。天似穹庐,笼盖四野。天苍苍,野茫茫,风吹草低见牛羊"。阔海般的草原、明镜似的湖泊、缎带般的河流、成群的牛羊与悠扬的牧歌,构成了游牧时代旖旎的图景。斛律金演唱的这首《敕勒歌》向我们生动再现了游牧生活的自然图景,以穹庐比喻天空,也从侧面描写了游牧民族的居住情况。"穹庐一曲本天然",著名鲜卑族作家元好问的诗句精准地点明了西北游牧民族审美文化真淳自然的精神风貌。

　　西北地区游牧民族审美文化的呈现形态是多样的,有体现审美观念的,有抒发审美情感的,但更多的是后者。西北民族以能歌善舞著称,而歌舞作为一种娱乐手段,其审美效果更在于内心情感的抒发。1973年至1995年间,在青海大通上孙家寨和同德县宗日遗址,先后出土两件堪称稀世之宝的舞蹈纹彩陶盆,盆的造型颇为类似,不同的是盆内壁上前者绘有3组5人连臂舞蹈图案,后者2组连臂舞蹈人像,分别为11人和13人。对所绘人物装饰尽管学界有不同理解,但这种集体舞蹈的形式却确切无误地再现了生活在青海的原始先民借助祭祀与集体娱乐活动以抒发情感的事实。

　　古代西域地区是中华民族歌舞艺术的摇篮之一。唐代是中国古代音乐艺术达到高峰的时期。当时的"十部乐"中,《龟兹乐》《安国乐》《疏勒乐》《康国乐》《南昌乐》来自西域,加上《西凉乐》,可以说大部分出自西北,其中尤以《龟兹乐》首屈一指。玄奘在《大唐西域记》中曾赞扬龟兹"管弦伎乐,特善诸国"。《旧唐书·音乐志》用"声振百里动荡山谷"来形容龟兹乐所表现的游牧民族豪迈奔放的抒情气势。作为龟兹乐独特体系的延续和发展,维吾尔族人民创作的《木卡姆》大型套曲集,集独唱、合唱、说唱为一体,有独奏、合奏和齐奏,是歌、舞、乐的完美结合,是娱乐、抒情的集中体现。至今还流行于西北青海、甘肃、宁夏的回、土、撒拉、东乡、保安等民族中的"花儿",在悠扬中有缠绵,豪迈中见忧伤,充分表现了西北民族自由不羁的浪漫情调。又如西藏第六世达赖喇嘛仓央嘉措,是藏传佛教格鲁派的最高活佛。如此特殊的地位和身份,他却采用藏族民歌四句六音节的格律写了大量情歌,大胆而坦率地抒发了自己对爱情生活的热烈追求。西北游牧民族生活在莽莽高原和茫茫草原之上,面对浩瀚沙漠、广阔平原、茫茫大漠、沙的山、沙的海、沙海漫漫、沙浪涛涛,他们要和这些恶劣的自然环境搏斗。艰苦生活的磨炼,使他们变得像雄鹰般坚强,骏马般剽悍,烈火般热情和雷电般迅捷,性格刚勇豪爽,敦厚淳朴,顽强不屈,因此西北游牧审美文化集中体现了阳刚之美,并以阳刚之美为核心,表现为多种审美形态的结合,雄浑中蕴藉悲壮,纯真中呈现苍凉。这些在举世瞩目的《格萨尔王传》《玛纳斯》《江格尔》这三大英雄史诗中得到最突出的体现。《玛纳斯》是一部规模宏大、气势磅礴的英雄史诗,是柯尔克孜族人民千百年来集体智慧的结晶,世世代代以口头形式在民间流传,称为活形态的民族史诗。它生动地描述了玛纳斯家族八代人团结各部落前仆后继、不屈不挠、英勇无畏、浴血奋战的神奇经历。通过对玛纳斯的智慧、勇气、顽强性格的详尽描述,再现了西北民族原始游牧生活的真实图景。一幅幅古代游牧民族的生活图景、形态迥异的符号,看在眼里是饱含着生命活力的文化,淌在人心里是传达自远古的莫名感动。

　　《格萨尔王传》讲述了这样一个故事:在很久很久以前,天灾人祸遍及藏区,妖魔鬼怪横行,黎民百姓遭受荼毒。大慈大悲的观世音菩萨为了普度众生出苦海,向阿弥陀佛请求派天神之子下凡降魔。神子推巴噶瓦发愿到藏区,做黑头发藏人的君王——格萨尔王。为了让格萨尔能够完成降妖伏魔、抑强扶弱、造福百姓的神圣使命,民族史诗的作者们赋予他特殊的品格和非凡的才能,把他塑造成神、龙、念(藏族原始宗教里的一种厉神)三者合一的半人半神的英雄。格萨尔降临人间后,多次遭到陷害,但由于他本身的力量和诸天神的保护,不仅未遭毒手,反而将害人的妖魔和鬼怪杀死。格萨尔从诞生之日起,就开始为民除害,造福百姓。5岁时,格萨尔与母亲移居黄河之畔,8岁时,岭部落也迁移至此。12岁时,格萨尔在部落的赛马大会上取得胜利,并获得王位,同时娶森姜珠牡为妃。从此,格萨尔开始施展天威,东讨西伐,征战四方,降伏了入侵岭国的北方妖魔,战胜了霍尔国的白帐王、姜国的萨丹王、门域的辛赤王、大食的诺尔王、卡切松耳石的赤丹王、祝古的托桂王等,先后降伏了几十个"宗"(藏族古代的部落和小帮国家)。在降伏了人间妖魔之后,格萨尔功德圆满,与母亲郭姆、王妃森姜珠牡等一同返回天界,规模宏伟的民族史诗《格萨尔王传》到此结束。从《格萨尔王传》的故事结构看,纵向概括了藏族社会发展史的两个重大的历史时期,横向包容了大大小小近百个部落、邦国和地区,纵横数千里,内涵广阔,结构宏伟。《格萨尔王传》主要分成三个部分:第一,降生,即格萨尔降生部分;第二,征战,即格萨尔降伏妖魔的过程;第三,结束,即格萨尔返回天界。三部分中,以第二部分"征战"内容最为丰富,篇幅也最为宏大。除著名的四大降魔史——《北方降魔》《霍岭大战》《保卫盐海》《门岭大战》外,还有18大宗、18中宗和18小宗,每个重要故事和每场战争均构成一部相对独立的民族史诗。《格萨尔王传》就像一个能装乾坤的大宝袋,一座文学艺术和美学的大花园。它植根于当时社会生活的沃土,不仅概括了藏族历史发展的重大阶段和进程,揭示了深邃而广阔的社会生活,同时也塑造了数以百计的人物形象。其中无论是正面的英雄还是反面的暴君,无论是男子还是妇女,无论是老人还是青年,都刻画得个性鲜明,形象突出,给人留下了不可磨灭的印象,尤其是对以格萨尔为首的众英雄形象描写得最为出色,从而成为藏族文艺审美创作史上不朽的典型。《格萨尔王传》围绕为民除害、反割据、求统一的主旨,描写了几十次大小不同的战争,表现了以格萨尔为代表的藏族先民奋发进取的民族精神。

这些民族史诗表明,生活在西北高原和草原上的古老民族,不仅经历了人和自然的悲剧性冲突,也经历了人和人、部落和部落、民族和民族间的悲剧性冲突,正是在这种种冲突中,一种博大的悲壮、沉郁、纯真、苍凉之美在西北审美文化中格外鲜明地表现出来。

五、西北民族审美文化与中华文化的互动重构

西北民族审美文化是中国文化的重要组成部分,也是中华民族整体审美文化不可分割的一部分。从中华文化的存在模式、类型、内涵看,其本质特征是多样统一、和而不同、和谐共存。应该说,西北民族审美文化是中华民族文化的自然浓缩,是中华民族文化的典型缩影。而西北民族文化模式则是微型的中华文化模式。

自古以来,在西域这片神奇的土地上,从民族看;既有土著民族,又有外来民族;既有游牧民族,又有农耕民族,并形成了多民族、多元文化的西北民族文化。长期以来,多民族及其文化之间通过你来我去、此兴彼替、彼长此消、互相渗透、互相会通、相互借鉴、取长补短,形成了一股强大的、互动的民族文化形成、发展、演变的历史画卷。并最终熔铸出一个多样统一、和而不同、和谐共存的西北民族文

化格局。

(一)交流与互动

西北诸多民族及其文化在长期的历史发展过程中形成了"你连着我,我连着你;你离不开我,我离不开你;你中有我,我中有你;你就是我,我就是你;水乳交融,分解不开"的民族文化链条或场域。这个民族文化场域中形成了几种不同的类型或曰模式,这就是家西番模式、卓仓—瞿昙寺模式、卡力岗模式、吾屯模式、河南蒙旗模式。这些民族文化的模式所表现出来的特质是和而不同、融而不化、群而不党,或同中有异,或以同而异,或求同存异,即它们之间或在民族认同上对立统一,或在宗教认同上对立统一,或在文化认同上对立统一。西北民族有深厚的历史根基,有丰厚的文化底蕴,有独特的风俗习惯,有多彩的审美情趣,同时他们都自觉认同自己是中华民族大家庭的一员,认为自己所繁衍生息的青藏高原、河湟谷地是中华大地不可分割的有机组成部分。最终形成了理一分殊、理事无碍、多样统一、和而不同、和谐共处的大圆满格局。从远古到近古,在同一大地上,在同一历史时空中,中华各民族沿着历史的轨迹在发展、在前进。尽管发展中出现了种种不平衡,但不断运动是共同的规律。差异运动与认同是互动的重要形式。西北民族和其他民族文化间的差异运动与认同,在历史的长河中绵延不断地进行,作为民族精神产品的审美文化也在历史长河中交汇、互渗,进而促进了西北民族审美文化和整个中华民族审美文化的共同发展。

不仅如此,西北民族审美文化在中华文化乃至世界文化的差异运动与认同及互动中都起着交通纽带的作用。因为"世界各民族文化从源流上看,大致可以分为三大系统,即中国文化、西欧文化、印度文化"①,而中国西部文化则是最早将这三种文化连接起来的关键地带,可见,它在世界文化差异运动与互动中占据着举足轻重的位置。

从文化学的角度看,世界上任何一种文化的传播与发展,都是从一个文化场进入另一个新文化场的过程,必然要经过新文化场的中介物的过滤和折射,中国西部文化正是这个世界文化传播与发展表现要经过的"新文化场的中介物"。中国文化西传波斯、阿拉伯、希腊、罗马乃至整个欧洲,欧洲和西亚文化的东渐,西部文化是必经之文化场;中国文化南传印度,印度文化传入中国,都经过西部文化场的"过滤和折射"。总之,西部地区文化自古以来就是世界三大文化区域文化发展

---

① 闫振中:《赫赫我祖,来自昆仑——西部开发与西部文化谈》,载《西藏日报》,2001年9月27日。

差异运动的枢纽,从秦汉到隋唐,中原文化曾与中亚、西亚的草原文化以及南亚次大陆的佛教文化进行过颇有声色的交流,促进了文化间发展的差异运动与认同。

(二)交流、互动之途径

1. 丝绸之路及其辅道

"丝绸之路""丝道"是指把中国丝织品运往地中海沿岸诸国这条横贯亚欧的古代贸易之路,它起自中国的安西(古代长安),西至罗马。有关"丝绸之路"的称谓,来源于19世纪末德国的地理学家李希德·霍芬。他在中国的甘肃省和新疆维吾尔自治区考察时,看到从东面来的商队,便想这是否就是古代运送丝织品的通道呢。于是,在其所著的《中国》一书的第一卷中第一次将这条路命名为"丝绸之路",此后这个称谓便被广泛地用于泛指古代连接东西方两个世界的贸易之路。丝绸之路总的来说可以分为陆路和海路两条。陆路又可分为经中亚、天山以北草询的草询之路和经天山以南的绿洲之路两条,其中绿洲丝路又分为塔克拉玛干大沙漠北缘的西域北路和经塔克拉玛干大沙漠南缘的西域南路。海路经中国南部、印度、波斯湾抵达红海。显然,西北的丝绸之路是指陆路。这条连接绿洲之间的商队之路是人类与严酷的自然斗争中开创的道路。

历尽艰险凿通丝绸之路的开拓者当推汉代的探险家、外交家张骞。西北各族人民为使丝绸之路成为中国各民族文化发展差异运动和中国与西方文化发展差异运动的重要通道,做出了重要贡献。丝绸之路,以长安为起点,经凉州而达敦煌,再西行,沿塔克拉玛干沙漠,有南北两条通道。北道自敦煌,经伊吾(哈密)、高昌(吐鲁番)、焉耆、龟兹(库车)、姑墨(阿克苏)、疏勒(喀什),过葱岭,又经钹汗、苏对莎那国、康国、曹国、何国、大小安国、穆国至波斯达于西海;南道自敦煌,经楼兰、鄯善(若羌)、且末、尼雅(民丰)、于阗(和田)、莎车,度葱岭,又经护密、吐火罗而达北婆罗门(印度),达于西海。据《隋书》记载,从敦煌经哈密还有一条更北的通道而至拂菻国(东罗马),终达西海。

经由丝路传播的物品很多,并不局限于丝绸。现在,人们常见的葡萄、苜蓿、胡麻、黄瓜、胡椒、胡桃等,据说都是张骞带回来的东西。此外,经张骞所开辟的这条通商道路传来了各种各样的东西。汉武帝所喜爱的大宛马自不必说,还有地毯、毛织物、蓝宝石、宝石、金银器、玻璃制品、珍珠、土耳其石,以及罗马、波斯的银币等,此外还有公元元年前后由中亚传来的佛教,以及汉明帝时,由西域来访的僧侣所参译的佛经、建造的寺院等。同时,中国产的丝织品、瓷器、漆器等也传到了西方。勤劳的中国人民,在世界上最早发明了养蚕、抽丝、织造丝绸,因此,古代中国被西方人称之为丝国。在中国古代遗迹中就发现有茧。在殷代的甲骨文中有

"蚕""桑""绢""帛"等文字,由此可见,蚕丝技术始于战国时代而成熟于汉代。据说,中国人为了保持对丝织品的独占地位,在输出丝织物的同时严禁输出蚕种。

丝绸之路古今闻名,然而另一条经过青海境内而达于西域的丝绸辅道的重要性却往往被人们忽略。前面提到,从公元4世纪开始,丝绸之路上河西走廊一带先后出现了前凉、后凉、南凉、西凉等地方割据政权,战乱不断,丝绸之路时通时断,而就在这期间,以青海地区为主立国的吐谷浑人开辟了另一条东西交通的通道,作为丝绸辅道发挥了重要作用。据《后汉书》记载,青海羌人很早就"南接蜀、汉徼外蛮夷,西北(接)鄯善、车师诸国"。可见青海与新疆东南部早就有交通往来。到吐谷浑时,游牧范围东起洮河西岸,西至白兰(川西北石渠到青海都兰一带),东南延展到四川松潘,向西扩展到新疆鄯善、和田一带。吐谷浑人先后开辟了由洮阳西行,经甘南及今青海黄南地区渡黄河西行至柴达木盆地东南的洮阳西道和西越柴达木进入于阗的白兰入阗道,合称丝绸辅道,它南通益州,东抵长安、平城,北交凉州,西达新疆,与丝路相接。

2. 唐蕃古道

唐蕃古道就是唐朝和吐蕃之间的交通大道,是中国古代历史上一条非常著名的道路,也是唐代以来中原内地去往青海、西藏乃至尼泊尔、印度等国的必经之路。著名的文成公主远嫁吐蕃王松赞干布走的就是这条大道。它的形成和畅通至今已有1300多年的历史。

公元7世纪初,吐蕃王国在赞普松赞干布的率领下也迅速崛起,统一了西藏地区的许多部落,建立了强大的奴隶主专制政权,进而向北扩张,最后于663年攻灭吐谷浑,从而与唐王朝接界,互为邻壤。唐太宗贞观八年(634年),松赞干布派使臣前往唐朝首都长安,拜见唐太宗,并请求联姻和好。唐太宗也派出使臣前往吐蕃回访,但未答应联姻。640年,松赞干布再次派大相(宰相)禄东赞携带金、银及其他珠宝数百件,前往长安求婚,唐太宗审时度势,答应将自己的宗室女儿文成公主嫁给松赞干布。641年,唐太宗派江夏王李道宗作为国舅,专程护送文成公主远嫁吐蕃,双方结为甥舅之邦,揭开了唐蕃友好历史的新篇章。在此以后的200年中,双方虽然也曾发生过误会、摩擦甚至一时失和的情况,但和睦相处、友好往来却一直是唐蕃双方关系的主流。可以说这条古道的重大意义绝不仅仅限于道路本身,而在于当时乃至以后的漫长历史岁月里,它起着维系唐蕃甥舅情谊、加深和强化藏汉两大兄弟民族友好的重要桥梁和纽带的作用。

文成公主受父皇之命,带着大批卫队、侍女、工匠、艺人和大量绸缎、典籍、医书、粮食等嫁妆,从长安迤逦西行,经甘肃,到青海,过日月山,经大河坝,到达黄河源头。为了保障公主一路顺风,唐太宗命沿途官府修路架桥,造船制筏,建筑佛堂,开辟通道。松赞干布则亲自率领满朝官员与大队人马迎亲于柏海(即今扎陵湖和鄂陵湖),并在此举行欢迎仪式。然后,松赞干布与文成公主结伴而行,前往逻些完婚。文成公主进藏途中不仅播撒下了汉藏友好的种子,也留下了众多的胜迹与美好的传说。文成公主远嫁吐蕃,不仅揭开了唐蕃古道历史上非常重要而又影响深远的第一页,而且作为唐朝与吐蕃之间的重大事件而载入史册。709年,即唐中宗景龙三年,应吐蕃之请,唐王朝又将金城公主许配给了赞普赤迭祖赞。金城公主又沿着文成公主进藏的道路嫁往吐蕃,成为唐蕃古道上的又一桩盛事。从文成公主嫁往吐蕃起,唐朝与吐蕃之间使臣不断,贸易往来十分频繁。唐蕃古道正是在这种情况下逐渐开辟、迅速兴盛起来,并且很快成为一条站驿相连、使臣仆仆、商贾云集的交通大道。

唐蕃古道西段山高路险,气候严酷,至今仍然是人烟稀少的牧业地带。时至今日,在现代条件下,以车马代步,走起来也还是比较艰辛。人们不难想见,当日文成公主进藏、使节商旅往来长途跋涉的困苦情景。

这条大道的起点是唐王朝的国都长安(今陕西西安),终点是吐蕃都城逻些(今西藏拉萨),跨越今陕西、甘肃、青海和西藏4个省区,全长约3000千米,其中一半以上路段在青海境内。它的大致路线是,从长安沿渭水北岸越过陕甘两省界山——陇山到达秦州(今甘肃天水),溯渭水继续西上越鸟鼠山到临州(甘肃临洮)。从临洮西北行,经河州(甘肃临夏)渡黄河进入青海境内,再经龙支城(青海民和柴沟北古城)西北行到鄯州(青海乐都)。以上可以称古道东段,全在唐王朝境内,这是汉代以来从中原进入河湟地区的传统路线。它的历史甚至可以上溯到6000年前的新石器时代,中华民族的祖先正是沿着这样一条路线开拓前进的。

古道西段经鄯城(西宁)、临蕃城(湟中哆吧)至绥戎城(湟源县南),沿羌水(湟水南源药水河)经石堡城(湟源石城山)、赤岭(日月山)、尉迟川(倒淌河)至莫离驿(共和东巴),经大非川(共和切吉草原)、那录驿(兴海大河坝)、暖泉(温泉)、烈谟海(喀拉海)过海(玛多黄河沿)、越紫山(巴颜喀拉山)、渡牦牛河(通天河)、经玉树地区、过当拉山(唐古拉山查吾拉山口)到藏北那曲(阁川驿)继续沿今青藏公路经羊八井(农歌驿)到逻些(拉萨)。在西段的古道线路中,从西宁到玉树、从那曲到拉萨这两段线路大体上是沿着今天的青康公路和青藏公路行进的。

唐蕃古道是民族友好和民族文化频繁交流的见证。据史料记载,从唐太宗贞观八年(634年)至唐武宗会昌六年(846年)的20多年里,唐蕃双方互相遣使达191次之多,唐以后至明清,尤其是贡噶坚赞与阔端"凉州会谈"使西藏正式纳入祖国版图之后,这种文化发展的差异运动更趋频繁。众多的人员往来和经济文化发展的差异运动与认同,使长达3000多千米的唐蕃古道屡屡出现"金玉纬绣,问遗往来,道路相望,欢好不绝"的动人情景。

3. 麝香丝绸之路

吐蕃势力向北扩展,曾达到西域的安西四镇,并与周边的帕米尔诸五国、波斯王朝有过交往,事实表明青藏高原和西域以及境外也存在着交往的古道。古道有两条:一条从拉萨或日喀则向西,经谢通门、拉孜、昂仁、仲巴、普兰、柏林山口到达印度;另一条从拉萨向北到安多,再转向西经班戈、杜佳里、尼玛、改则至善和,再由善和向北到达新疆的叶城与丝绸之路交会。这两条古道以输出西藏特产麝香而闻名,这就是麝香丝绸之路命名的由来。同时,不产丝绸的西藏,不但从丝绸之路获得丝绸,而且还进行文化发展的差异运动,藏族从回纥语借用"丝"(dar)这个词,藏语称"哈达",即为"白丝绸"之意。

(三)交流、互动之形态

正是由于中国西部文化为世界三大文化交汇的重要枢纽,丝绸之路及其辅道、唐蕃古道与麝香丝绸之路又为民族文化乃至境内外文化发展的差异运动提供了重要通道,因此,在战争、迁徙、贸易、传教、外交、留学等文化发展的差异运动与互动下,上古以来,西北地区的文化发展的差异运动与互动极为活跃,德国艺术史家格罗塞甚至称这一时期的文化发展的差异运动与互动是世界历史"最壮丽的时刻"的显现。

1. 佛学东来

佛教文化本是外来文化。作为世界三大宗教之一,佛教创立于公元前6世纪至公元前5世纪的古印度。传入中国之后,与中国传统文化经历了矛盾、冲突,而终于达到融合,成为中国化的佛教,并由此成为中国传统文化的重要组成部分——佛学文化。需要指出的是,佛教是两汉之际越过葱岭首先进入中国西北新疆地区,然后逐渐传入内地的。佛学的魅力吸引了无数名僧或西行学法,或东来传经。晋代名僧法显一行399年从长安出发西行,过陇西,因后凉盘踞河西,遂由青海到西域至印度,研究佛学15年,归来写成《佛国记》。唐代佛教大学者玄奘沿丝路西去印度,研究佛学达16个年头,归来完成《大唐西域记》。还有不少西北民族地区的佛经翻译家、佛学学者东来内地,传播佛经,功不可没。晋代时龟兹人尸梨密第一个把密教经义传入中国。享誉中外的佛经翻译家鸠摩罗什,父亲是天竺人,母亲是龟兹王之妹。401年,他被后秦统治者姚兴迎入长安,待以国师之礼;他收弟子800人,率僧众3000人,开展了规模空前的译经活动,共译佛经74部384

卷,系统介绍大乘空宗唯心主义学说,成为我国古代三大佛经翻译家之一。西域于阗人窥基是佛教唯识宗创始人之一。西域康居人法藏是佛教华严宗创始人。他们都在一定的佛学领域各领风骚。

佛教经西域传入中原,同时,东来的佛学经过发展又回授西域。公元9世纪中叶,占据高昌的西州回纥信奉佛教,并以其佛教文化与南部喀喇王朝的伊斯兰教文化对峙。这一期间,大量佛经从藏文、古龟兹语、焉耆语,更多的是从汉文译成了突厥—回纥语。其杰出人物就是回纥王朝著名翻译家僧古萨里都统。佛教进入中国中原地区,经过矛盾、冲突和融合、演变,生成了中国化的宗教——净土宗和禅宗,以及中国化的佛教艺术,如《西方净土变图》。所谓"变图"之"变",有"经变",即利用绘画、文学等艺术形式,通俗易懂地表现深奥的佛教经典;用绘画的手法表现经典内容者叫"变相",即经变画;用文字、讲唱手法表现者叫"变文"。经变画中有中国化民族传统神话题材。如在北魏晚期的洞窟里,就出现了具有道家思想的神话题材。如敦煌西魏249窟顶部,除中心画莲花藻井外,东西两面画阿修罗与摩尼珠,南北两面画东王公、西王母驾龙车、凤车出行。车上重盖高悬,车后旌旗飘扬,前有持节扬幡的方士开路,后有人首龙身的开明神兽随行。朱雀、玄武、青龙、白虎分布各壁。飞廉振翅而风动,雷公挥臂转连鼓,霹电以铁钴砸石闪光,雨师喷雾而致雨。敦煌壁画在结构布局、人物造型、线描勾勒、赋彩设色等方面系统地反映了各个时期的艺术风格及其传承演变、中西艺术交流融汇的历史面貌。同时,除装饰图案而外,敦煌壁画一般有情节的壁画,特别是经变画和故事画,都反映了大量的现实社会生活,如统治阶级的出行、宴会、审讯、游猎、剃度、礼佛等;劳动人民的农耕、狩猎、捕鱼、制陶、冶铁、屠宰、炊、营建、行乞等;还有嫁娶、上学、练武、歌舞百戏、商旅往来、民族、外国使者等各种社会活动。因此,敦煌石窟不仅是艺术,也是历史。敦煌壁画的内容丰富多彩,描写神的形象、神的活动、神与神的关系、神与人的关系以寄托人们善良的愿望,安抚人们心灵的艺术。因此,壁画的风格,具有与世俗绘画不同的特征。但是,任何艺术都源于现实生活,任何艺术都离不开它的民族传统,因而它们的形式多出于共同的艺术语言和表现技巧,具有共同的民族风格。可以说,从北魏到隋唐,东而西传,从云冈到麦积山,到炳灵寺,到敦煌,以至新疆,处处都留有《西方净土变图》的呈现,处处可以看出中原文化的痕迹。

前面已经说过,汉传佛教由鼎盛走向衰微之际正是藏传佛教兴起之时。公元7世纪,吐蕃赞普松赞干布迎娶尼泊尔赤尊公主和唐朝文成公主。两位公主都把佛教圣像和经典带入吐蕃。松赞干布为她们带去的佛像分建了大昭寺和小昭寺来供奉。从松赞干布开始,几代赞普从中原、印度、尼泊尔等地请来学者、高僧(其中最著名的是莲花生),与藏族学者一起,翻译了佛经700多种。藏传佛教经历朗达玛灭佛的波折后到10世纪后半期又蓬勃发展,兴起到印度求佛的热潮。二三百年间,涌现了数以百计的佛经译师,翻译了大量经典,在此基础上,终于在14世纪中叶,由蔡巴·贡噶多台编纂成《甘珠尔》(1108种)和《丹珠尔》(3461种),合起来就是举世闻名的《藏文大藏经》。其中保存了印度已经失传的重要论著,是极为宝贵的具有世界意义的文化遗产。共同的佛教信仰,使同处西北的吐蕃人和于田人心灵相通,据从敦煌发现的重要藏文文献《于田宗教史》记载,由于宗教矛盾,大批受迫害的于田佛教徒长途跋涉到了吐蕃,受到了吐蕃佛教徒的礼遇,生活达12年之久。据《智者喜宴》记载,于田工匠还参加了著名的桑耶寺的建筑。

2. 艺术东渐

据典籍记载,中原与西域间艺术的交流,早在上古时期就开始了。到两汉、魏晋南北朝时期,这种艺术发展的差异运动更趋频繁。至隋唐,艺术发展的差异运动达到高潮,涉及音乐、舞蹈、雕塑、绘画等艺术的各个领域,并且这种艺术交流由中古到近古,持续地发展下来。

音乐艺术发展的差异运动是艺术交流中最为突出的方面。据《竹书纪年》记载:"少康即位,方夷来宾,献其乐舞""发即位元年,诸夷宾于玉门,冉保庸会于上池,诸夷入舞"。可见,早在公元前21世纪至公元前16世纪的夏王朝,西域民族就至少两度将音乐舞蹈传送到中原。商王朝时也有类似活动。到周朝,公元前10世纪,周穆王曾带了一个盛大的乐队到中亚,带去了笙、簧、琴、瑟、竽、龠、钟、建鼓、建钟、莞等12种乐器。后来,西亚音乐经西域东渐,典型的就是竖箜篌和琵琶的传入。从公元前2世纪开始,东西音乐文化通过丝绸之路相互汲取,生活在中国西北的塞种人和月氏人先后西迁至大夏,将笙、簧、缶、笛、龠等乐器流传过去,并进而带到南亚。随后,部分匈奴人西迁,于公元4世纪在欧洲建立帝国,也把音乐带到欧洲。今天,从古代匈牙利和中国裕固族、蒙古族音乐结构中还能找到相似之处。到汉代,汉武帝、汉宣帝先后将细君公主、解忧公主嫁给乌孙王昆莫和翁旧靡,随嫁人员中就有不少乐舞艺人。音乐文化交汇、融合的结果,就是公元4世纪开始在西域形成的龟兹乐、疏勒乐、高昌乐、原因乐、安国乐、十阑乐等。其中尤以龟兹乐"管弦伎乐,持善诸国",成为西域音乐的象征,因为龟兹乐有独具西域民族特色的乐器,有带有浓郁西域民族风味的乐曲。有独特的音乐理论和自己的音乐理论家、演奏家和歌唱家。南北朝时期,西北民族纷纷进入中原,西域文化尤其是音乐文化大举东进,隋唐时代,采取自由开放、华夷共荣的政策,为音乐艺术的东传创造了极为有利的气氛,以龟兹乐为代表的西域民族音乐成为隋代七部伎、九部伎和唐代十部乐的主要组成部分。从南北朝到唐代,活跃于中原乐坛的西域各民族杰出音乐家就有50多人,如龟兹的苏祗婆、白明达,于阗的尉迟青,疏勒的裴神符、裴兴奴,曹国的曹僧奴、曹妙达、曹刚,安国的安马驹、安叱奴,康国的康昆仑,米国的米嘉荣,何国的何满子等,都是其中的佼佼者。

和音乐关系密切的是舞蹈。在远古,诗、歌、舞本来就是密不可分的。随着人类社会生活的发展,诗、歌、舞三种艺术相对分开,但相互关系仍很密切,古代乐舞并称就是这种关系的体现。提起西北民族舞蹈,人们自然会想到新疆库鲁克山岩画中双人舞的形象,更难忘青海出土的舞人连臂起舞的彩陶盆。如果说大通出土的舞蹈纹彩陶盆处在青海东部河湟地区的话,那么同德县宗日遗址出土的另一件舞蹈纹彩陶盆已经属于黄河以南高山游牧地区了。这表明远古时期居住在西北的古羌人丰富的精神生活和审美意识的影响已达到西北广袤的领域了。到公元前2世纪时,于阗乐舞就已输入中原并在宫中演出。4世纪后,龟兹、疏勒、高昌、伊州、悦般等西域地区的乐舞陆续传入中原。隋代诗人薛道衡《和许给事善心戏场转韵诗》云:"羌笛陇头吟,胡舞龟兹曲,假面饰金银,盛装摇珠玉。"就生动地描绘了当时长安、洛阳元宵之夜民族歌舞表演的盛况。唐代,西域舞蹈更加盛行中原,其中健舞如《拓枝舞》《胡旋舞》,软舞如《春莺啭》,歌舞戏如《钵头》,习俗舞如《乞寒舞》,模拟舞如《狮子舞》《鸟舞》,执具舞如《剑器浑脱》《碗舞》,宗教舞如《舍利弗》等,典籍均有记载,著名诗人李白、白居易、元稹、刘禹锡等都写有赞誉之诗。一时间形成了上至宫廷,下至百姓,举国学胡的热烈景象。舞蹈如《春莺啭》《狮子舞》《钵头》等还往东传至日本,有的至今仍然保存下来。隋唐流行于中原的西北舞蹈有不少保留到现今,当然有了变革,有了发展。

雕塑绘画艺术的东渐和西传也很活跃。西部雕塑、绘画艺术的东传和佛学的东渐密切相关。宗教艺术是伴随着宗教的产生应运而生的。佛教经典由西域经丝绸之路进入中原,佛教艺术也随之而来。中国佛教艺术主要是由佛教寺院艺术和石窟艺术组成。佛教石窟是仿照寺院的结构开凿的,石窟实际上是石结构的寺院,所不同的是,一般概念中的寺院,都是在平地或山上用砖石木料建起来的一座座木构殿堂,而石窟却是在河畔山崖间开凿出来的寺院,因为它们绝大多数是石质的洞穴,有着佛教寺院性质的使用功能,所以,这类寺院就叫作"石窟寺"。

开凿石窟寺的目的是让佛教的信徒可以以佛寺作为活动基地。一般信仰佛教的人,如果想与佛在精神上达到某种情感交流,就会到佛寺里去上香,在佛像前做礼拜,那么佛寺相对于他们而言,就是沟通现实世界和佛教世界的桥梁。这就是寺院的基本作用和功能，对于山崖间开凿出来的石窟寺来说，其功用也是同样的。

大约从公元3世纪开始，中国的佛教徒也开始开凿石窟寺了。公元5至8世纪是中国石窟发展的最盛期，最晚的可以到公元16世纪。总的来看，中国的石窟是以建筑、雕塑、绘画三者相结合的综合艺术形式，是为弘扬佛教思想、为僧侣们的出家修行服务的。古代的善男信女们认为出资开凿石窟、雕塑与画佛像的过程，本身就是一种做功德的行为。中国石窟寺的制作，可以说是就地取材，因地制宜。另外，石窟寺在不同的时代与不同的地区发展也是不平衡的，这样就形成了不同的时代艺术风格和不同地区的地方特色。根据中国石窟发展史上出现的一些明显的差异，可以把全国的石窟寺分成新疆地区、中原北方地区和南方地区这三个大的自然区，而每个大区中又可以分成若干个自然小区。新疆地区的石窟主要分布在自喀什向东的塔里木盆地北沿、天山山脉以南的地区，集中的地点有库车和拜城一带、焉耆回族自治县一带和吐鲁番附近。最早的石窟大约开凿在公元3世纪，最晚的有可能迟到公元13世纪。洞窟内采用泥塑像和绘制壁画的方法制作，在焉耆和吐鲁番一带，还在有的洞窟前面用土坯砌成前堂，或者直接用土坯来砌建洞窟。

应该说，无论是佛寺还是石窟都融建筑、雕塑和绘画艺术于一体。石窟的开凿、佛像的雕塑和壁画的彩绘是西北民族艺术中最为辉煌的成就之一。公元3世纪初期，在古龟兹地区的拜城就出现了克孜尔石窟，接着又开凿了库木吐喇石窟和森木塞姆石窟。

现今，在龟兹国东西狭长的地界里，还散落着不少石窟群，库车和拜城两地是它们最集中的区域。其中库车有库木吐喇、克孜尔尕哈、玛扎伯哈、森木塞姆，拜城有克孜尔、台台尔、温巴什，新和县有脱克拉克埃民等。克孜尔石窟是龟兹地区规模最大、延续时间最长的石窟群。克孜尔石窟位于今拜城县克孜尔镇东南本札提河谷北岸的悬崖上，共有236所洞窟，其中有70多所保存有壁画。最早的洞窟建于公元3世纪末或4世纪初，最晚的建于7世纪末至8世纪初。这些洞窟原先大部分是属于一座座寺院的，在相对独立的寺院里，有佛堂、讲堂、说戒堂、僧房和其他生活用房。如今，从洞窟的性质上看，则包括用于礼拜的中心柱窟和大像窟，用于讲经的方形窟，以及僧人起居用的僧房和坐禅修行用的小禅窟等。由这些不同性质的洞窟相互搭配组合，就构成了一个个功能完整的寺院体系。

与佛教东来一致，石窟寺也源于印度，随佛教东传经阿富汗，向东发展，在南昌地区（吐鲁番地区古称），从公元5世纪开始开凿吐峪沟石窟。敦煌是玉门关内的重镇,玉门关是古代划分西域和内地的分界线。从新疆至敦煌,后又传入中原,出现麦积、炳灵、云冈、龙门、大足等石窟。一般人们以敦煌、云冈、龙门的石窟为中国之三大石窟。敦煌石窟包括莫高窟、西千佛洞、安西榆林窟、东千佛洞、水峡口下洞子石窟、肃北五个庙石窟、一个庙石窟、玉门昌马石窟。位于今甘肃省敦煌市、瓜州县、肃北蒙古族自治县和玉门市境内。因其各石窟的艺术风格同属一脉,主要石窟莫高窟位于古敦煌郡,且古代敦煌又为本地区政治、经济、文化中心,故统称敦煌石窟。

莫高窟的开凿始于十六国时期氐人统治的前秦建元二年(366年)。据记载,一位德行高超的和尚乐僔拄杖西游至此,见千佛闪耀,心有所悟,于是,凿下第一个石窟。从十六国到元朝,石窟的开凿一直在延续。1500多年过去了,乐僔的那个石窟早已无法分辨,而莫高窟经过风沙侵蚀仍保存着历代的750多个洞窟。窟内壁画4.5万平方米,彩塑三千余身和唐宋窟檐木构建筑五座。此外,还有藏经洞发现的四五万件手写本文献及各种文物,其中有上千件绢画、版画、刺绣和大量书法作品。如果把所有艺术作品一件件阵列起来,便是一座超过25千米长的世界大画廊。

莫高窟的彩塑多属佛教人物及其修行涅槃事迹的造像。因为莫高窟的岩质疏松,无法进行雕刻,工匠们用的是泥塑。唐朝以前的泥塑在其他地方很少保存下来,因此莫高窟的大量彩塑更为珍贵难得。另外,还有民族传统神话题材及各种各样的装饰图案。从壁画中可以看到各民族各阶层的各种社会活动,如帝王出行、农耕渔猎、冶铁酿酒、婚丧嫁娶、商旅往来、使者交会、弹琴奏乐、歌舞百戏等,世间万象,林林总总。莫高窟作为艺术的宝库,不同时代的艺术风尚在这里汇集成斑斓景观。敦煌唐代艺术代表了中国佛教艺术最灿烂的时代,外来的艺术与中国的民族艺术水乳交融,敦煌唐代艺术空前丰富多彩。那雄伟浑厚高达十几米的巨大佛像;灵巧精致仅有十余厘米的小菩萨;场面宏大、人物繁密的巨幅经变;形象生动、性格鲜明的单幅人物画无不使人印象深刻。飞天,是佛教中称为香音之神的能奏乐、善飞舞,满身异香而美丽的菩萨。唐代飞天更为丰富多彩,气韵生动,她既不像希腊插翅的天使,也不像古代印度腾云驾雾的天女,中国艺术家用绵长的飘带使她们优美轻捷的女性身躯漫天飞舞。飞天是民族艺术的一个绚丽形象。提起敦煌,人们就会想到神奇的飞天。壁画中各类人物形象,保留了大量的历代各族人民的衣冠服饰资料。壁画中所绘的大量的亭台、楼阁、寺塔、宫殿、城池、桥梁和现存的五座唐宋木结构檐,是研究中国古代建筑的形象图样和宝贵资料。中国的雕塑和绘画已有数千年的历史。美术史上记载许多著名画家的作品多已失传,敦煌艺术的大量壁画和彩塑为研究中国美术史提供了丰富的实物资料。

首先主持开凿莫高窟的是西游至此的乐僔和尚,不久来开凿第二窟的是东方来的法良禅师。它说明敦煌艺术是始于中原佛教艺术的。但随着石窟的不断开凿,西域佛教石窟艺术的影响也是明显的。而同属于河西走廊被称作"凉州模式"的石窟如肃南金塔寺、酒泉文殊山千佛洞和永靖的炳灵寺石窟,则是在新疆石窟艺术的基础上创新的成果。天水麦积山石窟也始凿于十六国时期氐人后秦统治时期,拓跋人统治时期的北魏是开凿的繁荣期。西北这一系列石窟的开凿直接影响北魏时期云冈石窟和龙门石窟的开凿,而云冈石窟所呈现的"平城模式"又反过来影响西北的敦煌石窟。北魏时期为敦煌石窟艺术的兴盛做出了突出的贡献,开凿的石窟23窟,塑像达380尊之多,为隋唐时期石窟艺术的大发展奠定了基础,所以唐初李怀让的《重修莫高佛龛碑》碑文云:"乐僔法良发其宗,建平东阳弘其迹。"所谓"弘其迹"的建平公和东阳王均是北魏人。石窟除雕塑外,壁画是佛教艺术的重要组成部分,描写佛传和佛本生故事是绘画的重要内容。据常书鸿考察研究认定,西域佛画艺术的创作者有来自印度、中亚的僧俗画家,但主要还是西域各民族的艺术家。西域民族绘画艺术具有不同于国外绘画艺术的民族形式。经过丝绸之路,西域绘画艺术传到敦煌,再传到中原。公元6世纪至7世纪初,西域和田地区著名画家尉迟跋质那、尉迟乙僧父子,在隋唐时期先后活跃在中原画坛上。"他们擅长的凸凹画法,不仅对新疆,而且对内地也有深刻的影响"。与此同时,中原画风又东而西传,影响到西北地区。这种"回流"有两个特点。一是绘画主题和题材的扩大。前面提到的中原地区产生的中国化的净土宗和中国化的佛教艺术《西方净土变图》就出现在新疆克孜尔和柏孜克里克石窟就是明显的佐证。《西方净土变图》为信徒展现出五彩斑斓的西方极乐净土,其意旨在引导信徒走向欢乐,不是走向痛苦,在积极入世,不是逃避现实。二是造型风格和方法的变化。汉式染色手法由东向西,被普遍采用。以西域画家曹仲达为代表的湿衣式的"曹衣出水"的笔法曾影响中原,而以中原画家吴道子为代表的宽农博带式的"吴带当风"的笔法也成为盛唐以后新疆克孜尔壁画的重要画风。岁月的流逝使西北古老的佛教绘画艺术遭到自然的破坏,帝国主义分子的疯狂掠夺更使西北绘画艺术遭到极大摧残,但西北尤其是敦煌,大量的绘画还是在各族人民的维护之下保留下来,成为民族艺术的瑰宝。尤为可喜的是,随着藏传佛教寺院在西北的增多,佛教绘画艺术得到了很大的发展,并且出现了像青海热贡艺术这样的佛画艺术之乡。兴起于15世纪的青海热贡艺术吸收西域与中原的多种绘画艺术营养,形成了独具一格的画风,造型生动传神,工笔精细绝美,色彩对比强烈,彩绘别具一格;将刺绣与浮雕巧妙结合、颇具立体感的堆绣,几个世纪以来久负盛名,显示了西北民族的绘画艺术具有极强的生命力。

3. 实用审美文化之交流

西北民族审美文化与中原文化的认同还体现在服饰、饮食、住宅等实用审美文化之间的交流、互动。

首先是服饰审美文化的交流。在人类漫长的进化过程中,服饰的历史比较短,只有一两万年的时间。当人类从蒙昧中挣脱出来,开始制作工具、捕猎劳作的同时,就有了服饰的雏形:"茹毛饮血、而衣皮苇",即吃生肉喝畜血、穿兽皮遮树叶。此时的"服装"具有其最原始的三个功能:御寒、护体、遮羞,而材料直接取于大自然。后来,人们发现有些树皮经过沤制后会留下很长的纤维,可以用来搓绳结网,还可以用它来结成片状物围身,这就是纺织物的前身。此时大约是神话传说的伏羲渔猎时代,距今一万多年,属于旧石器时代末期。再后是神农的农牧时代,据传神农氏教人们种植葛麻谷物,开始有了农业和畜牧业,这是人类进化史上的一大飞跃,它使人类摆脱了直接依靠大自然的赐予,逐渐依赖自身的智慧和劳动来创造生活资源。人类最早使用的纤维是葛和麻,它们的茎皮经过剥制、沤泡,可以形成松散的纤维,再将这些纤维用石纺锤搓制成线和绳,编结成渔网和织物,人类进入了纺织时代,服饰也正式进入人们的生活之中。在新石器时代的晚期,也就是传说中的黄帝时期,开始有了养蚕、缫丝、织绸的生产。最初人们可能只是为了吃蚕茧中的蛹充饥而认识到这种昆虫的,后来在用嘴咀嚼的过程中发现蚕茧的外壳可以抽出很长的纤维来,用它来制成的织物,比麻、葛织物既高贵又柔软舒适。于是,传说黄帝的元妃嫘祖率领民众养蚕缫丝织绸,开始了人类文明史上的一个重大发明创造:丝绸。考古发掘证明,目前发现的最早的丝织品距今已有7000多年了,与传说中的黄帝嫘祖时期基本吻合。此后即传说中的尧、舜、禹时期,服装的功能开始有了美观、装饰和等级、尊卑等方面的延伸意义。在此后的漫长的奴隶和封建社会中,丝绸价值昂贵,只是有地位和身份的人才有可能穿戴,老百姓只能穿麻布衣衫,称为"布衣"。而服装的色彩等级规定也十分严格,如黄色属帝王专用,违禁则会招来杀身之祸。棉花是很晚才从印度经由西域丝绸之路传入中国的,由于种植棉花比种麻方便,产量高、加工简便,做出的服装也比麻舒适,因而得以迅速发展,形成了纤维材料的四大家族:棉、毛、丝、麻。人们采用这四种纺织纤维作为服饰材料的局面一直延续到近代。

就中国西北美学服饰审美文化的生成与发展来看,应该说,从最早的兽皮、树叶蔽体和后来服装的做成，西北各民族服饰都经历了漫长的发展过程。服饰包括衣服和装饰。西北民族服饰是西北民族生活的重要物质资料，其不可缺少的实用价值和日益增长的审美价值，使其成为西北民族审美文化的重要载体，包含着丰富的文化审美内涵。西北民族喜着皮长袍，藏族、哈萨克等民族牧民多穿长筒靴、佩直柄小刀，这与高寒的生存环境和以牧业为主多吃肉食的经济特点和生活方式有关。西北回族妇女的盖头，依年龄不同而有绿、黑、白等颜色，裕固族少女梳5或7条长辫，额前扎饰带，上缀数根珊瑚串珠，成年姑娘梳3条长辫，戴3条长头面，上镶嵌银饰、宝石、珠贝，已婚妇女头戴卷边尖顶、顶端备红缨络的毡帽，可见头饰能反映出民族女性的年龄、婚姻状况。裕固族妇女的帽子，特点非常明显，一种尖顶，一种大圆顶，帽檐后部卷起，用白色羊羔毛制成，宽沿镶黑边，帽顶缝红色宿线的帽缨。土族的青壮年男子，戴有翻边的毡帽，也有的戴鹰嘴啄食的毡帽，身穿小领、斜襟、袖口镶有黑边、胸前镶一块四寸方块的彩色图案的长袍。还穿绣花高领的白色短褂，外套黑色或紫红色的坎肩，腰系绣花长带。穿大裆裤，系两头绣花的长裤带和花围肚，小腿扎黑虎下山（上黑下白）的绑腿带，穿花云子鞋。老年人一般头戴黑色的卷边毡帽，穿小领、斜襟长袍，外套黑色坎肩，系黑色腰带，脚穿白袜黑鞋。土族妇女的服装分长、短、内、外衣几种。穿小领斜长袍，其两袖由红、黄、蓝、紫、黑五色彩布圈做成，鲜艳夺目，美观大方，富有民族特色。长袍上面套有黑色、紫红色或镶边的蓝色坎肩，腰系彩带，彩带两头有花、鸟、蜂、蝶、彩云刺绣或盘线的花纹图案。穿镶有边的绯红百褶裙，裤子膝下部分套着一节裤筒，土语叫"帖弯"。未婚姑娘两鬓梳小辫子，中间梳一条大辫子，三条辫子合辫在后面，用绯红头绳扎紧，系一海螺圆榍，裤子膝下部分套红色的帖弯。发式和帖弯颜色的不同，是区别已婚妇女和姑娘的标志。老年妇女不穿五彩花袖衫，不系绣花彩带。土族妇女的头饰比较复杂，土族称妇女的头饰为"扭达"，新中国成立前互助地区有"土观扭达""捺仁扭达""适格扭达"等几种。土族妇女在脑后抓起高高的发髻，土语称"商图"，在商图上面戴着头饰。藏族同胞胸前佩戴的护身符盒，哈萨克族与柯尔克孜族刺绣图案喜欢用草原上的花草纹、牛羊角纹等。西北民族服饰从不同方面反映了西北民族的审美价值诉求、理想追求和宗教信仰。

　　从服饰的功用看，西北民族地区和中原汉族地区也同中有异。实用功能、伦理功能、审美功能大体是相同的，但中原服饰文化受传统礼仪文化的影响，促使其具有突出的政治等级意义和社会礼仪功能。如皇帝和大臣祭祀时穿祭服，在朝廷穿朝服，在公署穿公服，办丧事穿凶服，居家穿常服。而西北民族则在各种场合均穿一样的服饰，服饰较少考虑礼仪功能。在民族交往过程中，西北民族服饰受到过中原服饰文化的影响,有的民族如鲜卑族在其建立北魏政权统治北方时,就曾提出着汉装、学中原文化的要求。同时,从中华服饰文化的发展史可以看出,民族服饰文化在历史上也给中原服饰文化以广泛的影响。如早在战国时期,赵武灵王就采用西北地区民族的服饰,教其国人学习骑射,史称"胡服骑射"。其制上褶下袴,有貂蝉为饰的冠,金钩为饰的具带,足穿靴,便于骑射。此服通行后,其冠服带履之制,历代有变革。如果说这是指军队服饰装备而言的话,那么,根据《风俗通义》的记载:"(汉)文帝代服(胡服),衣罽,袭毡帽,骑骏马……猎渐台下,驰射狐兔。"这里,皇帝活脱脱一副骑士打扮,可见胡服已进入宫廷日常生活了。到东汉末期,根据《后汉书·五行志》记载:"灵帝好胡服……京都贵戚皆竞为之。"表明当时在皇帝的倡导下,着胡服成为贵族阶层的时髦了。游牧民族对中原汉族的影响,最典型的就是隋唐时传统的"上衣下裳"变为"上衣下裤",且一直沿袭至今。"裳"变"裤",通俗地讲,就是变开裆套裤为满裆裤。上衣的变化,就是西北民族的小袖袍成为隋代特别是唐代早期最时兴的服装。小袖衣袍,长裤,腰束蹀躞带,佩箭弯弓,骁勇剽悍,透出游牧健儿的阳刚之美,这是隋唐时代中原人所神往的形象风貌。在西安陕西省博物馆,收藏的约1000米唐墓壁画中,无论是李寿墓、李贤墓,还是李重润墓的壁画,众多的人物几乎都着小袖袍、小管长裤、革带黑靴。画中人物除了王子、贵族之外,多为侍卫、内侍,可见胡服在唐代宫廷的时兴程度。据《新唐书》记载,高太宗之子李承乾,"好突厥言及所服,选貌类胡者,被以羊裘,辫发。五人建一落,张毡,设造五头狼纛,分戟为阵,系幡旗,设穹庐自居"。说胡言,服胡装,披胡发,设胡旗,住胡居,可见对西域文化的喜爱。可以说,正因为此,鲁迅才说"唐诗大有胡气"。尤其值得一提的是,西北民族由于少受礼仪的约束,所以男女服装界限不很分明,有些还能通用,女着男装是常有的事,这种服饰审美文化意趣也传播并影响着中原文化。据《旧唐书·舆服志》记载:"开元初,从驾宫人骑马者,皆着胡帽,靓妆露面,无复障蔽……俄又露髻驰骋,或有着丈夫衣服靴衫,而尊卑内外,斯一贯矣。"唐代初年,李爽、李凤、李贤、房陵公主、永泰公主墓壁画中的女伎、女侍等,均着男装胡服,生动表明女着男装在唐代开放的氛围下已蔚然成风,突破了儒家男尊女卑的束缚。

再看饮食审美文化。古语云:民以食为天。中华民族自古以来就把饮食当作天下头等大事,因为它是人生存的第一需要。如果说西部相对于东部,中部还比较落后,贫穷和不够发达的话,那么,辽阔的草原,肥壮的牛羊,青青的湖水,蓝蓝的天,白白的云……则组成了西部的另一面,那就是它的地域辽阔,人口众多,地大物博,而养育滋润西北人的西部餐饮,西部饮食文化则是西部人的骄傲和自豪,也常常令中部、东部人称奇。

西北民族以游牧为主,主食是肉、乳,粮食、蔬菜较少,食味重鲜纯。而以农耕为主的中原汉族,主食是粮食,副食是蔬菜、肉类,食味是复合型。饮食审美文化更宜交流、传播。有原产西北民族地区的蔬菜,如"西域之蒜",亦称"胡蒜",也有原产中原,传至民族地区并育成新的品种的。如"胡葵""胡桃""羌李""氏枣""西王母枣"等,应当是这些蔬菜和果树传到胡地后育成的新品种。又如在西北民族地区辗转传播形成新品种的,如"柰"(绵苹果)原产西域新疆地区,东传首先到达河西走廊,魏晋南北朝时河西走廊已成为柰的中心产区,并育成"冬成柰"——一种体大味美的绵苹果新品种。原产南部非洲热带草原的芝麻,首先传入西北民族地区,再由西北地区传入中原,故有"胡麻"之称。西汉以来已在中原地区种植,中国从此才有了大田油料作物。《汉书》记载云:"张骞使外国,得胡麻。"①。沈括在《梦溪笔谈》中说:"胡麻直是今油麻……张骞始自大宛得油麻之种,亦谓之麻,故以胡麻别之,谓汉麻为大麻也。"与此相类的还有起源印度北部、锡金等地的胡瓜(黄瓜),起源地中海、里海地区的葡萄,从安息(今伊朗)传来的安石榴等。原产地中海沿岸和中亚的胡荽(芫荽),是西北部游牧人喜爱的调料。胡荽与游牧人的这种饮食习惯一同传入中原。小麦是原产西亚冬雨区的越年生作物,通过中国西北新疆河湟一线传到中原。在中国西北地区的传播中,产生了春播秋收的"旋麦"。记载见于《齐民要术》所引《广志》。又,《齐民要术》引《西京杂记》曰:"瀚海梨,出瀚海地,耐寒不枯。"瀚海梨可能就是新疆梨,有学者研究指出,新疆梨是"中国梨和西洋梨自然杂交的产物",是中西文化发展的差异运动在新疆地区的结晶。

西北游牧民族是以"食肉饮酪"著称的。乳酪制品是北方草原民族的发明创造。中原上古时代也有"酪",但和乳酪不是一码事。《礼记·礼运》记载云:"后圣有作……以为醴酪。"郑玄以"酢酨"释"酪","酢酨"就是醋,所以上古时代的"酪"是带酸味的饮料。后世所谓"盐酪"的"酪",亦指此。但随着农耕、游牧两大经济文化区域的形成和相互交流的展开,草原牧民的饮食习俗也逐渐传入中原。汉代皇室设专官管理乳马并生产马酒,名曰"挏马"。这种挏马酒的制作方法是:"以韦革为夹兜,受数斗,盛马乳,挏取其上肥,因名曰挏马。"②这是属于"湩"一类的食品,后来的蒙古人仍然是沿用这种方法制作马乳酒的。大概由于它带有酸

---

① 贾思勰:《齐民要术》卷二引《汉书》云:"张骞外国,得胡麻。"今本《汉书》无此条。
② 如谆注:《汉书》,中华书局,1985年版。

味,中原人也称之为"酪","酪"逐渐成为乳制品的称呼。西汉刘熙《释名·释饮食》说:"酪,泽也,乳汁所作,使人肥泽也。"似乎是乳制品的一种泛称,反映人们对乳制品有所认识而不大深入。到了东汉末年,人们能够进一步区分不同的乳制品了,如服虔《通俗文》说:"缊羊乳曰酪,酥曰䬫。"但乳酪制品在中原毕竟是罕见之物。魏晋南北朝,游牧人渐次南下,草原食俗风靡中原。早在晋代,羊肉乳酪已是中原人士的常食,西晋潘岳《闲居赋》中就有"灌园鬻蔬,供朝夕之膳;牧羊酤酪,俟伏腊之费"的诗句。乳酪甚至成为中原人士向南方人夸耀的珍品。随着中原人的南渡,这种食俗甚至对南方也产生了影响。到了北朝,羊肉乳酪竟然被称为"中国之味"。据《洛阳伽蓝记》卷三所载,原来在南齐做官的王肃跑到了北魏:"肃初入国,不食羊肉及酪浆等物,常饭鲫鱼羹,渴饮茗汁。……经数年后,肃与高祖殿会,食羊肉酪粥甚多。高祖怪之,谓肃曰:'卿中国之味也,羊肉何如鱼羹?茗饮何如酪浆?'肃对曰:'羊是陆产之最,鱼是水族之长。所好不同,并各称珍。以味言之,甚是优劣。羊比齐鲁大邦,鱼比邾莒小国,唯茗不中,与酪作奴。'高祖大笑。"当然,这种影响是双向的:西北游牧人在传播他们的饮食习俗的同时,也在相当程度上接受了中原农耕民族的饮食习惯,植物性食物在他们的食谱中已占了很大比重。

黍稷(粟)是黄河流域中下游原产粮食作物,中原人把它们脱粒后煮成饭吃,自称"粒食之民"。小麦起源于西亚,早在原始社会末期就通过中国西北民族传入中原,但中原种麦以后在相当长的时期内仍然保持"粒食"习惯,麦类也做成"麦饭"来吃,《十三经》中没有"麵"(面)字和"饼"字,《礼记·内则》介绍各种食品时也没有谈及做饼。所以西晋束皙《饼赋》说:"饼之作也,其来近矣。""或名生于里巷,或法出乎殊俗。"所谓"殊俗",主要应该就是西方民族的饮食习俗。因为最早种麦和磨面做饼的是西亚人,麦做首先传到中国西北地区,磨面做饼的技术也在西北民族发展起来。中原人磨面做饼,主要是从西北民族学来的。在迄今所知的先秦文献中,"饼"字仅见于《墨子·耕柱》,相传春秋时的公输般制作石转磨,而战国石磨的实物遗存亦已发现,可见先秦时代中原人已开始磨面做饼。汉代以降,中原人把各种面食统称为"饼",以区别于传统的"粒食"。饼食在民族的融合和交流中发展起来。但直到魏晋南北朝时期,仍有一些饼食带有明显的西北民族饮食审美文化的印记。在打上西北民族印记的饼食中,名气最大的是"胡饼"。胡饼就是芝麻烧饼。《释名·释饮食》:"胡饼,作之大漫沍也。亦言以胡麻着上也。""漫沍",《太平御览》引作"漫汗",意为无边际,形容其饼之大。胡饼又的确是着芝麻的,所以后来石虎把胡饼改称"麻饼"。"胡饭"其实就是肉饼,与现在的肉卷相似,上面铺上些醋腌胡芹作为"飘齑"(类似吃面条下的菜码)。《后汉书·五行志》记载,汉灵帝"好胡饭";《续汉书》记载汉灵帝"好胡饼"。西北民族的饮食文化进入中原是不胜枚举的。汉代张骞通西域开辟丝绸之路之后,中国丝绸、瓷器和茶叶,通过这条通道,源源不断地输往西域、中亚和欧洲;西域的苜蓿、葡萄、石榴、核桃、黄瓜、蚕豆、芝麻、葱、蒜、胡椒、香菜、胡萝卜等纷纷传入中原。唐代时,汉地的饺子、麻花等曾传入新疆高昌。西北民族多以食肉饮乳为主,"匈奴之俗,人食畜肉,饮其汁,衣其皮"。羌人"地少五谷,以产牧为业";高车人"俗无谷……其迁徙随水草,衣皮食肉";突厥人"以畜牧射猎为事,食肉饮酪";党项人"养牦牛、羊、猪以供食,不知稼稻"。只有氐人"善田种,畜养豕牛马驴骡"。西北民族生产的高质量的乳制品深得中原人的喜爱。他们粮食虽不多,却做出了很有特色的食品,也流传到中原。前面提到的那位喜胡服的汉灵帝,好"胡饭",即一种蘸调料吃的夹肉饼,喜吃"胡饼"。在这位对胡食情有独钟的"美食家"的带动下,其时"京帅皆食胡饼"。西晋末,鲜卑、匈奴、羯、氐、羌"五胡"先后入主中原,在饮食文化方面留下了广泛的影响。东晋时,中原社会食乳酪已经形成风气。齐梁时著名文人沈约曾专门写文感谢司徒赐"北酥"(酥油,即牛油),可见视其为珍稀之物。著名东晋书法家王羲之也喜吃胡饼。郗鉴择婿,听说王家子弟个个有出息,派人去王家考察,"诸子皆饰容以待客,羲之独坦腹东床,啮胡饼,神色自若"。郗鉴独独挑上了这位坦腹东床爱吃胡饼的王羲之做婿。这就是称女婿为"东床"的来由。

其次是住宅审美文化。任何一种文化都处于一定的地理环境和生态环境之中,并与环境密切相关;不同的环境也给不同的文化带来了各自的特点。这是因为人类征服自然的文化创造归根到底是对特定的自然条件的利用和改造,使自己适于在周围的自然环境中生存。住所的产生是由于人类生活的需要。人们为了避免风霜雨雪的侵袭,防止水患兽害,保护火种御寒保暖,因而需要有住所。人类最早的住所是自然界中的山洞、树洞以及灌木丛等天然掩蔽处。我国距今60至25万年间的周口店北京猿人和山顶洞人的遗址,就是早期穴居的典型例子。远古先民对自然条件的简单利用,决定了后来中国传统的建筑风格。中国传统建筑由于自然环境的不同,主要呈现三种形态。一是洞穴,又叫窑洞、天井等。最初是利用天然洞穴,后来开始开凿人工洞穴,这就是直到今天在河南、山西和西北一些地区仍然可以普遍看到的窑洞建筑。这种窑洞建筑主要是利用黄土的直立性,在山坡上向水平纵深掏一个半圆形的洞穴。由于抗战时陕甘宁边区成为革命根据地的中心,故而当地的窑洞也闻名于世。人称这种井院,上山不见人,入村不见村,平地起炊烟,忽闻鸡犬声。二是构木为巢。这是中国南方广泛分布的干栏式建筑。最早在分布于浙江宁绍平原东部地区的新石器文化的河姆渡文化中就有较为完整的发现。这种建筑形式是以桩木为基础,其上架设大、小梁(龙骨)以承托楼板,构成架空的建筑基座,上边再立柱,架梁,盖顶,成为高于地面下部架空的房屋。干栏式建筑今天在居住于广西、贵州、云南、海南岛、台湾等地处亚热带地区的民族中普遍存在。这种建筑便于通风防兽回避潮湿,与冬暖夏凉的北方窑洞一样都是为了适应自然气候。三是穴室房屋。穴居发展的土建筑和巢居发展的木建筑的结合便是中国最普遍的建筑形式,也即土木建筑。至今人们还习惯把建筑工程统称为"大兴土木"或"土木工程"。这种土木建筑是因地取材,土与木并用,适应广大的温带环境的文化创造。其形式在新石器时代已经非常普遍,遍布于黄河流域、长江流域和内蒙古东部及东北地区。其形式主要有两种:一种是半地穴式的房屋,一种是完全地面上的房屋。这两种形式有时在一个地方同时出现。如西安半坡的仰韶文化遗址,就发现半地穴式的方形房屋和圆形的地面房屋。其中半地穴式房屋,是在地面挖一浅穴,内部竖以立柱,用木柱编扎成壁体和两面坡式屋顶,上敷草泥或草。圆形房屋处于地面,室内也有较大柱子支撑屋顶,周围也是用木柱编扎成壁体。

西北民族在漫长的发展岁月里,从简陋的住所到壮观的宗教建筑,这部居住文化史也是丰富多彩的。古代西北游牧民族逐水草而牧,迁徙无定,毡帐即穹庐是他们的住房。据史载,"匈奴父子乃同穹庐而卧"①。吐谷浑"有屋宇,杂以百帐,即穹庐也"②。高车人"穹庐前丛坐,饮宴终日"③。突厥人"随逐水草迁徙,不恒厥处,穹庐毡帐"④。羌人居住有毡帐也有土屋;藏族不少人住帐篷,但也有住碉楼式木石结构住房。据《宋史》记载:"氐人定居,主要从事农拼,故其民居为板屋土墙。"到近现代,西北的回、东乡、保安、撒拉、土、维吾尔等民族,多居住土木结构的平顶土房。信仰宗教群众居多甚至全民信教是西北民族的一大特色,因而宗教建筑就成为民族建筑文化和宗教文化的重要载体。在信仰伊斯兰教民族和信仰藏传佛教民族居住地区,广泛分布着许许多多壮丽辉煌的宗教建筑,前者如银川南关清真寺、新疆喀什艾提尕清真寺、西宁东关清真大寺、临夏城角寺;后者如西藏的布达拉宫、色拉寺、甘丹寺、哲蚌寺、大昭寺、扎什伦布寺、萨迦寺,青海的塔

---

① 《史记》,中华书局,1975年版。
② 《晋书》(中华书局标点本,1982年)卷九七《四夷传》西戎吐谷浑,第8册,第2537页。
③ 《北史》(中华书局标点本,1983年)卷九八《高车传》,第10册,第3271页。
④ 《隋书》(中华书局标点本,1982年)卷八四《北狄传》突厥,第6册,第1864页。

尔寺、瞿昙寺,甘肃的拉卜楞寺最具代表性。南方民族地区民居有干栏式建筑和石板房以及"三坊一照壁"式等,汉族生活地区民居多采用木构架的建筑体系。但不同地区建筑也有所不同,如北京的四合院、福建永定的圆形土楼以及山西、陕西地区的窑洞等。中原汉族和西北民族的居住文化虽基本处于稳定状态,但相互影响也是不可避免的。

西北一些民族逐水草而居,不无城郭,但受汉文化影响,建起了城郭。如匈奴族建匈奴城就是典型事例。据《晋书》记载:"凉州城有卧龙形,故名卧龙城。南北七十里,东西三十里。本匈奴所筑也。"早在汉代匈奴族就在西域康居筑"单于城"。《梁书》上还有吐谷浑人筑城的记载。有了居室,与居住有关的用具不可缺少。古代华夏族一般是席地跪坐:双膝跪地,脚背朝下,臀部落在脚踵上,这是庄重的坐式,随便点的叫箕踞。臀部直接坐席上,两腿伸开,形如簸箕,这又被人视为不恭。胡人采用胡坐,即垂足坐。之所以垂足,为不受屈膝之苦。因此,西域民族发明了称之为胡床的折叠凳,俗称马扎。《后汉书·五行一》记载:"灵帝好胡服、胡帐、胡床……京都贵戚皆竞为之。"这是西域胡床在中原流行的最早记载。西晋时期,胡床已在上层社会中风行开来;东晋时,北人南迁,胡床遂传到江南。十六国南北朝时期,少数民族纷纷登上政治舞台,胡床的普及自不待言了。胡床的运用,是汉族人民生活中的一项重大变革。

六、"多元一体"

从以上分析可以看出,西北民族审美文化是"多元一体"中华文化的重要组成。中华审美文化是各族人民共同创造的,其中包含了西北民族的重要贡献。因此研究西北民族审美文化是必要的,但同时应该把它放到中华审美文化发展的大格局中去考虑,才能更深刻地认识和理解西北审美文化的贡献,并摆正其位置。

中华审美文化大的格局,是"多元交汇"的,是由相互依存的不同地区、不同民族、不同类型的审美文化所组成,并在其不断的交流和碰撞中向前发展,构成的一个"多元交汇"的体系。在这个体系的发展中,各地域民族审美文化形成"你中有我,我中有你",谁也离不开谁的状态,它构成统一的多民族国家的重要基础。中国历史上审美文化发展的所有成果,都是各民族共同创造的。西北民族在其中所做的贡献,不但保存在现今的民族中,而且融入整个中华民族的审美文化发展中。就其实质,"多元交汇"也就是"多元一体",从审美文化发展的趋势和结果来看,中华民族的确是"多元一体"的。

中华民族,是中国古今各民族的总称,是由众多民族在形成统一国家的长期历史发展中逐渐形成的民族集合体。在这个集合体中,聚合着众多的不同民族,费孝通先生把这种局面称之为"多元一体格局",众多的民族单位是多元,中华民族是一体。费孝通说:"中华民族作为一个自觉的民族实体,是近百年来中国和西方列强对抗中出现的,但作为一个自在的民族实体则是几千年的历史过程所形成的。……它的主流是由许许多多分散孤立存在的民族单位,经过接触、混杂、联结和融合,同时也有分裂和消亡,形成一个你来我去,我来你去,我中有你,你中有我,而又各具个性的多元统一体。"[1]上古时期,黄河流域和长江流域的众多部族,经过斗争、融合,形成了以黄帝部落和炎帝部落为核心的部落联盟,历经夏、商、周三代,又融进了周边的夷、羌、戎、苗、蛮等部族,形成了华夏之邦,此后又有新的民族融合,最终形成了以华夏族为核心的多民族共同体——汉族。所以毛泽东在《论十大关系》中明确指出:"各个少数民族对中国的历史都作过贡献。汉族人口多,也是长时期内许多民族混血形成的。"就西北而言,追溯历史,生活在黄河上游历史悠久、影响深远的羌系统民族,就是今天藏缅语族各民族的先民,显赫一时并曾影响中原的吐蕃、突厥、回纥等古老民族,就是今天藏族和阿尔泰语系突厥语族的先民。他们的形成和发展也同样经历了"我中有你,你中有我"的过程。

在多元一体格局下生活的各民族人民,在长时间的历史发展中,创造了丰富多彩的物质文化和精神文化。各民族文化共同组成了中华民族文化的统一体,形成了具有中华民族特色的传统文化,但由于各民族生存地域环境的不同,社会发展水平不平衡,在分布上大杂居的情况下,又有民族相对聚居的特点,形成了各民族文化的多样性,犹如中华民族美丽的大花园中百花齐放,绚丽多彩。所以可以这样说:一体多元性是中华民族文化的基本格局,多元性是中国民族文化的基本特征,西北各民族审美文化就是这多元的民族文化中的奇葩。

---

[1] 费孝通等:《中华民族多元一体格局》,中央民族学院出版社,1989年版。

第三章

西北审美文化及其精神的多样呈现(上)

在一体多元的格局下,西北民族以其多姿多彩的审美文化丰富了中华民族的文化宝库,为中华民族审美文化巍然屹立于世界文化之林做出了重要贡献。我们在认识西北民族对中华民族审美文化的伟大贡献时必须看到,一是西北宗教文化的独特内涵使中华民族审美文化更具丰富性。前面我们已经谈到,西北以青藏高原为中心形成了藏传佛教文化圈,信仰藏传佛教的民族大多生活在西北地区;以西域为基点形成了伊斯兰教文化圈,今天信仰伊斯兰教的十个民族都聚居西北(其中回族同胞有生活在全国各地的)。宗教教义的丰富内涵,宗教仪轨的神秘色彩,宗教信仰的深远影响,使西北宗教审美文化成为中华民族文化颇具特色的一个重要方面,其影响所及,不仅在中华大地,而且远及世界。二是西北地域特点对促成中华民族新质文化的产生和保持文化的多样性与完整性有不可替代的作用。丝绸之路横贯西北,直通西亚,远达欧洲。西北作为中外交通的重要孔道,从古至今,为中华民族文化的西渐和外来文化的东传做出了重要贡献,既促进了中华民族文化走向世界,也吸收了差异文化中的优秀成分,不断融合产生中华民族新质文化。就内部而言,中华民族文化滋生的土壤是大陆型的,但因地域不同而有所区别。从古代看,汉族聚居区属于大河大陆型,以农业生产为主,周边民族聚居区,特别是西部和北部,属于大漠大陆型,以游牧生产为主。从远古至今,生活在西北的戎羌诸族、匈奴人、突厥人、吐蕃人、党项人、吐谷浑人等,都是强悍的游牧民族。"这些游牧民族创造的游牧文化,是丰富多彩的中国文化系统的一个重要构成因素。而游牧文化曾多次与中原地区精耕细作的农业文化发生碰撞,并在反复冲突中实现融合。这对中华民族文化的发展产生过长远的、全局性的影响"。

多样的西北民族审美文化,为中华审美文化增添绚丽的色彩与无穷的魅力。西北民族审美文化是美不胜收的,如彩陶、岩画、绘画、雕塑艺术;如壮阔的民族史诗,悠扬的音乐、奇特的宗教绘画,是那样美妙,那样绚丽,在整个中华审美文化中显得那样和谐、统一,而又独具特色,熠熠生辉。

一、民族神话的审美精神

神话是人类思维形式中最古老的一种,产生在人类历史发展的初期,是人类最早认知世界的方式和文化想象手段,也是人类创造的最早的艺术形式之一。在卷帙浩繁的中国古代典籍中,在纵横错杂的中华族群及不同代际之间的口耳相传中,我国的神话执拗地存在着,人们对神话传说的喜爱亦随不同时代的变迁而更移。究其原因,除了"神话是人类心理历程上的一种特殊的情结,是这种特殊的心理能量宣泄的'符号',它既是个体的,也是群体(如种族、民族)的。既然人类还未超越自身,人类也就先天地带有神话的心理'胎记'"①这一共同原因外,还因为我国的神话传说在形态、类型、结构、思维、情感及功能等方面所表现出来的特征和精神气质,契合了中国人因文化积淀而形成的内在情感和接受心理。

在中华民族文学艺术园地里,西北民族神话堪称一朵绚丽的奇葩。中国上古的神话主要有黄帝与蚩尤之战、女娲补天、夸父追日、后羿射日、精卫填海、鲧禹治水以及伏羲、帝俊、西王母神话等,这其中有着明显地域特征的是黄帝和西王母的神话,因为这两大神话都发生在远古的西部,也因而西部的神话色彩极为浓郁,这就不难理解中国后世最为著名的两大神话小说《西游记》和《封神演义》所描述的地域都在西部。西北浓郁的神话色彩不仅对中华文化产生了重大影响,对西北审美文化艺术也同样有一种影响和传承作用。在西北审美文化艺术中,浩渺的黄土、呼啸的风沙、苍茫的高原、奔腾的黄河、古朴的人们、原始的生活构成基本的视觉要素,但仅从这些要素出发恐怕还难以解释西北审美文化的魅力所在。其实,我们不妨说,这些形式特征仅仅是西北审美文化表层的符号或象征,西北审美文化的深层实际上就是神话,或者说体现了一种神话意识。

神话意识的传承和呈现,使得西北审美文化带上了沉甸甸的历史文化色彩。那苍茫阔远的黄土地、那浊浪翻滚的黄河水等景象已经越出自然地理的形式外观,建构成中华民族历史与文化的能指。正是因为中国西北审美文化有着浓郁的神话色彩和文化因素,呈现在一系列显文本或潜文本上具有神话色彩的西北审美精神才能唤起现代人对于纯情世界的记忆、追怀与渴念,在被西北审美精神深深

---

① 马林诺夫斯基著,李安宅译:《巫术科学宗教与神话》,上海文艺出版社,1987年版,第82－71页。

的感动中被触动、被唤起、被激活,并悄然注入此在之维。就生存论而言,西北神话所呈现的生存模式是一种"异化"式生存,它所表明的是人的生存处境,是此在的真实状态;同时它也意味着人对人之为人的原始状态失去了记忆与感知时,以及生命固有的本真状态成为记忆的荒漠后,此在的真实状态也就担负起重构并描述生存本真状态的使命。

作为西北民族文艺审美创作的源头之一,这些神话以其瑰丽奇幻的丰姿展现着这块土地特有的草原游牧文化的主要内涵和丰富神韵,体现着传播时代的原始性特征。它是人们原始经验与智慧的结晶。今天,当我们从审美的角度来观照神话时,首先感到它是一种原始的艺术创造。正如马克思所指出的那样,神话是"已经通过人民的幻想用一种不自觉的艺术方式加工过的自然和社会形式本身"。而"古代民族是在幻想中、神话中经历了自己的史前期"。"原始人类对自然界和史前社会的这种'不自觉的'加工"①反映,几乎囊括了原始民族生活的方方面面,并且在各民族的原始社会生活中发挥了多方面的功能,折射出各民族先民独特的原始思维,表现了他们独特的自然观、社会观和审美观。

纵观西北民族神话,呈现在我们眼前的是各民族童年时代社会生活和思想状况的缩影。神话在表现原始民族的生活状况时,尽管是"不自觉的",但也是艺术的。原始人类在神话中度过他们的史前期时,根本无法脱离对人本身的全面的思考,总是不自觉地表现出"人的本质力量对象化"的事实,体现出原始社会的审美情趣与精神实质。可以说,西北民族神话的美学韵致就突出地呈现为一种西部美学精神。

1. 朴素、浪漫

原始社会简陋低级的生活条件是神话产生的客观基础。自然界的山川河流、鱼虫猛兽、风云雷电、日月星辰等是原始人所必然面对的客观条件,而这一切又以其强大而神秘的力量威胁着原始人的生存。受自然力支配的原始人往往认为某一自然物具有不可战胜的魔力,从而对它产生敬畏的情感,由敬畏而产生对某一图腾的崇拜和对其来源的解释。正如恩格斯在《反杜林论》里说的:"首先被人们歪曲地反映为神的是自然。"西北民族神话中最早的神话就是图腾神话,以及由它演变而来的祖先神话。图腾神话的产生与原始宗教思维中万物有灵的观念是一致的。

---

① 马克思:《〈政治经济学批判〉导言》,见《马克思恩格斯选集》第2卷,人民出版社,1972年版。

1872年英国著名人类学家、近代西方宗教学奠基人之一的E.B.泰勒在《原始文化》一书中以丰富的民族学和宗教学的资料为基础,简明透彻地阐述了灵魂观的产生和发展,创立了宗教起源于"万物有灵论"的学说。泰勒认为,灵魂观念是一切宗教观念中最重要、最基本的观念之一,是整个宗教信仰的发端和赖以存在的基础,也是全部宗教意识的核心内容。万物有灵观约产生于原始社会旧石器时代的中期或晚期,当时的原始人知识极其贫乏,对观察到的一些生理现象不能做科学的解释,认为睡眠、疾病、死亡等是因为某种生命力离开了身体;在梦中,人原地不动却可长途旅行、与远方的或已死去的亲友见面谈话,是因为人的化身在进行真实的活动。他们把死亡和梦幻看作独立于身体的生命力的活动和作用,这种生命力就是最初的万物有灵观。原始人运用类比方法,把人生性的灵魂对象化、客观化,并推及其他一切事物,认为动物、植物、山水石等无生物,雷雨电等自然现象也和自己一样,是有意志、有灵魂的,于是就产生了"万物有灵"观念。灵魂既然是独立于形体的,那么,形体虽亡而灵魂不灭,与形体相联系的物质性的灵魂观念发展成了独立于形体的、非物质性的灵魂观念,这种纯粹的灵魂可以随意地或暂时地附着在任何事物上,成为原始人崇拜的神灵。由于当时生产力极端低下,对自然界的严重依赖,对自然力量的恐惧和无力抗衡,使最初出于对先者灵魂的尊敬而产生的祖先崇拜,发展为对自然物和自然力的崇拜,如天帝、太阳神、雷神等,并导致了对超现世的彼岸世界(天堂、地狱等)的崇拜和信仰。虽然在灵魂观念异化为神灵观念的具体过程中,各地区、各民族、各宗教可能有不同的途径和形式,但"万物有灵"观念是人类最早的宗教观念。

同时,这种"万物有灵"的原始宗教观也促成了图腾神话的产生。

应该说,"万物有灵"的原始宗教观在西部民族神话中体现得非常具体,神话中的神大多是自然力幻化而成的神灵,诸如雪神、风神、山神以及和民族生存有着紧密联系的精灵和身躯直接化生为宇宙万物的神灵。在西部民族神话中,这些"神灵"都留有鲜活的身影,如藏族猕猴变人的神话就讲述了这样一个故事。一只经圣者点化的猕猴在一岩洞中修行,偶然间碰见了一位罗刹魔女,魔女向猕猴提出要与他"婚媾",并且以死来相挟,迫使猕猴同意婚配。猕猴如果同意,就破了戒行,如果不同意,也会犯下大罪。于是,猕猴对此左右为难,只好请示观音菩萨,最终获得菩萨的允许。这样,猕猴和魔女婚配,生下六只性情各异的小猴。作为父亲的猕猴将他们送到野果繁多的聚鸟林中,让他们各自觅食生活。三年后,猕猴去探望自己的子女,发现小猴已增殖成群,林中果实难以维持生计。父猴又去求观音菩萨,观世音从须弥山取来青稞、小麦、豆类等不种自收之谷,众猴因饱食诸谷,尾巴变短并学会说话,逐渐变成了人。从这则神话中不难看到,早期的人类在观念上确实不能把自己和动物严格区别,在早期人类的眼中,动物同样是人类对付自然的帮手,因此,早期人类往往以动物为崇拜对象甚至视为祖先,而人的动物性自然就表现为神的动物性。

  哈萨克族神话《牧羊人和天鹅女》则讲述了这样一个故事:远古时期,草原上有位勤劳的青年。有一天夜晚,他梦见一只洁白的天鹅飞来与他相伴。第二天,果然有一只白天鹅飞落在他身旁,鸣叫歌唱,起舞翩翩,他感到非常快乐。忽然之间,狂风大作,天昏地暗,他身边的羊儿被刮得无影无踪。牧羊青年为了寻找失散的羊群,没日没夜地在草原上奔走,劳累异常,疲惫万分,又饥又渴,最后昏倒在炎热的戈壁滩上。这时,一只白天鹅从天边飞来,给他送来一阵凉风,在一根沾满清水的柳枝拂动下,青年战胜了疲劳和饥饿,终于在青草丰美的湖边找到了羊群。而善良的白天鹅则变成了一位美丽的姑娘。从此,两人幸福地生活在富饶的湖边,放牧羊群,生儿育女,他们的后代就叫哈萨克。所以,"哈萨克"的意思就是白天鹅。原始民族由于对人类自身生产的科学知识的贫乏,往往把祖先假想一种超自然的形态,并将其象征为动植物和其他自然物。据说狼几乎是整个突厥语族的图腾,在草原游牧生活圈里,狼这种凶猛的野兽威胁着人类及畜类的生命,怎么会成为这些民族崇拜的图腾呢?原来狼的凶残和勇猛给人们留下了深刻的印象,使他们对狼产生了既敬畏又崇拜的情感,天长日久,狼就在他们心目中逐渐变成一种不可征服的力量的象征。人们幻想借狼的力量来征服自己的敌人,保佑自己的民族。这类超自然的幻想性形态在西部民族神话中比比皆是,如土族神话中对青蛙的崇拜,古代维吾尔族神话中对苍狼的崇拜等。在古代维吾尔族人中还广泛流传着树生子的神话,人们从树木很强的繁殖能力和巨大的生命力中得到深刻的启示,仰慕树木具有持久的生命力。这种仰慕使人们产生了许多美妙的遐想,树生子寄托了人们强烈的生命意识。在柯尔克孜族早期神话中,鱼和牛是大地的负载者,追溯柯尔克孜族的先民生活,他们的族祖源地在叶尼塞河畔,鱼类是重要的生活来源,也是他们祈求丰收和人类自身繁衍的象征物。鱼成为神话中大地的负载者,恰好显示了先民们对鱼的崇拜和祈求的心理。这些神话表明,人类在膜拜自然力的同时,又发现了某些动物和植物的神奇的功能,于是这些动植物几乎都成为原始人类亲密的伙伴。它们被原始人想象成具有人的情感,人的思想及人的喜怒哀乐的神灵。这些神灵和原始人类的生活发生了密切的关系,人们需要它,同时又敬畏和仰慕它,并且用对自己有利的动机去规定它的作用。此类神话中开始萌发出对对象的某一特性的肯定和赞美。

在人类历史上,不管是劳动产品、人类社会或者是自然界的山川草木,只要它们在人类的劳动过程中直接或间接地与人发生了这样那样的联系,就成了"人化的自然"。原始先民为了独尊某些动植物或无生物的地位,便不自觉地用想象、幻想和类比的方式赋予它们本身并不具有的种种能量和业绩,用已知的具体事物去类比未知的具体事物。这种思维方式尽管荒诞,但却成为人类审美认识活动的一次发展。因此,马克思指出:"劳动的实现就是劳动的对象化。""随着对象性的现实在社会中对人说来到处成为人的本质力量的规定,一切对象对他说来也就成为他自身的对象化……这就是说,对象成了他自身。"①可见人类是在长期的社会生活过程中一步步深化着对自身的认识。西部民族神话中诸多人格化的动植物形象就是早期人类对自身力量的认识和评价,是原始民族审美观念的萌芽。其中,对某些动植物能量和业绩的情感化想象,尽管表明初民认识上的稚拙,但也显示出浪漫的情趣。在这种超越了对象本身的人格化的表现中,我们感受到的却是原始民族对人的崭新的思考和他们发现人的力量、人的智慧时由衷的喜悦。我们说它是一种不自觉的艺术加工,因为神话的神,都是自然物、自然力和自然现象的人格化,由人格化而神格化并产生对它的崇拜与敬畏。可以说,最早的神话都是自然神话,如太阳神话、星辰神话、风雨雷电神话等。在原始先民看来,可以用人格化的方法来同化自然力。他们依据自己的愿望塑造诸神,这些神既是他们对付自然的帮手,又是他们艰辛生活中的慰藉,他们在这些假想的神的力量的保佑下更加坚定地完成着征服自然的使命,同时也在这种假想中机智地远离了灾难、恐惧,获得了心灵的自由。所以这些神话最终体现的是早期人类支配自然力、征服自然力的勇气和力量,这些神成为显现人的本质力量的光辉形象,人们也因此获得了审美的愉悦。

　　神话的产生与图腾崇拜分不开。图腾崇拜是一种最古老的社会现象和最原始的宗教形式,是自然崇拜、鬼魂崇拜和祖先崇拜相互结合起来的一种崇拜形式。"图腾"一词源于美洲印第安人鄂吉布瓦人的方言,为"他的亲族"的意思。其特点是:认为每个氏族都起源于某种动植物或无生物,这些动植物等就是该氏族的图腾——他们的祖先、保护者和象征。因此全氏族都崇拜它,把图腾现存动植物视为亲属,禁止杀食;同一图腾的人不许结婚。就图腾崇拜的观念来看,它含有鬼魂崇拜和祖先崇拜的内容,带有寻求本族起源和祖先保佑的意思。世界上许多民族都曾有过图腾崇拜,而且形式多种多样。例如,澳大利亚的阿兰达人的图腾崇

---

① 马克思恩格斯:《马克思恩格斯全集》第42卷,人民出版社,1972年版,第125页。

拜,主要表现为对图腾对象的种种禁忌和对画有图腾木板或石片的灵物的崇拜。这种神秘的木板或石片叫"丘林加",认为这是氏族成员和图腾祖先共同的物质灵体。这种神秘的"灵体"自身具有转化的超自然魔力。它被安放在图腾圣地内,认为妇女经过便会怀孕,于是图腾祖先的灵魂就投生转化为婴儿,婴儿生下后,"丘林加"被从图腾圣地取回,作为婴儿和图腾祖先联系的共同"灵体",保存在氏族神圣的秘密贮藏所。人死后通过这一共同"灵体"又转化为图腾祖先。总之,他们相信每个人都是自己图腾祖先的化身,如此生死轮回。可见,这种把自然动植物等和祖先灵魂糅合在一起的图腾崇拜,实际上是一种对自然和人自身结合的崇拜。他们认为,在氏族的形成过程中,每个氏族都选择某种与自己的日常生活紧密相关的动植物作为本氏族的标志,并把血缘关系推广到这些动植物,把它们视作自己的亲属、自己的祖先,相信图腾祖先是氏族的保护者,并对它崇拜,进而产生图腾神话。

图腾神话一经出现,便使图腾标志获有了超模拟的内涵和意义,使原始人们对它的感受取得了超感觉的性能和价值,也就是自然形式里积淀了社会的价值和内容;感性自然中积淀了人的理性性质,并且在客观形象和主观感受两个方面都如此。这不是别的,又正是审美意识和艺术创作的萌芽。

2. 恢宏、野性

大多西部民族神话讲述了宇宙从无到有、从小到大的发展过程。即如茅盾所指出的:"原始人的思想虽然简单,却喜欢攻击那些巨大的问题。例如天地缘何而始,人类从何而来,天地之外有何物等等,他们对这些问题的回答便是开天辟地的神话,便是他们的原始哲学,他们的宇宙观。"①西部民族创世神话主要反映的是开天辟地,人类起源及人们的祖先创造万物、艰苦创业的生活画卷。这些神话带着草原瀚海的风采,在冰天雪地、沙丘戈壁的壮观背景上呈现着特殊的地域特色和民族审美精神。

西部创世神话总的特征是把天地万物的起源归于一物、一神或众物、众神及其神奇超凡的智慧和力量,弥漫着神秘而荒蛮的野性氛围。

例如,裕固族神话中的《九尊卓玛》就讲述了这么一个故事。在天地混沌之际,天上有天主和众神,九尊卓玛是其中一个大神,他想在人间创造人类和万物,但不知道怎么做,于是去请教学识渊博的大神九尊扎恩。九尊扎恩送给他一本包罗万象的无字天书,并告诉他书里有十个无事不晓的神仙,这些神仙会回答他的

---

① 茅盾:《神话研究》,百花文艺出版社,1981年版,第163页。

所有问题。九尊卓玛依据神仙的指点,去创造了人类和万物。在这则创世神话中,我们发现了它所隐含着的关于裕固族人对天神的崇拜,其中虽然掺杂着难以避免的宗教因素,但也说明在原始人的思维中,神话和宗教同属于可以互相置换的精神形态。这则神话中原始初民的天真的幻想和发达的想象力令人惊叹。这些天神都有"大而万能"的特征。

生活在高山草原森林湖泊之间的哈萨克族人的创世神话《迦萨甘创世》在解释宇宙的形成、天地的起源时,上述特征更加明显。这则神话说,远古时代,迦萨甘创造了天和地,又用自身的光和热创造了太阳和月亮,给天地间带来了光明和温暖。又把地固定在大青牛的犄角上,迦萨甘在大地的中心栽种了一棵生命树,树上结了像鸟一样会飞的灵魂。他又用黄泥捏了一对空心小人,并取来灵魂从小泥人嘴巴吹进去,小泥人便有了生命,这便是人的始祖。他用人的肚脐里的泥屑造了狗,又创造了飞禽走兽和花草树木。恶魔黑暗嫉妒光明,时常兴风作浪残害人类。迦萨甘又派太阳和月亮这对恋人去讨伐恶魔,由于常年无法相聚,太阳和月亮相思的泪水化成了雪和雨。迦萨甘同情这对恋人,他拿出宝弓狠射恶魔,箭声嗖嗖,火光闪闪,那便是雷和闪电。从中我们既可以看出人类处于原始阶段时,对天地万物的起源保持着一种坚韧不拔的探索精神。同时也可以看出其中所体现着的浓郁的游牧文化的色彩。在这里迦萨甘就是天。天是大的,是无所不能的。

藏族万物起源神话讲的是什巴杀了牛,牛身上的全部器官——头、眼、毛、蹄子、心脏等分别变成了日月星辰、江河湖海、森林和山岗。牛在他们心目中能化生万物,什巴是万能的神,他能主宰万物,他们共同构成了"大而万能"的审美空间。这种审美空间之崇高、雄浑,是和常人常物所构成的空间难以相提并论的,是原始人创造的表现人之崇高精神的最早的艺术形象。

上述神话展示了西部民族特有的地域性特征和民族审美精神。神话中的创世大神们的丰功伟绩和神奇超凡,是人们歌颂和敬仰的中心。在此,崇拜对象已经由自然转向了人,充分反映了原始人类对自身的力量、意志和作用的进一步认识。在这个时候,原始人的灵魂观念比自然崇拜时期有了更进一步的发展,最明显地表现在灵魂功能的多样化上。西部很多民族丧葬习俗中的生死观念认为,灵魂一旦离开了其身体,生命就终止了,即使物质的躯体不复存在,但其灵魂也能单独存在下来,并能佑助死者的子孙后代。在众多的灵魂中,民族或部落头人的灵魂是最受人崇敬的。他们相信,生前有很高的智慧和品格,十分出众的头人,曾对自己所属的民族和部落做出过重大贡献,死后依然能佑护他们。于是,这部分德高望重的人的灵魂功能被无限地扩展,逐渐被神化,超自然化。迦萨甘、什巴等都是这类观念的典型代表,这正好体现了原始民族对强悍有力的人的羡慕和对自身意识的发觉。原始人类在这种富有神秘气息和浪漫色彩的想象中,构筑了一方旷远恢宏的神奇世界,这里的主角可以为所欲为,他们胆识非凡,是创世大神。他们用超人的神力创造世界,创造人类,并给人类带来赖以生存的各种物质。他们既是宇宙万物的创造者,又是宇宙万物的主宰者,具有超人间的本领和智慧。神是把自然拟人化的产物。神话同时也表达了人对自身的认识和一种人生观。换句话说,神话中的神就是被理想化了的人的自我形象,是仿照人的形象创造出来的。但这种仿造不限于形象,还包括精神和气质,所以这些神话都不同程度地表现出了人们的生活,尤其是人的主观意志对外部世界的抗争性。通过对人的神化,人自身的智慧、力量和价值得以肯定,无疑这是对人自身的美化。因此,从神话中,可以根据人对神的认识来了解当时人对于人的认识。从这些作为审美物化形象并以超人的形式出现在神身上的特征中,我们感受到了远古人类在认识自身的过程中喜悦与自豪的情感,体会到他们对自身力量被肯定的满足和欣喜,从而产生了特有的美感。

　　创世神话中聚合了远古人类强大的创造力,创世神话的魅力就来自原始人新奇、大胆、超常的想象能力和智慧的综合能力。这个时候,人们思考世界的本源时,不再追溯到原先的图腾物那里,而是直接进入人本身,并由此来探求万物起源,人的作用一下子凸显出来了,透示出人类力量增强的信息。

　　创世神话的主要内容就是宇宙万物是由神物或神人变化而成的,神话在这一时期从想象某一事物的起源发展到了想象世界万物的起源。黑格尔指出:"真正的创造是艺术想象的创造。"不论是迦萨甘创造天地日月,还是真主创造宇宙万物、努赫再造人类,在这些神话中都显现着一种类比性的想象活动,负载着人类进一步美化自身的信息。这种类比想象使本来毫无联系的事物之间有了神奇的联系,产生了瑰丽神奇的审美效果。比如生命树上结出会飞的灵魂,神人的精液滴到地上,地上就长出植物,植物中长出一男一女,太阳和月亮原本是一对苦恋的情人等。可见,想象作为一种重要的审美心理要素就是在这种原始思维形态中逐渐地、不自觉地萌生和发达起来了。

　　另外,在创世神话中还有一部分属于人类再造神话,包括人类在形成以后经历某种磨难再度得到新生的内容,主要是洪水神话。如柯尔克孜族《创世的传说》说真主创造了大地和万物以及人类的祖先;到努赫生活的时代时,人类由于受魔怪的欺蒙,走向邪路,真主二次引来洪水惩罚人类,努赫和其儿子儿媳们幸免于难,三个儿子分散在地上的各个角落,并开发了这些地区。这则神话无疑还透露出以善为美的审美意识,揭示了人类从善从美的本质。维吾尔族神话《任玛》说,在远古时代,工匠任玛具有非凡的神力。当世界被洪水淹没后,任玛到山上砍下仅剩的四棵梧桐树,造了一条大船,让幸免于难的人和飞禽走兽上了船。后世的人类就是这条船上的生命繁衍而来的。这里萌生着人类在自然灾难面前自信无畏的审美精神,是人类征服自然的一曲颂歌。

3. 觉醒、张扬

英雄神话的出现是西部民族晚期神话的重要特征。原始人类由崇拜幻化为自然力的神逐渐发展到了崇拜和歌颂具有人性的神的重要历史阶段。从这些表面上荒诞不经的神话中,我们看到的是历史那朦胧而清晰的面貌。在原始社会晚期,随着人类的不断进化和认识范围的不断扩展,生产力得到了很大的提高,生产范围也有了扩大,随之而来的是人类生活水平的进一步提高和生活方式的渐趋完善,人类越来越深地感受到用自身力量创造一切后的满足和喜悦。这时,人类在思想观念上的一个重大变化是,逐渐挣脱神的束缚,他们敬仰的目光开始转向自己。表现在神话中是神话主人公的形象不再是自然神和天神,而是人化的天神,神话随之进入了英雄神话的时代。

歌颂征服自然、为民除害的神,歌颂用某项发明创造造福人类的神是英雄神话的主要内容。据裕固族神话《莫拉》记载,远古时期,在裕固族生活的草原上住着一个雪妖。她经常兴妖作怪,吞没人畜。小英雄莫拉决心到东海拜太阳神学法讨宝、降服雪妖。一路上,他飞越万丈刀刃崖、射杀黑虎精、横渡汪洋大海、砍死水怪。在太阳神宫门外喊了三天三夜,终于感动了太阳神。太阳神借给莫拉一个神火葫芦,让守门女神传授予莫拉放宝和守宝的法儿。莫拉急欲降妖,记下大概后就匆忙返回家乡,放神火烧死了雪妖,但他忘记了熄火的方法,火势越烧越大。后来,大火虽然被熄灭了,而莫拉却被烈焰炼成了一座红石山。我们从莫拉身上体会到的是曾经跪倒在自然和大神脚下的奴仆,已经自信地站起来了。人类在自我神化的道路上迈进了一步,表现出豪迈、自信的人格意识。从中我们也不难发现西部原始民族积极向上的人生态度和审美理想,以及人性觉醒与张扬的审美精神。

藏族神话说,什巴宰杀小牛时,砍下的牛头放在高处化为高耸的山岭,砍下牛尾巴栽到山阴就成了苍翠的森林,什巴剥下牛皮铺在平地处,大地就平平坦坦。什巴在这则神话中,带着草原牧民纯朴的生活气息,在大自然面前充分显示着人的智慧和力量,什巴用自己的本领改造山河,体现着无畏进取的英雄品格。在此,人终于成为自然的主宰。

塔吉克族神话《慕士塔格的故事》尽管最后解释的是冰山的来历,但却贯穿着赞美英雄的主题。这则神话的主要内容是:从前,慕士塔格山下有位勇敢的青年,他和一位美丽的牧羊姑娘相爱。老人们告诉他,如果能到山顶上取回由神力非凡的仙女守护的仙花,就能得到真正的爱情。青年为了向恋人表示诚心,不顾一切去摘取仙花。他在悬崖陡坡上爬了七天七夜,历尽艰辛,终于到达了山顶。这时,仙女正在酣睡,青年趁此时机,摘了一束红花和白花,当他返回时,仙女醒来了,立即命山鹰和老熊去夺取仙花,青年奋起搏击,打败了对手。仙女又变成巨人,亲自前往。青年知道斗不过她,便以实情相告。仙女很感动,便让青年把仙花带回人间。谁知仙女触犯天条,被锁在山顶,她的泪水变成了冰川,黑发变成银丝,覆盖着雪山。这则神话呈现着塔吉克人民美好、善良的心灵,歌颂了纯洁的爱情。同时也表现了塔吉克青年为了人间美好的事物,敢于向一切邪恶的势力挑战的坚强意志,仙女为了人间美好事物不惜献身的精神也格外突出。这实际也是对人类自身力量的大胆肯定和赞美。

撒拉族神话《阿腾其根·麻斯睦》说,麻斯睦在打猎时巧遇仙女古尼阿娜,两人相互爱慕并结为伴侣。九头妖魔莽斯罕尔乔装打扮混到人间作恶,被古尼阿娜发现。麻斯睦和妖魔进行了激战,经过激烈搏斗,麻斯睦杀死了九头妖魔,在大鹰的帮助下回到家乡与亲人团聚,人间得到安宁。

回族神话《阿当寻火种》解释了火的来历,抒发的却是对人的赞美之情。远古时候人间没有火,人类过着茹毛饮血的日子。人们渴望火、需要火,便派阿当去寻找火种,历尽千辛万苦,阿当终于取回了火种,给人间带来了温暖。

在上述神话中,原始时期的初民塑造了莫拉、阿当、麻斯睦等敢于向神挑战的人物形象,正如高尔基所指出的那样,他们"把集体思维的一切能力赋予这个人物,使他与神对抗,或者与神并列"①。这时,人类与自然界之间呈现出一种和谐中的对立。他们基本上摆脱了自然界的桎梏,在他们眼里,原始信仰的神不再是至高无上的,因为他们更多地看到了自身的力量;自然界也不再是令人望而生畏、不可捉摸的,他们不甘心作自然界的奴仆,因为他们更多地看到了自身的力量。他们注意的中心转向了自己的智慧和力量,并希望通过它来完成对自然界的征服,表明人类对自身的价值有了进一步的重视和肯定。

神话从描述物神、天神到描述人神,是人类审美价值观念和审美标准发生重

---

① 高尔基著,曹葆华译:《苏联的文学》,东北书店,1949年版。

大变化的标志。首先,这些神话中的神往往代表着某个民族、某个集团的集体愿望和智慧去向自然界争取本该属于人的种种权利,他本身就是某个民族集体智慧的化身,浓缩着一个民族先民的审美理想。其次,他们对大自然或者是人类某一难题或灾难的态度是主动的、无畏的、进取的,他们勇敢、智慧,能战胜对手,并能给人类带来幸福、安宁生活的某种保证,体现了人的文艺审美创作意识的进一步觉醒和人类自身的伟大。再次,这些神身上的人性超过了神性,他们和人一样,有着喜怒哀乐、七情六欲,也会生老病死,甚至先天地带着人类某些缺点和不足,显得更加真实、亲切。如裕固族的小英雄莫拉尽管智力非凡、勇猛无比,但他的性情比较急躁,有粗心大意的毛病,所以在烧死雪妖后忘记了熄火的方法,以至于为了灭火而献出了生命。塔吉克族神话里的那位青年人为了真诚的爱情而历尽艰辛,打败了凶猛的老鹰、山熊,却又敌不过神力非凡的仙女,只好告以实情,并用真诚和执着感动了仙女。撒拉族的麻斯睦英勇善战,打败了九头妖魔,最后他也是依靠老鹰的帮助才回到家乡与亲人团聚。他们的这种不足却又构成了他们鲜明的缺陷美。这种缺陷主要是指他们相对于那些无所不能的创世大神而言的,正是这种缺陷更加辉煌地呈现出他们身上所具有的人性之美。人的神化是人对天神的挑战,更是人对自己的深情赞美,体现了西部原始民族对自身的自信与自豪,这是西部地区民族共同的审美趋向,呈现出壮美的特征,显得崇高而悲壮。

  神话以古朴的故事形式,表现了初民对大自然、社会现象和人类自身的认识及其愿望。因此,优秀的神话总是蕴含着客观的真理和历史的启迪,具有永恒的价值和永久的魅力。西北民族神话是各民族劳动人民对童年时代社会生活的不自觉的艺术加工,它体现着西部这块土地上的原始民族特殊的思维方式,折射着这些民族先民史前社会生活的方方面面,具有浓厚的地方特色和民族特色。正如马克思所指出的那样:"任何神话都是用想象和借助想象以征服自然力,支配自然力,把自然力加以形象化。"①这种驰骋了自由想象的关于天地万物、宇宙自然、人类自身的种种解说,呈现在我们眼前的是光怪陆离、神奇荒诞的世界。在这个世界的中心,伸延着人对自然万物的疑惑和人类从疑惑走向崇拜自然神、人格神,最终走向崇拜神化的自我的心理路程。路程茫茫,神话的世界更是奇妙迷离,在这种奇妙迷离的漫游中,我们感受着人生的苦难韵味,体验着人在苦难面前的伟大力量,听到了人对宇宙及自身存在的一次次追问。同时我们也深深地悟到:在神话中漫游就是在艺术中漫游,沉醉神话,就是沉醉于一种深刻的艺术

---

① 马克思:《〈政治经济学批判〉导言》,见《马克思恩格斯选集》第2卷,第113页。

思考当中。

4. 积极、昂扬

古代神话往往是后来具有浪漫风格文学的滥觞。它丰富的素材,浪漫的想象,无不深刻。西北的神话往往以漫天风雪、茫茫草原或崇山峻岭为背景,善飞的鹰、大力的熊、炽热的火常作为神话的主调,反映出西部各族先民勇猛强悍的性格。西部神话的底色一般是沙漠和雪山,洁白的天鹅、善跑的狼神、温暖的日月往往受到尊崇;西南地区则显出高山林立、条块分割的神奇,蕴涵着一种压抑和坚韧的性格。应该说,西部民族神话的主导精神就是积极、昂扬的浪漫主义审美精神。西部地方的原始民族尽管生活在生产力条件相当低下的社会环境中,但他们对世界的万事万物保持着极大的兴趣。当他们情不自禁地要用探询的目光抚摸一切时,征服和支配自然力的愿望强烈地促使他们在神话中达到"用人格化的方法来同化自然力"的神圣目的。对原始民族来说,世界究竟是什么并不重要,重要的是怎样把自己对这个世界的感受和情感倾诉出来。正如拉法格所指出的那样,人类在创造神话之时,是以"自己的想象、自己的风格,自己的情欲和自己的思想"为依据的,表明神话创造具有强烈的创作者性特征。很显然,在这种文艺审美创作意识的支配下,原始民族对世间万物必然要做出浪漫的解说。比如关于人类自身的来历,藏族神话说人是猕猴变成的;维吾尔族神话说人是从植物中长出来的;哈萨克族神话说人是从生命树上结出来的灵魂和泥巴小人组合而成的;土族神话中人是女娲娘娘用黄土捏成的;柯尔克孜族神话中人是真主创造的。种种离奇怪诞的说法尽管受着各民族特殊的心理因素的制约,但基本上贯穿着各民族先民对人类起源的合理性猜测和对自身来历的理想化陈述。再比如,在西部各民族神话中天地万物的创造者多是伟大的人格化的神,他们想怎么样就怎么样,随心所欲、力大无穷,勇敢地创造了世间万物,诸如哈萨克族的迦萨甘、柯尔克孜族的努赫、维吾尔族的库马尔斯等,是他们用神奇的力量和非凡的智慧创造了天地万物甚至人类。在西北各民族神话中,每当陈述到人类和世界遭受某种灾难的情景时,往往会有一些英雄挺身而出,尽管他们历尽艰险,甚至献出生命,但最终总能赢得家园的安宁和民族的生存。裕固族神话中的莫拉、藏族神话中的什巴、撒拉族神话中的麻斯睦、回族神话中的阿当等都是民族精神的化身,体现着一个民族理想的生存方式。在所有神话中,这种理想化的描述是以现实生活为依据的,"过去的现实"往往"反映在荒诞的神话形式中"①,神话传达着原始民族内心深深的渴望,张

---

① 马克思:《摩尔根古代社会一书摘要》,中国人民出版,1965年版,第38页。

扬着人和人应该有的理想境域。在整个神话的叙述中,充满着大胆的夸张、离奇的描绘和天真的幻想,它们共同营构了神话瑰丽浪漫的氛围,体现出积极、昂扬的浪漫主义精神。

高尔基曾经指出:"古代'著名的'人物,乃是制造神话的材料。""一般来说,神话乃是自然现象,对自然的斗争,以及社会生活在广大的艺术概括中的反映。"①这说明神话并非凭空想象出来的,而是与现实生活紧密联系的产物,它在一定程度上反映了古代许多事象的客观真实。对此,研究古代神话的著名学者袁珂先生对此有生动、形象的论述:"神话是人类社会童年时期的产物,它反映了古代人们对于世界的一种幼稚的认识。神话虽出于幻想,但和现实却有密切关系……神话所反映出来的现实,乃是经过古代人们头脑中'幼稚的、想象的、主观幻想的'三棱镜所折射改造过的现实神话所反映出来的现实。"②原始先民尽管是出于信仰和崇奉的目的创造了神话,但同时又赋予神话美的神韵。在一定意义上,原始的崇奉精神促成了神话的想象美、崇高美和悲剧美。

大胆神奇的想象使本来满目缤纷的神话世界越发光怪陆离。当原始人的头脑中充满万物有灵的观念时,想象便十分活跃。对于处在生产力条件十分低下的原始先民来说,世界万物既是神秘莫测的,又是令人神往的,"因为人用同自身类比的方法来判断这类现象和力量;在他们看来,世界似乎是有灵性的;现象似乎是那些与他们本身一样的生物,即具有意识、意志、需要、愿望和情欲的生命的活动结果"③。通过自身类比,使他们对周围事物以及宇宙自然做出了非常有趣的解释。而这些解释都带着各民族特有的审美心理印迹。就其深沉的潜在意识而言,这是弱小的人类对于强大的自然力的虚拟征服,虚拟征服的实质就是想象性。想象性使这种貌似虚无的征服充满了空间组合、时间跨度以及物象类比等方面神秘神奇的美。如在藏族神话中,天和地最早是混沌一团、混合在一起的,后来出现了大鹏,是大鹏分开了天和地;在土族神话中,混沌状态的天地是由从石卵中诞生的盘古开辟的;在哈萨克族神话中,迦萨甘创造了天和地,并用高山把大地钉在青牛的犄角上;而在柯尔克孜族神话中,夏依克满苏尔死后化成水泡,国王的40个女儿喝了水泡,都怀了孕,生下孩子。这些看似荒诞的神话元素,都是由想象而成,通过奇妙的幻想,编织成了瑰丽奇异的神话世界。即如苏联学者乌格里诺维奇所

---

① 高尔基著,曹葆华译:《苏联的文学》,东北书店,1949年版。
② 袁珂:《古神话选释·前言》,人民文学出版社,1979年版。
③ 普列汉诺夫:《普列汉诺夫哲学著作选集》第三卷,生活·读书·新知三联书店,1959年版,第61页。

指出的:"神话并不是个人幻想、个人想象的产物,而是原始公社(氏族或部落)集体意识的产物。"①可见,神话是原始民族集体的意愿和情感的总体反映,它所再现的生活内容和具体形象是通过想象获得的,是现实的折射。原始民族正是在想象中完成了对强大自然力的征服和对自身智慧和力量的认识、肯定和赞美。可以说,神话绚丽夺目的光彩来自想象,来自想象的奇特与神奇。

在西部民族神话的审美形态中,崇高美是其魅力的又一所在。车尔尼雪夫斯基指出:"崇高的事物就是指在内容与范围上较之和它相比的事物超出很多的事物而言;而崇高的现象则是指一种较之其他和它相比的现象更要强烈得多的现象而言。"②应该说,崇高是一种以大为美的美学精神的呈现,我们知道,以大为美正是中华民族传统的美学精神,因此,以大为美也是西部民族神话所体现的重要美学精神。

从人类审美意识的发生来看,对象的巨大和人类的征服能力等是崇高感产生的必要条件,崇高感的特点是由恐惧转向愉悦,由惊赞转向振奋,由痛感升华为美感。康德曾经说过:"全部地、绝对地、在任何角度(超越一切比较)称为大,这就是崇高。"③例如哈萨克族的创世大神迦萨甘,创造了天地万物,显示出力大无穷、能量无限的特征。可见,迦萨甘的力量无穷,就呈现为一种"大",其崇高美就体现在他体态高大、力气巨大、无所不能的特征上,同时也表现在他勇于创造的精神上。类似的崇高形象,在西部民族神话中比比皆是,如杀牛造大地万物的什巴(藏族)、用自身化生万物的九尊扎恩(裕固族)、活了950岁的努赫(柯尔克孜族)等,他们身上集合了空间和时间的崇高,在面临人类赖以生存的自然万物的毁灭与变迁中屹然不动,挺身而出,以自身的神力来拯救人类。这些崇高的神话形象的出现,是当时艰难的生活环境和原始民族特有的心理相结合的结果。西部民族先民的生活环境要么是广袤无边的草原,人迹罕至、繁茂幽深的森林,要么是巍峨高耸的群山、开阔亘古的原野,原始先民对这些在时间和空间上都能体现崇高的物象产生特殊的感恩心理是很自然的事,因为是这些山川草木提供给原始初民生存的空间和生活的必需品,所以对这些物象的赞美和歌颂也是理所当然的。另外,原始先民在与大自然的长期接触和斗争过程中,对人所具有的特殊的创造力开始有了明显的觉察,并在神话中尽情地表现了这种创造力,借以表现作为人的自己的伟大,

---

① 乌格里诺维奇:《艺术与宗教》,生活·读书·新知三联书店,1987年版,第78页。
② 车尔尼雪夫斯基:《车尔尼雪夫斯基论文学》中卷,上海译文出版社,1978年版,第64页。
③ 康德:《判断力批判》(上卷),宗白华译,商务印书馆,1996年版。

并以之与貌似无比强大的自然力相抗衡。而崇高正是一种敢于与强大的自然力相对抗中所呈现出的壮美,它集中体现在人们艰难、严峻的斗争生活中。西部民族神话虽然不是按照崇高的美学原则去创作的,但它在某种程度上却很好地体现了崇高的本质。同时,这些神话也歌颂了和艰难险阻进行不屈不挠的斗争的神话人物,如裕固族神话中与雪妖做斗争的英雄莫拉,撒拉族神话中铲除九头妖魔的麻斯睦,维吾尔族神话中于洪水泛滥之际救民于水火的任玛等,歌颂他们那种敢于战胜超人力量的伟大、崇高的精神,也反映了人类在长期的社会实践中所经历的艰辛、严峻的斗争生活。这些神话本身又是原始人类征服自然力、掌握自然力的见证之一。当自然现象显示出人的力量的威猛的时候,它本身也是崇高的。因为,这些神话人物实际上是人的化身,人通过自己的化身实现了对强大的自然的征服,从而体现了人自身的智慧和力量,充分显现了人的本质力量。神话世界里这些勇敢、智慧、神奇的英雄改造了自然、征服了自然,赢得了后来之人的普遍的崇敬,后来之人从他们无私的行为中体会到了人的本质的崇高精神,并产生了赞叹、佩服、奋发向上的愉悦情感。

同时,西部民族神话所呈现的崇高审美精神还体现出一种强烈的悲剧色彩。即如车尔尼雪夫斯基所指出的:"人们通常都承认悲剧是崇高的最高、最深刻的一种。"[1]因此,悲剧美也是一种崇高的美。在裕固族神话中,小英雄莫拉历尽千辛万苦战胜了雪妖,最终用自己的生命保护了草原、森林。莫拉是正义、善良的,他的毁灭因此具有了美的光彩,它能激发人心向善向美。在塔吉克神话中,守护仙花的仙女神力非凡,她被前来摘花的牧羊青年所讲述的真挚的爱情故事所感动,毅然决然地允许青年带走了仙花,自己却因此触犯天条,被锁在山顶上,常年不止的泪水变成了茫茫冰川,郁郁黑发变成银丝覆盖了雪山。这则神话讲述的虽然是冰山、冰川的来历,但仙女的善良品格和无私忘我的精神则是该神话的又一内核。仙女的遭遇是悲剧性的,但却有了美的内涵和美的感染力。这些神话人物形象是真、善、美的化身,悲剧的结局更加强烈地激发着人类对这类优秀品格和高尚人格的执着追求。他们为理想奋斗着,吃尽千辛万苦,罹过无数劫难。"他们的动机不是从琐碎的个人欲望中,而正是从他们所处的历史潮流中得来的。"[2]即如恩格斯所指出的,悲剧的本质是由"历史的必然要求和这个要求的实际上不可能实现之

---

[1] 车尔尼雪夫斯基:《艺术与现实的审美关系》,人民文学出版社,1979年版,第21页。
[2] 恩格斯:《致斐·拉萨尔的信》(1850年5月18日),见《马克思恩格斯全集》第29卷,人民出版社,1972年版,第583页。

间的悲剧性的冲突"①所决定的。神话故事情节的发展是悲剧的结局,但他们的悲剧结局注入了为正义和真挚爱情而共同斗争的内容。莫拉对爱情的忠贞,如史诗一般美好悲剧的力量到悲剧结局达到高峰。在这些神话中故事,像莫拉、仙女等形象就是"历史的必然要求"的表征,而他们的悲剧性结局却从更加深邃的层面表征着人类必然胜利的积极、执着、昂扬的美学精神,使人们在悲悯、惊赞之余油然生发出一种奋发向上的审美意志,并呈现为一种阳刚的崇高、悲壮之美。

应该说,这些神话故事中的形象永远活在西部民族的心里,活在全国、全世界各民族的心里。悲壮的死,使他们的形象更丰满、更光辉。悲剧的结局不意味他们所从事的事业的悲剧,也不表示历史发展的悲剧。马克思说:"世界历史形式的最后一个阶段就是喜剧。"②他们的形象已经并必将鼓舞着后世的人为实现最后的喜剧而斗争。

5. 自豪、庄严

在神话思维的初始阶段,人们只是不自觉地想象到自然恶势力的不可克服,故敬畏而祈求平安。西部民族神话故事受英雄史诗的影响极为明显,其神话形象不是动物化身为人,与主人共同演出人间的故事。这也与神话人变动物(早期)动物化身为人的思维形式有着渊源关系。因此,通过形象塑造以传情达意是西部民族神话的重要特性。即如马克思所指出的,神话"是通过人们的幻想用一种不自觉的艺术方式加工过的自然和社会形式本身"③。这种艺术的加工尽管是不自觉的,但神话却由此进入了艺术发展史的范畴。形象,可以说是人类意识最早的艺术表现形式,原始民族在描述他所领悟的很多对象时,往往借助形象来表达,以便更好地认识自然界和社会,形象是他们掌握世界的重要媒介。由于在神话的思维中,思维创作者和对象的不分化性,使西部民族神话具有独特的神话思维特性。其中最显著的特点就是通过具体感知到的表象以及表象的组合来认识世界。这种特点使这些神话具有了不自觉的物我同一、天人交感的思维形式。西北民族神话从图腾神话、创世神话再到英雄神话的发展过程中,给我们创造了具有民族、地域文化特色的形象画廊。这些形象带着草原的芳香和游牧民族古朴的生活气息,飞扬着荒漠的细沙,缭绕着高原的清凉、蕴含着神秘的信仰的观念和情感的意义,

---

① 恩格斯:《致斐·拉萨尔的信》(1850年5月18日),见《马克思恩格斯全集》第29卷,人民出版社,第585页。
② 马克思:《黑格尔法哲学批判导言》,见《马克思恩格斯全集》第1卷,人民出版社,第457页。
③ 马克思恩格斯:《马克思恩格斯选集》第4卷,人民出版社,1972年版。

并从中突出地呈现出一种自豪、庄严的审美精神。

众所周知,原始先民对外部世界的感知,主要为生命和生存需要的一种诉求。由此而获得的物象也往往与他们的生活状况、生活环境等密切相关。西北民族神话产生于草原文化圈,整个神话的背景多是沙漠和雪山。在图腾神话中,很多民族以牛、羊、马、狼、狗、熊、鹰、天鹅、树木、青蛙等为图腾,表明这些动植物及其物象以它们特殊的审美亮点引起了原始先民情感的注意和认同。这些动植物及其物象在草原游牧民族的生活中有着举足轻重的地位,有的以本身的某一原件,例如树木、青蛙、龟等极强的繁殖能力而引起先民崇拜和祈求的情感,有的甚至以威猛和凶残而引起先民由敬畏而崇拜的情感,这些动植物及其物象进入神话时,既保留了各自的特征和特性,又被赋予了人格和灵性,在移情和想象中完成了对人的本质力量的对象化和形象化。如藏族神话中天地万物是什巴所杀的牛化成的;撒拉族神话中英雄麻斯睦杀死九头妖魔后是大鹰帮助他回到了故乡;哈萨克族神话中迦萨甘把大地固定在了大青牛的犄角上;藏族神话中是天上的狗给人间带来青稞种子;柯尔克孜族神话中牛和鱼是大地的负载者;维吾尔族神话说苍狼、熊是人类的保护神。凡此种种都说明这些动植物及其物象以其鲜明的特征吸引了人类的审美注意,成为具有美的品格和美的属性的审美对象,得到了人们的肯定和赞美。另外,这些神话的主人公往往是牧羊人、牧羊女等勤劳、善良的劳动者形象,哪怕是创世神话中的创世大神和英雄神话中的英雄身上,都或多或少地带有劳动者朴实、勤劳的一面,如藏族神话中杀牛造万物的什巴,与其说他是神,毋宁说他是一位勤劳、高大、乐观、自信的牧民形象。维吾尔族神话中救万民于洪水泛滥之际的任玛,也是一位辛勤、憨厚的工匠。实际上,这些善良、美好的人物形象就是人类自身的真实写照,是人类对自身智慧和力量的由衷歌唱。与这些善的、美的形象相对的往往是雪妖(裕固族)、九头妖魔(撒拉族)、沙伊旦(柯尔克孜族)、恶魔黑暗(哈萨克族)等恶的、丑的形象,他们往往来到人间作恶,威胁人类的生存,但最终还是被善的美的力量征服,从反面表征着人的自豪与庄严。

西北民族神话中这些带有雪域草原、冰川大漠特色的审美意象群,具有鲜明的审美特征和深厚的审美意蕴,主要表现在其多变性、象征性和情感性等方面。神话形象多半是变形形象,神话给我们塑造的形象体系可以说是一种变形的奇观。如在撒拉族神话中长有九只头颅的妖魔、哈萨克族神话中的巨人迦萨甘、化成美丽姑娘的白天鹅等,都是原始先民基于神话自由创造的原则,把对世界的各种感受和他们奇异的想象结合在一起,随心所欲地创造了吸纳各种客观对象的形貌和品格的审美物象。这些审美物象既带着原始民族特有的感性经验和情感,又带有物象类比的自由组合的想象特点,是物象和心象融合而成的一种神话"意象"。"意"即作为审美者的原始先民之心意,"象"即形象、物象,前者无形,后者有形。"意象"即心意与物象的统一,无形与有形的统一;即意中之象,或含意之象。意象在中国古代美学中具有审美本体的意义,地位大致相当于现代美学中的"形象",是文艺所要创造和描绘的基本审美对象。比如太阳和月亮,在西北各民族神话中有时是一对恋人(哈萨克族),有时是天帝扔到人间照明的两颗神珠(裕固族),甚至是一对情人、人类的父母(裕固族)。太阳和月亮这对物象在西北民族神话中不再是射日英雄挽弓射杀的对象,而是与妖魔斗争的英雄。这种情况正好表明在高寒、缺氧条件下的西北民族对阳光的亲切感和依赖感,阳光在他们眼中是温暖和幸福的所在,显示出特殊的地方风韵。这些物象既是神格化的人,又是人格化的神。正如列维·布留尔在他的《原始思维》中所说的那样:"在原始人的思维的集体表象中,客体、存在物、现象能够以我们不可思议的方式,发出和接受那些在它们之外被感觉的、继续留在它们里面的神秘力量、能力、性质、作用。"在上述神话中,日月自身的神秘力量引发了原始先民无穷的想象,他们对自然界出自认识目的的观察逐步转向,转变为对人类自身的深刻反思,于是人类的情感,甚至人类的祖先都和日月发生了内在的联系,客观物象通过变形被赋予了双重的含义,具有心理真实、感受奇特的特点。这些变形形象使原始先民对世界的神秘性和大自然的恐惧性引起的不安情绪得以缓解。他们主动以情感的方式走进了不可知的自然中,并对各种自然现象做出了合乎情感需要的种种解说。他们用这种解说适应自然,并与自然产生息息相通的亲密联系,所以这是一种充满创造性的精神活动。变形形象赋予神话深刻的意蕴,表现着原始人对周围世界的激情。即如马克思所指出的:"热忱、激情是人类向他的对象拼命追求的本质力量。"[①]当原始民族开始借神话来抒发对世界的激情时,人类的本质力量在对象身上就具体化了,变形形象正是这种本质力量的展示。在这种强调创作者的创造中,创作者的感受和激情往往使对象变形,产生无穷的艺术魅力,充分体现着激情充沛的先民之奇思妙想和神奇的虚拟、想象能力。

象征性是西北民族神话形象又一突出特点,并由此呈现出一种神秘、自豪的美学精神。西北民族神话,往往通过极其丰富的想象和联想,并采取神奇夸张的写法,把现实人物、历史人物、神话人物交织在一起,把地上和天国、人间和幻境、

---

① 马克思:《1844年经济学——哲学手稿》,见《马克思恩格斯全集》第42卷,人民出版社,1979年版,第119页。

过去和现在交织在一起,构成了瑰丽奇特、绚烂多彩的幻想世界,从而产生了强烈的艺术魅力。通过象征,把抽象的意识品性、复杂的现实关系生动形象地表现出来。因此,在西北民族神话的各类形象身上,既有自然事物本身的相貌和特征,同时也凝聚着人的智慧,象征着人的品格。原始先民在共同的生活过程中,创造了一系列集体神话意象,这些集体神话意象所蕴含的不仅是事物本身的意义,同时由于是原始先民集体无意识的反映,被赋予了特殊的象征意义。应该说,正由于此,这些神话意象才能够为所有社会成员所认同。如藏族神话中什巴宰了牛,牛化成了世间万物;哈萨克族神话中的迦萨甘把大地固定在青牛的犄角上,大青牛不愿意老用一只犄角顶着天,每当青牛把大地从一只犄角上换到另一只犄角上时,大地就会发生剧烈的摇晃。在草原民族生活中,牛是家畜中最重要的,牛奶、牛肉等是靠放牧生存的游牧民主要的生活资料,因此,牛在西北民族的心目中是神圣的,以至于这种神圣性在神话中能赋予牛以万物之母、万物的始基等象征意义,以至成为具有巫术精神的象征符号。

就人类发展史看,世界各民族都是从蒙昧时期过渡到野蛮时代。所谓"野蛮"是与后世的文明相对而言的,并非贬语。从原始共产主义社会进入氏族社会的初期阶段,当原始人群在与大自然的斗争中和人类的活动当中,形成了共同的语言,从大群分成小群的时候,为了区别不同的群体,就产生了群体标志的概念。用什么做标志呢?当时的人,只能在生产生活中所见所闻的事物中选择,在敬畏的物体中去寻找。上古黄帝时代的人感觉到云中孕育着风雷雨雪,冷暖祸福,由敬畏而崇拜,故黄帝族五个部族以云为名(尚有以兽为标志和虫、鸟为标志的黄帝部族)。火,改变了人类的生活,故神农氏以火为标志。而西北狄族中的高车、突厥、蒙古则都皆以"狼"为标志。这种标志受西部民族的尊敬崇拜,就是今天所说的"狼图腾"和"狼图腾崇拜"。这种标志、图腾,西部民族的后代为了表示尊崇和怀念,随着时代的变迁演化出很多的动人神话,以示其族来历之不凡。在有的西部神话中还把最显赫的皇帝、可汗、单于、天神、圣女等附丽其间,以示祖源之崇高神圣。如《高车传》的单于幼女与狼结合,《突厥传》的突厥小儿与狼相配等。《蒙古秘史》开篇第一章便说:"天命所生的苍色狼与惨白色鹿同渡腾吉思水来到斡难河源的不儿罕山前,产生了巴塔赤罕。"这是明显的"图腾崇拜",是两个以狼和鹿为图腾的姻族。蒙古民族的"狼图腾崇拜"就是形成于图腾崇拜的社会阶段的有力证据。据《国语·周语》记载:"穆天子西狩犬戎,获其五王,得四白狼四白鹿以归。"翦伯赞考证说:"白狼白鹿是当时的氏族。"①《多桑蒙古史》第二章云:"成吉思汗诞生之二千年前,蒙古被他族灭。"这个"他族"就是周穆王的劲旅。由此可见,这里的狼鹿氏族正是上古的蒙古部落。

  应该说,太古时代,生物繁茂,资源丰富,狼猎取的动物,遍地皆是,不需要侵犯有自卫能力的人。即使人类发展到狩猎经济阶段,狼也不侵犯受人保护的少量牲畜。因此,在当时,原始先民所看到的狼是机智、勇猛、护群、爱仔、不争食、不互斗、配合默契、围斗凶兽猛兽、轮番作战、各有分工、似有指挥者的自然生灵。由此,原始先民吸收了狼的优点和品格,以狼为师,自然要产生对狼的尊敬崇拜,以狼为氏族标志和部落的图腾也就不奇怪了。又如在维吾尔族的神话故事《神树母亲》中,受到妖怪威胁的维吾尔族小姑娘一直被苍狼保护着。在草原游牧氏族的生活中,狼对畜类和人类构成了强大的威胁,人们对狼的凶残和勇猛产生了敬畏、崇拜的情感,狼的凶猛以一种不可征服的力量成为人们向往的对象,于是狼作为一种伟大力量的象征成了这个民族崇奉的对象。拉法格指出:"脑具有思维的机能,正如胃具有消化的机能一样;脑子只有靠观念才能思想,而观念则是它从自然环境和人赖以发展的社会环境成人为环境所提供的材料中制造出来的。"②可以说,人的思维能力和人所赖以存在的自然环境和社会条件是分不开的。在西部民族神话中,很多神话形象都象征着美与丑、善与恶、正义与邪恶等。如给人间带来温暖、光明、安宁的善神日月、白天鹅、狼神、英雄神等;而在西部神话故事中特有的恶神则是给人间带来毁灭性灾难的雪妖、九头妖魔等。

  在原始社会,人类与自然事物之间的对立统一是原始天然的自发的关系。原始初民对自然力的活动认识日益深化的过程实际上也是对自身力量的不断认识和发现的过程。同时,人类在对自然力认识活动中总是自觉或不自觉地从自身的求真、求善、求美等内在要求出发,主动积极地从合规律性、合目的性和合享受性(或合完美性)等方面全面地认识自然与自然力,并且能动地在观念中创造和建构起发展的未来图景,因此,可以说,在对自然力的认识活动中始终渗透着原始先民的主观意念和情感。这样,与原始先民发生审美联系的就不是纯粹的自然万物,而是与人的主观意念和情感有着千丝万缕联系的那种自然万物。在神话中,这种自然万物被原始民族在不自觉中得到进一步情感化的熔铸。这点特别明显地体现在那些具有强烈情感色彩的神话形象上。正由于此,在西北民族图腾神话中,

---

① 翦伯赞:《中国史纲》,生活·读书·新知三联书店,1950年版。
② 法拉格:《思想起源论》,生活·读书·新知三联书店,1963年版,第66页。

人们看到的往往是与西北民族生活密切相关的狼、狗、牛、羊、鹰、大鹏等形象,它们身上寄托着西北原始民族的某种愿望和期待,它们甚至以人类的亲族、族源、祖先的身份充斥神话。人们赞美它们的某一特性,因为这一特性能护佑人类、引导人类,人类由此对它们产生无比的亲近感、认同感和崇拜感。这些情感成为他们生活的动力,推动着他们进一步认识和遵从、利用自然力的热情。在很多西北民族的观念中,总有一些占有重要地位的神话形象,它们都有相应的审美情感诉求,这种情感诉求集中体现着一个民族总的审美倾向性。比如在哈萨克族神话中对狗的来历的解释就带有这种情感诉求的影响。哈萨克族神话认为狗的生成和人有着紧密的联系,是人肚脐眼里的泥屑做成的。这表明,早在远古牧人眼中,狗已经是人生命的一部分。的确,至今,在牧人的生活中,狗也是最为忠实而得力的帮手,是他们生活中的重要成员。因此,狗成为西北游牧民族共同的情感认同对象。再比如,在藏族神话中,狗还能给饥饿的人类偷来天上的青稞种子。在故事中,狗完全与人在情感上达成了一致,是人类忠实的伙伴。

众所周知,神话所叙述的故事是远远不同于事实上所发生的事件的,但剥离其表面的离奇怪诞,追溯其原初,这些故事的发生则应该是原始民族心灵真实的情感反映。时代生活构成了神话内容的丰富奇特,人们在阅读远古西北神话,沉浸于神话所描述的神奇与瑰丽之景观、深入其原初时,则会感动于西北神话所蕴藉的积极进取的人生追求,旷达乐观的审美态度,勇于牺牲、乐于奉献的审美精神;被那些"大而万能"的人格神所呈现的审美意蕴所激励,同时我们也在不知不觉中向往起神话所创造的奇妙世界。可见,神话在呈现意义时,不是直接诉诸人的理智,而是更多地诉诸人的情感,触击人的灵魂。

在原始民族的生活中,生存的忧患是他们面对的重大忧患,周围世界的神秘不可知又成为他们的重大心理负荷,但当他们把这种现实的痛苦和叹息借神话来表现的时候,却更多地希望从这种创造性的表现中获得人生的慰藉和情感的满足,以缓解生存的困惑。所以我们说神话传达的情绪是积极、乐观的,它重在征服自然力。当然,这是一种想象性的征服,张扬的是人的潜能,以鼓舞人类生存的勇气,宣扬人类生存的意义。从这一点上说,神话创造是和人类顽强的生命意识紧密联系着的。而从神话的创造者角度讲,它是群体智慧的浓缩,在神话的幻想形式中起主导作用的是集体无意识。作为集体精神的凝晶形态,神话在一个民族或一个部落群体的观念中是神圣的、庄严的。因此神话的讲述和吟唱往往是民族重大祭祀、典礼和节日活动中的一项重要仪式。正如乌格里诺维奇所说:"神话最初见于仪式活动本身,仪式活动仿佛再现神话中的事件和形象,从而把它们移入现实。"①一般说来,一个民族的祭祀、典礼和节日活动是最具群众性的,神话从其流传土壤到传播的心理都具有鲜明的地域性和民族性,而祭祀、典礼和节日活动中群众聚汇是神话审美精神得以传播的重要保证,传播纽带则是共同的信仰。隆重庄严的仪式使神话述说的现场在公众肃穆庄严的聆听中逐渐弥漫出神圣庄重的氛围,"在成人仪式上,由老人讲解神话,传授氏族不可变更的原则、行动、规范。在节日、婚嫁,由歌手演唱神话或古歌追溯本族根谱"②。神话在这种意义上缓解了人类对生存的困惑,增强了人类对自身的信心。同时对共同拥有某一神话的氏族或部落来讲,神话在集体场合里的讲述和吟唱加深了他们情感上的凝聚力和共鸣作用,又使每个个体与群体之间产生了息息相通的亲族联系,增强了民族的向心力。在这种共同的倾听过程中,他们在神话所传达的集体的叹息和忧患中感动,在神话所描绘的壮丽恢宏的人生境域里沉思,并与神话所表现的共同理想和愿望产生强烈的共鸣。因此,神话所倡导的向善向美的人生观念及其审美精神是对民族团体心灵的一次次精神洗礼,荡涤人心的污浊,净化人的心灵,升华人的境域,引导其向善向美。从神话传播的方式上我们甚至可以这样说,神话是民族精神传递道路上的重要内容,在观念上矫正着民族的精神走向。比如,神话中所塑造的大量具有奉献精神和牺牲精神的英雄,他们往往在氏族或部落面临危难的时候,挺身而出,舍己为族。如裕固族的莫拉、撒拉族的麻斯睦等,他们的英雄行为和自我牺牲精神借神话的传播而成为这些民族的重要人格精神和至善观念,被一次次讴歌和追念,在整个民族乃至人类弃恶从善的道路上具有深远的意义。

在表现形式上,神话有散文体和韵文体。西北民族神话多为韵文体,便于朗诵和吟唱。应该说,早期神话的传播多是口耳相传,因此,为了便于神话的传播,西部民族神话都有很强的节奏意识,这种节奏带有一定的韵律。正由于早期传播方便的需要,神话的语言一般都高度的凝练化,包容性很强,具有极大的张力。加上节奏感、韵律感强,因此,在吟诵传播中往往容易激发听众的热情,使听众沉浸在一种强烈的情感漩涡中,产生共鸣,随着神话故事韵律节奏的轻重缓急而情绪起伏。如土族开天辟地神话《盘古神人》:"盘古神人一声喊,化做雷声万里传;盘古神人一摇身,凹处震动不得安。盘古神人出世了,左手拿了开天钻;盘古神人出世了,右手拿了破地斧……"这里,由讲述神话故事的吟诵者所宣泄的敬畏、崇拜

---

① 乌格里诺维奇:《艺术与宗教》,生活·读书·新知三联书店,1987年版,第66页。
② 李景江、李文焕:《中国各民族民间文学基础》,吉林大学出版社,1986年版,第33页。

的情感,在奇异大胆的想象中,化为人类从遵顺自然,到认识自然、支配自然、肯定自我、赞美自我的愉悦。所以说,神话的歌唱就是人类对自我的歌唱,在这种歌唱的氛围中,整个听众的心灵得到了慰藉和安宁,并由此激发出美的激情,陶醉于对自身力量惊喜和赞叹之中。长而久之,遂构成了整个西部民族的自豪、庄严的审美精神,增强了民族的向心力和凝聚力。

在西北民族神话中也有散文体传达形式。这种文体的神话故事保持了散文叙事特有的娓娓道来的叙述特色,在过去时态中讲述那些发生在悠久的远古时期的事件。这些西北神话故事在叙述时必不可少的用语往往是"从前""远古时候""很早很早以前""不知什么时候"等,呈现出一种打开尘封已久的、悠远的潜在心理时态。在这种潜在、悠远的回忆中,所有听众的思绪都会被带进历史时空,沉浸于本民族历史的某一重要时刻、某次重大事件的共向追忆当中。与神话中的人物同喜同悲,并进而得到心灵的安慰和情感的净化,生出一种作为本民族一员的自豪感、庄严感和神圣感。

二、民族史诗的审美精神

在西北民间文艺审美创作中,有一部分为民族史诗。这些民族史诗是一种既古老,又卷帙浩繁、结构宏伟、气势磅礴、场面壮阔的伟大巨著。所谓史诗,可以理解为用诗歌形式书写一个民族的历史。一般认为,史诗是以传说或重大历史事件为题材的古代民间长篇叙事诗,它用诗的语言,记叙各民族有关天地形成、人类起源,以及民族迁徙的传说,歌颂每个民族在其形成和发展过程中战胜所经历的各种艰难险阻、克服自然灾害、抵御外侮的斗争及其英雄业绩。这些民族史诗以奇特的文艺审美创作造型手段塑造了各民族历史上有着赫赫战功的民族英雄群像,艺术地再现了民族历史的丰富内涵,形成了一种特别的文艺审美创作样式。它是"一个民族的传奇故事",是"一个民族精神标本的展览馆"。史诗中人和神的行为是交相混杂的,与人类童年时代的神话有密切联系。它通过对人的赞颂,对古代民族崛起的奋发图强场面的描写,而呈现出一种强烈的民族审美精神。在西北民族史诗中最有代表性的是藏族的《格萨尔王传》、柯尔克孜族的《玛纳斯》和《英雄扎西吐克》、维吾尔族的《乌古斯传》、哈萨克族的《英雄托斯提克》和《霍布兰德》、乌孜别克族的《阿勒帕米西》等,这些作品大多是英雄史诗。诗中塑造的民族英雄以地域特征突出的茫茫、辽阔西北高原为人生舞台,在这片古朴苍凉的土地上演出了一出出壮丽诗剧。英雄史诗产生的西北沃土，奠定了这些民族史诗粗犷、豪迈的总体风貌。这些民族史诗记载了西北各民族历史上一段段不平凡的伟大历程，它们曾经伴随着西北不同民族度过艰难而漫长的岁月。作为一种集体创作的艺术，凝聚着西北各民族的智慧，成为特殊形态的知识总汇，其中有大量西北民族社会生活的真实图景，从中可以看到西北民族古代历史、生产、地理、军事、宗教、医学等方面极有科学价值的珍贵资料。同时，在长期的传唱、吟诵过程中，西北民族史诗从内容到形式越来越精美，越来越成熟，流传至今，已经成为西北民族早期艺术的典范，具有极高的历史、文化价值和审美价值。

1. 崇高、雄壮

就西北民族史诗的思想内容看，反映的生活面极其广阔，内容非常丰富。但真、善、美与假、恶、丑之间的斗争，是贯穿所有西北民族史诗的红线。而崇高、雄壮的英雄主义精神则是西北民族史诗审美价值的核心。就西北民族史诗的基本内容看，不难发现，这些民族史诗都产生在惊心动魄的征战时代。如藏族史诗《格萨尔王传》的主人公格萨尔就一直处于征战之中。他由天神降到人世的任务，就是要"降伏妖魔，抑强扶弱，救护生灵，使善良的老百姓能过上太平安宁的生活"。可以说，整部史诗基本上是围绕着这个主题思想展开的。它集中地反映了古代藏族人民在分裂割据、战乱不已的混乱局面下迫切要求国家统一、民族团结、社会安定、生活幸福的美好愿望。史诗对那些大大小小的割据势力"王爷""头人""官员"进行了无情的揭露和鞭挞。人物塑造最成功的，是以格萨尔为代表的"黑发藏民"的典型形象。他们生活在人间，有血有肉，是活生生的人物。如格萨尔在同敌人和魔王斗争时，不仅能上天入地，呼风唤雨，变换形体，具有无边的神力和大智大勇，更具有藏族人民藐视一切妖魔鬼怪，不怕艰难险阻的豪迈气概。然而他又不是全知全能的圣人，有时也会失算，会办糊涂事，会打败仗，以至陷入困境。而他的爱妃珠牡被藏族人民当作贤惠、善良、美丽、聪明和忠贞不屈的典范。可她也有嫉妒别的妃子的女性本能。但在国家存亡的关键问题上，她会把私恨抛在脑后，勇敢地挑起打击侵略者的重担。此外，岭国总管王绒察查根的正直无私、办事公道、足智多谋，汉族大外甥嘉察的忠心耿耿、以身殉国，丹玛的刚烈等，都描绘得活灵活现、真实生动。史诗除以重要篇幅描写了岭国的30位男英雄和30位女英雄群像外，对从事各行各业的下层民众如农民、奴仆、医师、卦师、乞丐、流浪汉以至两面派人物——格萨尔的叔叔晁通等，都进行了刻画。另外，还有战马、飞禽、走兽，乃至山石草木，也被赋予了人物的禀性，或善良，或丑恶，具有鲜明的性格特征。据粗略统计，史诗从天界到人间，从龙宫到地狱，上场的人物达3000个。这在中国文学以至世界文学史上,又是一个罕见的现象。此外,以人物为中心联结全诗,以事件为中心组织各部,连环扣式的结构安排等技巧,鲜明、生动地展现了古代西部地区的一个英雄时代。正如恩格斯所指出的:"一切文化民族都在这个时期经历了自己的英雄时代。"①史诗诞生的这个英雄辈出的时代,造就了一种浑然天成的英雄本色。黑格尔指出:"一部史诗总有一种确定的背景。"②西北民族史诗几乎把"处于英雄时代情况具有原始新鲜活力的全部民族精神都可以表现出来",最终成为"一种民族精神标本的展览馆"③。西北民族史诗产生的地域主要为高山、草原、雪域。这里艰苦的自然环境和艰辛的游牧生活条件铸就了这块土地上生息的各民族坚韧、豪迈的民族性格和坚强不屈的民族精神,"不同的民族精神须有相应的不同的英雄人物来表现,这些不同的英雄人物的斗争生活就各自为政地造成历史及其进展"④。在西北民族史诗中,呈现在读者心中的依然是不畏强暴,勇往直前,积极进取的民族精神的大写意。藏族英雄格萨尔、维吾尔族英雄乌古斯、柯尔克孜族的英雄玛纳斯、哈萨克族英雄托斯提克都是在民族危难之际,在和邪恶势力的不断斗争中尽显英雄风采的。比如英雄格萨尔诞生时,"……下界人间,正是一个非常混乱的时期,妖魔鬼怪到处横行,各个地方差不多都被他们霸占着,善良无辜的老百姓,遭受他们的欺凌迫害,没有一天好日子过"。格萨尔是带着"世上妖魔害人民,抑强扶弱我才来"的神圣使命,庄严宣布"我要铲除不善之国王,我要镇压残暴和强梁"。正是在这呼唤着英雄的时代,格萨尔以神奇超凡的力量战胜了所有对手,统一了岭国,完成了"抑强扶弱,为民除害"的宏愿。同样,英雄玛纳斯也出现在强暴横行、外族入侵、民族危难的严峻时刻:"在奥若孜都兴吁昌盛的时候,突然发生了无法估量的灾难;阿牢开侵入柯尔克孜人的住地……汗王突若孜都不幸逝去;柯尔克孜人民痛哭连天。卡里玛克人乘机掳掠抢劫。柯尔克孜人无法守护财……"这是柯尔克孜族人民遭到外敌入侵,并对其进行疯狂掠夺,整个民族面临灭顶之灾的危情时刻,也是一个渴望英雄出来拯救民族的时刻,玛纳斯义不容辞地肩负起了反抗卡里玛克的掠夺和统治的重任,率领民众与入侵者浴血奋战,最终打败并赶走侵略者,解救了民族危难,赢得和平,并领导人民搞生产建设,终于赢来人民生活的富足。英雄乌古斯的事迹也是如此,他自小就有超凡的能力,志向高远,从青年时代起就开始为民除害,到后来也是身

---

① 马克思恩格斯:《马克思恩格斯选集》,第4卷,人民出版社,1972年版,第157页。
② 黑格尔:《美学》第三卷下,商务印书馆,1979年版,第108页。
③ 黑格尔:《美学》第三卷下,商务印书馆,1979年版,第108页。
④ 黑格尔:《美学》第三卷下,商务印书馆,1979年版,第133页。

经百战、战绩显赫,建立了强盛的汗国。应该说,西北史诗中的民族英雄都是在痛击外敌、统一国家的不朽征战中显示出其英雄本色的。他们所进行的斗争,所参加的那些可歌可泣的战争已经成为民族历史上一块"醒目的伤痕",而英雄人物的超群智慧、高尚品德,及高强的武艺,临危不惧、崇高悲壮的审美精神则起到了抹平伤痕、催人奋起的作用,推动着一个民族艰辛的历史进程。

积极进取的民族精神是西北民族史诗英雄主义精神的重要组成部分。每一个民族漫长的发展历程都伴随着巨大的灾难和无比的艰辛,民族史诗记载的正是这种灾难和艰辛对人类的一次次磨砺。在西北民族史诗中,我们不仅发现了这种磨砺的深深印迹,而且还看到一种催人向上的精神,这种精神体现在民族史诗所描述的英雄人物在建国立业的伟大事业中励精图治、发愤图强、不屈不挠、英勇顽强的拼搏场景中,这正是西北民族史诗雄奇豪迈之处。《格萨尔王传》中英雄人物格萨尔从诞生时起就身处逆境。作为达戎部长官的晁同连设投毒、诅咒、驱逐、赛马四计,企图扼杀格萨尔。格萨尔正是在同一系列灾难的搏斗中,战胜了以晁同为首的邪恶势力,以自己的智慧和勇敢唤醒了千万黑头发藏人,成为岭国的国王,并率领黑头发藏人进一步去创造辉煌的英雄业绩。《玛纳斯》中七代英雄都是英勇无畏、前仆后继、叱咤风云、励精图治的楷模。在第一部《玛纳斯》中,英雄玛纳斯的诞生就引起卡里玛克人的恐慌,他们千方百计阻挠英雄的出生。他们杀死了所有柯尔克孜男婴,挑开了所有柯尔克孜孕妇的肚子。在群众的帮助和掩护下玛纳斯终于出生,被迫送到树林里去抚养。面对野蛮、残暴的卡里玛克人,玛纳斯毫不屈服,终于历经千辛万苦,降服了强敌。从此,周围的突厥部族首领也一一臣服。在乌孜别克族的大型英雄史诗《阿勒帕米西》中,英雄阿勒帕米西也是率领民众,南征北战,戎马倥偬,顽强不屈地与敌人斗争,最终战胜了敌人,并统一了周围各部落,建立了强大的汗国。阿勒帕米西也当上了百姓拥戴的王。这些气势磅礴、惊天动地的民族史诗,在讲述英雄业绩的辉煌时,总是充满了强烈的进取精神。无疑,民族史诗的传唱对一个民族团结向上、英勇无畏的民族性格的张扬和延续会起到重大的促进作用,它使人们普遍感受到一种雄奇、奔放的美。

西北民族史诗始终洋溢着一种崇高的美学精神。饱含激情、斗志昂扬的诗句中,字里行间都呈现出崇高的美学特征。这种崇高的美学特征往往表现为雄浑悲壮,刚劲悲凉,气势磅礴,豪迈奔放。它既是自然界壮美的呈现,也是社会生活中崇高精神的显现。并且,艺术作品中对崇高的深刻揭示,不是靠描绘人视之为崇高的那种生活现象的外表来达到的,而是靠分析主人公的动机或直接展示主人公的行动来达到的。而西北民族史诗对崇高这种壮美的精神就有非常完美的艺术呈现。首先在格萨尔、玛纳斯、乌古斯、托斯提克、阿勒帕米西这些英雄人物创造辉煌业绩的艰苦历程中就充分展示出一种崇高美,始终洋溢着一种理想、激情、进取、战胜、失败与成功的审美情感因素。在西北史诗中,这些英雄都是在部族危难之际、面临灭顶之灾的关头挺身而出的。他们不惧强悍的敌对势力,与强大、野蛮的邪恶力量进行顽强的斗争,斗争的过程往往是艰苦曲折的。所谓沧海横流,方显出英雄本色。可以说,正是这种艰辛曲折的斗争才显示出英雄的崇高精神。格萨尔"为了众人事,万死也不辞",历尽艰险终于称王。但他却没有就此停止,为了王国的安宁,紧接着开始了漫长的戎马生涯。在征战魔国、霍尔国等几十个部落邦国时,格萨尔及其所率领的30勇士英勇无畏,驰骋疆场,壮怀激烈,身先士卒。值得注意的是,民族史诗在表现英雄业绩时同样强调了敌人的强大和斗争过程的艰辛,以烘托英雄的崇高,比如《堆岭》部分写到的魔国,是"北亚尔康魔国,八山四口鬼地,擦惹木保平川地,有一座九尖魔鬼城。上边人血落如雨,中间冤魂起旋风,下边城墙是死尸。"作为敌人的魔国,地势险要,有九座尖崤山峰,易守难攻。而统治魔国的魔王凶恶、残暴,"身体像山那样高大。一个身子长着九个脑袋,九个脑袋上边,又长了十八个犄角,他面呈怒容,身上到处是黑色毒蝎,腰上盘绕着九条黑色毒蛇"。通过这些夸张、生动的描述,敌魔王的形象显得更加凶残、狰狞、丑恶。而英雄格萨尔面对强敌从不怯懦,敌人的凶残更加激发了他的斗志。他勇往直前,冲锋陷阵,英勇顽强,凭着无比的智慧和谋略,战败了敌国。可以说,正是由于其所战胜的魔王的无比凶狠、残暴,才更加突出了格萨尔的英雄壮举和雄壮、豪迈的美学精神,展示出一种崇高的审美特征。

西北民族史诗还显现出一种粗犷、刚健的审美精神。从这些民族史诗来看,其所讲述的英雄业绩,一方面是在与强大的敌人的不断征战中得以体现的,另一方面也和他们自身的强大联系在一起。特别是英雄史实与抒情诗词的气脉贯通,给西北史诗赋予了雄浑大气的艺术特质和美学品格。诗中塑造的民族英雄经历艰苦奋斗、披肝沥胆的创业岁月,用惊天地、泣鬼神的英雄壮举,为自己的王国撑起铁的脊梁。而所蕴藉的粗犷、刚健的审美精神则更加凸显了西北史诗内在的精神品格,一种雄壮之美、崇高之美贯穿其中。的确,生活在苍茫雪域、巍峨高山、浩渺沙海之间的西北各民族,在审美感知经验上形成了一个共同的特点,那就是对粗犷、刚健、豪放的事物及现象的由衷肯定和赞美。这显然与他们生活的地域文化有密切的关系。而具有上述特征的事物及现象正好是崇高美的具体体现。西北民族史诗中的英雄,个个勇猛剽悍、狂放不羁、能征善战、威风凛凛,有一些甚至具有半人半神的特点。这与塑造这些英雄的民族特殊的审美心理是紧密相关的。

显然这些民族是把自己的理想和愿望都寄托在这些英雄身上。正如高尔基在论述神话主人公时所指出的那样，人民群众把集体思维的一切能力都赋予这个人物，使他与神对抗，或者与神并列。正因为如此，这些才能卓著、勇武过人的英雄在民族史诗中往往表现出强悍、威猛、神奇的特点。比如维吾尔族英雄史诗《乌古斯传》中讲述英雄乌古斯诞生后只吮吸了母亲的初乳就不再吃奶，并开始吃生肉，喝麦酒。柯尔克孜族的玛纳斯英雄们更是力大如山，气吞山河。英雄玛纳斯睡觉的酣声能使岩石粉碎，鸟雀和野兽被他喘出的气吓得四处飞奔。他的吼声使黑云翻滚，电闪雷鸣，能传到三天路程以外的地方，赛过40头猛虎的吼声。他的弓箭像牛背一样大，双眼喷射着火焰。他从少年时代起就策马挥戈，与强敌浴血奋战。所有这些，都显示出古代民族以力为美、以强为美、以壮为美的朴素的审美诉求。阅读这些史诗会让人感到身心为之一振，使人深切感受英雄壮举，体会惊涛骇浪、豪情万丈的场景与情怀，充分体现崇高美学精神的震撼效应。

其次，在西北民族史诗英雄的人格精神中，也显示出对崇高之美的颂扬。应该说，西北史诗对力的张扬和对英雄的崇敬是融于对英雄人格精神的塑造中的，对人的自我价值与尊严的肯定确认和对人格独立和人生理想的追求张扬，构成了其全部审美取向。西部民族史诗所讴歌的英雄们从小就被赋予了高尚的情操，他们为百姓利益、为部族安危挺身而战。乌孜别克族的阿勒帕米西、藏族的格萨尔、柯尔克孜族的玛纳斯、哈萨克族的托斯提克等都是在部族面临巨大灾难时，救民众于水火，临危不惧，叱咤风云。他们的业绩和功勋都是民心所向的伟大事业，都是一曲曲求得民族生存与发展的壮歌。在部族危难之际，他们往往可以置亲人于不顾，不关心个人安危，心怀全部族，集大众喜怒于一身，光明磊落，坦荡无私，视死如归，勇武超群。应该说，这种伟大的品格正是崇高的人格力量的重要体现。当然，这也是民族审美精神的呈现。因为这种人格魅力正是民族的崇高品德、崇高心灵的具体体现，并且最终在民族史诗的思想内容中占据主导地位。可以说，英雄史诗主要是反映民族的重要历史事件和歌颂杰出英雄人物的事迹，诗人通过这些诗作表达了对民族英雄崇高的人道主义精神和对于真理、正义的热爱与追求，赋予民族的重要历史事件和英雄人物的事迹一种诗化意味和崇高的境域之美。而民族史诗的代代吟唱，都是对全部族民众的一次次心灵的荡涤。

西部史诗中也有对英雄人物悲剧精神的呈现，体现出一种历史悲怆的追忆，大气磅礴、夺人心魄，悲怆莫名，催人奋发，给西部史诗增添了一种厚重的悲剧色彩。英雄人物的乐观情怀、不畏艰辛的硬朗气质在史诗发展情节的自然段落形成"激动的回旋"。曲与直的历史不断掀起悲喜交集的湍流，生活一正一反地曲折迂回,无以言状的悲怆,那血腥的风雨,一个个悲怆的历史故事,这些历史悲怆的追忆在西部民族史诗中主要体现在英雄人物历经千辛万苦终遭失败的悲剧描写中,如《玛纳斯》。更多的则是体现在民族史诗主人公通过激烈、悲壮的斗争而取得胜利的描写中,如《格萨尔王传》《乌古斯传》《英雄托斯提克》《阿勒帕米西》等。

由于得天独厚地受地域文化的濡染熏陶,在纯净的江河湖泊,在草木枯荣、雨雪交替的广阔草原,史诗吟唱者找到了美的生活,找到了诗歌创作的源泉,因此,西部史诗与西部各民族人民血肉相连,诗中流淌着民族的血液,诗人歌唱着西部地区的美丽和美好的情感,歌颂人的创造力。并且西部史诗中还有描写自然之美的篇章,从中可以看出,史诗吟唱者对这片充满自然活力、生命激情的土地充满了热爱和敬意。可以说,西部史诗就是对山河、历史、人民的审美思考,是诗人对自己深深热爱的西部土地的情感投射。由此,西部史诗中更多的还是对民族振兴的期盼、对光明未来的憧憬和对民族英雄崇高精神的颂扬;更多的还是对西北各族人民在漫长的成长史上形成的热情、开朗、乐观、豪放等性格的呈现。

总之,西北民族史诗所呈现的美学精神是多元的,而民族史诗之间的这种审美精神的多元,也正好说明了西北民族性格上的多样与多元性。如果说悲剧《玛纳斯》使人感奋的话,那么《格萨尔王传》等民族史诗正剧的表现形式中,则更多地体现了西北民族一方面直面现实,正视现实,一方面笑傲人世苦难的精神品格,显示了他们对理想和追求的坚定不移,是一种乐观、向上的审美精神的突出呈现。

2. 雄浑、奇丽

在西北各族人民不断迁徙变化的历史中,西北的山山水水一直都滋养着这里的人们,也滋养着世代生活于此的史诗吟唱者。因此,西北史诗中的英雄人物就和这里的山山水水一样,有着豪放自由的气度,有着高贵、纯洁的品格,有着傲岸奇伟的气质,其人物形象在史诗中已经成为西北部民族的化身。人们从史诗中感受到的是民族的屹立。在恢宏的想象和象征中,感知到的是对民族振兴的期盼、对美好未来的憧憬、对民族英雄崇高精神的颂扬,以及对理想的美好境域和新的生活的描写。由此,则使西北地区民族史诗呈现出一种雄浑、奇丽的审美精神。尽管西北地区民族史诗在表现民族历史上具有伟大意义的历史事件和历史人物时,表现出极鲜明的差异性,但是在对事件的描述和人物的造型上,又显示出一定的共同性,那就是对西部高原民族游牧生活的生动叙述,对真挚情感的抒发,以及对美好生活的期冀,其意境奇异、美妙、开阔、壮丽、冷峻、诡秘,令人神往。这些民族史诗多以雪域草原,戈壁荒漠为背景,充满激情地展示了特殊的地域特色和民族风情。其中引人注目的就是人物造型的高度艺术化和理想化。我们知道,民族史诗的诞生不是一个时代的某个人创造的结果,而是部族全体成员在漫长的成长史上代代相传加工创作的结晶。所以,在民族史诗中更多地体现着一个民族的盛衰变迁,民族史诗主人公当然也是全民族美好理想和愿望的化身。基于这种认识,可以说,西北民族史诗在以民族生成发展的历史为线索,再现勇武超群的神奇英雄,腥风血雨的征战场景和奇异美妙的风土人情的同时,生动鲜明地塑造了在该民族历史上建立过赫赫战功,创下了不朽功勋的英雄群像。在这些英雄身上,各族人民从远古时代起就由衷赞美乃至崇拜的各类人物形象得以典型化和理想化,各种心理能量也得以沉淀、凝聚。因此西北史诗中所蕴含的情感意蕴,审美感染力也就显现得更加深刻而强烈,具有震撼人心的艺术效果。

真正优秀的诗歌是那种指向生命可能的诗歌,它使我们能看到一种坚定、宽阔,充满爱和存在感,在苦难与挫折人生中,富有痛感或者不屈不挠地活着的生命,其所传达的美学精神是人类文明中最鲜活、最不可更改的精华。可以说,西北史诗是时代的厚望寄予。而西北史诗的吟唱者则是立足于雪域高原这块诗性土地上的深情歌者,一路走来正是用其诗人的心,去捕捉诗情;用画家的眼,去撷取画意;用乐师的耳,去品赏韵味;更是用西部各族人民之子的情,去感谢各族人民,去显现民族精神,以及与人民息息相通、心心相印的挚情,从而使西部史诗突显出一种理想化色彩。所谓理想化,在艺术创作中有两方面的含义:一是指在艺术中用比现实更美好的形式来表现生活;二是指艺术概括的方法。就前一方面看,不难发现,当西部史诗的吟唱者自觉有意识地将自己发现的美和崇高作为一种诗的艺术表达出来时,其丰富的想象、奇丽的构思和质朴的语言构筑了整个史诗的风格,再加上其对西部民族文化,尤其是西部各族人民生动的口语、民歌的比兴等艺术手法的兼收并蓄,折射出了有关西部民族远古时代的生活风貌和在高原沃土上成长起来的无数英雄的风采,使西部史诗在浓郁的民族特色中有着强烈的感染力与渲染力。就另一方面来看,在塑造英雄形象时,西部民族史诗都大胆而巧妙地运用了理想化的手法,使英雄人物显得壮美而神奇,理想化使得民族成员都自觉地以他们各自生活中认为最勇敢、最威猛、最神奇的事物来比拟、形容各路英雄豪杰,使他们具备了至善至美的高贵品格和挥戈征战的超凡才能。如在《格萨尔·霍岭大战》中,贾察派丹玛去探敌情,他这样夸赞丹玛:"你勇猛剽悍如猛虎,光芒熟练像老雕,灵敏机警似鹰鹫,唯有你是好哨探。"在《玛纳斯》中,这种比喻更多,如"雄狮玛纳斯的前额,显示着蛟龙的勇猛;雄狮玛纳斯的头顶,好像神鸟似的庄重;雄狮玛纳斯的前身,有豹子般的威风;雄狮玛纳斯的后身,有猛虎般的神勇。一条席筒般粗的巨蟒,在英雄的马前飞行"。在《乌古斯传》中,对英雄乌古斯的描述是这样的:"腿是公牛的腿,腰是狼的腰,肩像黑豹的肩,胸像熊的胸,全身长满了密密的厚毛。"在哈萨克族史诗《霍布兰德》中,英雄的母亲霍布兰德在临产时吃虎心豹胆,生下的勇士便有了超人的力量。凡此种种,都表明在英雄形象塑造中,民族史诗创构了的民族大众理想中的人物,猛虎、白雕、鹰鹫、雄狮、公牛、苍狼、黑豹、熊等威猛、勇敢、神奇的动物,都成为他们信手拈来,刻画英雄人物的极好喻象。这在一方面,体现着游牧生活赋予民族史诗的特殊内容,充分体现了生活环境对文学创作的制约。司马迁对游牧民族的生活曾做过这样的描述:"儿能骑羊,引弓射鸟鼠。少长,则射狐兔,用为食。士力能弯弓,尽为甲骑。其俗,宽则随畜,因射猎禽兽为生业,急则人习战攻以侵伐,其天性也。"这种描述生动地再现了西部民族远古先民的生活状态和英武相貌、英雄情怀。

原始的游牧生活方式使西北民族远古先民的生活充满了艰辛与危险。在这种社会生产力低下的条件下,人们对社会及自然力的认识是十分古朴的。威猛不凡的动物,在他们的审美视域中是最美的,以至于他们敬佩的英雄往往在他们心目中堪与猛虎、雄狮、苍狼、公驼、公牛等。在民族史诗中,这类以凶猛的动物来比喻英雄人物的确是一种古朴审美观的具体反映。另一方面就是图腾崇拜的生动体现。在游牧生活中,牧人及其羊马群经常遭受野兽的袭击和侵害,长而久之,这些威猛无比的野兽激发了牧人们种种复杂的情感,生成既敬畏又恐惧的心理。比如勇猛凶残的苍狼,几乎时时处处侵袭着牧人及其家禽的安危,这种长久的侵扰,一方面使牧人感到恐惧不安,另一方面也使他们对苍狼产生了由衷的敬畏心理,以至于从内心深处渴望得到它的护佑。尤其是在频繁的部落战争时代,这种渴望出现威猛、凶残的动物及其"灵",来战胜敌人、护佑自己的部落及其成员的心理就表现得更为强烈,以至于他们心目中的英雄往往具有凶猛动物的审美特征。同时,这种类比的艺术手法也使西部史诗所塑造的英雄人物具有威慑力,充分体现了远古西部民族特殊的勇猛审美精神,寄寓着远古各民族古朴的审美意识,所蕴含的意义是深刻、悠长、耐人玩味的。

3. 野性、飒爽

西北民族史诗在塑造叱咤风云的英雄形象的同时,也塑造了大批跟随英雄出生入死的勇士形象。他们是英雄群体形象,同样充满着英勇无畏的人格魅力。

值得注意的是,西北史诗具有一种突出的纯净性,因此,在西北民族史诗英雄形象画廊里,尤其令人心灵震撼的还有一群女性英雄形象,她们是雪山高原的女儿,是钢铁英雄身后挺立着的女人,她们以似水柔情撑起了英雄的另一面世界,为充满阳刚之美的民族史诗增添了阴柔之美。如格萨尔王的妻子珠姆王妃、玛纳斯的妻子卡妮觊、阿勒帕西米的妻子巴尔琴等,在民族史诗中性格鲜明、突出。她们集善良、贤惠、精明、能干、美貌、多情于一身,既是大王深爱的贤内助,又是万众敬重的女性英雄。她们身上散发着人性的芬芳气息,体现着英雄们以征战求和平的理想。但是,作为部落战争时代的女性英雄,她们同时又具有能征善战、驰骋疆场、临危不惧、心系万众的审美精神。她们的美丽有时甚至是一种强悍之美,充满着野性之气和飒爽之风。她们为各自民族文艺审美创作史的人物画廊里增添了一分妩媚。

中国西北是一块非常纯净的土地,在这块土地上生活的民族和在这块土地上产生的文化,是和这个特殊地域紧密相关的。这里是阳光最多的地方,是离天最近的地方,是三江源头。这块地域给予人的滋养和文艺审美创作滋养,在西北史诗中处处都有体现,就像从源头、雪山上滴落的水滴,每一个都折射出太阳的光芒。作为西部审美文化的代表,西部史诗必然突显出这种地域特色,把这个源头的纯净性和地域特色呈现出来。在西部各民族史诗塑造的主要女性英雄身上,这种纯净性和地域特色主要体现在女性所特有的柔情和温馨上,更多地显示为一种人情之美。比如格萨尔王的爱妃珠姆,她贤惠朴实,深明大义,为万众深深地爱戴和敬仰。尽管这种人情之美又被神化、仙化,但还是具体地表现了对藏族女性英雄美的赞美。《格萨尔王传》是这样描写珠姆的,表述她的容貌,说:"你绯红的双颊比彩虹艳;口中出气赛过百草香;你洁白不变的面容像皎洁的月光照在雪山上;你红颜不改的双颊好似朱砂图章印在珊珠上;你丰满的双乳好像一对醉人的宝瓶,突出在坦荡的胸部;你那娇滴滴的双眼好像两颗圆圆的花玛瑙。光明的太阳比起你来还嫌暗淡,美丽的莲花也被夺去光彩。"这些奇异的夸张力极强的比喻,使我们感受到了珠姆王妃绝世的美貌。这种女性英雄美充满了鲜明的民族特色。可贵的是,作品不仅描绘了珠姆的美貌与聪慧,同时还深刻地揭示出了她鲜明的性格特征,使她和民间一般的美若天仙、善若处子的好女子形象迥然有别。另一王妃梅萨被魔王抢走,格萨尔王准备去征魔时,珠姆一反往日深明大义的姿态,先用柔情蜜意来劝留格萨尔,后又搬出她的阿爸和阿妈来要挟,最后竟然任性地怒骂起来,死活不让格萨尔远征。这些描述展示了珠姆王妃脆弱、嫉妒、泼辣等性格的另一面,使人们对她有了更加深入的了解和把握。格萨尔远征以后,岭国再度面临强敌的进犯,此刻的珠姆不但没有惊慌失措,反而镇定自若,调兵遣将,指挥若定。尤其是当她不幸被霍尔王抢去时,跌入了不测的深渊,此刻她置个人安危于不顾,巧施缓兵之计,来削弱霍尔国国力,等待格萨尔的搭救。这又生动、鲜明地显示出作为女政治家的珠姆王妃的机敏和聪慧,呈现出一种野性、飒爽的审美精神。

西部民族史诗塑造的女英雄都是佼佼者,她们的婚配对象则都是英雄史诗的主人公。她们总是随着民族史诗的发展情节逐渐展现着自身纯真、炽烈的情感世界和品德情操。需要指出的是，她们除了具有沉稳精明、清纯可爱、美丽大方、温柔贤惠的风格外，往往还具有一种特别突出的能征善战、叱咤风云的巾帼英雄的风姿。如玛纳斯的妻子卡妮凯在协助玛纳斯创造英雄业绩的同时，也为民族做出了不朽贡献。在一次次激烈的部落战争中，她出生入死，英勇无敌。一次，在卡勒玛克首领昆吾尔率大军入侵时，玛纳斯大意轻敌，而卡妮凯却预感到危险。她亲自指挥部署战斗，并身穿白战袍，骑上白战马，指挥四十勇士英勇抗击来犯之敌。格萨尔的王妃珠姆在霍尔王率领大队兵马大举入侵时，也显得从容不迫。她身穿格萨尔王的狮子金甲，头戴格萨尔王的彩虹大光明头盔，手执红鸟七星神箭，拉起硬角黑宝弓，冲上珠康三层楼顶怒斥侵略者，并箭射霍尔王之兵。乌孜别克族英雄史诗《阿勒帕米西》中阿勒帕米西的妻子巴尔琴，更是一个力大超人的巾帼英雄。民族史诗记叙了她与敌人的多次面对面的征战历程。可见，西部民族诗人在史诗中塑造女性英雄形象时，往往把他们看作构成崇高美的基本要素，将"力"和"威"也赋予了人们所喜爱的女子身上，使其巾帼丰采、飒爽英姿的风貌获得"敞亮无蔽"的呈现。

  时代境遇中的生活参与史诗中女性英雄成长的整个过程。人的本质对象化为人物形象，艺术人物形象的本质表现于其民族性和时代精神。除了野性、飒爽的审美精神外，在这些女英雄身上还显示出超凡的特色，那便是她们的处理事件的睿智果断风格，行为中多少都潜藏着一种神力。玛纳斯的妻子卡妮凯曾为玛纳斯缝制过一件战裤，据说此裤神奇无比，刀枪不入，水火不透。这种神奇性很强的描述固然是民族史诗神话因素的一种表现，但同时，也是原始初民崇拜女性神灵的反映。不但如此，而且卡妮凯还有未卜先知、预测未来，甚至妙手回春的神奇本领。另外，玛纳斯之子赛麦台依的妻子阿依曲莱克在西部民族史诗中也是一位具有超凡本领的仙女。她在紧急状态下能变化成天鹅，飞翔于天空，脱离险境。珠姆王妃也不非凡，降生前，她"家在松石装饰的国土中，住在金光灿灿的无量宫，坐在白螺辉煌的宝座上，长寿白度母是我名"。终于诞生于人世之际，又是"碧空苍龙咆哮鸣，雪山雄狮发吼声，地上葵花灿烂开"。珠姆身世上所显现出的这些神奇特征也说明了民族史诗创造者健康的女性观。民族史诗创造者把民族大众的部分才能、智慧和品格赋予了女性英雄形象，并对此进行了由衷的肯定和讴歌，也表现了民族大众对英雄人格的趋同、向往和对美好理想的憧憬。

  总之，西北民族史诗给人们展示了一幅幅多姿多彩的西北地域风情画，乡土气息浓郁，民族感情深厚，时代节奏明快。反映了西部各民族独特的生活，无论是地域环境，还是各民族人民的生产生活方式，都浸润着浓郁的地域和民族特色。

西部史诗中那些高耸的雪山、辽阔的草原、石砌的堡寨、喷香的酥油奶茶、醇厚的青稞酒、奔驰的昆仑野马等,都是独特的民族地域风物。勤劳善良、足智多谋、英勇善战的男女英雄人物创造着自己民族独特的美好生活画卷。西部史诗,时而婉转如溪流低唱,时而雄浑如万马奔腾,时而深情如深切呼唤,时而精辟如哲人警策,想象非常丰富,构思非常奇特,西部气息十分浓郁。尤其是其中的女性英雄人物形象,野性、飒爽的美学精神十分鲜明。

4. 质朴、自然

西部民族英雄史诗还呈现出一种质朴、自然的审美精神。众所周知,西部民族英雄史诗多是以艺人口头说唱的形式流传下来的,尽管在当前的民间文艺审美创作研究领域,这些民族史诗都有了书面形式的记录并得以保存,但民族史诗的流传途径依然是口耳相传的演唱和吟诵。这种口耳相传的特征,对民族史诗语言的通俗性、大众化、生动性、形象化等方面的要求就更为严格。的确,作为语言的艺术,民族史诗是文艺审美创作的一种表达形式,但民族史诗在叙述和造型时对语言运用较之一般的文学艺术就更为高超,强调自然、质朴。即如黑格尔所指出的:"单从语言方面来看,诗也是一个独特的领域,为着要和日常语言有别,诗的表达方式就须比日常语言有较高的价值。"①苏珊·朗格也认为:"当一个诗人创造一首诗的时候,他创造出来的诗句并不单纯是为了告诉人们一件什么事情,而是想用某种特殊的方式去谈论这件事……诗造成的效果完全超出了其中的字面陈述所造成的效果,因为诗的陈述总是要被陈述的事实在一种特殊的光辉中呈现出来。"②可以说,西北民族史诗所表现出的质朴、自然的审美精神正是这种"特殊的光辉"。

说唱艺术的欣赏特征决定了民族史诗说唱为了更好地传情达意则必须严格把握语言的通俗性。这种通俗易懂的表现方式使民族史诗语言显得自然朴素、晓畅明白。如《格萨尔王传》描写珠姆的美貌,说:"你是白度母下世来,并非一般凡家女。你右转好似风摆柳,你左转好似彩虹飘。你前走一步价值百骏马,好像半空中空行在舞蹈,你后退一步价值百紫骡,好像天上的仙女在舞蹈。"有关珠姆的美貌的描写在《格萨尔王传》中占有较多篇幅,但这种描写往往紧扣藏族人民的生活特征及其审美趣味指向,自然、质朴,听了这些唱词,珠姆王妃的美貌立即浮现在眼前。再如:"玛纳斯的吼声传来,石彩吓得相互冲撞,顿时雷电交加,霹雳轰鸣,山崩地裂,洪水汹涌,山峦不停地摇晃,巨石在空中飞滚,苍天仿佛于顷刻间就要塌陷,将大地

---

① 黑格尔:《美学》第三卷(下册),朱光潜译,商务印书馆,1981年版,第22页。
② 苏珊·朗格:《艺术问题》,中国社会科学出版社,1983年版,第145页。

万物挤压得粉碎……"由此,玛纳斯吼声的具体情况通过这种生动描写,其效果被突出地烘托出来,而玛纳斯威猛盖世的英雄气概也得以充分展示。这类描写我们可以用比喻、夸张等修辞手法来概括,但同时我们还必须看到其中所蕴含的民族审美心理,及其所体现出的特殊性。可以说,正是由此,民族史诗吟诵中,说唱艺人总是用听众所熟悉、喜爱的,也就是说听众审美心理所趋同的物象来描述对象,语言质朴、自然,散发着浓郁的生活气息,使听众逐渐进入故事情节,达到如见其人、如睹其物、如临其境的共鸣状态。所以民族史诗通俗晓畅的语言就具有了深刻的、耐人回味的艺术底蕴,充分显示了民族大众的创造才能,达到了艺术语言所必须具有的"言简意赅""言有尽而意无穷"的审美效果。从某种意义上讲,文艺审美创作作品是情感的艺术,情感是文艺审美创作作品的核心生命力所在。诗歌艺术尤为如此,所以别林斯基认为:"没有感情,就没有诗人,也没有诗歌。"①强烈的情感活动使得艺术创造者"感荡心灵,非陈诗何以展其义,非长歌何以逞其情",从而"嘉会寄诗以亲,离群托诗以怨",或"叙物以言情",或"索物以托情"。这种艺术表现手段在西北民族史诗中比比皆是。可以说,正是由于"言情""托情",所以民族史诗中的日月山川、动物、植物都被情感化、人格化了。比如《玛纳斯》中叛徒坎巧绕杀害了玛纳斯之子赛麦台依,并采取阴谋诡计,篡夺了塔拉斯的大权,这时,赛麦台依之妻阿依曲莱克居住的牧村一下子变得冷寂萧条。对此,民族史诗中有一段感人的描写是这样的:"赛麦台依的母驼,跪在阿依曲莱克的毡房门口,悲怆地号啕;赛麦台依的猎犬,围绕着阿依曲莱克的毡房,极度不安地嚎叫;赛麦台依的猎鹰,不肯吃饲料,只是仰天鸣叫,抖动着翅膀。太阳说:'既然赛麦台依、古里巧绕不在,我为谁去放光芒?'月亮说:'卡妮凯、阿依曲莱克无心观赏,我为何还要高挂在天上……'"通过对自然物象的拟人化描写,极为深切地表现出了阿依曲莱克的丧夫之痛。这里,一切景语皆情语,情景交融,达到了酣畅淋漓的抒情效果。

可见,西北民族史诗尽管是大型的叙事性作品,但质朴、自然的表述中,往往澎湃着强烈的诗情,涌动着绵绵的情思,既继承西北民族的优秀文化传统,又勇于探索和创新。史诗吟唱者从西北各民族的民歌、谚语、格言和神话传说中吸取精华、融汇运用。因此,西北史诗和西北民歌一样经常用比喻来抒情,抒发西北各民族人民的思想,抒发他们的追求,表现他们的生活、劳动和爱情中的酸甜苦辣喜怒哀乐。这种特殊的质朴、自然审美精神,强化了民族史诗的审美感染力,体现了西北民族的审美创造力。

---

① 别林斯基:《别林斯基论文艺》,新文艺出版社,1957年版,第36页。

第四章

西北审美文化及其精神的多样呈现(中)

西北民族审美文化指的是在长期的历史发展过程中形成和发展起来的保留在西北民族中间具有稳定形态的审美文化,包括思想观念、思维方式、价值取向、道德情操、生活方式等诸多层面。从最普遍的意义上看,文化是一个社会历史范畴,是指创造社会历史发展水平、程度和质量的状态,是人们在社会实践过程中,认识、掌握和改造客观世界的一切物质财富、精神财富和社会制度的发展水平、程度和质量的总和。在中华民族伟大复兴的进程中,如何对待西北民族审美文化,已然成为摆在我们面前的一个现实课题。从审美的角度出发,重新对博大精深的西北民族审美文化加以审视,发掘出其精华部分,对人们进行审美教育,建构今天的具有民族特色的中国美学,无疑是有必要的。

一、民歌的审美精神

民歌是人类历史上最古老的艺术样式之一,它以口头传唱的形式流行于民间,是展现民俗风情、体现民族美学精神的一面镜子。美丽、神奇的中国西部,千百年来,维吾尔、哈萨克、回、乌孜别克、柯尔克孜、塔吉克、俄罗斯、塔塔尔、藏、门巴、珞巴、蒙古、撒拉、保安、裕固、东乡、土、锡伯、汉等各族人民在这块土地上聚族而居,世世代代在草原、渤海、雪山、河谷之间从事着畜牧业和农业生产。性格多质朴爽朗、热情豪迈,形成了独特的民族风格和民族文化。在他们所创作的大量民间文艺审美创作中,民歌可以算是一枝艺术奇葩了。

载歌载舞是民族民间艺术的重要组成部分,有着独特的地方特色和民族特色。那些质朴、动人的民歌,那些散发着泥土味的民歌,常常使人产生一种幻觉,似乎一下子回到了那个特定的民族人文景观和地域景观,那个水草丰美的久远年代:人们在阳光下劳作,坐在草原与山坡之间谈情说爱的西部年轻人,生活简朴,但爱情如酒。有月亮的夜晚,坐在月光与草地之间谈情说爱,因为一个婉约的眼神脸红半天,为了等一个人,甘愿忍受一生孤独……只有西部民歌里面的爱情会如此浓烈和坚贞。因此,民歌是西部美学精神的又一特殊艺术载体,历史悠久,源远流长,千百年来,经代代相传、继承和发展,已成为民族文化的重要组成。

在西部,各个民族都能歌善舞,即如西部谚语所说:"会说话的就会唱歌,会走路的就会跳舞。"西部各个民族都有自己优秀的歌手,如回族、土族、撒拉族、东乡族等,其民间都有备受人们尊重的"曲把式""道把式"和"唱把式"。而所谓"曲把式""道把式"和"唱把式",就是民间歌手。哈萨克族则称呼自己民族的歌手为"阿肯"。

"哈萨克"意为"战士",或"白色的天鹅"。"阿肯"是哈萨克族人对本民族游唱诗人的尊称。被尊为"阿肯"的人,是歌手中的优秀者,是能即兴歌咏的诗人,是弹奏冬不拉的高手,是草原上受爱戴的民间艺术家。"阿肯"的才华主要表现在即兴创作上,他们触景生情,即兴作诗,自弹自唱,兼有诗人和歌手的才能,而"阿肯"弹唱则是哈萨克族人民悠久的民间传统艺术形式。"阿肯"是诗歌的创作者、演唱者和传播者,无论是婚丧嫁娶、宗教典礼、生活习俗等都有一套比较完整的传统演唱。"阿肯"所到之处立刻会变成歌的海洋。因此在西北辽阔的大地上,到处都能随意领略到带有浓郁的草原文化色彩和游牧生活气息的民歌。

"阿肯"弹唱有两种形式:一是怀抱冬不拉自弹自唱,这种弹唱多是演唱传统的叙事长诗和民歌。二是对唱,有两人对唱,也有多人对唱。唱词即兴创作,具有赛歌的性质,既富生活气息,又生动活泼。一个好的"阿肯"弹唱歌手不仅能借弹唱抒发心曲,还可以借弹唱鞭挞丑恶。能吟善唱的"阿肯",在辽阔的大草原上,承担起了传递信息、传播文化、传承教育的义务。并且,"阿肯"还以自己的智慧,成为牧民化解矛盾、消除纠纷的主事人,受到了人们的欢迎和尊敬。"阿肯"吟唱的内容广泛,有神话、故事、诗歌、民歌、谚语、格言等,这些作品经过一代代"阿肯"的口头吟唱传承积累下来,形成了哈萨克族丰富的口头文艺审美创作。草原上,"阿肯"已成为行游在天山南北大草原上哈萨克族的灵魂吟唱者,哈萨克族有一句俗语:"阿肯活不到千岁,他的歌声却能流传千年。"

在民歌中,民族的心理气质和生活习俗,以及审美趣味和审美精神往往能得到最好的表现。民歌通常是在口耳相传、集体传唱的过程中得以完善和发展的,所以它所体现的往往也是民族共同的审美意趣和审美诉求。走进民歌所展示的缤纷世界,就能比较全面地了解一方水土一方人的特殊的西部民族审美趣味和审美取向。

在长期的传唱中,西北民歌形成了各民族不同的表现形式。加高亢悦耳的藏族民歌就有"鲁体"和"谐体"之分,而哈萨克族则有深沉的"对唱",土族有悠扬凝重的"道",撒拉族有轻快爽直的"玉儿",还有在西北各民族中都存在的各具特色的"花儿"等。

在西北,许多民族都有一年一度的歌会。如维吾尔族的"麦西来甫"、哈萨克族的"阿肯弹唱会"、藏族的"雪顿会",以及许多民族的"花儿会"等,形成民歌大汇唱的形式。

这些西北民歌,内容丰富,题材广泛,形式多样,可以说是其他区域民间文艺审美创作所难以比拟的。由于西北许多民族在历史发展过程中没有文字,有的虽有文字,但没有明确的"采风"制度和习惯,因此,很多古老的歌谣都在口口相传的过程中不幸散佚。在文艺审美创作史上,人们所熟悉的《敕勒歌》据说是维吾尔族先民最古老的歌谣,它被记载于《乐府》卷八十六中,歌云:"敕勒川,阴山下,天似穹庐,笼盖四野。天苍苍,野茫茫,风吹草低见牛羊。"这首古老的歌谣把我们带进了深广、辽阔的草原,及壮丽恢宏的情景之中,诗意饱满,激情充沛,蕴藉着一种深沉、厚重的审美精神。另外,我们还可以从维吾尔族政权黑汗王朝时期的伟大的文学家马合穆德·喀什噶里撰写的《突厥语大词典》中领略到西北民歌古老的风韵。

从目前所搜集到的西北各民族民歌的状态看,西北民歌依然是一座取之不尽的艺术宝库。就表现内容看,西北民歌主要包括劳动歌、礼俗歌、情歌、生活歌、时政歌等。较全面地反映了各族人民的生产活动和社会斗争,表现了他们对苦难的抗争,也表现了各民族独具特色的风俗和信仰,歌唱了美好、纯洁的爱情。各民族特殊的审美心理和审美精神,真切自然地体现在这些五彩纷呈的民歌中,有的豪迈奔放,有的活泼诙谐,洋溢着浓郁的地域特色和民族特色。

1. 厚重、朴实

西北民歌突出地呈现出一种厚重、朴实的审美精神。西北民歌传达出一种厚实古朴的神韵,厚重的西北文化、多彩的民族风情,形成了西北民歌厚重、朴实的特性,尤其是西北民歌中有关劳动的歌谣。劳动创造了人,劳动是人类得以生存和发展的重要因素。当然,劳动创造人的过程是一个极为漫长的过程。由于人会劳动,所以人与动物不同,也正由于劳动给予了人类以人的尊严,因此,从发生学的角度看,原始艺术不但起源于劳动,其最早的艺术形态也几乎就包含在劳动中。

在民歌中,劳动歌产生得最早,是一切体力劳动者的血汗搅着泪汗的结晶和升华。人类的祖先在劳动中,为了把大家团结在一起,常常发出前呼后应的呼喊。

这些伴随着劳动重复出现的、有强烈节奏和简单声音的呼喊,就是萌芽状态的民歌——劳动歌。这种古老的劳动歌,历代相传,不断创新,逐渐发展成为今天的劳动歌。在劳动中,到处都有劳动歌。

西北地区,各民族在丰富多彩的劳动生活中创造了许多简短质朴、曲调富于劳动节拍的劳动歌谣。这些歌谣是劳动场景的生动写照,也是劳动者的心曲,是劳动者心情的抒发、心灵的歌唱。也正由于此,所以西北民歌中很大一部分甚至以劳动的形式鲜活地保存在民族大众中间。从这些丰富的歌谣里,我们可以看到独具西北地方特色和民族特色的劳动场景、劳动姿态、生活情趣和审美精神。

西北民歌中,流行的劳动歌谣有打墙、填坑时的《打夯歌》、收获季节的《打场歌》,以及日常劳动生活中的《挖渠歌》《收割歌》《连枷歌》《车夫歌》《磨面歌》《熟皮歌》《纺线歌》《剪毛歌》《挤奶歌》等,这些朴素的歌谣传达了劳动的内容,质朴的歌词表现了劳动的场景,和人们的生产劳动紧密地结合在一起。从这些民歌中不难感觉到人们边歌边劳动的情景。应该指出,这些劳动歌谣的娱乐因素较淡,其意义和价值重要性在于协调动作或交流传授劳动经验,以提高劳动效率。

如青海回族的《打夯歌》,就是以领唱合唱的形式再现了打夯场景。这种歌谣与劳动联系紧密,具有"原生艺术"的所有特质,是人们生产劳动的即兴之作。可以说,没有这种歌谣,劳动就无法进行。而没有劳动,歌谣无法存续。因为,这类歌中的诸多衬字主要是用来协调劳动动作的,离开了劳动,这种深沉、凝重的音调则难以把握。这也表明,一部分劳动歌谣实际上就是劳动的组成,直接表现着劳动的节奏,散发着泥土的气息,都有符合劳动节奏的特点。正如柯斯文所说:"最原始的歌唱中的歌词常常仅是同一呼声或是同一言辞的重复。原始时期的声乐也就只有这种由节奏和吟诵调组合起来的最简单的形式。"①这些民歌的存在价值更多的是服务于劳动,服从于劳动,其根本目的是功利性的,是生产意识的延续和扩大。但是,由这类劳动歌谣所体现出的劳动的节奏就是歌谣本身,其音乐、节拍,甚至韵律都与劳动一体化,内在地蕴含着一种自然、和谐的节奏美,突出地体现出一种厚重、朴实的审美精神。

可以说,西北民歌劳动歌谣最突出的审美特征就是它那强烈的节奏感。每一首劳动歌都有与劳动动作相配合的节奏,它是凝集了生活中的劳动节奏而创造出来的,因而充满了浓郁的生活气息。在从事紧张而又高强度的劳动时,动作强烈,

---

① 柯斯文:《原始文化史纲》,见《文学理论学习参考资料》,高等教育出版社,1956年版,第38页。

呼吸短促,劳动气氛浓烈,这时唱出的劳动歌必然节奏鲜明急促、强音不断、顿挫有力,给人以集体力量的雄壮和劳动创造世界的有力的感染。在体力劳动比较轻,或间歇时间长的劳动中,劳动歌的速度比较柔缓,节奏感较弱,音乐上的变化比较丰富,给人以优美的旋律感。当劳动者进一步地从劳动中体验到创造的快乐,收获的欢愉,感受着土地、山川的美时,这些民歌就有了更加厚重的意蕴。如柯尔克孜族的《打场歌》:"打场呵,打场呵,快快地打哟,快快地转吧,快快地跑吧,我的好马儿哟,快踏碎场上的禾吧!不要让麦子埋在雪地里,快快地转吧,快快地跑吧,我的好马儿啊,快快打出粮食来,麦粒归我们啊,麦秸喂你吃啊!"不难发现,这首民歌真实地再现了柯尔克孜族劳动者打场的场景,马儿踩着场上的禾,人们歌唱丰收,祈求丰收,希望马儿能快快打出粮食来。在这里我们既感受了打场的氛围,又体验到了人们在打场时欢愉的心情和对丰收的渴望。这些民歌已经超越了实用的目的,具备了更多的审美娱乐活动的性质。马儿、麦子等意象的反复出现,标志着人们对与自己的生命息息相关的事物的深切关注,揭示出深层的民族审美心理。其中更令人深思的是,歌的节奏也不仅仅是单纯的劳动的节奏,而是随着作为劳动者的歌者情感的起伏而自由起伏,具有强烈的美感,因此这种打场时的欢乐情怀逐渐成为这类民歌的主要内容。在后来的传唱中,它唤起的不仅仅是人们对劳动情景的追忆,而且还能激发起人们对劳动换来丰收的喜悦的审美情感。再比如,哈萨克族的《转场歌》:"转场的人们翻过座座荒山,山下有一只驼羔孤孤单单。当我离开你呀黑眼睛的姑娘,滚滚泪珠就模糊了我的视线。"这首古老的歌谣表现了哈萨克劳动者的转场生活,荒山、驼羔、黑眼睛的姑娘等意象的出现,如同电影蒙太奇画面的交替,具有鲜明的民族性和地域特色,节奏的舒缓与内容的忧伤相互交融、交相辉映,涌动着质朴无华的诗美。再比如裕固族的《割草歌》:"哎嗨哟,哎嗨哟,草儿青青多肥茂,羊儿吃了长满膘,伙伴们哟,快来割草,为了储备过冬草,刀儿飞快像风飘;草儿堆得比山高,金山银山比不了,伙伴们哟,快来割草。"歌中,劳动是快乐的,快乐的劳动激发着人们对美好未来的憧憬与向往,人们崇尚劳动者,颂赞他们的勤劳。正是勤劳和艰辛的劳动带给他们赖以生存的食物和基本的生存保障,于是这种与他们的生命息息相关的行为,越能激发他们的审美情感,民歌的审美内容也就越来越充实。

2. 凝重、温馨

西北民歌还呈现出一种凝重、温馨、风趣的审美精神,特别是其中的礼俗歌谣。礼俗歌是伴随着民间礼俗和祀典等仪式而唱的歌。它产生于人们对自然力的威力尚不认识而对语言的力量又很崇拜的时候,即幻想用语言去打动神灵,用以祈福、免灾。礼俗歌谣是西北民歌的重要组成。这与西北民族在各自的发展过程中所形成的独具特色的风俗和礼仪分不开。这些风俗与礼仪体现了西北民族绚丽多姿的风土人情,并借民歌的形式得到了规范和渲染。礼俗歌谣浓缩了民间庆节祈年、贺喜禳灾、祭祖吊丧等活动中人们的各种情感和审美诉求。奇异独特的西北民族风俗育就了大量的礼俗歌谣,其中主要有婚俗歌、丧俗歌、节日歌、宴席曲、贺喜歌、劝酒歌、游戏歌、摇篮曲等,体现出浓郁的人情美。

西北民族主要信仰伊斯兰教和藏传佛教。西北民族的宗教意识非常浓厚,受此影响,西北歌谣也包含着一种厚重的宗教意识,特别是其中的礼俗歌谣。这些礼俗歌谣包括现今保存和流传下来的大量的宗教仪式歌,如敬神歌、求神歌、赞歌、诀术歌等,突出地体现了西北民族的宗教神秘意识,与此同时,也体现了其中所蕴含着深远、凝重的审美意识。

究其实质而言,宗教是一种虚幻的意识形态。但它对人类自我意识的觉醒却起到了至关重要的作用。在每个民族的历史上,宗教的出现有着最为现实的原因,那就是当人类在大自然面前感到无能为力,深切地感到和体验到艰苦的生存环境对自身的威胁,并渴望摆脱这种痛苦以求更好的生活条件时,宗教就应运而生了。正如马克思所说:"宗教是那些还没有获得自己或是再度丧失了自己的人的自我意识和自我感觉。"因此,我们也可以说,在宗教中可以发现一个民族的人生哲学观。正是基于这种认识我们觉得,宗教仪式歌的赞神、求神、媚神都在一定意义上蕴藉着人类内心深处的种种渴求。当它以歌的形式宣泄时,依然体现着人类对一种终极目标的执着追求。

很多民族的生产劳动活动,首先和祭祀活动联系在一起,而祭祀活动中祭师的歌吟则形成一系列具有浓郁的宗教色彩的仪式歌。从这些仪式歌谣中我们既可以感受到在万物有灵观念支配下,人们怎样在想象的世界中以自己的情感意志去塑造心目中的神,并期望这些神能帮助他们获得与内心深处的渴求一样美丽的现实。同时,这种虚幻的意识也从另一方面体现了部分仪式歌谣神奇的想象力和审美创造力。如土族的《奠酒歌》云:"天地龙神酒一盅,清风细雨降均匀,一路东风万里行,报尽天下人间春。……山神土地酒一盅,骡马成群羊满圈,五谷丰登万家乐,六畜兴旺满园春。……灶君娘娘酒一盅,一年四季头不痛,菜碟茶碗样样足,清油细面饭菜成。"这首仪式歌,生动地体现出民族大众祈求风调雨顺,五谷丰登的心理,歌词充满生活气息,具有凝重朴实的美。乌孜别克族的《求雨歌》,也具体地表现了人们对神的虔诚和对美好生活的向往:"下雨吧,女婆!让小麦丰收吧,女婆!让人们吃饱吧,女婆!女婆,苏旦女婆!让收成丰盛,女婆!让谷物堆满农家,女婆!让说谎话人家里空空,女婆!"这些歌都是祭祀时唱给想象中的神的,人把自己和神这一崇拜对象联系在一起,在大型的宗教仪式上,这种歌的演唱能唤起人对神的无限依赖和信任,人与虚幻的神的情感交流,通过歌吟,在神秘的宗教氛围中,传达出了人们深切的渴望。

在西北民族中,这类歌谣占有很大比重,人们通过对大家共同信奉的神的颂赞和祈求,获得心理上极大的抚慰和满足。歌吟这些歌曲,能够使人充满想象,并从中获得激情的宣泄。因此,这些歌往往普遍地具有一定的厚重、庄严的审美意味,节奏和旋律舒缓、恳切,歌吟中能温柔地浸润人心,抚慰心灵。另外,这些仪式歌往往在本民族中口口相传,经过了代代传承的加工、润色,词句也日趋精美、音韵日趋和谐,所以从审美的角度讲,在宗教仪式歌中,"人们以其精神上特有的神奇和虚幻激发了审美想象力和创造力,并用它们来描绘和捕捉那种处于迷狂状态的宗教人生"①。这些朴实、厚重的歌谣从最本真的审美效果上讲,可以说是从内心深层层面体现了民族大众对美好生活的神往,并由此呈现出一种厚重、庄严的审美精神。

最能体现礼仪歌谣的美学价值和厚重、庄严的审美精神的,自然是大量的风俗歌谣,其中尤以婚俗歌谣为代表。西北各民族的婚礼习俗是丰富多彩的。西北民族婚礼多为载歌载舞,许多内容丰富、形式多样的婚礼歌以向善向美的主旋律升华着婚礼庄严、喜庆的气氛,充分体现了西北民族向善向美的共同心态。西北不少民族的婚礼歌谣别具特色,甚至可以说,在西北,整个婚礼仪式往往就是由诸多的婚礼歌串连成的一台完整、固定、有序的歌剧。如保存在许多民族中的骂媒调,这种骂主要以唱的形式进行,以戏谑媒人和娶亲者。这种习俗固然蕴含着较深厚的历史、文化原因,但从婚礼现场看,却激活了婚礼的气氛。如在土族婚礼中,这种骂媒调一般是在女方家中唱的,而此刻,出嫁姑娘的《哭嫁歌》也唱到了高潮阶段,这种歌曲曲调忧伤、情意缠绵,充分表现了姑娘对娘家及家人的无限依恋之情,如泣如诉的哭唱往往引得娘家人及亲戚们伤悲不已。年轻的姑娘媳妇们便跑到上房(即正房、客房)高唱骂媒调,此调风趣幽默,常常逗人发笑:"骂媒的习惯,是释迦佛爷留下来的,是共工八世传下来的,骂哩么你做啥哩?不骂时太便宜你们了。某家的这两个阿爸,吃得没有吃来了吗?喝得没有喝来了吗?扫帚哈拿来,扫出去给,铁锹哈拿来,铲出去给……"随着骂媒的不断升级,女方家嫁女儿的忧伤被冲淡了,代之而来的是戏谑、揶揄的氛围。值得指出的是,这种骂媒调尽管

---

① 于乃昌、夏敏:《初民的宗教与审美迷狂》,青海人民出版社,1994年版,第222页。

以"骂"为基调,为氛围,但内容上却是温和而礼貌的,而且"骂"的女子们多半也是面带微笑,充满了越骂越熟悉、越骂越亲切的意味。也正由于这样,骂媒调最终成为婚礼上必不可少的审美娱乐活动,经久不衰,人们在骂媒中获得的是一次次既滑稽又温馨的美的享受。

的确,如上所述,在西北许多民族婚庆时都有哭嫁的习俗。有些学者认为哭嫁表现了女性从心灵深处对已经失去的母权制的依恋和咏叹,也表现了女性对抢婚的恐惧和反抗。从《哭嫁歌》的内容看,却反映了临嫁女子在家中尊老扶幼的美德和她们离家时恋恋不舍的心情。也正由于这样,所以很多哭嫁词都表现出对父母兄嫂及娘家人的感激之情。如裕固族的《哭嫁歌》:"太阳一样的阿扎(父亲)啊,谢谢您对我的养育。疼儿疼女的阿娜(母亲)呀,谢谢您对我的哺育。不是我对你们无情,你们的恩德永远铭记在心间……"土族《哭嫁歇》:"……我的阿大(父亲)阿娜(母亲)呀,操心养大了女儿,受尽了寒苦熬煎,从今日以后呵,再不能伺候阿大阿娜,我的心里多难过呵……"再如哈萨克族的《怨嫁歌》:"父亲为我披星戴月,母亲为我日夜操劳,我像翅膀硬了的乳燕,出巢飞向天涯海角。父亲坐过的花毡,母亲用过的铁勺,天天进出的门框,都惹我恸哭号啕……"这些歌如泣如诉,袒露了出嫁姑娘美丽纯洁的心灵世界,也表现了各民族妇女善良、无私的美好品格,升华了婚礼的意境。在喜庆的婚礼中聆听这缠绵哀婉的悲歌,的确能使人获得一种悲喜交集的审美感受。当然,这些歌词也表达了姑娘对娘家人的美好祝愿。

西北民族的婚礼仪式非常复杂,新娘娶进婆家时,有一系列隆重的仪式要举行。其中最为庄严神圣的是揭盖头仪式。在这一仪式中,引人注目的是,盖头往往不是由新郎来揭,而是请新郎的嫂子,或者是请家庭美满、儿女齐全、品德良好的其他女性来代劳,并致祝词或唱祝愿歌。如撒拉族新娘到了男方家后,新郎的嫂子盛着一碗清水来给新娘揭脸罩,并诵祝词:"你这个好阿姑(姑娘),嫁到这个家里,生五个阿哥,养三个阿娜,往下像树根样把根扎,往上像树枝样撑住。白羊的毛般长下,萝卜芽子般发下,奶子般地滚下,清油般地沸腾,石头般牢牢地砌下……"这段祝词以大量的比喻,表现了对新娘婚后生活的祝福,其中有多子多孙、根深叶茂、美满长久的美好祝愿。白羊毛、萝卜芽子、奶子、清油、石头等信手拈来的意象都蕴含着撒拉族人独特的审美心理。又如土族婚礼中,新娘刚到新郎家的村口,男方家的妇女们便围住新娘,唱《上当起拉》(意为改发型),一直把新娘迎进屋里,掀盖头时,又唱《揭盖头歌》:"新娘子美丽的盖头被揭下来,揭下来交给我们的东家奶奶;东家奶奶收在你富贵的库房里,从此以后呵,财富似泉水不断,从此以后呵,日子像太阳般火热,从此以后呵,前程像月亮把黑暗照亮。"这种良好的心愿以歌的形式传达时,我们既能感受到至善的历史古韵,又能体验到至美的人生理想。太阳般火热的日子,月亮般明亮的前程,这是内心的期盼,也是深情的憧憬。这些婚礼歌,内容朴实,曲调优美,总是使人从中获得心灵的陶冶和美的洗礼。

3. 浪漫、率真

浪漫、率真的审美精神是西北民歌精神的又一突出呈现。这种审美精神突出地体现在西北情歌中。情歌是广大人民爱情生活的反映,它主要抒发男女青年由于相爱而激发出来的悲欢离合的思想感情。它充分表现了劳动人民纯朴健康的恋爱观和审美情操。有的情歌也表现了对封建礼教的蔑视和反抗。西北民歌中有相当数量的表现青年男女互相爱慕之情的歌。在西北,许多民族有以歌传情的习俗,男女相恋、热烈美好的爱情孕育了意蕴深厚的情歌。从本质上讲,情歌体现了人对自身的关注,蕴含着对人性美的追求,集中反映了男女相恋过程中种种复杂多变的情感,浓缩了民歌中最精美、最能打动人心的意蕴。众所周知,西北民族在男女爱情方面比较开放,在男女相恋方面较少受封建礼教的压抑和扭曲,因此表达男女相互爱慕的情歌数量多,内容真挚、纯正,多以大胆率真的口吻歌唱爱的甜蜜与痛苦。并且,这些发自内心深处的歌谣,往往把爱情看作人类情感中至善至美的东西来进行浪漫而热诚地讴歌,从而呈现出一种浪漫、纯真、直率的审美精神。

在西北民歌大量的爱情歌谣中,我们既能体会到相爱男女对心目中理想爱人、美好爱情的追求,也能体会到歌者对爱的诚挚与狂热。在这种意义上,我们可以说情歌是爱与美的协奏,情歌所传达的是诗意人生中充溢着美的至爱。如土族情歌《库咕笳》,歌云:"星伙里有颗明亮星,人伙里你是亮晶人。我宁舍阳间不舍你,陪你者胡子发白哩。"藏族情歌《情人若是个木碗》,歌云:"带着情人吧,害臊,丢下情人吧,舍不得。情人若是个木碗,揣在怀里多好!"塔塔尔族情歌:"瞎子渴望一双明亮的眼睛,骑士渴望有匹奔驰的骏马。心上的人呵,你是我明亮的眼睛,你是我的骏马!"这些滚烫的歌词,是发自心灵深处的天籁之音,从民歌艺术的审美特征上观照,内容真挚、纯朴,表现了西北民族朴素纯洁的恋爱观和审美观。情歌表现的是男女之间的爱情,但爱情从来都是发生并生长在真实的生活情景中的,因此,西北情歌也从某一层面表现了西北民族的社会生活,体现了西北民族的善恶美丑意识及其审美精神。

在西北情歌中,既有初恋的纯洁、温馨,又有热恋中的狂热、刻骨铭心的爱慕和追恋、海枯石烂的深情和盟誓,以及痛苦而又无奈的失恋,这些情感在西北情歌中都得到了细腻而深刻的讴歌咏叹,像给人们展开了一幅幅爱与美的人生画卷。

首先,西北情歌体现了西北民族质朴、奔放的审美心理,显示出积极进取的情感态势。从大量的情歌中我们不难发现西北民族情歌纯朴坦诚的总体风貌。在西北情歌对恋爱对象的赞美中可以看出,恋爱双方都不仅要求对方外表俊美,而且更注意对方的人格美和心灵美。如维吾尔族情歌《阿拉木汗》:"阿拉木汗什么样?身段不肥也不瘦。她的眉毛像弯月,她的身腰像绵柳。她的小嘴很多情,眼睛使你能发抖。"藏族情歌则这样唱道:"不看山鸡漂亮,要看羽力声嗓;不看青年长相,要看他的心肠。"

在特定的生活情境中传唱、表现情感时,西北情歌自然地采取了周围熟悉的鸟兽草木作为抒情的基本喻体,进一步抒发感情、美化歌咏对象。如西北情歌多以美丽娇艳的花朵,如牡丹、山丹花,以及皎洁明媚的新月来形容意中的姑娘,以矫健的骏马、雄鹰,以及挺拔而俊秀的树木来比喻勇敢的青年。还用蜂蝶与花、鱼儿和流水、小鸟和杨树、雪山和雄鹰等象征亲密无间的爱情,从而使西北情歌体现出一种独特的风情美。这种风情美主要表现在地方风情和民族风情之中。诸如酥油、木碗、骏马、草原、沙柳、氆氇、哈达、骆驼、奶牛等具有浓郁的地方特色和民族气息的意象在情歌中比比皆是。并且,这些通用性很强的意象在歌中的反复出现,使西北情歌所蕴含的审美情感通过大家所熟悉的喻象得以生动形象地表现出来。

西北民歌的海洋是宽广的,歌声记述着人类的生存现实,歌唱着人类的理想追求。在民歌中,最真切地流动着积淀在每个民族心灵深处的种种渴望,反映了每个民族在尽情歌唱时所自然体现的民族性格和审美情趣。这些优美的歌谣仿佛通向每个民族心灵的窗口,打开了一方方奇异的世界。在这些民歌中,西北民族热情豪迈的性格也得到生动的呈现。在歌谣中,西北民族极好地发挥了他们能歌善舞的才情。浩瀚辽阔的雪域、草原、沙海、高原等自然环境,在练就他们这种达观爽朗的性情时,也练就了他们高亢苍凉的歌喉音域。

西北民族生活的自然环境大同小异,茫茫荒漠、皑皑雪原所唤起的苍茫感和荒凉感是共同的。地域的辽阔促使民歌的歌唱者努力以悠扬、婉转、回肠荡气的歌声来传情达意。无论是骑着马在草原上游牧,还是倚着驼峰在荒漠里跋涉,无论是在山下的麦地里,还是在河边的树林里,这些朴素的歌谣一旦响起,就天然地带着它凝重的意蕴和苍凉的味道在人们的心头起伏。这与西北地方草原文化和农耕文化所带来的封闭性的自足紧密联系。西北地域文化形成了人们所说的,财富只是外在的容光,真正的幸福来自发现真实独特的自我,保持心灵的宁静。正是在这种宁静中,西北人更有机会去感受养育自己的山山水水和自己内心深处对这种生活的种种体验。也正是这种强烈的审美感受和审美体验,使西北民歌更多地呈现出一种苍凉、深远的审美精神。我们完全可以这样说,各类民歌尽管思想内容各异,演唱方式独特,但西北民歌的总体审美精神,则是悠扬凝重、苍凉深远。

二、"花儿"的审美精神

"花儿",也称之为少年,是广泛流传于我国西北甘肃、青海、宁夏、新疆等地的,回、汉、东乡、撒拉、保安、土、藏、裕固、蒙古九个民族中的一种以爱情为主要内容的独特民歌。它历史悠久,源远流长,内容丰富,形式多样,曲调优美,具有浓郁的民族特色和地域风格,深受当地广大民族群众喜爱。据专家考证,"花儿"产生于明代初年。明代诗人高洪在《古鄯行吟》一诗中写道:"青柳垂丝夹野塘,农夫村女锄田忙。轻鞭一挥芳径去,漫闻花儿断续长。"这是一幅美丽的田园吟唱图,记录了田间乡村人们高唱花儿的景象,不仅为人们创造了抒发情感的环境氛围,而且描绘出色彩斑斓的生活画面。从这首诗也可看出,花儿的兴起,应当不晚于明代。

作为流传在西北民众中的花儿,从其流行地区看,是以甘、青两省为地缘轴心,出于地域、社会(族群迁徙)、经济与政治等原因,从轴心向北、向东波及甘、宁六盘山地区、西海固、同心一带,向西延伸到新疆的乌鲁木齐、昌吉、伊犁和周边各地;其余甚至远及内蒙古、四川境内。从其流变的历史、播散的空间来看,花儿基本不曾脱离历史上丝绸之路分支各线路的轨迹,表现出其历史经度的深远。从传唱的民族看,花儿打破了其他民歌一般只流传于某一个民族或两三个民族的特点,被很多民族所传唱。由于音乐特点、歌词格律和流传地区的不同,花儿又被分为"河湟花儿""洮岷花儿"和"六盘山花儿"等多个流派。人们除了平常在田间劳动、山野放牧和旅途中即兴漫唱之外,每年还要在特定的时间和地点,自发举行规模盛大的民歌竞唱活动——"花儿会",甘肃、青海和宁夏的"花儿会",大大小小多达几百个。

西北地区是民歌生长的沃土。花儿,正如它美丽的名字一样,盛开在万紫千红的西北民歌园地里,成为又一枝绚丽夺目的奇葩。从美丽的洮岷山川到富饶的临夏大地,从秀丽的河湟两岸到苍茫的贺兰山麓,在辽阔的天山脚下,在广大的山野和辽阔的草原上,到处都回荡着花儿那深情而执着的声响。"花儿"用难以名状的诱惑,成为西北人的一种精神需要,一种人格追求。一种民歌形式能在好几个民族中广为流传,这说明花儿是一种精美绝伦的艺术。西北民族在花儿中寻找到了情感的栖息地。有了"花儿",荒原戈壁、长河落日带给西北人的不再是落后和千年的蛮荒,更多的是领略生命的顽强。可以说,"花儿"的歌唱也就是西北人生命的歌唱。

1. 粗犷、朴野、纯真

粗犷、野性、纯真、朴实的审美精神是花儿呈现给人们的第一感受。这种审美精神突出地体现在花儿内容的纯朴、真挚上。

西北的天空是最湛蓝的,因为西北是离天最近的地方,西北是聆听天籁的地方。西北人把这天籁之音称作"花儿"。汉族古老的音乐是"花儿"的主基调,藏蕃音乐文化又为"花儿"提供了基本的音调、旋律和节奏,生活在西北的回、土、撒拉和蒙古等兄弟民族独具风采的音乐元素、演唱风格及表现形式又为"花儿"的成熟和传播奠定了基础。"花儿"作为一个中国西北特有的音乐艺术品种,完全突破了各民族在生活方式、宗教信仰以及审美心态和思想意识中的种种隔阂,成为西北各民族抒发心声的共同载体。汉语和藏、土、撒拉等兄弟民族语言共同夹杂着唱出的"风搅雪"花儿就是一个最好的明证。"花儿"的魅力在于其对个性解放和自由的大胆追求。遣词造句奇崛、机智、灵动,充满青藏高原乡野气息,信手拈来,却妙不可言。这是坐在书斋里的文人们无法想象的。吼起了"花儿",多半就读懂了西北人。听久了"花儿",才知道"花儿"为什么这样红。

西北花儿多歌唱男女恋情,曲调悠扬高亢,适合在野外放歌。应该说花儿的歌唱就是生命的歌唱。人类的生命一旦被唱响,就会成为一种永远的滋养。花儿就是一种生长在山野间,享受着人类生命滋养的艺术。所以,花儿也叫少年,花儿还有一个有趣的别称叫"野曲"。

在西北地区,唱花儿多在野外偏远的田间地头、山谷林野间,"花椒树上你不要上,你上时树枝叉儿挂哩;庄子里去了你不要唱,你唱时老汉们骂哩"。花儿多表现男女情爱,广阔的山野才是歌唱花儿的最好舞台。以爱情为主要内容的花儿也就只能在山野里娇艳地开放,而决不能移植到家中去。在山间林野这种开阔自由的环境里,花儿歌手们可以毫无羁绊地抒发内心直白、朴素、真挚的情感,向日夜思慕的恋人传达自己的一片痴情。因此西北有"花儿三禁"之说:忌讳在村庄或家里唱花儿;忌讳在公众场合,如学校、政府机关等地唱花儿;忌讳在某些亲属之间如父母与儿女,某些亲戚之间,如舅父母与外甥之间;特别忌讳在异性亲属及长辈晚辈之间唱花儿。过去一般认为这是花儿所受的压制，其实却更多地表明花儿为野曲山歌的性质。因为花儿中所表现的青年男女对爱情的大胆追求和相思之苦，与传统的伦理观念存在着矛盾。花儿是以爱情为主要内容的一种山歌，花儿里对情人的挚爱和对离散的思念、忧伤之情是花儿中最朴素、最贴近心灵、最富有想象力和感染力的一部分。但在中国，自古以来婚姻就受制于父母之命、媒妁之言，自由恋爱被看作是非正常的，甚至遭到谴责和压制。所以，以爱情为主要内容的花儿也就只能在山野里娇艳地开放，而决不能移植到家中去。从这种性质中我们不仅看到了西北各族人民在长期的生活中形成的严格的伦理秩序和风俗习惯，视花儿如心上的歌的人们也往往是"不走大路走塄坎，专听个花儿的少年"。由此也可以看出，花儿是只适合在野外唱的。而男女恋情中，那种大胆、粗犷的追求、表白，热情、坦率的吟唱，也似乎只有旷野的陪衬才显出其激越充沛的审美意趣。"三星儿上来单站下，七星儿摆八卦哩。叫声尕妹你站下，我给你说两句话哩"。可以说，西北各民族花儿，都呈现出一种泼辣、大胆的野性气息，这是花儿的重要特征之一。一句多情而大胆的花儿，能够把两个素不相识的青年拴到一起。"清油灯盏亮照下，羊油的白蜡放下。黑头发陪成白头发，死了时一块儿葬下"；"青石头根里的药水泉，担子担，樟木的勺勺儿舀干；要得我俩的大路断，三九天，青冰上开一朵牡丹"。过去，西北地区受封建意识影响，好多地方男女婚姻还依赖父母之命、媒妁之言，但花儿却代表着男女恋爱自由觉醒的心声，大胆地发出了冲破封建礼教束缚的呐喊。在花儿里，我们既能听到叛逆者反抗的心声，也能品味出蕴藉在其中的相爱者坚如磐石的爱情誓言："星星出来对对明，郎变鹞子姐变莺。青天云里飞着浪，中间无媒要成亲。""打一把柳叶的钢刀哩，包一把乌木的鞘哩，豁一条七尺的身子哩，闯一个天大的祸哩。"以生命为代价去追求爱情，这是西北花儿率真大胆的主旋律。这样的花儿在贫瘠荒凉的山野间，为那些辛勤劳作的人们带来了生活的信心和生命的滋润。好的花儿，就在这种深情的传唱中以质朴、泼辣的风姿照亮了一片片阴暗的土地。"核桃的碗碗里照灯盏，你有了油我有个缸壮的捻子，庄廓的圆圈转三转，你有了心我有个天大的胆子"。两相情悦的现实焕发出如火如荼的激情。为了爱情，刀山火海敢闯的勇气的确具有惊天动地的气魄。花儿的野性美也表现在热恋双方敢于冲破一切陈规陋俗、敢恨敢爱的品格上："二十把鞭子四十条棍，换着打，浑身儿打成病了；打死打活我没认，只因为，我俩的情意儿重了。"这种千难万险不怕的尽情歌唱，在西北唱花儿的民族中几乎成为共同的内容。地域广大、贫瘠、荒凉、艰苦的生活环境，造就了西北民族坚韧、刚强的性格及其审美精神，在两情缠绵的爱情中，这种性格与审美精神仍然得以保护和发扬。呈现在花儿中,就表现为一种野性、粗犷的美。"清水打着胡磨转,磨口里淌的是细面;宁叫他皇上的江山乱,绝不叫我俩的路断"!这种凛凛然的爱之风姿,是西北民族刚强个性与率真审美精神的再现。它不仅催生着这些民族不断追求的信念,而且也不断磨砺着他们的人生。因为"一个崇高的思想,如果在恰到好处的场合提出,就会以闪电般的光彩照彻整个问题,而在刹那间显出雄辩家的全部威力"①。

这种粗犷、朴野的审美精神,也使花儿具有了适合于在广袤的山川林野间传唱的特殊音调,即其悠扬宽广的演唱旋律。所谓"三分歌词七分唱",这是人们对花儿的一种说法。这种说法至少表明花儿的演唱对花儿内容的传达往往起着至关重要的作用。民间艺术家在歌声悠扬、声域宽广的演唱中,以高亢、脆亮的基调,朴实、自然的歌喉,表达着人们的喜怒哀乐之情。这与田间地头、山间林野的独特环境是相一致的。这也说明,广阔的天地是花儿的舞台,是花儿传播的最好土壤。充满泥土气息的花儿悠扬绵长地飘动在西北的山野川谷之间,这种悠扬尽管由于西北各民族不同的心理素质和审美倾向性,而有了一定的变化,如回族花儿悠扬而刚劲,保安族花儿悠扬而奔放,土族花儿悠扬而婉转,撒拉族花儿悠扬而清新,东乡族花儿悠扬而悲怆,藏族花儿悠扬而高远,但往往这种变化反而使花儿自身更趋于丰富和多样化。应该说,西北各民族在花儿中书写了"西北人的精神生活",以西北民族自身特殊的审美心理,创造了花儿五彩缤纷的风姿,让花儿负载了他们的全部热情与智慧,同时,也让花儿呈现出各民族鲜明的个性特征。

悠扬、嘹亮、高亢、奔放是西北花儿的总体特色,浓郁的山野气息必须悠扬、高亢才能协调。在群山峻岭、草原河谷之间歌唱,只有高亢悠扬才能传达得真切而深情。"西藏的雪山盘天的路,高得很,咋走到太阳的口里;尕妹是海底的红珊瑚,深得很,捞不到阿哥的手里"。这首花儿以丰沛的激情、奇妙的想象和流畅通俗的语言表达了对相爱女子的深深思慕,皑皑的雪山和高耸入云的盘天路这些意象,必须依赖悠扬的曲调才能真切表达出来,而思恋的深切和悠扬的曲调之间的确达成了传情达意的最佳途径。我们在惊叹这种高超的创造智慧时,不得不再一次地思考花儿与西北民族感情上的强烈共振。花儿是西北各族人民心底的歌声,是他们所有感情的结晶,聆听花儿,就是在玲听他们心灵的清唱。它表现着西北高原各民族纯朴坦荡的胸怀和热情豪爽的性格。

西北文化的多元性和优越的地理地位,吸引了众多其他民族的群众前来经商

---

① 《西方文论选》上册,上海译文出版社,1979年版,第122页。

并定居、生息、繁衍。多民族的杂居造成礼俗的多样,以至不拘礼俗。受此影响,也形成了"花儿"的野性、纯真。有学者形象地比喻"花儿"是"吃杂粮长大的苦娃娃",可谓贴切至极。唯其杂,方使"花儿"保持了原生态;唯其苦,方使"花儿"历经风雨而秉性如初。"花儿"凝结和融汇了历史上和现实中在河湟大地上的各民族的文化传统,形成了具有独特词汇系统和文法的方言,成为特定地域和一定时期的"共同语"。比如"押必崖上的墩墩草、尕羊羔儿它吃多少哩"中,"押必"一词系吐谷浑语;再如"天爷儿下了下去(给),我青燕麦割去的要哩"中,后一句的语法结构是类似藏语文法"主 + 宾 + 谓 + 状"结构。同时"花儿"内容广泛,各种思想感情都可借以实现表达。"花儿"胸襟开阔、兼收并蓄,有海纳百川的气度。就像"花儿"演唱,只要有勇气和热情,谁都可以登台吼上一曲;同时,"花儿"所表现的感情,多是被历代主流意识形态所否定的,与主流意识形态与主流社会不甚合拍的,自然被视为是"野性"的;花儿将爱情,特别是男女情欲作为讴歌对象,无疑是"离经叛道",显然也是"野性"的。应该说,这种"野性",实际上是一种西北人勇敢冲破思想牢笼与精神藩篱、顽强地憧憬美好生活的姿态的展示,是西北文化生命平等意识的积极弘扬,是一种对自由和爱情追求的热烈性,是思想性和艺术性有机、完美结合的体现。

"花儿"中对爱情婚姻的哀怨与不满,很多情况下实际表达的是对自由、权利被无情剥夺与不合理限制的社会的哀怨与不满,当然也是对被剥夺、限制了自由而造成的爱情悲剧和不幸婚姻本身的哀怨与不满。

2. 豪迈、大胆、率真

虽然以前的所谓"正统"阶层不许人们唱花儿,而且禁止和阻挠"花儿令"。但是,视花儿如生命的人们在花儿中发出了冲破封建礼教的呐喊,在大胆、野性的山野气息中,勇敢地追求着自由和爱情。同时西北民歌优美的曲调和深厚的内容也使花儿具有旺盛的生命力。

花儿以言情为基调,大胆、率真地表现青年男女的恋情。我们从"花儿"描写对爱情坚贞不渝的词句中就可感受到这种爆发,如:"青石头根里的药水泉,担子担,桦木的勺勺儿舀干;若要我俩的婚姻散,三九天,青冰上开一朵牡丹。"大胆、率真的爱情历来是文学作品关注的永恒主题,人类在爱情生活中最能深刻地显示出其社会生活的重要特质。从西北花儿中,我们能看到广阔的生活场景,能体验到人们丰富的情感,但更多地看到了西北人对爱情的理解与追求,从中我们也进一步体会到了这古朴、荒凉、辽阔、苍茫的土地上的人们对爱的渴盼与珍爱。"走长路的阿哥想疯了,平地里跌跟头了"。对爱情的渴求近乎疯狂,一个"疯"字写尽了对"花儿"的思念。整日整夜浸泡在思念中,神情因之恍惚,以致平地里跌了跟头!"相思害在心肺上,血痂儿坐在嘴上"!见不到自己的意中人,心急如焚,急火攻心,竟然血痂布满嘴唇。字字句句是发自肺腑的呼唤,闻之令人感动。"不见庄子不见你,心急着拔头发哩"!看不到"花儿"的村落,就捶胸顿足,无奈之余,只好拔发自虐,以此写出那种撕心裂肺的思念。"三天喝了半碗汤,出去吐在路上。花儿脸瘦脖子长,白肉儿哪里去了。一身的白肉想干了,就连下一口气了"!心迹的大胆表露,情真意切。由于思念痴情的"花儿"食不下咽,三天才喝了半碗汤,结果却吐在大路上。因为思念,为伊憔悴,最终"一身白肉想干了",奄奄一息,唯有意念中的"爱"维系着生命。"想起尕妹长得端,骨髓儿里熬出青烟。我想你想得心偏了,千斤石拽不过来了"!歌唱者以"骨髓里熬出青烟""把心想偏了,千斤石拽不过来了"等别样的语言、夸张的手法写出了对心上人的急切想念之情。"大路旁边的好香柳,过路者香喷喷的;葱样身材樱桃口,咋能不搭个话哩?"在花儿中,我们品尝到的是一种真挚、朴素、炽热的爱,这种爱的表白朴实而诚挚。美的形象总能激发出美的联想,像香柳树一样芬芳可爱的姑娘自然是年轻人热恋的对象。西北民族豁亮、率真的审美精神跃然而出。"月亮当灯这么亮,谁把它高挂在索罗罗树上。尕妹是牡丹花中的王,俊模样,赛过个九天的娘娘"。对心上人外表美的注意是爱情生活中必然的心理因素,西北花儿歌唱的美的对象是外表美和内心美的统一,并且更加注重对方的品格,从中我们不难看出西北各民族在对美的追求中的审美价值诉求。"骑马要骑个白龙马,不说个鞍杖好哩。维人不要挑个穷富家,全看个心肠儿好哩!""城头上跑马你小心,恐怕是教场的马惊。你爱你哥人勤谨,我爱尕妹的稳重!"在这些花儿中,对方的"勤谨""稳重""好心肠"是吸引彼此的重要品格,可以见出,他们的相互爱恋已经超越了表层的外貌吸引,而进入深沉而执着的情感交流。在这种情感交流过程中,心心相印、坚贞不渝的爱情之花才盛开得鲜艳而茁壮。于是对于爱的思念和渴盼也就更加自然趋于深切。"黑乌鸦落了一河滩,沙雁儿落在了河岸。三碗的肚子里吃两碗,想你者吃了半碗!""兰州的木塔藏里的经,拉人楞寺院的宝瓶;痛烂了肝肠想烂了心,哭麻了一对的眼睛!"一日不见如三秋的深情正是来自双方真挚坚贞的爱,这种健康的爱情观也正是西北族人民健康高尚的人生观的呈现。这里没有任何的矫饰和虚情,显示出质朴天然的审美精神。这种爱浓缩了西北民族在苍凉贫瘠的生活环境里求真、求善、求美的心态,同时也勾勒出他们朴实憨厚的心理特征。在这种真挚情感面前,虚假、欺骗、财富、地位等一律黯然失色,"骑马不要上倒个山,山陡时走马困难。维人了不要维有钱汉,有钱人会把你闪缠"。正是这种透彻的觉悟,使他们对以生命培育的爱格外珍视。"双双对对的牡丹花,层层叠叠的菊花;亲亲热热说下的话,实实落落地记下";"橙竹的竿儿殷红旗,打上了进车瓜哩;死好陪来活难离,一路儿到阴间哩。"深切的爱情与生死相许的盟誓在自然朴实的抒情中得以升华。在这种悲烈而激情的歌唱里,西北民族以纯朴、善良的心态完成了他们集体品格的塑造。这是一种坚贞、刚毅的人生姿态,显示出一种崇高、真挚的人格美。"人格是个体与其环境交互作用的过程中所形成的一种独特的身心组织"①。在西北民族这种独特的人格中,坦荡、朴实、热情、豪迈的性格构成了其基本的审美精神。"谁把我俩的手拆开,快刀子提到你跟前;谁把我俩的缘拆散,硬得要你的头兑换"。为了纯真的爱情,为了自由的生活,西北民族以血和泪,甚至以生命为代价,完成了坚强审美精神的铸造。这类花儿的主人公是硬骨头和铁打的汉。花儿表现的情感意蕴,通过对健康、纯朴、美好、真诚的爱情的讴歌,体现出了这种人格美的全部内涵。它具有鲜明的追求个性解放的取向,并始终以乐观的姿态向封建礼教和宗教束缚挑战,显示出积极向上的人生意味和乐观主义的人生态度。在这种人格美中充分显示了西北民族的思想美、品德美、精神美和理想美。

西北地区的荒凉和艰辛,是花儿传唱的地域背景。这里的人们在严酷的自然条件下,或农耕或游牧,都面临着在强大的自然压力和恶劣的生存环境下是退却还是搏斗的选择。不屈服于命运,不屈服于严酷环境的西北各民族都毅然地选择了后者,并以此摆出了向自然宣战的雄姿。这就是西北各民族崇尚力量,性格坦诚、乐观、豪迈的具体体现。花儿是他们心中的歌,花儿负载着他们求自由、求幸福的全部热情,所以豪迈、乐观就成为花儿的内在审美精神。在严酷的自然面前的豪迈,在艰辛的生活面前的豪迈,在难以想象的各种困难面前的豪迈最终化成了一声声豪迈的歌唱:"尕马儿骑上枪背上,西口外打一趟黄羊;为生活草滩里受辇障,把花儿抛在了远方。"在这里,西北民族艰难困苦交织的生活犹如电影蒙太奇一样闪现,各民族善良、纯正的品格在花儿中得以浓缩,这高亢、豪迈的旋律,来自西北高原磅礴的气势,也来自各民族粗犷、豪爽的内心世界。主观体验和客观现实的交相融会,使花儿在豪迈的吟唱中抚慰着这些焦渴的心灵。正如德国批评家赫尔德所说:"歌谣具备了全部的魅力,鼓舞着人民,是他们的动力,是他们永远继承的歌声和欢乐的歌声。这就是粗犷的阿波罗发射出来的箭,他们用这些箭洞穿了人们的心,而他在箭上系上心灵和回忆。"②

---

① 刘英度主编:《普通心理学》下册,(台北)大洋出版社,1978年版,第277页。
② 《西方文论选》上册,上海译文出版社,1979年版,第441页。

3. 细腻、缠绵、悱恻

粗犷、悠扬、豪迈是一种阳刚之美,但花儿并不仅仅呈现为此,而是多姿多彩、风格多样、阳刚与阴柔并存,显示出一种刚柔相济的美学特征。

阳刚是一种壮美,它唤起人的尊严和自豪感,阴柔是一种优美,它不但以柔和清丽令人心旷神怡,而且以细腻婉转的审美精神叫人一唱三叹、缠绵悱恻。在西北花儿中,人们发现了一个出现频率很高的意象,那就是泪水意象。所谓"肠断未忍收,眼穿不欲归"。贫瘠的土地养育着西北的儿女,高原、荒坡伴随着他们艰辛的人生。物质生活的苦难,使他们把视点转向内心,转向精神生活。精神生活被物质生活的苦水浸泡,只剩下爱情似乎才是他们的乐土。因此,向往爱情、追逐爱情以及恋爱后的煎熬便成了西北"花儿"的一个永恒的话题。整个"花儿"中充满了凄苦的语象,演绎着一曲曲"爱与怨"的悲歌。"园子里栽的是向日葵,跟上太阳转了;身子儿在家心在外,三魂儿跟着你转了。"歌唱者以园中的向日葵围绕着太阳转起兴,兴中有比,道出了为伊人梦魂所萦的神情,那一缕的相思仿佛太阳,飘忽万里,无处不在,让人牵肠挂肚,可谓字字哀音。"一晚上想你没睡着,天上的星星我数过。前半夜想你没睡着,后半夜想你到天明。一晚夕急着满院子跑,人问时追贼着哩。"世上最苦人想人,在人想人的季节中,热恋中的"花儿"在煎熬中辗转反侧,夜不能寐,只好以数天上星星的方式,度过漫漫长夜。当别人询问时,却以"追贼哩"来搪塞,凄切、哀怨之情见于言外。"少年是尕妹心上的泪,句句话泪珠儿串成。"泪珠、泪水、泪眼、流泪之人是"花儿"中出现得比较多的审美意象。"马步芳修下的乐家湾,拔走了心上的少年;淌下的眼泪和成个面,给阿哥烙下的盘缠。"从一般修辞的角度讲,这是一种夸张的手法,为的是增强艺术感染力,但以泪和面给远行的心上人烙盘缠,却显示出其情之苦痛,其爱之深沉。生存于高山大荒之间的西北民族性格多率真坦荡,对人真诚无私,对爱情则更是情深意长,在西北高原荒凉、贫瘠、酷寒的自然条件下,人情就显得特别的亲切和温暖。人们渴望幸福的生活和真诚的友情,而纯洁高尚的爱情更是人们所向往的,是人们追求不息的精神家园。爱情之花需要真诚的空气,需要纯朴的情意,更需要深情的泪水来浇灌。

俗话说:"男儿有泪不轻弹。"西北各民族多崇尚勇武、刚毅,性格多粗犷奔放,但在花儿中却注入了一种缠绵的情愫,泪水意象就负载着这种细腻的情感,而这也是西北民族丰富的内心世界的真实写照,一个刚强汉子的泪水和柔肠有时更能使我们感动,因为它来自一腔真诚的爱。痴情的少年,执着的花儿,爱而不能见,他们备受相思的煎熬,在煎熬的激情状态中他们唱出了自己内心的那份凄楚。

"你急得我眼睛里滴血哩,滴血着几时见呢。扒开肝花想烂心,急麻了一双眼睛。"因为撩人的思念,他们柔肠寸断,泪眼滴血,心肝撕裂,秋水望穿。"太阳落山一会了,看不见阿哥的影子,等不见阿哥我不走,我只有这一点本事。""肠断未忍收,眼穿不欲归","花儿"依旧在痴痴地等待,渴望着"阿哥"归来。闻之令人怆然,心潮难平。"清溜溜儿的长流水,当啷啷儿地淌了;热吐吐儿的离开了你,泪涟涟儿地想了";"三岁的马驹儿槽上拴,尕马儿下了个平川,哭下的眼泪拿桶担,尕驴儿驮给了四天";"尕马儿撒欢者不罢了,钢铃儿当啷啷响了;见了个尕妹者哭哈了,清眼泪刷啦啦淌了。"涟涟儿的泪,刷啦啦的泪,都强调了相思之苦,情爱之深,有谁不为这样的泪水而感动呢?泪水意象交织着各民族的内心激情,在花儿中,它暗示着主题、强化着情感。泪水意象也给花儿带来了缠绵的情调,使花儿那沁人心脾的特色更加鲜明。

"花儿是眼泪谱写的歌","只要任意从花儿的海洋中舀出一勺来品尝,那毫无疑问是苦咸的精灵"①。"白天嚎来晚上哭,一心儿想的是女婿"。"花儿"因思念自己的女婿,成日以泪洗面,用泪水诉说心中的思念,表达内心炽热的爱。"清眼泪拌成的炒面,清眼泪点点儿洗衣裳,淌下的眼泪滚茶呢!"心中藏有无限凄凉事,却不能轻易向别人言说。每当念及自己的意中人,便会伤心流泪,泪珠点点,肆意流淌,最终"吃的是眼泪,洗的是眼泪,喝的还是眼泪"。因为"泪"的语义渗透,以致听觉表象似乎也具有了湿度。"身披汗衫送阿哥,清眼泪把心儿淹了。搓着面手送阿哥,清眼泪把嗓子淹了!"与"阿哥"依依惜别,但见泪眼,无语凝噎,泪流在心里,浸泡着受苦的心灵。"案板前想起你,清眼泪和面哩。哭下的眼泪揪蛋蛋,驮子驮给了两天。哭下的眼泪担子担,驮桶驮了两天!"在这些夸张的表白中,眼泪可以和面,哭下的眼泪驮子驮了两天,担子担了两天,看似无理,却是有情。"十股子眼泪九股子淌,一股子连心着呢。我连着梦见了三晚夕,四晚夕哭成了哑巴。哭下的眼泪成河了,尕命交给你了!"歌唱者以赋的修辞笔法,直陈其事。泪留在脸上,痛在心里。"四晚夕哭成了哑巴",唱出了生命的悲歌,"尕命交给你了"更是一种命运的悲剧。缠绵的情调渗透在花儿含蓄、蕴藉的内容和迂回曲折的旋律中,所谓如泣如诉的审美效果就是这样产生的。"洪水浸了河滩了,清水(俩)洗了脸了;一碗吃成半碗了,眼泪把碗添满了。"此情此景,使离情别绪跃然纸上,在爱情生活中,离别之苦就显得更加深沉。正如李商隐在诗中所感慨万千的:"相见时难别亦难。"肝肠寸断的别绪离情通过泪水意象来表现,有时难免落入俗套,但这支花儿

---

① 屈文焜:《花儿美论》,甘肃人民出版社,1989年版,第72页。

却通过"泪水添满碗"这个细节,渲染了思念之深。这种清新别致的构思,使花儿中的"泪水意象"显得生动、传神,极具审美想象力。"说了一声去的话,眼泪淌者袖子擦,忙把系腰穗穗抓,心上就像篦子刮。"泪水意象的出现在这首花儿中自然朴实,但"心上就像篦子刮"一句以大胆的比喻表达出离别之痛,并激发人的想象,促使人们进一步品味眼泪所蕴含的深情、缠绵、悲凄的意味,增强了花儿意境之美。

西北花儿在悠扬中含有缠绵,豪迈中蕴藉着忧伤,这也正是西北民族性格的具体表现。"八仙的桌子上摆笔墨,砚台哈当中央摆上;淌下的眼泪研成墨,给阿哥把书子写上。"字字血、声声泪的激情,以泪研墨的悲苦情怀在这支花儿中表现出来,感人至深,不仅令人遐想,也迫人深思。

透过被泪水浸泡的"花儿",我们可以感知到西北人"以泪示爱"的民族文化。他们用自己千行的热泪,表达着内心无限的爱。从文化心理上看,游牧文化和农耕文化交织为生存文化背景的西北人注重人与人之间的关系,格外重视乡土之情、家庭之情、男女之情,强调本我的真实表现,质朴、善良、憨厚。这种情感已化为血肉融合在他们的生命中。在那一唱三叹的节奏和旋律中传递出"屡思屡哭"的生命痛感和"屡哭屡思"的悲剧精神。表现在西北"花儿"中,即呈现为一种极富西北特色的悠扬、豪迈与忧伤、缠绵交织的审美精神。这种精神不但没有冲淡西北"花儿"高亢激越的总体风格,而且还增强了西北"花儿"的美感,使西北"花儿"的言情意味更加浓厚,具有了一种含而不露、需要细细品味的艺术魅力。

4. 悲凉、沉郁、深切

西北各族人民吟唱花儿,多是在缠绵悱恻,挥之不去,舍不得放手,像失了魂魄的痛感的时候。正如花儿中所唱的:"心上惆怅(愁肠)又颇烦,因此上唱了个少年。"所谓"君子作歌,惟以告哀"。花儿表现的是西北各族人民对美好生活的向往和憧憬,但这种深深的渴望往往是和现实处境的不幸交织在一起的,或者说是由不幸的现实和痛苦的遭遇激发出来的。表现在"花儿"中,或因爱情的缺失,或因相思的煎熬,或因婚姻的错位,或因家庭的变故,或因物质的匮乏,或因生活的潦倒,"花儿"们愁肠百结,满腹哀怨。当这种失落的心理在现实生活中无法得到补偿,于是"点点抱离念,旷怀成怨歌"式的悲怨意溢于西北"花儿"中,处处能听到旷男怨女怨哀音。"鸡娃儿叫了三声了,雀雀儿飞着亮了,闰年闰月的老天爷,心黑着把闰夜的忘了"。既然有"闰年""闰月",当然应该有"闰夜",这个"老天爷"怎么会忘了呢?情人相会,巴不得夜再长一些,情景生动、鲜明,表达新颖而别致。"心理超常影响话语的超常","超常规的语言现象,大多数都是由于特定的心理因素所造成的,往往是说写者的超常规的心理状态的一种产物"①。从"闰夜"这种超常的言语表达,人们不难体会到"花儿"的内心世界,能体悟到情人间内心的凄凉和无助。"花儿"们渴望能长相厮守,相依相偎,喃喃到天明,可现实却春宵苦短,他们只好把一腔的哀怨化为对"老天爷"的责问。又如"远路上维朋友干球蛋,家里头住上几天"。这是对有情人不能朝朝暮暮、长相厮守的埋怨。再如"仙桃献给王母了,烂杏儿沤成粪了;尕妹子选进王宫了,阿哥给拽了镫了。"这里以"仙桃""烂杏"起兴,起兴后再采用赋,唱出了有情人不能终成眷属,却被强行拆散的无奈和凄恻。"尕妹妹像长流的水,越流越清亮了;二阿哥活人是路旁的草,越活越孽障了!"这里,运用一个比喻兼对比的修辞文本,对比中有比喻,比喻中有对比。将"尕妹妹"比喻为清澈的流水,把"阿哥"比作路边任人践踏的野草,通过二者处境的对比,写出了"阿哥"的哀怨,悲愤之情溢于言外。"维下的新花儿比肉香,旧花儿撇下个孽障!"通过对比的修辞描写,写心上人喜新厌旧,移情别恋,抛弃昔日的"花儿"。被抛弃的"花儿"满腹酸楚和痛苦,只能低声吟唱,不着一个"怨"字,哀婉凄清却从字里行间流泻而出。总的说来,西北地区还是显得偏僻,交通相对闭塞。封建思想、清规戒律的枷锁总是套向西北青年男女们的爱情生活。"我命苦得咋跟了个老汉?"年轻貌美的"花儿"嫁了个老汉子!表面似乎在诉说自己的命运不幸,实则是对"父母之命、媒妁之言"封建思想的血泪控诉。怨情发生的主观因素"主要在于怨情发生者对于怨情制造者(如家庭、族群、国家、父母、君主等)的归属欲求和亲近欲求。当他们的这种欲求被阻断后,怨情就会发生"②。西北"花儿"中处处是旷男怨女的歌唱,究其原因,主要是他们的欲求被阻断,欲求在现实中无法得到满足。现实生活的残酷,使爱情常常缺席,相遇却被横加阻挠,相知却被棒打鸳鸯,相爱不能朝朝暮暮,却劳燕分飞,所以他们才会"离群托诗以怨"。

可以说,在西北花儿的深层意蕴中,本来就蕴含着一种悲凉、沉郁的审美精神,表现为一种悲剧特色。

在文学艺术的各种形态中,悲剧是最能打动人心,引起人们心灵震撼的艺术。悲剧有个人的悲剧,也有社会的悲剧,有现实生活中的悲剧,也有艺术作品中的悲剧。现实生活中的悲剧要求人们给予道德评判、进行善恶的拷问,而艺术作品中的悲剧则要求人们进行静态的审美观照。经过审美观照的艺术熏陶,在净化人们灵魂的同时,也能帮助人们认识社会、品味人生。悲剧艺术作品与人们内心深处

---

① 王希杰:《修辞学通论》,南京大学出版社,1996年版,第158—159页。
② [瑞士]凯塞尔:《语言的艺术作品》,上海译文出版社,1982年版。

蕴含着的求善、求美、求真的情感本性趋于一致。在人类的社会生活中,最高尚的情感是对真善美的追求。求真,追求的是科学上的不断创新,它能推动社会的进步和发展;求善,追求的是道德上的自我完善,它传播的是人间的温暖;而求美,追求的则是艺术上的完美高雅,它有利于培养和谐完善的人格。由于悲剧艺术作品关联着人类追求真善美的本性,因而观看悲剧艺术能引起人们的情感共鸣,从而产生心灵的震动。

西北的悲剧美源于多种因素:中国西北地域虽然极其博大,但人烟非常稀少,社区与社区之间间隔距离大,交通极不方便。尽管西北人生活空间和自然条件极其闭塞而险恶,但他们在与自然环境和频繁的社会灾害搏斗中,无论是胜利还是失败,这里的人都具有一种多舛的命运以及坚韧的气质,这种气质闪耀着凝重的忧患意识和悲壮、沉郁之气。这种悲壮、沉郁之气和人民母体、大地山川的崇高感的把握相交融,相辉映,形成一种悲剧氛围。这种悲剧美是西部文艺审美创作阳刚美学风貌的又一表现。

首先,就西部人的生存环境而言。西北的大漠、荒原、高山、戈壁作为生存环境是艰难困苦的。人类在这里生活,世世代代处在和大自然苦不堪言的斗争和交往中。而农业耕地和牧场资源的短缺,又常常使人和自然的悲剧性关系演化为人和人、部落和部落、民族和民族的争斗,演化为悲剧性的社会冲突和征战。

其次,西部是日落之处。日落作为审美的物象或意象,常常和寒冷、黑暗、孤独、衰败、远僻、无望等情绪、感受联系在一起。西北自然和社会环境的困苦一旦和天体运行给人的知觉叠印到一起,就会使人们心理积淀为一种类乎先天性的西北印象:它是一块苦难之地,它总是诱发悲凉之情。无论是"夕阳无限好",还是"长河落日圆",或柔或刚,都免不了要生出一种失落与孤独的心理氛围。

再次,从西北人的命运和他们的精神气质而言,困苦的生存环境、游动的社区群体和多民族的迁徙、战乱不但使西北本土的各族人民在人生道路上经历更多的曲折、坎坷,而且,西部的困苦,也使得这里自古以来就成为贬斥、流放之地,成为走投无路者企望绝处逢生的地方,生活无着者以生命孤注一掷的地方。一种历史性现象出现了:悲剧人物西聚,悲剧情绪西流,加剧了西部的悲剧氛围。

悲剧较之于喜剧,更能给人一种灵魂的震撼和心灵的律动,而中国西部又有着浓重的悲剧氛围,故而西部审美文化艺术在对中国西部的景象关照中,都自觉或不自觉地融入了强烈的悲剧意识。即如恩格斯所指出的:"历史的必然要求与这个要求实际上不可能实现之间的悲剧性冲突。"①西部花儿更多地来自不幸、来自痛苦、来自美好的事物暂时被压倒的愤懑。"忧愁之志,则哀伤起而怨刺生。"(《文心雕龙》)作为苦难时代心灵的唯一慰藉,西部花儿也更深刻地表现出了生活本身的一幕幕具有悲剧魅力的生活场景:"桃枣果在园子家,白萝卜又下了窖了;远路上有我的胭脂花,想死者不得见了。""打灯娥儿上天了,癞蛤蟆钻了地了;浑身的白肉想干了,仅留了一口气了。""黑了黑了实黑了,麂子巴石崖上过了;指甲连肉的分开了,刀割了连心的肉子。"这些痛苦场景实际上是旧时代封建礼教束缚下求自由、求解放、求美好爱情的人们的普遍遭遇,但人们并没有屈服于此,而是奋起反抗,大胆地向封建礼教宣战,强烈要求冲破桎梏,破釜沉舟、鱼死网破,斗争到底,从而使花儿具有强烈的悲剧精神:"桂花窗子桂花的门,大老爷堂上的五刑;打断了大腿拔断了筋,越打时我俩越亲。""河州城里三道桥,十三道箭门的过街;钢刀拿来头割着去,血身子陪着你坐哩。"这种惊天动地的爱情盟誓,崇高悲壮,摄人心魄。而隐藏在西北花儿深层的正是爱情的悲惨遭遇和主人公撕心裂肺的痛苦体验。它催人感奋,促人向上,激发人们对美好爱情的大胆追求,它是人民的心声,反过来又教育和引导人们在真善美被毁灭时,怎样痛定思痛,在人生的大悲哀大痛苦面前怎样锻造新的人生。这些花儿形象地描绘了西北各民族人民在苦难面前的总姿态:"天大的祸害时不丢你,阿乌俩死时心甘。""是座刀山我俩上,油锅里一处儿跳上。"这是充满激情、忘却生死的爱情生活写照,体现的正是"生命诚可贵,爱情价更高"、为爱情而献身的精神,也是西北各族人民在高山大荒中形成的精神风貌的再现。它在皑皑雪原茫茫戈壁间闪烁,在凛冽寒风和无边黄土间生长。它粗犷、奔放,在如烈焰燃烧般的热情中蕴含着悲壮、沉郁的意味,在凄凉幽怨的呼号中渗透着悲凉的意绪。聆听这样的花儿,我们常常能感觉到那优美的旋律中曲调情绪的悲伤和幽怨。

在西北花儿盛行的地区,都有有名的花儿会。唱花儿虽不分季节,但各地的花儿会一般在农历四月以后开始举行。西北花儿会的举行,往往吸引着附近村庄的人们,不论民族,不论男女老幼,会场上总是人山人海。值得注意的是花儿会一般都在山清水秀、远离村落的名山上举行。如甘肃的莲花山花儿会,青海的五峰山花儿会、老爷山花儿会等,甚至许多宗教庙会也成为花儿盛会。农历四月西北高原花红柳绿春意盎然,人们从漫长的冬天走出来,在春意融融的春天里尽情放歌。西北花儿会是欢乐的歌会,人们借歌访友、以歌寻友,爱情的种子也在此萌

---

① 马克思恩格斯:《马克思恩格斯选集》第4卷,人民出版社,1972年版,第346页。

芽。很多有情人往往是在一年一度的花儿会上相识、相恋的,所以花儿会也是情人聚会的好场合。但久别重逢的喜悦,往往含着长久思念的伤悲和难成眷属的幽怨。漫长冬季里无尽的相思和深切的渴盼往往在花儿会上得以痛快地宣泄,民间有"花儿是哭出来的"一说,屈文焜在《花儿美论·花儿的悲剧精神》一书中指出:"世代在遥远而苍凉的沟壑间行旅的歌手们,是绝没有多少欢乐可唱的。他们的花儿总是如泣如诉,充满着苦涩的感情。"花儿会上,许多歌手往往含泪而歌,其传递出的更深的意绪是悲怆而忧伤的。在花儿会热情泼辣、俏皮热闹的场面中,蕴含着一种强烈的悲剧性情绪,深沉的相爱总和刺骨的思念相伴,诚挚的爱情总和艰难险阻相伴。生活启迪着歌手,歌手在花儿中思考着人生,而花儿也熏陶着人们。因此,可以说,粗犷、清亮的西北花儿凝结着太多的血泪,高亢的声调中自然地融入了太多"苦涩的感情",花儿的旋律也自然地带上了悲凉、哀怨、叹息、哭诉的悲剧意味。正如屈文焜所说,音乐的悲剧性旋律来自悲剧的生活。花儿的这种悲剧性内容也形成了花儿旋律上的忧郁哀怨,"如撒拉族花儿的曲调中,音程最常见的是'3—5'或'6—i'小三度音程,这种音程关系使撒拉族花儿在情绪上表现出低沉、忧伤……"①这种特色在东乡族、土族等民族的花儿中也有一定的表现,形成花儿的幽怨意绪,增添了花儿深沉倾诉、悲怆感人的艺术魅力。

5. 风趣、含蓄、深远

西北花儿是横跨甘肃、宁夏、青海、新疆四省区,在回族、东乡族、土族、藏族等八个民族中广泛传唱的民歌,它打破了地域界线和民族界线。更为值得注意的是,这些民族都有各自不同的语言文字和风俗习惯,但在唱花儿时,往往不约而同地习用汉语。这也许正是花儿流布地域广阔的又一原因。正因为如此,西北花儿又形成了自身独特的、风趣、含蓄的地域审美精神,散发着浓郁的生活气息。这种审美精神当然在感情色彩和演唱风格上都有呈现。生活气息也主要侧重于各民族给花儿赋予的从内容到形式的民族化色彩。地域性和民族性加重了花儿的泥土气息和亲切意味。

西北花儿歌手的演唱多是即兴式的,因此身边的人事景物往往成为他们信手拈来的重要意象,从而熔铸成花儿所具有的真正的西北风情和民族艺术的风趣。例如土族有一首脍炙人口的传统花儿:"天上的星星明着哩,月影里下雪着哩;尕妹的门上蹲着哩,毡帽里捂脚着哩。"这首花儿写的是情人幽会,突出的却是男主

---

① 包垣智:《谈谈青海花儿的音乐》,见《少年(花儿)论集》,中国民间文艺研究会青海分会,1982年编印。

人公"毡帽里捂脚"的憨厚形象,对爱情的坚贞是他不畏严寒,执着追求的动力,此情此景可谓情景交融、意境深远。而"月下雪地""毡帽捂脚"却突出了高原地方的酷寒特征,点出土族人的毡帽,又使花儿的民族性十分鲜明。"连走了七年的西口外,没到过循化的保安;连背了三年的空皮袋,没装过一撮儿炒面。"这是一首表现失恋情状的花儿,"皮袋""炒面"这些具有高原民族特色的生活用具和特色食物,形成了这首花儿表达上的巧妙与风趣。花儿是西北大地上开得最艳的艺术之花,花儿从内容到形式都浑然天成地来自西北,属于西北。西北民族生活中许许多多有特色的物象都在花儿中找到了最富诗意的位置。正如高尔基所说:"人民不仅是创造一切物质财富的力量,同时也是创造精神财富的唯一无穷的源泉,他在时间、美和天才上都是第一流的哲学家和诗人。"西北花儿歌手们正是以这些特殊的物象构建了花儿那亲切朴实的地方风味和民族风情。"绿纹的盖头谁织了?阿一个染坊里染了。"西北高原信仰伊斯兰教的回族、东乡等民族妇女都有头戴盖头的习惯,绿盖头一级是未婚女子或年轻妇人所戴,可以说,正是由于"绿纹的盖头"审美意象的出现,才使这首花儿具有了鲜明的民族特色。"三大蒜线一骨朵蒜,辣辣地吃了个搅团"。"搅团"是河湟一带民族爱吃的一种用杂面做的面食,"搅团"的地方性特色非常明显。"藏里的氆氇是真加翠,胜过了江南的软缎"。"氆氇"是藏族地区的一种羊毛织品,这首花儿表现了西北人对它的珍爱。"黄河的浪头一丈高,筏子阿门价走哩?""筏子"是西北高原黄河岸边的各民族在旧时常用的一种渡河工具,这首花儿信手拈来,生活气息陡增。"尕马儿备的是红鞍了,万里马甩梢子哩";"尕马儿骑上枪背上,西口外打一趟黄羊。"西北高原又是著名的产马区,马在西北高原民族生活中有非常重要的位置,游牧生活、日常交通都依赖于马。民间也常有各种赛马的活动,因此在花儿中马往往成为起兴的主要意象。"红白经幡鄂博上插,手托手儿跪下。三世的夫妻把誓发,四世上还不能罢哈。""鄂博"是藏传佛教徒信仰的一种牙火神祇,它在这首表达坚贞爱情的花儿里出现,增强了其庄严感,而民族审美精神也就很自然地呈现出来了。凡此种种,不胜枚举。

  花儿展示的世界是西北大地上人事物景的缩影,西北地域的民族风情和地方风味,也自然地影响到了花儿的旋律。西北花儿的魅力也来自花儿本身风格迥异的各种"令"(即曲调)。西部花儿的令据说有百多种。如"白牡丹令""水红花令""大眼睛令""撒拉令""河州令""好花儿令""喜鹊儿令""杨柳姐令""尕阿姐令"等。这些不同的"令"有着不同的唱法和不同的衬字、衬词、衬句,形成了不同的风格。在这些令中,有的是在各地各民族中广泛流传和共同使用的,如"白牡丹令""水红花令"等,更多的则是在不同地方和不同民族中流传,仅从其名称上也能显示出特有的民族和地方特点。这些特点的形成和一个民族的生产生活环境和民族性格有着重要的联系。

在西部花儿中,人的创作精神和客体状态的多次遇合,产生了形形色色的具有不同民族和地方风格的花儿,并呈现出多样的审美精神。如回族花儿的刚健有力,土族花儿跌宕起伏,撒拉族花儿生气勃勃等,这些审美精神的呈现都与各民族的生活环境和独特气质紧密相关。

马斯洛在《人类动机的理论》一书中,提出人类的需要可分为由低到高的五个层次,而最基本的就是人的生理的需要:在一切人的需要中,生理需要是最基本的,也是最优先的。应该说,西部"花儿"所表达的就是人的生理与情感的需求,正因为如此,所以花儿成了西部人表达感情的重要方式。纵观西部花儿中大量的"爱情花儿",不仅广泛地涉及爱情生活的各个方面,而且情感浓烈、真挚,这便是最好的证明。也正如一位歌手所说:"痛痛快快地唱这么几天,一年的乏劲儿都散了。"这话,大约代表了全部歌手们的心声。因此无论是田间劳动的阿哥,拔草的尕妹,还是为生活潦倒走他乡、奔口外的受苦人,千里跋涉的脚户哥,黄木泛舟的筏客子,猎手,牧人,工匠……都是"花儿"和"少年"的创造者、传唱者。他们在劳动和生活中,往往不禁纵声"漫"起抒发心底衷情的"少年"。他们放开粗豪的喉音,哼唱着原生态的"花儿",声音粗涩,但掩不住歌里的真情,纵然生活困苦,但得之于先天的情感,并不因生活的压抑而湮灭,这是高原人民心中的歌。因此也便有了"花儿本是心上的话,河里的鱼娃儿离不开水,不唱是由不得自家,没水时它咋能活哩?刀刀拿来头割下(哈),'花儿'是阿哥护心的油,不死了还是这个唱法。没它是阿们(者)过哩?"

西北的地理环境对"花儿"文化有着先天性制约,西部独特的地理背景决定了花儿文化。在一些基本方面,如生产力的结构和布局、生活水平和生活方式、人的生理和心理素质等,西北区域都区别于其他区域,并由此产生了西部人粗犷豪放、自由爽朗的性格。可以说,在地理基础上形成的西部地区的原初本态构成了花儿文化的核心内容。

而西部花儿文化又不完全受制于地理环境。它并不是在一个封闭的系统中自我生长起来的。正如人的成长一样,其出生时所带有的先天种族、民族的遗传基因固然会决定着他的性格、体格,但真正影响他的情感心理和性格的是他后天的成长环境。显而易见的是,花儿文化是建立在西部多元文化的历史基础之上的。它之所以能长期扎根于民间,深受人们的喜爱,从而流传百世,是有其深厚的民族根源的。自多民族历史时期以来,西部地区各民族共同体在文化上一方面保持了各自的传承和特点，另一方面又结成了一种多元多边的文化互动关系，即各民族在文化上相互影响、相互渗透和相互吸收，每一民族都通过这种互动关系从其他民族文化中汲取各种养分、丰富自身文化的内涵，从而在文化上达到了一种相互交融的状态。可以说，西部各民族共同体文化的形成和发展过程与族际间文化互动密不可分。

西北地区自古就是各民族迁徙、聚散、渗透之地。从早期西部诸羌的分化到汉代中原汉人的移民，再到来自东北的鲜卑人的徙入以及吐谷浑王国的兴衰、蒙古族的大举进入，一直到元明时期回族、撒拉族的逐步迁入和再一次汉族大迁徙，这种民族迁徙和聚散过程从来没有停止过。历代的争夺和迁徙促成了后来的民族大融合、大分化。西部地区是青藏高原与内蒙古高原、黄土高原的交错地带，从地理、气候、资源等条件看，宜农宜牧，适合来自三大高原的迁徙民族生存发展。再加上此地为中原政权的权力边缘地带，有暇顾及则纳入管辖范围，无暇顾及则实行弹性管理，客观上给各民族的发展创造了条件，并形成只有西北地方才具有的多民族及其文化走廊之汇聚枢纽的地位的民俗心理意识和审美意识。

从西北地区族际间宗教文化的互动关系看，结成了两个比较密切的互动圈：一是藏族、土族和汉族之间的互动圈，在这个互动圈中，藏族和土族都信仰藏传佛教，土族又吸收了许多汉族宗教的因素，汉族也同样受到藏、土两族宗教的某些影响；二是回族、撒拉族、东乡族和保安族之间的互动圈，共同的伊斯兰教信仰，使得这四个民族在宗教文化上具有更为亲和的关系。应该说，在西北地区各民族的发展史上，族际间文化互动所涉及的范围是十分广泛的，产生的影响也极为深刻，从周邻民族文化中汲取养料是每一民族文化发展的重要环节，因此，西北地区各民族文化形成发展史实际上也就是一部族际间文化互动史。自古以来，西北地区都处在一种"夷夏相交"的文化过渡地带，在以中原为中心的人文地理结构中则属于一个文化的边缘区，而正是这样一种"过渡性"和"边缘性"的特征，才使西北区域具有了多种民族文化并存合发的条件，族际间文化互动关系则成了各文化之间相互借鉴、吸收，乃至于文化整合和重构的基本途径。而西北"花儿"文化也正是在这种多民族多元化多边的文化互动中展示出了自身独有的特点。九个民族演唱同一种民歌在中国是一种独特的现象，而西部地区的花儿正是这种独特现象的艺术呈现，造成这种现象的则是西部与众不同的自然环境和人文环境。

总之，花儿为西北地区辛勤劳动的人们带来了生活的信心和勇气，让歌声照亮了苍凉的土地和沉郁的心灵。花儿，这朵开放在西北人心中的奇葩不但永远不会凋谢，反而会流传得越来越广泛，开放得越来越鲜艳，涌现出的歌手也必将越来越多。

第五章

西北审美文化及其精神的多样呈现(下)

西北审美文化遗传因子对文学创作、发展具有深远的作用,其区域、民族、历史等众多因素对西部文艺审美创作的生长、发展都具有制约和影响。如边塞诗在唐代和清代的兴盛就离不开西北地域条件的限制,西域的独特山川景观、边塞战事、绚烂的少数民族文化是边塞诗的主题内容。地域空间的贯穿性、假定性、制约性、差别性、矛盾性等因素是中国文艺审美创作古今演变研究中需要关注的问题。建立在西北特有的自然环境、民风人情以及学术传统基础上的西北地域文化,造就了西北文艺审美创作不同于其他区域文化特质和风格特征,而地域文化的特质与变移始终是西北文艺审美创作发展的一个关键要素。

一、民族文学的审美精神

中国的西北,这片巍峨高原,亘古以来,以其古朴苍凉、雄浑壮阔以及种种神奇的魅力吸引着世人,令人瞩目。浩浩长天、漫漫戈壁、皑皑雪山、茫茫草原,养育了历史上一代又一代民族文学家。秉天地之灵气,集日月之精华,汲取了大自然的营养,凭借着与中原地域截然不同的生活经历和审美感受,从独特的审美角度出发,创作出无数文学精品,构筑了绚丽的艺术长廊,与中原及其他地区作家文学既一脉相通,又交相辉映,共同建构起足以使中华民族的后代子孙无比自豪的丰富瑰丽的艺术宝库。

1. 庄严、神圣

西北文学具有浓烈的宗教气息,崇高的审美追求特色和庄严、神圣的宗教审美精神,这当然与地域文化的影响分不开。自古以来,中国的西部高原由于特殊的地理位置和民族结构,宗教信仰特别浓重,世界三大宗教中的佛教、伊斯兰教在这里形成了极其强大的势力。我们知道,任何一种历史悠久,教民众多的宗教都有属于自己的独特的宗教哲学，尤其发展到成熟阶段，宗教思想作为思维发展的高级形态，它必然有着十分复杂而又极其严格的理论体系。从审美的角度来分析，佛教、伊斯兰教教义共同追求人性的纯洁、真诚、公正、善良，为实现这些理想还要求人们具备不屈不挠的坚贞意志。应该说，这些都是人类共同向往和追求的更高、更直接的审美目的的表现。就美学意义而言，佛教、伊斯兰教给它们的教民们传达的至善至美的人生境域，是一种审美追求的极致。

作为人类社会意识形态的种属，人类的文学创作与人类的宗教活动都属于一种社会活动，因此，一开始两者间就存有不可分割的联系。并且，究其深层意义，在审美层面上，其所设想的人生境域应该是一致的。既然佛教、伊斯兰教的内涵与人类审美追求一致，而且这两大宗教自古以来就已经深深融入西北民族人民的血液，主宰着他们的灵魂，宗教的气息如此浓烈而广泛地笼罩着西部高原这块古老的土地，那么作为西北民族的优秀代言人，那些诗人和作家们就不可避免地在他们的作品中或直截了当，或委婉曲折，或血浓于水，自觉不自觉地表现出那种潜藏于心中的博大精深、庄严神圣的宗教精神来。并由此而构成西部文学的突出特色。可以说，在中国文学史上那些曾经取得过极高成就的著名文学家、诗人，尽管被誉为"诗僧""诗仙"，但其作品中所表现出来的宗教气象都无法与西北作家在其作品中所创造出的庄严、崇高、神圣的精神境域相提并论。

根据已经发现的资料可知，我国西北古代就有众多的民族作家专门从事宗教文学的创作。如从事佛教诗歌创作的有回鹘诗人古萨里的挽歌体诗作，阿特桑的赞佛诗，伽鲁纳答思的祈愿诗等，只是惜于资料亡毁，他们的作品没有能够保留下来。从流传至今的为数不多的一些回鹘文佛教诗歌来看，其内容全部集中在颂扬佛法、劝人向善、遵从教规，从而脱离苦海，修得佛福。

西北的自然环境是壮美而又极其艰苦的，这里的社会生活是落后而又充满了曲折苦难的。西北各民族人民世世代代在这里繁衍生息，历代西北民族作家在这个环境中生活、创作，所以他们的文学创作就不能不把现实生活作为作品所反映的主要对象。因此，西北民族作家将十分强烈的宗教意识有意地与高层次的审美追求融为一体，蕴藉于他们的文学作品之中。

在这里我们首先要提到的是11世纪维吾尔族诗人玉素甫·哈斯·哈吉甫。他生于1019年，卒于1080年左右。公元1070年前后，他用古回鹘文写成了一部长达13290行的叙事长诗《福乐智慧》。

《福乐智慧》（直译应为"带来幸福的知识"）采用阿拉伯阿鲁孜格律马斯纳维形式写作，借此开创了维吾尔诗歌古韵律双行体的先河。全诗内容丰富，语言生动,思想深邃,句式优美,韵律严谨,技艺娴熟。长诗的内容,概括起来就是赞美真主和先知,歌颂英明君主,劝喻统治者公正、睿智、知足,同时还分析和评价了当时各行各业的现实作用。作品以4个虚构的象征性人物之间的对话,深刻而细致地讨论了上述内容。作为公正化身的"日出"国王求贤心切,象征幸福的"满月"前来谒见后,即被封为宰相。宰相临终之际向国王推荐代表睿智的儿子"贤明"接替相位。但宰相之子却需要自己的叔父、最懂知足的"觉醒"来当助手。因三请而不就,国王深为焦虑。长诗就围绕这个并不复杂的情节叙事说理,以诗剧的形式进行了精彩的描述和深入的讨论。诗人把知识作为认识的主要手段,宣传知识就是力量,就是幸福,是促进社会进步的重要工具。"人类因有知识今天变得高大,因有知识才解开了自然的奥秘""智慧有如黑夜里的明灯,知识会将你心里照亮"等大量诗句,正恰切地阐明了上述观点。他虽然认为劳动者愚昧无知,却也承认从事农业和手工劳动的人是社会存在的基础。在不少段落中,诗人还从国家兴亡的高度强调了法制的作用,如"暴政如火,会把人焚毁;礼法如水,会养育万物"等不少警句,既形象又深刻。与此同时,诗人对伦理道德的教育及其社会作用也极为关注。在政治主张方面,诗人竭力反对保守,提倡革新,诸如"无常对我说来不算缺点,大力革新我最喜欢"等不少诗句,都说明了这一点。对当时各族人民依靠丝绸之路进行经济文化发展的差异运动的活动,诗人也予以高度评价和热情讴歌:"他们从东到西经商,给你运来需要之物""假若中国商队之旗被人砍倒,你从哪里得到千万种珍宝!"

作者玉素甫·哈斯·哈吉甫集诗人、思想家、哲学家于一身,正因为如此,他的诗作从情节看非常简单,但表达的思想内涵却博大精深。其中有深邃的哲学思考,有一整套严密的励精图治、兴邦安国、开放求新的政治主张,有对幸福、和平、富足、安乐的理想社会执着追求的信念,还有为人臣民应遵循的人生规范及准则等。但统摄全诗的核心却是纵贯首尾的主线——对真主的绝对崇拜和颂赞。

众所周知,伊斯兰教有五大信仰:信安拉(即真主)、信使者、信经典、信末日、信前定。其中最核心的信仰就是信安拉和信使者。真主安拉是至高无上的,他创造世界,帮助人们消除并远离邪恶,启迪净化人们的心灵世界,赐予人间祥和、幸福。在《福乐智慧》的第一章至第六章,诗人首先把真主尊为宇宙的主宰、世界的创造者顶礼膜拜,接着将自然界及人类的价值依次展现出来。从第十一章开始阐明给诗作命名的含义与自身的现状,然后逐渐深入,按照自然规律和秩序解释社会生活现象和人的命运,再进一步展开所涉及的其他问题。也正因为这样,有学者提出《福乐智慧》表现了唯心主义的神创说与朴素唯物主义"四要素"说互相矛盾的双重观点。但是必须指出,这种看法只是方法论的问题。就宗教文学的视阈切入,既然诗人是伊斯兰教信徒,并且诗的一开始就明确了真主为宇宙主宰的至高无上的地位,那么由此宇宙间的一切,无论整个大自然的日月星辰、河流山川、花草树木、鸟兽虫色及其秩序、规律,还是人类社会生活的规范法则,自然无一不是由安拉创造安排并主宰的,因而二者之间并不存在根本的矛盾对立。

这首长诗中有这样几行:"奉真主之名我开始动笔。是我主将一切创造、养育、宽恕。一切赞美归于万能的真主,真主的裁判遍及好人和歹徒。真主是独一的,圣洁无比,他变无为有,变有为无。要虔信和赞美我主的真一,祈祷吧,语言要纯洁,心灵要正直。他意欲什么,就有什么,他说声'有',就有了一切。他为一切生灵提供给养,让他们出生,也让他们死亡。"在这里,读者所感受到的是宗教给予的庄严神圣的心灵洗礼、宗教的力量及其魅力和感召力。除了浓郁的宗教意识,这部长诗涉及当时政治、经济、文学、历史、地理、数学和医学等,是一部大型历史文献,对后世的文学创作产生了巨大影响,受到国内外史学界的重视。正由于此,可以说,《福乐智慧》不愧是耸立在维吾尔古文化史上的第一座文学丰碑,为后世维吾尔文学的繁荣打下了坚实基础,也为3个世纪后开创中亚文学的"喀什噶尔时代"准备了必要条件。

接下来,要提到的是18世纪初西藏藏族文学家次仁旺杰创作的著名长篇小说《旋努达美》。这部小说开创了藏族文学长篇小说创作的先河。一般认为,这部小说以爱情为主线,一方面表现了旋努达美与益雯玛对爱情的忠贞和对婚姻自由的追求,另一方面揭露了封建家长包办婚姻给青年男女带来的种种磨难。此外,作品围绕这条主线,暴露了统治阶级的虚伪面目和贪婪残暴的本性,揭示了广大劳动人民的悲惨生活等。可是只要略加深入全面地分析即可发现,所谓"爱情主线"等只不过是一种表象,作者的主旨是想通过这一系列的人物艺术意象来表达深层的佛教思想。

作品前半部分塑造了众多以旋努达美、益雯玛、斯巴旋努为代表的典型人物形象,描写了达美与益雯玛为争取幸福美满的婚姻所经历的种种艰难及其不屈不挠的精神。作品情节围绕婚姻展开,其中对三国之间的一系列矛盾纠葛,甚至战争以及由此给下层劳动人民带来的苦难等都做了生动的描写。

作者笔下的人物形象各具特色,性格鲜明生动,栩栩如生,给读者留下难以磨灭的印象。但作者对典型人物形象的塑造并不是随心所欲的,自始至终都是以佛家思想为准则,以藏族固有的伦理道德观为依据的。作品的结构庞大,情节复杂曲折,引人入胜。但这也只是手段而不是目的,实质性的目的就是要宣扬佛法,要说明人世间的一切都是无常的,是不值得丝毫留恋的。要真正得到最大的、来世的幸福,必须厌弃今生尘世的一切拖累,皈依佛门、广行布施、广积善德,才能解脱痛苦,脱离人生苦海。基于这样的主旨和宗教审美诉求,作品后半部分不惜花费大量的笔墨来重点描写主人公旋努达美与益雯玛、斯巴旋努共同遁入山林,苦修佛法,得道后又返回家乡宣扬佛法,从而得到人们的尊崇和敬仰的经过。其实,这才是作者的真正用意所在。作者通过形象的艺术描写来触动人们的感情,启迪人们的心灵,从而在潜移默化之中把人们一步步引向佛教理论创造的神圣崇高的宗教审美境域。

在景物描写和刻画上,作者善于抓住对象的特征,笔力集中,使得笔下的景物细腻、生动、丰满至极,并且善于把人物与故事置于广阔的社会环境和日常生活场景之中,情景交融,把人物活动放在特定的环境气氛中,用环境变迁描写来推动情节发展,用细节描写来表现深刻主旨。如作品中一段描绘驰名的司毕坚国的王城的文字,就给人琳琅满目、美不胜收的感觉:"从前,翻过印度北面连绵山峦,有一个叫贡格察的地方,在那里有座名叫贝玛吉吉坎的大城,像繁星遍布在蔚蓝的天空,灿烂美丽。这里国家富有,黎民众多,屹立于全国正中间的……高大宏伟的宫殿,可与帝释之城相比拟,它似持财女神珠光宝气的宫丽华饰,令人看了眼花缭乱。光亮的金顶,耸起的飞檐,光辉灿烂,相映成趣。四处园林,幽闲寂静。果园篱院,妙饰巧置,犹如天神聚会的欢喜园一般。迦陵频伽等各种鸟儿,纵声高唱,婉转动听。草坪上绿草如茵,点缀着五彩缤纷的花朵,好像鹦鹉展翅,明媚艳丽。还有那池塘、湖泊、碧水清静,甘美可饮,具八种功德。在郊外,青年小伙子和姑娘们沐浴嬉戏,尽情享受着妙欲之乐。"①这分明是佛光普照、祥云缭绕的西方极乐世界,人世间哪里去寻找这样的仙境!

由此可见,西北文学作品中渗透或者说包含着强烈的宗教气息并呈现出庄严、神圣的宗教审美精神。应该说,这也是西北民族作家文学一个十分突出的审美特征。

2. 坦诚、直露

抒发情感是文学创作非常重要的职能。因为文学活动对作者而言,就是一种表现作家思想感情的活动。中国古代文论特别强调这一点,如《尚书·尧典》就认为:"诗言志。"《毛诗序》也认为:"诗者,志之所之也,在心为志,发言为诗;情动于中而形于言。"《史记》的作者司马迁则有"发愤著书"之说。对此钟嵘在《诗品序》

---

① 马学良主编:《中国少数民族文学作品选》,上海文艺出版社,1981年版。

中有比较详细的论述:"气之动物,物之感人,故摇荡性情,形著舞咏";"若乃春风春鸟,秋月秋蝉,夏云暑雨,冬月祁寒,斯四候之感诸诗者也;嘉会寄诗以亲,离群托诗以怨,至于楚臣去境,汉妾辞宫,或骨横朔野,魂逐飞蓬,或负戈外戍,杀气雄边,塞客衣单,孀闺泪尽,或士有解佩出朝,一去忘返,女有扬蛾入宠,再盼倾国;凡斯种种,感荡心灵,非陈诗何以展其义,非长歌何以逞其情!"文学创作的主要审美诉求就是表现作家的思想感情,但作家思想感情的表现并非与外在世界无关,而是由外在世界的变化引起的。西方浪漫主义诗人及华兹华斯也认为"诗是强烈情感的流露"①。同时,人类的情感是极其复杂多样的,壮志豪情、男女爱情、亲情、乡情甚至逸致闲情,只要是发自内心的真诚情感,那一定是美好的。但同样一种真挚美好的情感,在文学作品特别是通过诗歌将它们抒发出来时,不同地区、不同民族的诗人的抒情方式是各不相同的,表现出各自的特色和风格特征。同是男女爱情和相思之情,在中原诗人的笔下表达的方式总是那样的迂回曲折,风格总是那样的委婉含蓄,意境总是那样的高雅艳丽。而在保留至今为数不多的古代西部民族诗人的诗作中,情感的表达方式却是格外的坦诚和直率,丝毫不加掩饰。可以说,西北文学作品的整体风格呈现为热情、直率、坦诚、泼辣,情感表现炽烈,直抒胸臆,如江河流水,畅快淋漓。在这方面,著名的藏族诗人、六世达赖喇嘛仓央嘉措的情诗是最为突出的代表。

仓央嘉措1683年正月十六出生于西藏南部一个贫民家庭,1697年15岁的他被选定为转世灵童,同年受戒并坐床成为六世达赖喇嘛。1705年,年仅24岁的仓央嘉措作为上层统治阶级政治斗争的牺牲品,在被"执送"清朝京师途中因病逝世。

少年时期,仓央嘉措在农村过着相对自由的生活,在毫无准备的情况下,地位、身份的突然变化,使他成为最高的宗教领袖,并置身于藏传佛教格鲁派极其严格的清规戒律禁锢之下。随着年龄的增长,个性解放的愿望一天天强烈,对爱情自由的追求也越来越迫切。经过激烈而痛苦的情与理的斗争之后,终于"冒天下之大不韪",弃宗教极端的禁欲主义与严格的清规戒律于不顾,任性纵情,不但微服夜行,与民间情人做下了风流韵事,而且给后世留下大量诗歌佳作。

仓央嘉措的情歌没有长篇大作,每一首都短小精悍,却都非常直率地表达了发自内心的真挚而又复杂细腻的情感。比如:"心中热烈地爱恋,问伊能否作伴

---

① 安德鲁·桑德斯:《牛津简明英国文学史》(下),谷启楠等译,人民文学出版社,2000年版,第46页。

侣?答道:除非死别,活着便决不离散!""写出黑黑的小字,水和雨滴冲消;没绘的内心图画,再擦也擦不掉!"身为达赖喇嘛的仓央嘉措对贫民姑娘的热烈爱恋以及对坚贞爱情的铮铮誓言,字字掷地有声,其中看不到任何的杂质,如此纯洁,如此热烈,又如此质朴,足以打动每一位读者的心灵。又如:"若随美丽姑娘心,今生便无学佛分;若到深山去修行,又负姑娘一片情。""工布少年的心情,像蜂儿圈将蛛网上;和情侣缠绵三日,又想到终极的法上。"诗人把内心深处爱情与宗教之间不可调和的矛盾对立及其由此而引起的复杂、痛苦的情感在作品中袒露无遗。又如:"把帽子戴在头上,将辫子撂在背后。一个说:'请慢走,'一个说:'请留步',一个说:'你心里又难过啦,'一个说:'很快就会重逢。'"这里用极为精练的素描式的语言,勾勒出一幕相互恋爱的男女之间依依不舍的别离的感人情景,给人一种再纯朴自然不过的美感。纵观仓央嘉措的所有诗作,所表达的各种情感都是纯洁真挚的,毫无矫揉造作之嫌,情景交融,情景互参,情感表现坦诚、直露,表达情感的风格与诗歌的内容配合得天衣无缝,根本不露丝毫人工雕琢的痕迹,如行云流水般纯朴清新自然,这种内容与形式高度统一的艺术境域无疑具有极高的审美价值。

又如14世纪中叶,维吾尔族诗人花拉子米所创作完成的长达十一章的抒情诗集《爱情诗简》中有这样的段落:"美人啊,群芳国里,你是君主,令世界做了你美容的俘虏。天仙也比不了你风姿绰约,你呀,面如春光,眉似新月。""你呀,身似雪松,腰如柳枝,愿你莫辜负了有情人的心意。你红玉般的朱唇能灼人心田;你明月级的面庞能令人目眩。……你的双颊像玫瑰两朵,含笑盈盈。我的手够不到你白银似的苹果,熊熊情火怎能在我心头熄灭!"这里,诗人将熊熊烈火般炽热纯贞的爱情通过自然优美流畅的语言,如同打开了闸门的洪水汹涌而出,袒露得淋漓尽致。

大约与花拉子米同期的另一位维吾尔族诗人鲁特菲在他的280首格则勒体抒情诗构成的《鲁特菲诗集》中也有大量的以歌颂坚贞爱情为主题的诗作。这些诗作,在情感的抒发上同样坦诚、直露,别具特色。如表达对情人爱情的坚贞不渝:"如果再也不能相遇,难睹你的芳姿,葳蕤的春日对我无异于萧瑟的秋季。情人啊,你即使把利剑悬在我的头顶,我也丝毫不会感到痛苦,依然甘心乐意。我宁愿作你马蹄下的一片干净的泥土,只要你这高贵的骑士愿在我身上驰驱。"这里,没有华丽的辞藻堆砌,情感抒发朴素自然而又优美传神,动人心弦,达到了极高的艺术境域。

的确,男女之间的爱情,相思之情是十分细腻复杂的,其表达方式和风格也应该是缠绵委婉的。但是从上述西北诗人的作品中看到的是健康、执着、积极向上的,所呈现的是西北各民族共通的精神风貌和审美精神,热烈奔放、坦诚豪爽的地域文化性格气质在诗歌创作过程中得到了充分的体现。所以我们完全有理由认为,坦诚的胸怀、直露的情感,这是西北民族作家文学特别是抒情诗歌作品区别于中原作家诗歌作品的又一突出的审美特征。而这种特征形成的原因是多方面的。主要是自然的和社会的两个方面,如特殊的生存环境、生活方式、生活习惯、民族心理、民族文化乃至民族语言的结构特点等。

3. 开阔、豪放

上面我们评述的西北民族作家文学两个方面的审美特征,仅仅是其多样化的风格特征中最为突出的表现,且涉及的作家作品也有限。其实只要把视野再放开一些,我们就不难发现西北民族作家作品丰富多样的艺术特色的其他方面。不同民族的文学家个体创作风格及艺术特点,应该说是同中有异、各领风骚,他们用智慧和心血共同创造出辉煌灿烂、绚丽夺目的艺术星海。

首先,西北民族开阔的胸怀和豪放的气质使大量的文学作品具有宏大的结构和气势,如《福乐智慧》《真理的入门》《旋努达美》《郑宛达瓦》等。不仅如此,《福乐智慧》内涵极其深厚,《旋努达美》及其他叙事作品故事情节复杂曲折,高潮迭起,引人入胜,场面宏伟壮观,表现出西北民族作家高超的表现能力及非凡的创造力。

其次,基于西北民族作家在特殊的生活环境中的感受和审美经历,在文学作品中屡屡创造出非常生动、形象,又极具西北民族特点的优美意境。如前面已经引用过的《旋努达美》中对司必坚王城的描写;仓央嘉措的情歌:"青梅竹马的人儿,把经幡插在树旁;自视护树的阿哥,不准谁人损伤它。""中央的须弥山王呵,请你坚定地耸立着!日月绕着你转,方向肯定不会走错。""下弦十五的月亮,和她的脸庞相像;月宫里的玉兔,寿命不会再长。"这些诗句,选取了最能表现事物与情感特征的动词和一些恰当的形容词和生动形象的语言,运用比喻、拟人等修辞方法,描写事物、抒发情感、绘形、绘色、绘声,仿佛使人看得见、摸得着、听得到,情景交融,心物一体,所以能引发读者强烈的情感共鸣。

再次,联想丰富,构思新奇,比喻贴切,形象鲜明生动。如《鲁特菲诗集》中的抒情诗:"真主精心地塑造了你的面庞,他把世上的美全部集中到你的身上。女神和美姬哪能这样容光照人,你莫非是仙子翩翩地从天而降。太阳在你明月般的面前羞惭,一溜烟悄悄地逃到了第四层天上。"后两句为了极力突出爱人"明月"般美丽的容貌,诗人突发奇想,给一般人很难注意的日落月升的自然现象赋予爱人之间特有的细腻情感,极具感染力。比兴作为积极修辞的艺术手法在西北民族作家文学作品,特别是诗歌创作中随处可见。创作中大量比喻手法的运用不仅准确贴切,增强了作品的形象性和生动性,而且体现出西北民族作家与中原作家审美心理方面的区别。比如频频出现的将所爱的姑娘比喻为"明月""十五的月亮",不仅突出表现了姑娘外在的容貌的美,同时也准确表达了对对方娴静温柔纯洁的内在美的歌颂及爱慕之情。如《鲁特菲诗集》中诗云:"我宁愿作你马蹄下的一片干净的泥土,只要你这高贵的骑士愿在我身上驰驱。"为了表达忠贞热烈的爱情,将所爱的姑娘喻为高贵的骑士,把自己比作马蹄下干净的泥土,如此新颖贴切的比喻,在长期男尊女卑的封建思想统治下的中原文学创作中是很难出现的。又如花拉子米《爱情诗简》中直接把爱人的眼睛喻为水仙,将下颔喻为苹果,而"月亮"则常常在一般民族诗人作品中用来比喻姑娘的脸庞和容貌,和中原文学创作相比,的确有些标新立异,别出心裁。

最后,语言简练精切,通俗而优美。在西北民族作家笔下,不管是什么题材的作品,不论运用什么体裁形式,不论用何种语言,都表现出非凡的功力。用词精确传神,语句简洁,却不露丝毫粗俗的痕迹,或庄严,或淡雅,或热烈,全都用得那样娴熟自如,生动优美。可以说,正是因为西北民族作家在广泛吸收了具有浓郁地域特色和审美精神的民间文学丰富营养的基础上,经过精心锤炼和加工,才使西部文学语言升华到了更高的审美层次,更加富有艺术感染力。

总之,西北民族作家文学作品表现出十分显著的多样化的审美精神,不仅为丰富古代中华民族辉煌灿烂的文学艺术宝库做出了巨大的贡献,也为繁荣新时期的文学创作提供了借鉴。

二、当代西北文学的审美精神

20世纪90年代以来,西北文学仅以诗歌影响中国当代文学的格局得到有力改变,西北小说家以众多优秀作品赢回公众对于文学的注意力,恢复了文学应有的尊严。民族色彩的淡化,文学地域性的强化,文学的先锋性,文化构成的丰富性,由单纯的视觉奇观发展为更丰富的人性体验,作为西北文学背景的都市文化的创生或成熟,形成了西北文学新的特点。西北文学所拥有的转化为他种艺术形式或传播形式并形成文化资本的优势和潜能,将成为西北文学未来发展的一大推力。

在整个中国文学格局中，长期以来，西北文学是以诗歌为人瞩目的。古代流传的长篇民族史诗、民间歌谣自不待言。进入20世纪五六十年代，新疆闻捷的《吐鲁番情歌》、甘肃李季的《玉门诗抄》和《杨高传》均闻名遐迩、传诵一时。80年代，新疆以杨牧、章德益、周涛为代表的新边塞诗，青海昌耀和西藏马丽华的高原诗歌同样以鲜明的风格广为人知，甚至成为新生代实验诗歌活动最活跃的地区，整体主义、新传统主义、非非主义、莽汉主义及女性主义诗歌充分显示了80年代中国诗歌的现代主义实验的实绩。相比之下，西北的小说可供圈点的成绩不多，当代文学前40年，西北文坛几乎只有陕西一省以小说闻名，柳青、王汶石、贾平凹、路遥及宁夏的张贤亮以他们的小说创作构成了西北小说沙漠中不多见的几块绿洲。

这种格局在20世纪90年代初得到了有力的改变。1993年，正是陕西小说家以5部长篇小说形成陕军东征的态势，使中国文坛持续数年的低迷状态一扫而空。这次陕军东征的意义非同凡响。首先，它重新唤起了文学在整个文化格局中应该拥有的创造激情，赢回了公众对于文学的注意力；其次，它打开了文学图书的市场空间，使作家获得了作为自由职业者的可能，文学的生存体制一体化格局完全被打破，文学因此获得了可持续发展的动力。90年代初期，中国大陆文学的关注焦点一是北京的王朔，二是陕西小说家群。王朔主要是借助影视传媒的力量实现了文学的市场利益，陕西小说家则以文学本身创造了市场价值。在这个意义上，可以说，是西部小说家恢复了文学的尊严。

90年代中期以来，西部文学堪称全面繁荣。陕西的红柯以《西去的骑手》、新疆的董立勃以《白豆》给小说界带来了阅读的惊喜。宁夏金瓯等年轻小说家的中短篇小说也正在引起文坛的关注。

随着国家西部大开发战略的实施，西北文学既因为其文学实绩，也因为国家战略而日益成为一个成熟的概念，并且出现了一些新的特点。

第一，民族色彩淡化。最初，西北文坛出现的为数不多的几个优秀小说家如内蒙古的玛拉沁夫等，他们的小说创作都打下了深深的民族烙印。玛拉沁夫的小说均以浓郁的民族风情为人称道。这既是这些作品的特色，也是这些作品的局限。因为，说到底，这些作品是作为当时中国文学主流叙事的补充和衬托而立世的。如果取消它们的民族色彩，这些小说的价值也就面临崩溃。这些作品的素质决定了它们不可能在中国当代文学史上占据主流地位，只有在当代中国民族文学史的格局中才可能得到重视。然而，后来的西北小说明显淡化了民族色彩。一方面表现在许多西北小说的作者是汉族人，其西北小说写的也多是汉族人的生活。

这个事实当然与新中国成立后国家的西北移民政策有关,大量汉族人涌入西北,使西北的民族构成、文化构成多元化了。于是,西北文坛出现了越来越多的汉族作家,西北文学出现了越来越多的汉族社会生活题材。另一方面则表现在相当一批民族小说家并不以民族题材作为其小说创作的重心,他们甚至有意淡化其民族身份,即使是记者或研究者问及其民族身份时,也有意淡化。如宁夏的满族小说家金瓯,我们就很难从其作品发现其满族文化特征。这固然是因为社会时代的发展融合了汉族与各民族的生活,民族的传统性正在为越来越鲜明的现代性所取代;同时也与这批民族作家的文化自信有关,他们并不需要民族的特殊身份作为他们在文坛安身立命的通行证,他们完全有信心与汉族作家在同一水平线上攀登文学的高峰。

第二,文学地域性增强。民族色彩的淡化并不等于西北文学没有自己的文化特征,只是其文化特征从民族文化向地域文化转型。民族文化往往具有文化构成上的纯粹性。地域文化则常常因为多民族的融合表现为文化构成上的丰富性。这就导致当下西北文学民族的烙印越来越模糊,但地域的特征越来越明显。这种地域特征有时候表现为自然环境。比如,许多人都发现红柯的小说喜欢风景描写,不少人被红柯对千里大戈壁的描写、对公路两旁参天白杨的描写所感动,这些描写无疑显示了红柯小说鲜明的地域性。当然,有时候地域性可能会落实为人物性格。当然,特殊的地理环境与特殊的人结合在一起,必然彰显出特殊的地域文化。比如董立勃的《白豆》,当新疆荒漠下野地遇到了一群出生入死的军人,一种奇异的人文气息就诞生了,白豆、胡铁、杨来顺、马营长等人的故事才如此大开大阖又扑朔迷离。

第三,文学先锋性突出。当代文学前40年的民族文学倾向于以题材取胜,在观念意识上基本是对主流文学的"随波逐流"。主流文学写农业合作化,民族文学跟着写农业合作化,主流文学写伤痕反思,民族文学跟着写伤痕反思。这种民族文学对汉族文学的跟风写作的局面进入90年代得以终结。其后的西北文学完全摆脱了对东部文学亦步亦趋的追随局面,形成了自主发展的态势。当然,这得益于当年寻根文学和先锋文学的观念启蒙。西北文学找到了其自由生长、自主成长的内在规律,呈现出文学先锋性的强化。这里所说的文学先锋性并不等同于先锋小说的先锋含义,而是指西北文学有了自身的文学观念意识,并且这种观念意识在整个中国文坛也处于领先地位。有时候,先锋意识也可以表现为对时代生活的敏感。

第四,文化构成丰富。这是西北文学一个很重要的资源。西北长期处于中国主流的边缘,从而保留了许多中国传统文化,因为中国的文化主流地区长期战乱,观念更换频繁,传统受损害的程度远比西北剧烈,事实上中国一贯有"礼失而求诸野"的文化传统。说的是中心地区丢失的传统文化可以在边缘地区找到。对于西北而言,它不仅拥有较完整的中国传统文化,如云南丽江竟然保留了中国的唐乐,而且还拥有其本土的民族文化。与此同时,它还拥有现代化程度很高的东部移民文化和源远流长的国际文化。前者如20世纪持续不断的东部向西北的移民,如战争年代的自然移民,20世纪50年代的军队移民,60年代的知青移民,70年代的企业或研究机构移民,80年代的大学生移民。如甘肃的敦煌,在很大程度上与西方的"他者眼光"的发现有关。因此,西北文坛也形成了多元共生的文化状况。多元文化相遇必然会互相影响、互相渗透进而创生出新质的文化。这种新质的文化本身就是充满了现代性的。因为现代性恰恰是多元文化结合的结果。所以,我们可以发现,阅读当代文学前40年的西北文学,我们可以很轻松地读出其文化成分。因为这些年的西北文化呈现的是相对单纯的西北本土文化传统,当然,这种本土文化传统是主流文化观照的结果。而阅读新一代西北文学,或许很难对其进行传统的文化定位,比如称之为蒙古族文化、维吾尔族文化。因为西北文化已经产生了很大的变异,它已经相当多元化、相当现代化了。只是它的多元化和现代化与东部的现代化不同,而这恰恰是西北文学的特点、魅力之所在。

第五,注重人文品格的表现。文学创作从单纯的视觉奇观发展为更丰富的人性体验。20世纪40年代闻捷走进新疆的时候,面对的是一个与东部不一样的西北世界,得到的是单纯的视觉冲击。创作上的成功在于用东部的主流思维去观察西北。即使是西北本土作家在表现西北生活的时候,由于多种因素的作用,决定了当时的西北本土作家也主要是以一种迎合主流思维的方式进行文学创作。然而,当今天西北作家面对西北时,他所面对的西北已经是一个多元文化构成的西北,因为他本身就是一个多元文化的存在,他的身上复合了多元文化的因素,他所持有的心态也不再是迎合、跟风、亦步亦趋的心态。这就使西北文学从视觉奇观开始了表现心理奇观、开掘人性深度、体验文化冲突的思维转换。

第六,都市风格色彩浓重。作为文学背景的西北文化也不再是乡村文化、历史文化的代名词,在当下的西北小说中,我们可以看到某种独特的都市文化正在西北创生或成熟。都市品格、品质、品味、品貌正在为越来越多的作家关注。比如,贾平凹的《废都》就试图表现作者对西安古都的心灵把握。毕竟,21世纪已经是都市时代,西北文学不可能回避时代进程。西北文学不可能永远凭借传统民俗风情或自然风光作为吸引读者眼球的质素,它要想真正进入读者的心灵,自然也必须与时俱进,表现西北一个个正在崛起的国家级大都市甚至国际性大都市。并且,这些大都市不是上海、北京、广州、深圳这些大都市的翻版,它们将带着自身深厚的历史文化积淀、丰富的多元文化构成和鲜活的时代文化气息进入作家的笔下,进入读者的心灵。

比较西北文学前后的差异,目的是为了呈现今天西北文化、西北文学的现实,使我们摆脱凝固的思想观念和长期形成的思维定式,以全新的眼光打量全新的时代,以全新的观念意识阐释全新的西北,进而寻找西北文化与西北文学的新的生长点。同时,我们还应该建立跳出文学看文学,跳出文化看文化的观念意识,建构一种以文学作为核心向多媒体辐射的文化战略、文化产业意识。众所周知,西北文学特别具有转化为他种艺术形式或传播形式并形成文化资本的潜能。中国第五代导演的奠基作《一个和八个》《黄土地》也属于西北题材。张艺谋的《英雄》展现了从西北荒漠到四川原始森林再到桂林山水的自然风光,在很大程度上是西北风光的一个全方位展现。的确,西北文学不仅具有视觉奇观,而且具有猎奇体验,既是感官的盛宴也是心灵的陶冶。它可以成为文学精品,更可能成为文化品牌并辐射成经济品牌。正是在这个意义上,我们有必要对西北文学发展动向有前瞻性的把握,并将其纳入整个西北文化战略的思考范畴。

三、西北审美精神与民族的凝聚力

中华民族文明的起源是多维的,是多元区域文化的流汇。在中国西北,中华民族文化的构成也具有多维性、多民族性和多区域性。其中中国西北的各种文化在这多区域结构中占有举足轻重的地位。尤其是其中所表现出来的审美精神是非常独特的。

中国西部文化不但是中华文化稳态结构中的重要一翼和中华文化成果辉煌的一个光环,而且是推动中华文化发展的重要动力。中华文化的发展有一个十分鲜明的特色,这便是在每个发展段落总是以本土文化为基础,大量地吸收、融汇差异文化的精华,然后进入一个新境域。可以说,这个特点形成了我们民族文化精神的一个重要传统,即以对差异文化的开放,促进本土文化的开拓。在这个历史传统中,中国西部文化可算作最为活跃的因素。自古以来,世界各地、各民族的差异文化进入中国的主要通道就在西部,是西部的绵长走廊引进了各种新的文化元素,冲击着中华本土文化,使之产生种种裂变、交汇,出现种种新的组合、勃起。

我们在继承发扬中华民族优秀文化传统时,一定要辩证地把握稳态和动态两个方面,双管齐下汲取营养,为我所用。前者即我国文化已经形成的稳态结构,是一座巍立天宇的丰碑,是我国文化历史的既在标高;后者即我国文化在不断吸收差异文化基础上发展前进的动态结构,是一条流动不尽的长河,它将引导我国文化向更高、更远的地方奔流。应该说,我们从这两方面来谈中国文化,西北文化都是当之无愧的一个支柱、一个主角。

从中国西北文化内在结构上看,它最根本的特点就是多维文化的交汇。这种多维交汇已经形态化为一种独具特色的格局和体系[①]。

中国西北的自然环境作为西北人民世世代代特定的栖息地,构成了他们能够在其中直观自身本质力量的对象物,从而成为独特的精神载体。特定的自然孕育着生活于其中的人民,这是他们形成自己地域精神、社会文化和心理结构的一个重要源泉。中国西北是整个地球的制高点,是山之根,河之源。帕米尔山结巍然矗立于欧亚大陆的中心,向四面八方辐射出许多山脉,像一条条拱起的脊梁,支撑着这块地球最大的大陆,组成了亚洲山脉的伞形结构。在这每一道山的褶皱中,都有如生命般奔涌的河流。黄河是中华民族的摇篮,长江是我们民族的血脉,塔里木河的原意就是"母亲河"。在山与河、天与地之间拉出的博大、宏阔的扇面中,是落日孤烟的沙漠、亘古永存的山峰、天下无双的自然风光、独树一帜的人文景观。

西北地域,无垠的大戈壁、大草原和黄土地,绵延不绝的山峦,在云端耸立的亘古及今的雪峰,和天地日月一起永存万山源一的山、河与土地,在时间和空间上将西部、中国、世界结为一体,产生了深长的历史感和象征感,使西北人的思绪和感情有着阔大的驰骋天地。因而,西北在自然地理上的特点,不但影响着经济政治区划,影响着改造世界的实践活动,更在意识形态文化和无意识文化心理上呈示出来,在认知世界、审美地把握世界中发挥作用。黄河、长江、昆仑、珠峰、青海湖、黄土地成为民族和国家、人民和母亲的象征物,诱发了人们心中无限的哲理沉思和人生感受,激荡起人们心中无尽的历史追寻和心灵依恋。

西北荒原在文化、经济上造成了一种隔离机制。西北的隔离阻碍了东西方的交流,不利于经济、文化的繁荣发展,却促进了各地区文化封存的实现。相对的文化封存是一个地区文化个性形成和巩固的必要条件,也是一个地区文化保持稳定

[①] 肖云儒:《多维交汇的西部文化与两极震荡的西部精神》,载《陕西师范大学学报》,1997年第2期。

的必要条件。

世界四大古文化高峰在中国西部的文化盆地中向心聚汇,形成了由波斯文化、地中海文化、中国中原汉文化和其他文化元素融合而成的新疆伊斯兰文化圈;由中国中原文化、印度佛教文化、雪域高原的苯教文化和其他文化元素融合而成的青藏吐蕃文化圈;由中国中原文化汇合西域其他文化元素融合而成的陕甘儒道释文化圈;还有在草原游牧文化和喇嘛教相结合的基础上融汇其他文化元素而成的蒙宁西夏文化圈。在这四个较大的多维交汇文化圈内和它们的交接地带,又有若干小的多维交汇的文化丛,如甘南、海北、海东地区的东乡、裕固、保安、撒拉、土族等小民族文化社区,他们有的是藏族血统却信伊斯兰教、用汉文,有的是维吾尔族血统却信喇嘛教,有的祖先是撒马尔汗人,母系却多为藏族人,把藏族叫"阿舅"。在中国西部各文化圈丛之间,又由四线,即丝绸之路、唐蕃古道、博南古道(亦称南方丝绸之路)、草原之路四条文化通道相连。这四条文化线由古长安出发,向正西、西南、南、北辐射,将中国西部的四个文化圈和世界四大古文化区域衔接贯连为一个区域网络状的整体。

从全景图上看,这个地区是内陆文化区域;将镜头移近,则可以看出,这里是内陆文化区域内各种文化区域非常典型的结合部;从地理环境看,是东亚、南亚、西亚、北亚文化的结合部;从生产方式看,是农耕文化和游牧文化的结合部;从宗教哲学看,是伊斯兰教、喇嘛教和儒道互补哲学的结合部;从民族类别看,是汉族文化和其他文化(回纥文化、吐蕃文化、蒙古文化)的结合部;从社会组织看,是以中国宗法制为主,又渗透着欧洲等级制度的结合部。在中国西部,中华文化和差异文化在动态交汇中构成一个多元有机整体,和中国文化中的中原文化和沿海文化形成结构上的均衡和内容上的反差。过去我们对来自东部海洋的文化新元素给予中国本土文化的更新、促进和推动注意较多,这无疑是对的,而对来自西部内陆的文化影响,更多从沉滞、闭塞的角度考虑,从中发掘西部文化在中华文化更新中的积极作用,则显得不够。这正是我们今天以新的立足点和新的思维方法研究西部文化的目的和意义所在。

多维文化在中国西部的交汇,不仅仅是在单层面上进行的,而是多层叠加的。如佛教文化在中国西部漫长的流传过程中,不断汲取各地的宗教文化,发生了多次变异。印度大乘佛教东汉初年即传入我国新疆,再传入我国汉族地区和西北一些民族中,经过了汉文化的入世改造,由极端出世的宗教,具有了明显的人间性倾向。到唐代中兴之后,入世转向速度加快。为了在中原站住脚,还与中国道教有一定的融合,这可以说是佛教在中国第一次多维交汇。经过文成公主和亲吐蕃,松赞干布同时派人去印度学习梵文,佛道由北、南两路传入西藏。经过和当地民族文化风习的结合,并与吐蕃原有的苯教进行了长达200多年的斗争,在汲取苯教的基础上融合佛与道,形成了藏传佛教即喇嘛教。这又有了二度、三度的交汇融合。

多维文化在中国西部的交汇,既是文化的交汇,又结合着经济交流、民族交融一道进行。散居青海和甘肃湟水沿岸的土族(又称土浑族),原是东北锦西地区的蒙古人,后来拥戴藏族人吐谷浑为首领,迁居青海,建立政权达350年之久。唐代为吐蕃所并,留居青海部分逐渐成为鲜卑、蒙、藏、汉交混而成的新民族。"土浑"这个词便是一个蒙、汉、鲜卑三种语言混合形成的称谓。"土"源于鲜卑语"吐",受汉语影响变为"土","浑"则是蒙语的"人"。从民族的交融中,也可以看到文化交汇的多维性和多层性。

中国西部在多维文化多层向心交汇中所形成的四圈四线网络结构,不但明显地表现于古代,也绵亘至今天。从四圈看,西部新疆、青藏、陕甘、蒙宁几大文化圈,在经济交流、交通发达和政治一体化的当代,仍然大体保存着自己的特色。而从四线看,最近接轨贯通的欧亚大陆桥中段(西安至苏联中亚段)恰好在古丝路上;青藏公路和青藏铁路,又恰好修建在唐蕃古道上;今天的宝成、成昆铁路和滇缅公路,又恰好修建在博南古道上;"七五""八五"期间已经建成的西安—延安、宝鸡—中卫铁路,又走的是草原之路的方向。出现于上下几千年的重复,说明了四圈四线结构的内在科学性。

这样,在向心交汇的各文化社区之间,在向心和离心交汇的各文化社区之间,便出现了十分有趣的同构现象。结构效应使这些地区的文化(以至经济)十分类似。比如,这些地区都经历了一个以垦殖拓荒为主要经济活动的时代,息壤文明,即待开垦的处女地的文明成为他们共有的特征;文明和愚昧成为这些地区共同探讨的文化主题;差异文明能够较快地向本位文明转化,能以博大的胸怀将多民族、多地域、多流派的文明熔铸为本地区的精神传统;利用多维的、综合的、杂交的优势来发展本地区的经济文化成为他们不约而同的思路。拿文学艺术来说,反映或感应着这些地区多民族、多文化丛生的现实状况,对人物杂色风情、复杂性格和杂化心态的描绘成为这些地区各类作品对世界文艺宝库的独特贡献。而宏阔壮丽的景观,艰难的生存条件和每一步都需要搏斗的人生道路,又使这些地区的文艺作品从各个角度追求以刚美为主的多种审美形态的结合。在中国西部文学和西部影视戏剧中,"硬汉子"形象曾雄踞一时,无独有偶,在苏联的西伯利亚文学中,描绘严峻豪迈、刚毅强健的人物性格,成为许多作家和文学批评家关注的热点,这类性格被称为"大性格""西伯利亚性格"。如果再上溯到20世纪末和21世纪初,在美国,这类性格则被称之为独来独往的"大山人形象"。其系列形象展现于美国西部文学作品中。

应该说,任何一个国家、一个地区、一个民族的精神气质、文化心理,都不是单一的结构,而是一个具有主导倾向的多维动态结构。

前述中国西部在地理、人文和文化结构上的特点,都极大地强化了地域精神气质中的多维对峙和色彩反差,使中国西部精神成为较为典型的两极震荡结构模型。在这个结构中,有开拓与保守、变革与传统、文明与愚昧、恋群与孤独、忧郁与乐观、忧患与超脱、朴拙与机智、内忍与外刚、现实与理想等在碰撞着、对峙着、错位着,也在碰撞、对峙、错位中互补着、铆合着、转化着。矛盾的斗争性和同一性互为前提,互为依托,激越而微妙,强烈而难以捉摸。但并不是说这种矛盾运动是无序、无律的,各种复杂的矛盾在经过动态组合之后,又常常表现出一种主导倾向。就中国西部精神来看,这种主导倾向主要是深厚的传统所造成的历史感,强烈的社会人生责任所造成的率直淳朴,以及世代小农小牧经济所造成的闭塞。

西部精神中有四对矛盾,它们在性质和形态上都不尽相同。(1)历史感和当代性是一种纵向精神反差;(2)忧患意识和达观精神;(3)民族文艺审美创作意识和心态杂化色彩是一种横向精神反差;(4)封闭守成和开放开拓。前三对矛盾一般不具有明显的进步与落后的分野,第四对矛盾则常常可以归结为进步与落后的性质。

1. 历史感与当代性

中国西部精神上历史感与当代性反差之鲜明、矛盾之深刻,尽人皆知。但是,现实的社会生活却出现了奇怪的现象,现代社会倒似乎越来越离不开这位"西部老人"。不但有文学艺术创作上的西部热,也出现了旅游和生活选择上的西部热。究其原因恐怕在于,西部的历史感和当代性在明显拉开距离的同时,又有着内在的深层的联系。这种联系,也就是它们赖以转化的纽带和渠道。我们起码可以从以下几个方面来思考。

(1)西部的精神诉求首先体现在厚重的悲剧精神和忧患意识。这是西部充实、明朗、积极的入世精神所造成的。中国西部精神的历史传统为当代人提供了一种积极参与当代生活实践的思维结构。这种历史传统主要表现在各民族千百年来的生活实践,以口头或文字的形式凝结为古老而成熟的社会文化心理和社会意识形态。中国西部生活历史感的整体是本地区各族人民群众创造性的历史活动,这就决定了中国西部精神历史传统的一个主要特点:它是参与意识极强的,和不断发展的现实生活紧紧结合在一起的。它不是出世的,是入世的,不是彼岸的,是此岸。这种强烈的参与现实的意识,从关于阿凡提的许多民间故事可以看出来。它和我们印象中的古代阿拉伯生活情调不大相同,古老而新奇,新奇而不神秘。它也和美国晚期的西部片,即心理西部片所表现的以滥用暴力发泄自己悲观厌世的颓废情绪不一样。这种历史传统在总体上的充实、明朗、积极入世,和中国的创作者哲学——儒家思想取得了一致。这种传统在漫长的历史汰选中,具体的生活内容日渐淡化,但参与现实的思想方式却凝结为一种文化心理结构,深深地影响着今天的西部人,促使他们关注当代生活。

（2）中国西部精神的历史传统提供了接受和选择当代信息的受馈坐标和消化能力。西部的历史感不但给它的当代性以厚重的底色和丰裕的滋养,而且以自己强大的力量考验着各类当代信息的真伪、正误、深浅和成熟程度。深厚的历史感使西部对当代新信息吸收力差,同化力强,沉浸在烂熟的文明中容易失去对新的生活方式的追求,这是新旧对峙的一面。但从另一方面来看,强有力的传统精神也使得中国西部对当代信息有很强的鉴别力、筛选力、消化力。当代社会新的思潮、理论、情绪、心理在传布中,往往良莠混杂、泥沙俱下。如果接受创作者的精神力量脆弱,常常被新浪潮卷得晕头转向。但在西部,当代信息的力量在没有正确、强大到可以克制历史传统的力量之前,一般是难于被吸收的。西部历史传统的这种"拙"力,使它接受当代事物较慢,却反激了新事物的成长和成熟;而且一旦吸收,步子较稳,反复较少。这使得西部的当代化过程,步伐沉缓而扎实,少花哨,重实绩。

（3）中国西部前文化的自然景观、古朴淳厚的生活故事、重人伦轻实利的价值标准、带有初民色彩的人情风俗,给当代人心灵中蒸腾出一个精神上的海市蜃楼,为矫治当代生活中所出现的新的弊端提供了一种可供效法的范本。

现代文明给人类在衣、食、住、行各方面创造了优越条件,同时也增加了人类在生存中对现代文明的依赖性,退化了人类个体赤手空拳承受困难、和自然搏斗的能力:车辆、飞机的普及,使人不愿也不能作长途徒步;大楼的暖气与空调,使人难以抵御户外的严寒酷热;经过多级能量转化的,并且进入审美层次的精致饭食,使人的消化系统难以承受大自然直接提供的粗粝的食物。人体器官的、膂力的娇弱化,不能不影响到人的意志。在当代生活中,个体鲁滨孙存活的可能性正在急剧减少,对鲁滨孙在情绪心理深处的呼唤便日益增大。当现代文明在增强人类群体生存能力的同时,不断剥夺作为自然人的生存能力。社会对在艰难的、古朴荒蛮环境下顽强生存的人的向往和呼唤就变得不可避免了。

同时,当代生活使人类的心态和生活状态日趋复杂化,出现了种种的二律背反。在这种情况下,社会心理开始向对立极震荡;道德感的淡化,使人向往历史感、道德感更强的生活;价值观的实利实用,使人向往重义轻利,增强社会责任;非理性的震颤,导致对深厚文化沉积的理的追溯和情的怀恋;现实生活难以承受的复杂感,引发了对初民形态的种种民情风俗温柔明净的回忆,当人们从这种回忆中重新感到那遥远的童年的纯朴,比照眼前生活造成的压迫感,便对其中的文化价值有了崭新的评估;瞬息万变的生活节奏,扬励了生命活力却产生了心理疲劳,诱发了浮泛急躁,又反激了对稳健成熟的渴求,哪怕因此而宽容了惰性也在所不顾。

自然,在这种情况下,西部生活的历史感、古朴感是经过当代人按自己某种理念或感情需要在心灵中做了改造的。它沉浊、落后、丑陋的一面被抛弃了,它可以在精神上给当代生活作补偿的一面被强化、幻化了。作为政治、经济、文化实体的历史存在的西部被忽略了,西部以精神的海市蜃楼进入当代生活,成为当代观念和当代情绪古老的载体,于是滞后转化为超前。在这里,当代性以历史感为依托,历史感因当代性而重获生命,在当代思潮和当代情绪的涌流中融为一体。

(4)这种结合也有比较实在的一面,这便是越古朴落后的地方,开发程度越小的地方,可开发的程度便越大,潜力和吸引力便越大。从经济发展角度看,未尝不可以说,中国西部是近代历史有意无意遗留下来的一张白纸,现在则正好成为新时期经济建设驰骋笔墨的好地方。于是,我们看到了大漠驼铃和油田井架、敦煌古道和导弹发射这样两极在一地的对峙,这是构成中国西部历史感与当代性的又一层带有荒诞色彩的和谐。

2. 封闭守成与开放开拓

封闭守成与开放开拓的两极震荡也导源于西部历史生活的内在特征。

经济上,小农小牧、自给自足的自然经济造成封闭,但西部广大地区,特别是外西部,由于游牧性社区群体的相对狭小和经济活动的单一,对交换、交流的需求更为强烈。游牧生活的流动性给这种交换、交流带来了便利。

政治上,古代西部封建王朝的大统一和多民族部落的小割据并存。前者所构成的宗法一体化超稳态结构的强控力,是中国西部封闭落后的重要根源。小农小牧自然经济的分散,和这种大一统存在着矛盾,正如马克思在《路易·波拿巴的雾月十八日》中指出的:小农经济,"他们的生产方式不是使他们互相交往,而是使他们互相隔离"。他们"便是由一些同名数相加形成的,好像一袋马铃薯是由袋中的一个个马铃薯所集成的那样"①,不能形成有效的政治经济联系。不但不能冲破封闭,而且构成封闭的经济基础。但中国西部不同于内地的是,同时存在着地域的小割据。各民族在这一地区发展的历史中,有着长期的征服、兼并,在经济十分落后的条件下,各部落、各民族正是凭借这种小的割据来维护自己的生存,在大一统中自成格局。加之西北地区,如河西走廊、河湟谷地,以及新疆等地在汉唐时期就有许多生机盎然的绿洲,地形开阔,水草肥美,物产丰富,良好的水利条件不但哺育了农业而且也滋润了宽广的草原,为游牧民族提供了广阔的活动空间,历史上西北地区常常有大部的民族或部落分布,其原因概在于此。所以史书有言:"土壤肥饶,军民富庶,猾虏素所垂涎,贼番不时窥伺。"②由此产生的争斗、迁徙,以及使入居于斯的民族或部落都形成了深厚的西部文化情结。《汉书·赵充国传》就记载:"先零豪封煎等通使匈奴,匈奴使人至小月氏,传告诸羌曰:'汉贰师将军众十余万人降匈奴。羌人为汉事苦。张掖、酒泉本我地,地肥美,可共击居之。'以此观匈奴欲与羌合,非一世也。"秦汉之际为匈奴所迫而迁徙中亚的大月氏,到唐时,其后裔依然跨山越水奔赴西域地区,言其为"归故地"。表明西部情结已成为历史时期生息于兹的民族所固有的文化遗传"基因"。鲜卑、吐谷浑、回鹘、党项、吐蕃、蒙古、回等族自不用说,就是入居于斯的汉人,无论或罪或谪,或官或戍,数世之后,亦称自己为西北地区的"土著"。这种不同民族共同的乡土意识是历史时期西北多民族文化趋于一致的重要文化背景,也是西北地区多民族文化碰撞、交流与整合的内在推动力。这也在一定程度上给西北地区的开放、开拓提供了有利因素。

文化上,高度发达的古代本土文化所形成的大荫盖,和多色彩的文化区域之间活跃的交流并存。古代本土文化的强盛优越有效地遏止着新潮流的出现,使这里后来文化的发展隐蔽在历史的阴影中,缺少日照和空气,而或多或少呈现出固化状态。但前述西部的多层内射型交汇文化又有利于互相发展的差异运动、竞争,提供了开放开拓的客观条件。

西北地区,尤其是游牧民族或部落,弱则羁縻,强则雄起。这些少数民族都是能征善战、强悍之辈,尚武风气浓厚。同时,由于移民文化的影响,西北地区的民风,尤其是其农耕地区的民风依然温和得多。自秦汉至隋唐元明清,西北地区一直为多民族分布之区域,多元文化结构促使其居民性格更为宽容,这也是西北农

---

① 马克思恩格斯:《马克思恩格斯选集》第1卷,人民出版社,1995年版,第677页。
② 乾隆年间《永昌县志一卷·艺文志》。

耕地区历代民风趋向于柔和的深层次文化因素。如河西走廊最西边的敦煌,不管在哪个时代,哪个割据政权,都作为一个边境城市在与广大的西域诸国进行着频繁的贸易往来。唐末五代时期,在河西各地相继沦陷长达11年之后,敦煌军民才以"苟毋徙它境,清以城降"①为条件开门纳贡,吐蕃奴隶主也赦免了这个"获罪之邑",避免了一场大屠杀和大浩劫,不像武威那样给人们心灵造成的创伤久久不能弥合,如武威民间至今还有这样的说法,如果某人闯下大祸,武威人就会说"你闯下天宝大祸了"。外人一听怎么也不明白,"大祸"怎么能叫"天宝大祸",这是指唐天宝年间吐蕃人攻占凉州这一历史事件,其冲击波历经千年而依然在武威人心灵深处激荡,足见其创伤之深。吐蕃人占领敦煌以后还兴办学校,这对西北人才的培养以及汉文化的巩固都起到了不可忽视的作用,正由于这样,西北农耕地区受中原文化的影响较游牧地区深,更具有深厚的汉文化意识和情结。就连女儿选择对象也一心崇拜的是"长安君子,赤县人家","只要绫罗千万匹,不要胡觞数百杯"②,"心系中朝",仰慕汉仪。可以说,早在汉代,西北的一些农耕地区的教育和经济水平即可与中原相媲美。1959年7月在武威县磨咀子出土的汉代木简有《仪礼》九篇即可证明,而且这种《仪礼》简版本是中原已失传的版本。此外,在武威发现的汉墓中,常常发现棺盖上放置铭旌、简册和鸠杖,说明汉文化在这一地域极为兴盛。历朝历代,打打杀杀,进进出出,兴衰演变,使西北众多民族、中原汉民族、塞北蒙古族、西夏族、胡汉等民族的杂居融合相处,不断流转、移民,几经繁衍荟萃,养育出西北文化多元、民风多样的优势特征。隋朝时期,史书所记载的"高昌王、伊吾设等,及西蕃胡二十七国,谒于道左,皆令佩金玉,焚香奏乐,歌舞喧噪。复令武威、张掖士女盛饰纵观,骑乘填咽,周亘数十里,以示中国之盛"③的景象仿佛就在昨天。唐朝诗人元稹《西凉伎》云:"吾闻昔日西凉州,人烟扑地桑柘稠。葡萄酒熟恣行乐,红艳青旗朱粉楼。"宋朝诗人陆游《梦从大驾亲征》云:"凉州女儿满高楼,梳头已学京都样。"当时的西北女子,在装束与打扮上,已向长安城里的女子看齐,其文化发展几乎与中原保持同步。即使到清代,西北地区依然是"村近牛羊满地,秋高禾黍登场,闲座二三文老,向阳光话羲皇"④,可见其民风之古朴,亦可见其传统的汉文化根基深厚及受中原民风影响的深远。

  应该说,正由于中国西北地区农耕文化和游牧文化的交错,所以为封闭自

---

① 《新唐书·吐蕃传》,中华书局,1984年版。
② 敦煌民间故事赋《下女夫词》,第3350页。
③ 《隋书》卷六十七,列传第三十二,中华书局,1980年版。
④ (清)陈炳奎:《田家杂兴》,见《古柏山房诗草》(抄本)。

守和开拓开放文化精神的呈现创造了条件。农耕文化区域注重守土为业,游牧文化区域则游畜就草,这两种不同的生产方式带来了文化心理上一系列的反差。

就这样,西部精神中封闭守成和开拓开放既相互抵触又相互促进。封闭守成在抑制开拓进取精神的同时,又激发着新的创造力。西部精神内部的封闭性在压抑开放性的同时也消耗着自己,当它自我消耗到临界点时,社会内部被拘束的各种活力便在对立的极点上产生震荡,使事物朝新的向度倾斜。这实在有点类似于钟摆的运动:当封闭性使社会运动的幅度逐渐接近纵坐标的零点时,正是这种趋近于零的运动惯性,积累了一种新的力量,使钟摆朝坐标的另一方向运动。于是,随着不断增大的幅度,又再度发生、积蓄着朝相反方向运动的新的动力。

3. 忧患意识与达观精神

"忧患"一词较早见于《孟子》一书:"是故君子有终身之忧,无一朝之患也。"所谓忧患意识,就是对现实的忧思和对人生的关注。徐复观对"忧患意识"在整个中国文化中的地位给予了极高的评价。他认为,中国的学术思想起源于"忧患意识",中国社会的发展立足于"忧患意识",中国文化精神的核心也是"忧患意识",中国与西方文化之不同、文化精神之差异都可以由此找到答案。应该说,忧患意识的精神实质是人的责任感。这种责任感在中国知识分子身上表现得尤为强烈。这是一种积极入世、以天下为己任的历史意识,是对人生深长的思考。这种忧患意识构成了中华民族优秀精神传统的一个有机部分。在当今社会的忧患意识中,社会责任感已经升华为普遍的社会情绪、理性精神和人格自由,是民族性格和社会心理趋于成熟的表现。

生活和压力使西部人历练得越来越成熟、坚强和勇敢。他们要求承受起人和自然、人和社会、现实和理想的分离所造成的各种精神压力。西部人世世代代为生存而奋斗,虽然不能够从根本上改善自己多舛的命运,却仍然不息地在努力争斗,以坚强的意志承受着各种各样人生的苦难和坎坷,绝不丧失勇气、不终止奋斗,这构成了西部人忧患意识中沉雄苍凉的底蕴。浸润着一种深厚的人文意蕴,社会责任感与伦理道德感熔铸一体,显得分外亲切。在当代,这种忧患意识则呈现为一种变革意志和开拓精神。

忧患意识是中华文化的基本精神,纵观中国文化历程中的伟人,无一不具有深沉的忧患意识,无一不在关注着国家和民族的命运与未来。从"路漫漫其修远兮,吾将上下而求索"的屈原到"杖汉节牧羊"的苏武,从"国事,家事,天下事,事事关心"的顾宪成到"天下兴亡,匹夫有责"的顾炎武——他们的灵魂深处都打上了忧患意识的烙印,成为一种支配其行为的清醒的自觉理念。中华民族文化心理结构的核心是群体意识。我们中国人把自己看作"国"这个大家庭中的成员,伦理传统则是群体对"自我"的决定。这和西方恰好相反,"西方文明的伦理传统是行为中的自我决定论"①。就政治层面来看,群体意识使得政治家们把为君为民、死国死节当作最高境域;就伦理层面看,群体意识使人按社会的要求行事,尽量缩短个体与群众的距离。这种群体意识也是忧患心理的渊薮。因为要为国家着想,为君主以及天子的子民谋算,把自己的一切系于此,所以"居庙堂之高则忧其民,处江湖之远则忧其君","忧国忧民""位卑未敢忘忧国",成为仁人志士的高尚情操。杜甫、诸葛亮、范仲淹等人的诗文大都沉郁忧患,和他们信奉儒家入世哲学不无关系。从实质上看,中国的忧患意识因其积极的人生态度和群体的认同方式,并不是真正的悲剧意识。西部的忧患意识往往和幽默达观意识交织在一起,并由此呈现出一种深层的社会责任感和群体归属感。

在西北农耕文化地区,可以说,达观和幽默自古就已经有所呈现。如陕西出土的仰韶红陶残片,其人物纹的双眼及口只简单地以三划表现,一副愁苦无奈相。长沙出土的汉代胡人笑俑,面带傻笑,满脸憨容;说书的优伶俑,则手舞足蹈而神采飞扬,都令人捧腹喷饭,愁消忧解②。

在西北农耕文化区,老百姓中间也不乏阿凡提式的人物,如陕北家喻户晓的"张捣鬼",就以他在贫穷艰苦生活中的机智、幽默而在群众中不胫而走。

西北农耕地区的民族精神反映了我们民族历来主张的"寓庄于谐"的人生态度,即使论述哲理,也呈现出自我表现的自由性与从容自如的吞吐,抒情流程的灵活性,达观、幽默、化俗为雅。因此先秦诸家的主要流派在论证自己的观点时常常通过有趣的寓言、敏捷的讽喻、"在拈花微笑里领悟色相中微妙至深的禅境"③。在汉族的达观幽默中,还融进了儒家的中庸、平和、文雅和道家的超脱、冲淡、逍遥,以及二者之间的和谐交融。

忧患与达观是在深刻的层次上构成矛盾统一体的。在对待生活的态度上,一个是灼人之热;一个是冷峻之热,一个表现为切实的负重远行,一个表现为机智的圆融无碍。二者作为西部精神的两个侧面,在分立对峙的同时,又在更深的内涵

---

① 查普林:《心理学的理论和体系》,商务印书馆,1983年版,第131页。
② 李霖灿:《论中国艺术的幽默感》,载《美术》,1985年第4期。
③ 宗白华:《艺境》,北京大学出版社,1989年版,第164页。

上,在诸如坚韧、执着、自信自强等方面紧密联系着,提供着互相转化、两极震荡的内在根据。《孟子·尽心上》曾这样表达了忧患和达观的相通:"其操心也危,其虑患也深,故达。"如此看来,西部硬汉子和阿凡提都是强者,他们以性格表征上的两极通向西部精神的内核。

4. 民族文艺审美创作意识和心态杂化色彩

中国西北的各民族都有着较强的审美创作意识,这主要表现在对自己民族的血统、宗教、语言文字、道德传统、民间习俗、文化艺术以至独有的价值观念和心态感情有很强的自信力和自豪感。在世世代代的生活实践中,他们总是采取一切办法来维系自己民族的血缘传统和文化传统,其中就包括文艺审美创作。有的民族甚至把这一点当作本民族重要的道德标准之一。

民族文艺审美创作意识在西北得到强化的原因,从消极方面看,是因为西北社区的疏离、信息的闭塞、民族文化的内循环远胜于外循环的缘故;从积极方面看,则是民族内在生命力和群体凝聚力强大的表现。特别是由于中国西北各民族在中华民族大家庭中属于少数民族,其中不少(例如处于西部四大文化圈衔接地区的许多民族)是千百年来民族迁徙、杂居形成的,他们处在森严壁垒的各大民族之间,只有执着、顽强地保持自己的民族血统和民族文化传统,才能得以生存和发展。在青海省东部循化县聚居的撒拉族,至今流传着他们的祖先是中亚撒马尔罕人,当年有18个人流徙到青海湖一带,选择了这块丰腴的土地定居下来。千百年来,始终保持了自己民族的血脉和传统,使人口只有七八万人的撒拉人能够自立于中华民族之林。这个传说在撒拉族中几乎人人皆知。这是民族文艺审美创作意识得到张扬的自豪感。在中篇小说《唱着来唱着去》中可以看到,处于新疆阿勒泰地区的一个回族青年赛义江,由于自己的民族像"一股细细的游丝,飘浮在乌兹别克、俄罗斯、哈萨克、蒙古人中间",祖先世世代代传下来的遗嘱就是要找一个同文同种的妻子,以保持回族的血统。由于时代风云变幻,个人命运坎坷,他没有和自己相爱的姑娘组成家庭,而不得不找了一位乌兹别克的妻子,未能完成这个近乎神圣的民族使命,使赛义江陷入了终生苦恼。这是一种民族创作者精神失落的痛苦。

但是我们又可以看到,中国西部各民族的文艺审美创作意识,由于民族杂居的缘故,并不是封闭、静止的。和中原地区的汉族相比,他们更易于接受差异文化的影响,并将这种影响整合到自己的民族文化格局中,变为自己的传统。因而,中国西北的本土文化和文艺审美创作意识,在一定程度上实际是一种多维坐标的文化传统,即一种带杂色杂光的文化传统。这样,民族文艺审美创作意识和它的另一极——心态杂化色彩便又出现了深层的沟通,构成一种两极现象。这是西部精神中极有价值的一点。这种杂化色彩大致有两种形态。

第一种是在多民族动态交流中做纵向显示。西北不同民族、不同社区在共居中,多维文化在不同层次上做广泛的交流,使民族文化心态展示出一种独有的杂色来。西北生活和西北文化的发展,常常起因于另外一个民族、另外一个文化层面元素的引入。新元素的介入使得原来民族的、社区的沉静生活产生了动荡,在动荡中进入一个新境域。这时,多民族文化的交汇表现为质变、飞跃。新中国成立以来,西北各民族生活和文化的发展,基本在这种动态结构中得到实现。历史空前的集团性移民——生产建设兵团对于新疆各民族经济、文化的促进,就是这方面最突出的例证。这是杂色杂光在群众社会生活运动中的表现。

杂色杂光在个体命运和心态演进中的表现,我们可以举李镜的中篇小说《明天,还有一个太阳》中的主人公为例。这篇小说描写了一个具有先进世界观和革命觉悟的红军战士满崽,当年在河西走廊战斗中失散,流落到祁连山藏区,变成了老猎人"加木措"。他作为个体的人,在进入一个新的民族社区之后,逐步被同化又不甘于同化。一方面是心中的信仰不变,一方面是生活遭遇的大变。两重身份(红军和老猎人)、两个民族(藏、汉)、两种文化(这里,文化也包括革命觉悟,即自觉的与自在的两种生活观)在加木措老人心中形成悲剧冲突,并常常表现出两个民族的心理状态和行为方式。

第二种是在多民族静态聚居中做横向显示。西北各民族交混聚居已有长久的历史,在这些地方的社区生活中,民族文化的交汇年深日久,已经形成相对稳态的呈示,它已经不表现为新文化元素的突然引入所激起的剧烈反差与冲突,而表现为社区内部各民族在日常生活中绵长的、默默的渗透、糅杂。这时,各民族文化的交汇表现为量变。从文化上看,比如,据日本学者所著《西域文明史》介绍,新疆地区早就流行古希腊的《伊索寓言》,这是摩尼教由波斯传入中国西北挟带进来的。在新疆一些地方日常生活中的占卜,使用的是东方、西方两种方法。一方面从基督教《圣经》中随便选出一些文句,以此来占卜吉凶祸福,同时也采用中国易卜的方法。美国学者 W. 埃伯哈德认为中国西北民间故事的来源包括三个方面。一是来源于东亚本土古典文学中记载的民间故事;二是来源于印度民间故事,公元 1 世纪随佛教传入中国;三是来源于近东,14 世纪以前在国内已无记载,这以后才传入中国西北。而法国研究犍陀罗美术的著名学者符歇则认为,中国西北各洞窟中残存的犍陀罗美术,是印度的感情与希腊形式美的结合,并且明显地是与中国文化融合的艺术结晶(这种融合主要是通过中国民间艺术家实现的)。在克孜尔千佛洞的壁画中,佛像造型具有三类风格:一类是额骨宽扁高朗,是龟兹风人物①;一类是面型丰肥,眼眉距离窄,眼细长略方上斜,系汉风;一类是人物脸略长,眼眉距宽,眼眶大,鼻高直,系印度风。在龟兹风壁画中,可以鲜明地看出上述三个时期的发展过渡,也可以看到中、印、西三种文化并存的画窟。多维动态文化结构所熔成的西北精神,体现着一种独特的两极震荡,这种典型的强烈反差构成了现代西北文化发展的背景。

西北审美文化引发人们用一种温情的思考窥探着人类情感的心灵印记,从而在当代西北艺术中书写了一个情感永恒的神话。现实社会虽然很多东西越来越虚假,越来越退化,但只有爱情是永不褪色、亘古不变的。也因此,现代,尤其是后现代艺术把一切都用很通俗、幽默甚至怪诞的方式解构了,唯独一个地方没有解构,并且说得很崇高,这就是"爱情"。西北审美文化中的"花儿"爱情使现代人对于纯情世界的记忆、追怀与渴念在深深的感动中被触动、被唤起、被激活,并悄然注入此在之维。尽管当代"西北花儿"中弥漫着后现代的情调和气息,但并不意味着在其所指模式中就显现为后现代精神。就生存论而言,后现代所呈现的生存模式是一种"异化"式生存,它所表明的是人的生存处境,是此在的真实状态;同时它也意味着在人对人之为人的原始状态失去记忆与感知时,以及生命固有的本真状态成为记忆的荒漠后,此在的真实状态也就担负起重构并描述生存本真状态的使命。西北花儿就彰显了纯情的生命,对人而言,纯情意味着人自身的生存状态、人格状态和灵魂状态。当我们从生存论的视野浸入人类意识的历史长河时发现,在人类意识中有关于人是情感动物的记忆,这即是说情感曾作为生命唯一要素而言说出了人类生存的本真状态:情感化生存。这也正是西北人对人类情感问题的关注和思考。这种思考通过了一个"花儿"文本的浪漫化、怪诞化演绎,诗意地获得了所有西北人的赞誉和认同。

总之,不同地域的审美文化表现出不同的民族性格、民族心理和人们对自我实现的不同追求。民族的、地域的审美文化以及审美精神,都是适应各自的自然环境和生产方式、生活方式,在长期的历史进程中形成的。对于西部审美文化来说,更是鲜明地体现出这种特点。

---

① 据玄奘《大唐西域记》屈支条记,龟兹人常用木头压孩子的头,使其宽扁。

02
西南篇

第六章

多元共存的巴蜀文化审美精神

西部地区历史悠久,民族文化凝聚力强大,生存延续力强劲。作为中国文化源头,生态丰富,民族多种,习俗多样,各呈异彩。西部地区又分为西北与西南。所谓西南地区,也有广义和狭义之分。广义的西南地区一般是指今云贵川地区,即现今的称谓,其中包含了古代蜀的分布区川西平原和巴的分布区川东丘陵。狭义的"西南地区",则特指巴蜀的西南,这是一个特殊的历史文化区域,即汉代文献所称的"西南夷"地区。关于"西南夷",先秦和两汉时期的文献对此曾有不同的内涵。先秦时期所谓的"西南夷"尚包括了分布在川西的蜀和川东的巴,秦灭巴蜀后,巴蜀文化很快融入中原文化之中,其文化特征消失,巴蜀地区成为中原文化的一个组成部分,故到了两汉时期,当时文献所称的"西南夷"已经不包括巴蜀在内。为叙述时方便,可将其称为秦灭巴蜀前的"西南夷"和秦灭巴蜀后的"西南夷"。《史记·西南夷列传》对秦灭巴蜀后的"西南夷"的地理范围和古代民族有一段较为详细的记载:"西南夷君长以什数,夜郎最大;其西靡莫之属以什数,滇最大;自滇以北君长以什数,邛都最大;此皆椎结,耕田,有邑聚。其外西自同师以东北至叶榆,名为嶲、昆明,皆编发,随畜迁徙,毋常处,毋君长,地方可数千里。自嶲以东北,君长以什数,徙、筰都最大;自筰以东北,君长以什数,冉駹最大。其俗或土著,或移徙,在蜀之西。自冉駹以东北,君长以什数,白马最大,皆氐类也。此皆巴蜀西南外蛮夷也。"这就是狭义的受巴蜀文化辐射和影响的西南地区。而这里所谓的"西南地区"则是广义的以巴蜀文化为主体的区域。

这种以巴蜀文化为主体的"西南地区",主要受巴蜀文化的辐射与影响。从商周时期开始,分布在"西南夷"地区,即狭义的"西南地区"的河谷、盆地和湖滨平原中的各种古代文化,都不同程度、不同时段地受到巴蜀文化的影响,巴蜀文化通过它们向"西南夷"地区传播和辐射,它们因之成为巴蜀文化向西南传播的接力点。

其实,巴蜀文化根据时间的早晚有不同的内涵。商周时期,四川盆地的文化主要是蜀文化。到了战国时期,川西的蜀文化与川东的巴文化在四川盆地平分秋色,但两者的考古学文化面貌并无大的区别,可以说两者在考古学文化上基本已经融为一体,被统称为巴蜀文化。因此,在商周时期影响"西南夷"地区的主要是以三星堆和金沙遗址为代表的蜀文化。进入战国时期,影响"西南夷"地区的则是已经包含了巴文化因素在内的所谓巴蜀文化了。在整个西南地区,巴蜀文化的发展水平最高,发达的时间最早,在西南地区形成了一个"文化高地",所以狭义"西南夷"地区的诸文化都成为巴蜀文化的受体①。

作为西部审美文化的重要构成,巴蜀审美文化既是西部文化也是中华民族传统文化中的一株灿烂奇葩。巴蜀审美文化不断采撷中原文化精华,孕育了无数贤俊奇才,其审美文化无疑是中华文化中的耀眼明珠。巴蜀文化审美精神的确立,既是巴蜀地域文化滋润的结果,更是中华文化几千年优秀传统文化,尤其是生于斯养于斯的巴蜀文化孕育和熏陶的结果。应该说,巴蜀地域文化传统的熏陶是其审美个性与艺术精神的文化根基与土壤。而巴蜀审美精神则呈现与受制于巴蜀地域审美文化之中。

一、冲决、大胆进取

巴、蜀是四川地区的古代称谓,既是族名,又是地名、国名,"蜀"指古蜀国,而"巴"就是指巴国。最早,甲骨文中就有"蜀"的记录,古代文献中亦有巴人、蜀人的记载。如《尚书·牧誓》中所记叙的参加武王伐纣的西方八国,其中就有蜀国。巴,《山海经·海内经》记载"西南有巴国,太昊生咸鸟,咸鸟生乘厘,乘厘生后照,后照是始为巴人",认为巴的远祖是太昊,"是司神于巴。"《山海经》中还记载有"巴蛇吞象"的故事。故许慎《说文》云:"巴,虫也,或曰食象蛇。"就解释"巴"字为"蛇"的象形。有学者认为"巴",最早应是一古老民族的族名,因其族群集居地嘉际江的弯曲之状而被赋之为"巴",再衍为地名。也有学者认为"巴",本是壮傣语系的一支,他们沿水而居,以船为家,以捕鱼为主要生活来源,在生活中与鱼的关系密切,故称。这些说法既呈现出原始图腾崇拜的意味,又呈现着文化地理学的色彩,至今尚难有定论。巴人活动在汉水流域中游一带。殷商时代,称巴人为"西

---

① 刘弘:《巴蜀文化在西南地区的辐射和影响》,载《三星堆文明·巴蜀文化研究动态》2007年第4期。

土之人"①,殷墟甲骨文中已有"巴方",那时巴人活动在商王朝的西方。后来,巴人最终迁徙到了四川东部。蜀,从殷墟甲骨文和周原甲骨文的记载看,在殷周时期,"蜀"已是一个方国或一片地域的名称。从字源意看,"蜀"为"蚕"虫象形。《说文》云:"蜀,葵中蚕也,从虫,上目象蜀头形,中象其身蜎蜎。"《华阳国志·蜀志》中有"蜀侯蚕丛,其目纵,始称王"的记载,故有学者解释"蜀"为"纵目"的图式,又有学者说为"竹"的谐音和"竹虫"的合体……嫘祖养蚕神话,"纵目人"传说,遍布巴蜀的"竹王庙"等,都为这些解释提供着文献资料。

四川盆地是巴蜀文化得以形成和发展的主要地理环境。在中国疆域中,四川盆地处于一个交汇点,"西番东汉,北秦南广"②,一方面,东南西北各种文化因素交汇,使其形成一种内涵极为丰富的既能汇纳百川、兼容并收,又能融会创新、变通发展的文化特色。同时,另一方面,四川盆地又"其地四塞,山川重阻;峭壁云栈,联属百里;五关设险,六阁悬崖"。"地则刀耕火耨,人半耐冷披毡,舟车不到,贾客罕闻。"③四周高山阻隔,内外交通不便,音讯难通,对外交通不便。但在战乱频繁的年代,"蜀道难"的自然险阻使外界入侵减弱,巨大的盆地内腹有广阔的回旋余地,加上封闭的地形内部文化结构相对稳定,能自成系统,境内相当于两个法国的辽阔面积,几大水系纵横交错的良好灌溉状况和温湿宜人的气候,形成了得天独厚的优裕自然生存条件和地方色彩,世之谓"天府之国"。而境内平原、浅丘、高山、低谷等各种地貌兼具和与之相应的生产方式及在此基础上形成的各种文化形态(如多民族存留、杂合),就在大盆地中自成体系地运行、发展,较少受外界影响而表现出自己的独异性。文化学家钱穆先生指出:"人类文化的最先开始,他们的居地,均赖有河水灌溉,好使农业易于产生。而此灌溉区域,又须不很广大,四周有天然的屏障,好让这区域里的居民,一则易于集中而达到相当的密度,一则易于安居乐业而不受外围敌人的侵扰,在此环境下,人类文化始易萌芽。"④巴蜀盆地正是这样的典型区域,"资阳龙""合川龙",尤其是自贡大山铺恐龙化石的出土,都证明了巴蜀区域生命史的久远;"大溪文化"遗址的发掘和"巫山人"的发现,甚至为"人类起源于亚洲"的学说提供了新论据。地壳隆起、陆海下沉,随着"巴蜀湖"水的东流以及人们在以大禹为首的部落酋长领导下的治水活动,巴蜀盆地,尤其是平原河谷地区成为最适合人类生息的地方。"汶阜之山,江出其腹,帝

---

① 《尚书·牧誓》,上海古籍出版社,1989年版。
② [宋]罗泌:《路史》卷十,明万历三十九年(1611)刻本。
③ 《隋书·地理志》,中华书局,1973年版。
④ 钱穆:《中国文化史导论》,商务印书馆,1994年版。

以会昌,神以建福"①,从青藏高原迁徙下来的黄帝后裔昌意以及"蜀山氏"和当地土著汇合,巴蜀人开始了充满"昌""福"的生活,形成了原始农耕文明即被后来命名为"宝墩文化"的盛况。大量考古学材料证明,至少在5000多年前,巴蜀地区就已完成了从野蛮到文明的过渡,成为当时全世界农耕技术发达的"八大中心之首,列为世界上最大也是最早的农业中心"②,巴蜀先民载歌载舞:"川崖惟平,其稼多黍。旨酒嘉谷,可以养父。野惟阜丘,彼稷多有。嘉谷旨酒,可以养母。"③成都十二桥"羊子山土台"建筑群的发掘和广汉"三星堆"文物的发现,都确证着古蜀城市文明的规模巨大。"三星堆青铜文明"的出土更是震惊世界,其中青铜器的冶铸技术和工艺的先进、造型的独异、种类和数量的浩瀚,还有"巴剑蜀戈"上留下的"巴蜀图语"文字,都标示着巴蜀文化的辉煌和文明发达的高度成就④。

文明的创造和文化活动的创作者是人。生活在巴蜀盆地中的原始先民,在特定的地理地貌、水土气候中观照客观世界,其思想意识必然被烙印着所在环境的鲜明印记,他们的生产劳作和生存方式就是所形成的意识观念和价值标准的外化和物化。这种物化形态就是"第二自然"。它通过反馈后代创造者的意识又继续固化、强化人们的创造特色,并不断地积聚、沉淀、繁衍壮大,成为后代巴蜀人的文化生存环境。也就是说,巴蜀盆地独异的客观自然及在此基础上原始先民创造物化的"第二自然",还有在此基础上形成的风俗习惯、道德意识和思维方式、文学艺术,就不断地生成衍化、繁衍传递,逐渐积淀为特定的行为规范和心理模式,成为根植于世代人群内心深处的"集体无意识"。后代子民的行为举止和思维方式,都在有意识或无意识中体现着这种思维方式和区域文化特征。而相对闭塞的地理阻碍使外界差异文化的入侵和影响减弱,辽阔的疆域和数量极大的人群又使区域文化有充裕的运行流布的空间,"天府之国"优裕的经济条件也为巴蜀文化的发展繁荣提供着坚实的物质基础,多样的地貌景况和自然风物的缤纷多彩,以及"天下山水之胜在蜀"所提供的丰蕴多姿的审美观照物,又冶铸着巴蜀人的审美敏感机能。人类与生俱来的创造和审美天性,就在巴蜀盆地所提供的得天独厚的诸种优裕条件中得到了尽情发挥。综览中国文学史,每个阶段都活跃着巴蜀精英的创造雄姿,且大多是开一代先河的文坛巨擘。这种鲜明而强烈的规律性特征,都离不开"巴蜀"地域原因,离不开悠久而丰蕴的巴蜀文化的厚实积淀。这些,就是巴

---

① 陈寿:《三国志·蜀书·许麋孙简伊秦传》,中华书局,1959年版。
② 林向《论古蜀文化区》,见《三星堆与巴蜀文明》,巴蜀书社,1992年版。
③ 汉代古辞《蚕丛国诗》,见《华阳国志·巴志》。
④ 《巴蜀文化与四川旅游资源开发》,四川人民出版社,2000年版,第692页。

蜀文化创作者冲决、大胆、进取人文品格形成的地域文化形态。

文学,是人的一种精神活动现象,作为一种精神范畴的创造,它首先呈现为创造者的人文性格特征。中国文学流布历时最久的样式是诗歌,而诗歌则是最能体现作家性格气质和精神的艺术话语方式。从中国文化大一统局面完全定型的汉代开始,巴蜀地区首屈一指的杰出文学家司马相如就以大胆冲决的创造进取精神,对文学创作特征的准确体认和对大汉声威时代精神的表现,以汉大赋的艺术方式,成为汉代时代精神的艺术代言人。司马相如以后有扬雄、王褒,这以后,魏晋李密,唐代的陈子昂、李白、薛涛,五代西蜀花间词人,宋代"三苏",元明清的虞集、杨慎、李调元,20世纪的郭沫若、何其芳和世纪末的"巴蜀新生代诗"群体,莫不因其大胆冲决、反叛、创新和强烈的个性情感表现和体验而积淀为中国文学的范式精品。因此,我们对巴蜀文学的发生和发展历程的探寻,应首先从巴蜀盆地的人文性格特征的形成原因和表现方式开始。

人受制于所处的地域文化,地域文化构成人的地域性格。英国史家巴克尔认为,有四个主要自然因素决定着人类的生活和命运,这就是气候、食物、土壤、地形①。除此之外,长期性的文化基因传承和沉淀也极大地影响了中国文化的差异。清末民初的著名学者刘师培说:"大抵北方之地,土厚水深,民生其间,多尚实际。南方之地,水势浩洋,民生其间,多尚虚无。"②北方辽阔的黄土地和黑土地,景色壮丽,气候干燥寒冷,天空高旷凄凉,植被贫乏,在这种环境下,人物的性情多厚重、强悍、豪爽、严谨。而南方水流纵横,山色清华,植物华丽,气候温暖湿润,云霞低垂清灵,在这种环境下,人物的性情多柔婉、细腻、灵捷、浪漫、精明。北方人的主食是高粱、大豆与白面,所以培育了北方人魁伟与刚健的体魄,同时,这些作物的耕作需要人们的协作,所以人与人之间的合作精神与政治意识就突显出来了。而南方人以稻米为主食,所以有着灵巧的心性。乔伊斯·怀特在对泰国史前遗址的研究中得出的结论是,在生产组织方面,"水稻栽培往往促进分散的离心力而不是合作的向心力",所以南方人的散淡个性就比较突出。鲁迅曾经指出:北人的优点是厚重,南人的优点是机灵。"厚重"的弊病在于鲁钝,"机灵"的弊病则在于狡黠。就相貌而言,北方人长南相或南方人长北相者为佳。王国维对南人和北人的评价是:"南方人性冷而遁世,北方人性热而入世,南方人善幻想,北方人重实

---

① 《英国文明史》,南洋公学译书院,1903年译本。
② 刘师培:《南北学派不同论》,见《刘申叔遗书》上,江苏古籍出版社,1997年版,第560页。

行。"①林语堂认为:"北方的中国人,习惯于简单质朴的思维和艰苦的生活,身材高大健壮、性格热情幽默,喜欢吃大葱,爱开玩笑。他们是自然之子。从各方面来讲更像蒙古人,与上海浙江一带人相比则更为保守,他们没有失掉自己种族的活力。"②

同理,处于西部的蜀人,其人文品格的形成必然受地域文化的影响。即如康白情在《论中国之民族气质》中所指出的,西南之人"含山谷气,饶自尊心,而富于'个次'之独立性:虽有朋党,而不善群也;虽敢急人,而己之有难,不欲情求人之急之也,虽无臂助,而苟有当于血气之私,则自任孤行亦所弗顾也。质言之,即自以其力,自图其存而已,唯自尊也,故酷爱自由;唯急人也,故特有乡土热,国家热,民族热,唯山境闭塞而民识固蔽也,故无野心,乏远虑,重习惯,偏保守,而以营目前之自存为止。……则诈虞佻达逸乐浮动之风,实未让东南之人独步,特不若其甚耳。其人喧于暖风,颇耽情于闺房……民多重目前之享受,而不重视储蓄;尝本其厌世之思,激而为肉欲乐天之想,有'吃些喝些,板板厚些'之谚(板板指棺材):故民多尚勤,以博目前享受之乐而不果尚俭也。士人重文章经术,而美术亦优。近代学者多神秘之想。中人以下谄事鬼神。各地淫食祠最盛,巫觋之术,尤风行一世。是殆古俗之与苗化触接使然欤?"③巴蜀地区远离中原而长期处于中央政权和主流统治文化的"边缘"状态,长时期被轻视为"西僻之国",却又因物产丰足、疆域辽阔和人口众多而常居"戎锹之长"地位,其间还常因"扬一益二"的经济优势和"比之齐鲁"的文化繁荣状况而倍增骄狂之态。一方面,因"山高皇帝远"的离心作用与封建中央集权统治及正统文化保持着一定距离,另一方面又由于自给自足、无须外求的经济物产实力而滋生着"夜郎自大"的骄狂意识。在漫长的中国历史进程中,巴蜀地区在各个历史剧变阶段和转折关头总是表现出一种独特状貌,巴蜀民众对之自诩为"世浊则逆,世清斯顺"④。历代流传的谚谣称:"天下未乱蜀先乱,天下已治蜀未治。"⑤正是将巴蜀盆地视为一个孕育危机的险境,有史书则干脆直截了当地说:"蜀人好乱,易动难安。"⑥晋代蜀人常璩的《华阳国志》在

---

① 王国维:《屈子文学之精神》,见《王国维遗书》,上海古籍出版社,1983年版,第5册。
② 林语堂:《吾国与吾民》,陕西师范大学出版社,2006年版。又名《中国人》,原书用英文作写,书名为(*My Country and My People*)。
③ 康白情:《论中国之民族气质》,《新潮》,(1919 – 1920),重印本,第1卷第2号,第197 – 244页。
④ [晋]张载:《剑阁铭》,见《文选》卷五十六。
⑤ [清]欧阳直公:《蜀警录》。
⑥ 《绵阳通鉴·梁·大宝元年庚午(550)》。

追溯巴蜀盆地人类历史初期时,就特地强调过巴蜀人文性格的表现特征,"周失纲纪,蜀先称王,七国皆王,蜀先称王,七国皆王,蜀又称帝。是以蚕丛自王,杜宇自帝",以此说明巴蜀人文精神那喜好标新立异、敢于大胆反叛权威、勇于自作主张、不乏偏激骄狂之态等区域性格。应该说,常璩著《华阳国志》的心理动因,正是对秦汉统一中国,尤其是思想文化大一统后巴蜀区域文化被遏制的一种忧虑,从而有意识地去整理、重构巴蜀历史文化。正是这种心理动因和"寻根"的价值选择决定了《华阳国志》的内容和文化学价值,之后的诸如《蜀史》《蜀梼杌》《全蜀艺文志》等史学和文学典籍的问世,都是基于作者对自己区域文化的一种自豪和自觉地认同皈依等审美精神的作用。

这种自豪和自觉地认同皈依审美精神突出地呈现为巴蜀文人大胆冲决的审美进取精神和撒野放泼的话语权力。晚明人张岱在其《自为墓志铭》中,就根据其祖上一点籍贯因素而自我体认为蜀人。他是如此为自己画像的:"蜀人张岱,陶庵其号也。少为纨绔子弟,极爱繁华,好精舍、好美婢、好娈童、好鲜衣、好美食、好骏马、好华灯、好烟火、好梨园、好鼓吹、好古董、好花鸟,兼以茶淫桔虐,书蠹诗魔,劳碌半世,皆成梦幻……任人呼之为败子,为废物,为顽民,为钝秀才,为渴睡汉,为死老魅也已矣。"在张岱的潜意识中,巴蜀士人似乎就是封建正统文化和道德伦理价值的天然反叛者,要张扬性灵和解放自我人格,就必须认同巴蜀区域人文精神,借助巴蜀区域文化性格。然而,张岱作为一个饱学之士和文学家,既然有意识地认同"蜀人"的性格精神,巴蜀历代文化精英的性格表现和文化精神,如司马相如、卓文君、李白、陈子昂、苏轼、杨慎等的行为举止和创作个性,就必然对他有着厚重影响,价值标准的选择和认同在某种程度上导引、规范着他的创作特色。也就是说,由于张岱的价值认同和模式选择偏爱,巴蜀杰出作家必然会对他产生一种范式作用,他的性格和行为表现方式,也有意无意地体现着蜀人模式。

这种审美精神的呈现并非绝无仅有。20世纪后半叶兴起的港台新派武侠小说家,在描写蜀中武林门派时,无论是擅长使毒的唐门,还是青城、峨眉剑派,都被赋以阴狠、毒辣和性格怪异、功夫诡异等特征,并且笼罩着浓浓的神秘色彩,这正是外界对巴蜀的一种误读。在外部世界的意识中,巴蜀盆地和巴蜀人文性格精神,似乎总是充满着神秘、怪异,总是一个谜。

这种审美精神还表现在,世间公认聪慧敏智的巴蜀士人,常常只是在文学领域纵横驰骋,并且大都能在历史文化转型阶段大胆创新和勇于变革。纵观中国文学史,我们不难看到,自中华民族完全统一的汉代始,巴蜀作家辈出不穷,对其所处时代做出了巨大建树,许多人甚至就是其所在时代文学的代表者和成就体现者。这正如当今一位文学史专家所指出的:"这些文学家都生长于蜀中,而驰骋才能于蜀地之外。他们不出夔门则已,一出夔门则雄踞文坛霸主地位。"①北魏时邢峦也曾赞叹巴蜀地区"文学笺启,往往可观,冠带风流,亦为不少"②。值得注意的是,似乎越是社会及文化震荡剧烈和文学转型风云激荡之际,就越能激发巴蜀作家的创造活力,越能使他们体现出成就。如大汉声威之司马相如、扬雄、王褒,盛唐气象之李白、陈子昂,晚唐夕照之西蜀花间丽词,两宋睿之苏轼,狂飙突进"五四"浪潮之郭沫若、巴金,新时期思想解放运动的之于周克芹等。值得注意的是,这些作家的作品流传深广,他们的文学成就雄踞一代,但对他们的为文和为人的指责诟病,也一直伴随着他们。巴蜀区域人文精神的叛逆,对一切既有传统和道德规范进行狂浪地冲击和消解,以自我为中心的汪洋恣肆的情感坦露,自出心裁地创新的艺术话语符号,从严格意义的中国文学形成开始,一直到20世纪末巴蜀新生代诗,莫不如是。这些,当然不符合中国正统文化思想的"中和"之道,却又激发着人们对自由人格、自由人生的热切企盼,因此能博得人们的情感共鸣和内心价值认同,但这种区域人文精神的形成,却是在一个动态的历程中,受各种因素制约的。

　　自秦始皇横扫六合、建立中央集权以来,巴蜀盆地就被称为"僻陋""蛮夷"之地,因此秦始皇打击关中豪强和清肃文化思想的具体措施,是将程郑、卓王孙一类经营有术的富豪赶进巴蜀,又将"无先王之法,非圣人之道,而因于己"的思想家尸佼、吕不韦、嫪毐等及其门下知识者,每次上千人地流放进巴蜀。这就是所谓"秦法:有罪,迁徙于蜀汉"③,又将关中豪强强行迁移入蜀。所谓"秦之迁人多居蜀"④,"迁秦民万家实之"⑤,"始皇克定六国,辄徙其豪侠于蜀"⑥,"秦移万家入蜀"。秦始皇的用意当然是想通过此以求得身边的清静,但也不排除他想让这些人去巴蜀这一"僻陋""蛮夷"地区接受野蛮荒凉之苦折磨的阴狠用心。据《史记》载:"不韦迁蜀,世传吕览。"既然秦始皇为统一整肃思想而烧书,决不会破例让《吕览》独存,吕不韦门客千人被迁徙入蜀,对其学说思想的保存和流传,应为幸事。这些异端邪说正可和巴蜀"蛮夷"文化同声相应。流风所及,有项羽逼刘邦入蜀受

---

① 袁行霈:《中国文学概论》,高等教育出版社,1990年版,第45页。
② 《魏书·明峦传》,中华书局,1985年版。
③ 《汉书·高帝纪》注引如淳说,中华书局,2000年版。
④ 《史记·项羽本纪》,中华书局,1956年版。
⑤ 《华阳国志·蜀志》,上海古籍出版社,1987年版。
⑥ 《华阳国志·蜀志》,上海古籍出版社,1987年版。

穷在先,后又有扬雄祖上逃罪入蜀。据《汉书·扬雄传》载,扬雄虽家境贫寒,却是王侯之后,为周王族支庶,亦为姬姓。扬雄先祖这一支居住在晋之扬,因此以扬为氏,经过种种变故,迁居入蜀,日益没落,人丁凋敝,"五世而传一子,故雄无它扬于蜀"。再往后有李白父避仇入蜀、苏轼先祖苏味道遭贬入蜀等,都表明古代中原人对巴蜀地区的一种认识误区。

这类迫不得已进入巴蜀者,为巴蜀区域文化带来新养料和生产新技术,对巴蜀文化与中原文化的交融及其自身发展起到了重要作用。而从文化心理学角度看,这类不安本分、敢于创新、不惜冒险的血型和性格特征,也对改善巴蜀土著的遗传基因有一定作用。

具有强烈边缘意识的巴蜀文化,就是在四周天然屏障相对辽阔的大盆地中运行流布,又不断化取、汇融新的养分,从而逐渐形成文化自身的独异色彩的。生活于其中的人,带着不同方面和层次的区域文化印记,受着区域人文精神积淀的影响和规范,去开始个体的新创造。这种个体创造必然带有区域群体的某种共同特征,这实际上就是一种区域文化积淀的集体无意识作用。只有从这种角度去审视,才能从文化深层次真正把握巴蜀区域人文精神的发生背景及表现特征。

二、重生、活力四溅

巴蜀审美文化这种重生、活力四溅的审美精神突出呈现在上古神话传说中。

追溯巴蜀审美文化的历史,不能不提到古代的神话和传说。它们以民间口头传说的方式一代代传递下来,有的经后人的记录整理进入典籍,有的迄今仍在民间口头流传着。巴蜀的神话传说多见于《山海经》。这是最早、最完整的一部神话集,所谓"小说之最古者尔"[1],过去的说法是由大禹、伯益所记,实际上它是经过许多人的增删修改直到西汉才由刘秀校订定型的。近人蒙文通考证,书中四篇《海内经》(即《海内南经》《海内西经》《海内北经》和《海内东经》)可能是蜀人作品,而五篇《大经》(《大荒东经》《大荒南经》《大荒西经》《大荒北经》和附在后面的《海内经》)则是巴人的作品,时代在西周。因此《山海经》应该说是巴蜀地区最早的一种审美文化。

晋人常璩撰写《华阳国志》,采用了许多有关巴蜀的神话传说。他自称曾见过

---

[1] 《四库全书总目提要》,中华书局,1965年版。

司马相如、严君平、扬子云、阳咸子玄、郑伯邑、尹彭城、谯常侍、任给事八家所集传记。这些传记称为"本记",自然都是记载蜀王之事。可以想象,其中一定有大量的神话传说,可惜的是,这八人所集传记,今皆亡佚,见于他书征引的只有扬雄《蜀王本记》《蜀记》《扬雄记》,谯周《蜀本记》,郑伯邑的《耆旧传》,都是摘引了部分内容,并非全豹,而据徐中舒的考证,《蜀王本记》并非扬雄所著,是晋人谯周所著。

著名神话学者袁珂在《中国神话资料萃编》中,单列《古蜀篇》,辑纳了多种典籍中有关巴蜀的神话和传说,除《山海经》外,有《蜀王本记》《蜀中名胜记》《华阳国志》《述异记》《蜀故》《太平广记》《说郛》《水经注》等,还有一些地方志的记载,算是迄今有关巴蜀神话传说的典籍汇集得最多的。

应该说,原始社会是没有"历史"的。真正的文明史是从原始社会的分化中产生出来的,而原始时代则是充满神话意识的时代。中国的鲧、禹以前的"历史",基本上属于神话式的古史传说,因此,神话传说在中国远古文化中占有十分重要的地位。神话是初民精神生活和物质生活的产物,是万物有灵观念下"人类童年"无意识的集体信仰的结晶,而传说则是远古以来历代通过口碑与书面两种传承形式形成并传播的对远古社会人与事的叙述。因此,就巴蜀神话故事而言,无论是出自古代典籍记载还是至今仍然流传于民间的口头传说,它们都从某一侧面反映了"童年"时代巴蜀人的生存状态及他们对神秘的大自然的"天真"的理解,既有他们可歌可泣的英勇、悲壮的斗争历史,也有他们丰富的想象和创造。它们都深深地刻下了一个特定的生存环境所造成的独特的心理素质和民族特性。从这个角度来说,它们不仅属于巴蜀远古文化,而且给后世的文学创作提供了丰富的养料,可以说是独具魅力的巴蜀文学的源头。

巴蜀地处长江中上游,先秦时代被看成蛮夷之地,受北方文化的影响较小,受中部荆楚文化影响大,神话传说颇为发达。因此,《山海经》这部内容丰富、风貌独特的古代著作中的一部分故事出自这里是自然而然的。事实上,无论是"开天辟地"的盘古、"炼石补天"的女娲、英勇无畏追赶太阳的夸父,还是拔箭射日的后羿等,这些神话故事都在这一区域广为流传,长盛不衰,其文化遗传因子迄今仍在老百姓的民间故事和祭祀活动之中。尤其值得注意的是,巴蜀神话传说对自己开国的祖先,从蚕丛鱼凫到杜宇开明、廪君务相,都有详细的记载,这是其他地区神话传说中少见的。

人类在依赖自然、利用自然的过程中,往往采取表达愿望的宗教仪式活动。这是宗教神话产生的直接因素。这种仪式,常常与巫术、魔法紧密联系在一起,成为宗教神话赖以生存的土壤,如中国南方的傩仪形式,即如恩斯特·卡西尔所指出的:"'发生'(becoming)要归溯于殊'真相'(truth)。"①巴蜀盆地因其所处地球经纬度的地理位置和气候状况,其特定的地形地貌、植被景观及物产状况,决定了其原始先民获取食物的方式和生存劳作的方式,并以之为基础形成了特定的意识和思维方式。

现代考古发现,"巴蜀文化"与"大夏文化"都是自远古以来"长江文明"的人类杰出文化精品。中华文明经过4500年以后,以"殷商文化"为代表的"黄河文明"逐渐强大起来,经过反复的南北文化的激烈碰撞较量,最终以强悍的"黄河文明"取得了统治天下的权利,也就是"殷商文化"取代了长江巴蜀地区的"大夏文化";并根据巩固皇权的政治需要,对代表长江文明的"大夏文化"进行了全面的改造和移植,从此,关于"巴蜀文化"与"大夏文化"就不再被正式记入史册,甚至一度被淹没在历史的洪流之中,变成了"天府"的"巫、鬼、神、仙"。但是,历史总在不断地往前发展,在此之后,由巴蜀先民进入"三秦之地"的周氏部落渐渐强大,又取代了"商王朝",建立了强大的"周王朝",此后,代表长江文明的"巴蜀文化"又被重新重视起来。因此,也就出现了相当灿烂的"三星堆文明"以及后来的"金沙文明",而这些文明就是反映和记录"巴蜀祖先"包括"大夏文明"的上古历史。

据最新的考古及研究成果,巴蜀的"巴"是一个内涵相当丰富而复杂的概念,包容面相当广阔。有学者认为,"巴"字造型就是远古时期"生殖崇拜"的一种象形符号,具有人类祖先重生、崇生的意蕴。据史书记载,古代以川东、鄂西的西阳为中心,北达陕南,南及黔中和湘西地区的一大片连续性地域通称为巴,所以古代居息繁衍在这个地域内的各个古族也被通称为巴,并由此派生出巴人、巴国、巴文化等概念。《华阳国志·蜀志》云:"蜀之为国,肇于人皇,与巴同囿。"《华阳国志·巴志》又云:"《洛书》云:人皇始出,继地皇之后,兄弟九人,分理九州,为九囿,人皇居中州,制八辅。华阳之壤,梁岷之域,是其一囿,囿中之国则巴、蜀矣。"从考古发现看,川西平原在一万多年前已经成为古蜀族的活动中心。相传治水先祖大禹就出生于川西岷山的蜀族某部落。"蜀"字在殷周时代的甲骨文中已有记载。殷末周初,作为周武王伐纣时的"西土八国"之一,"蜀"就已经登上中原逐鹿的政治舞台。四千多年前,来自岷山深处的古蜀人来到山下的平坝(即川西平原)并定都于此。成都郊区的广汉三星堆,是四千多年前古蜀国的城邦遗址。古蜀国的几个著名王朝:蚕丛(蛰居山地)、柏灌(迁居平川)、鱼凫(猎渔为生)、杜宇(开创农耕)、开明(治水定邦),都以川西平原为中心。蜀开明帝时,正值中原地区的春秋

---

① [德]恩斯特·卡西尔:《神话思维》,中国社会科学出版社,1992年版,第3页。

中期及战国后期。

　　巴蜀地区自古以来物华天宝,地灵人杰。同时,由于古代交通相对闭塞,所以形成巴蜀地区不拘中原礼乐道德、特立独行、气象博大的风气,深深影响了蜀地文化传统与文化性格。据《华阳国志》等古文献说,蜀地"君子精敏,小人鬼黠""精敏轻疾""其民柔弱""民知礼逊""民性循柔,喜文而畏兵""重利轻义""民风尚奢""性轻扬,喜虚称""少愁苦,尚奢侈""器小而易满";巴人则具有"质直好义""土风敦厚""俗素朴""重迟鲁纯""民刁俗敞""无造次辨丽之气""性推诚而不饰"等性格习气。可以说,正是这种区域文化遗传因子及其性格习气,形成了其重生、活力四射的巴蜀地域审美精神。

　　考察起来,巴蜀地区的这种特定的重生、活力四射的地域审美精神首先表现在巴蜀远古神话和创世纪传说中。关于世界与人类的起源西方人将其归结为上帝,上帝按自己的样子复制了亚当,又从亚当身上抽出肋骨造出夏娃,于是繁衍出人类,后因人类社会的诸般丑恶,上帝愤而以江水毁灭人类,是有"诺亚方舟"的人类再生。中国的创世纪神话虽有"盘古开天辟地"故事和南方民族关于洪水毁灭人类,幸存的兄妹通婚使人类重生之传说,但对世界本源和人类产生最系统的阐说还是关于女娲的故事。据巴蜀远古神话和创世纪传说记载,有一位化育万物、造福人类的女神,这就是女娲。

　　据说天地开辟以后,大地上虽然有了山川、湖泊、花草鸟兽,可是还没有人类的踪迹。大母神女娲想创造一种新的生命,于是她抓起了地上的黄土,仿照自己映在水中的形貌,揉团捏成一个个小人的形状。这些泥人一被放到地面上,就有了生命,活蹦乱跳,女娲给他们取名叫作"人"。就这样,她用黄泥捏造了许多男男女女的人。但是用手捏人毕竟速度太慢,于是女娲拿起一截草绳,搅拌上深黄的泥浆向地面挥洒,结果泥点溅落的地方,也都变成一个个活蹦乱跳的人。于是,大地上到处都有了人类活动的踪迹。女娲还让男女相配,叫他们自己生育后代,一代一代绵延。在神话中,女娲不单是创造人类的始祖母,而且是最早的婚姻之神。后来不知什么原因,宇宙突然发生了一场大变动,半边天空坍塌下来,露出一个个可怕的黑窟窿,地上也出现一道道巨大的裂口,山林燃起炎炎烈火,地底喷涌出滔滔洪水,各种猛兽、恶禽、怪蟒纷纷窜出来危害人类。女娲见人类遭受这样惨烈的灾祸,就全力补修天地。她先在灌河中挑选许多五彩石,熔炼成胶糊,把天上的窟窿一个个补好。又杀了一只大龟,砍下它的四只脚竖在大地四方,把天空支撑起来。接着杀了黑龙,赶走各种恶禽猛兽,用芦苇灰阻塞了横流的洪水。从此灾难得以平息,人类得到拯救,人世间又有了欣欣向荣的景象。为了让人类更愉快地生活,女娲还造了一种名叫"笙簧"的乐器,使人们在劳作之余进行娱乐。

女娲是产生于母系氏族社会的神话人物。这个神话反映出当时人类对自身起源和自然现象的天真认识。至今在我国西南的苗族、侗族中还流传着女娲的神话传说,并把她作为本民族的始祖加以崇拜。

女娲炼五彩石补天,折断鳌足来支撑天的四极,又以息壤填海造陆治理洪水,再抟土造人和创造各种动物,其力竭而逝于西蜀。今雅安因多雨而被称为"西蜀漏天处",雅安城外河中色彩斑斓的卵石被传说为补天未用完而遗下的五彩石。女娲死后,身体化为山川万物,其毛化为自然植被。女娲作为人类的始祖和创造者,作为母性神和创造、慈爱的原始意象,已深深根植于中华民族的心灵深处,以至外来佛陀观音也被中国人有意无意地改变性别而塑造成大慈大悲、救苦救难的女神,甚至其"蛇"形也被人们无意识地复制着。来自蜀中峨眉山的白娘子,既有呼风唤雨、起死回生的无边法力,又有强烈的母性和妻爱,从而成为一个令人喜爱的神型模式。

女娲神话文本中的主要内容是:水、息壤、石。水既是人类生息繁衍的生命之源,同时又威胁着人类的生存。巴蜀神话中关于"水"的意象占着极大的比重,如有关大禹治水、李冰治水并化身于牛、犀入水中战胜水怪的传说,更是集中体现着巴蜀先民对"水"的辩证认识。而受鲧偷取上帝的息壤堙填洪水的故事影响,直至20世纪60年代,川西民间还流传着观音菩萨以息壤造陆地的传说,显示着"息壤"意象在巴蜀地区的文化积淀深厚。关于"石"的崇拜更是巴蜀上古神话的重要内容。自远古时代始,人类就与石头结下了不解之缘,纵观一部浩如烟海的社会发展史,早期阶段就是一部石文化史,从原始人的以石穴而居、用石头做工具,到传说中的盘古开天地、女娲补天和精卫填海,无一不反映先人对石头的依赖和崇拜。他们含辛茹苦,经历了漫长的石器时代,并创造了光辉灿烂的石文化。"女娲补天"的神话传说,记述远古时代天有空缺不能周覆大地,女娲氏炼五彩石,把天补全的故事,反映了古代人民征服自然的愿望。女娲是中国神话中创造万物的女神,她创造了人类,是人类的女始祖。当天崩地裂,人类生存受到威胁时,她又以大无畏的精神,炼五彩石把残缺的天补起来,挽救了人类,后人因此把彩色异常之石叫做女娲石。《南康记》记述:"归美山山石红丹,赫若彩绘,峨峨秀上,切霄邻景,名曰女娲石。"石不仅可作补天材料,所炼五彩石正是天空虹霓之源,更是生命之源。"禹生石纽"的故事和今汶川县石纽山剖儿坪遗迹,都述说着石裂生禹的故事。非仅禹生石中,禹的儿子启也生于石中。宋代洪兴祖引《淮南子》注曰:"禹治洪水,通轩辕山,化为熊。(禹)谓涂山氏曰:'欲饷(送饭),闻鼓声乃来。'禹跳石,误中鼓。涂山氏往,见禹方作熊,惭而去。至嵩高山下,化为石。方生启,禹曰:'归我子'。石破北方而启生。""禹生于石""启母石"的传说,就是原始石头崇拜的写照,将石头人格化并将石赋予母性的特征。石头具有生殖功能,是原始时代"万物有灵论"世界观导生出来的一种象征的观念。《淮南子·修务训》:"禹生于石。"《随巢子》:"禹产于昆石。"都明确记载禹是石头所生。《遁甲开山图》中也记述禹了是其母女狄"得石子如珠,爱而吞之",感石受孕而生的事迹,禹因石而生,石是禹产生的根本。从史书记载中还可以发现,在巴蜀文化中,石头作为生命之源的传说已根植其文化深层,而呈现为巴蜀民间的一种求子民俗。明代曹学佺《蜀中名胜记》卷二载:"成都风俗,岁以三月二十一日游城东玄寺,摸石于池中,以为求子之祥。"应该说,在巴蜀地区,"石头崇拜"现象自古蜀国就已经存在。如蜀人常璩的《华阳国志·蜀志》就记载,上古时期,蜀中"每王薨,辄立大石,长三丈,重千钧,为墓志,今石笋是也";并且,这种风习自蚕丛就有:"(蚕丛)死,作石棺、石椁,国人从之。"可见,蜀地石头崇拜的风俗由来已久。对此,杜甫在《石笋行》亦有记载:"君不见益州城西门陌上,石笋双高蹲。古来相传是海眼,苔藓蚀尽波涛痕。"其他如晋代张华《博物志》记有人误入天河,遇牵牛人而获赠一石,归问成都严君平时,石突暴长,是为"支机石"。还有成都"五块石"传说等,都显示着巴蜀"石头崇拜"的意识浓郁厚重。

　　通过神话的方式,巴蜀先民还表现了对个体生命的不朽追求。如有关彭祖长享年八百岁的传说则是其例;又如《蜀王本纪》还记载了上古蜀王蚕丛、柏灌、鱼凫三代"各数百岁,皆神化不死","民亦颇随王化去"的事迹,以表现一种原始的生命意识。这种白日飞升、肉身成仙的理想也蕴藉于严君平"一人得道,鸡犬升天"故事中。前面我们说过,巴蜀先民的意识和思维方式,因所在大盆地的客观存在而受制约并表现出特色。"杜宇化鸟"故事正是上古时期巴蜀大地农耕高度发达的产物,一代蜀王死后羽化为鸟,却仍执着于教民不忘"布谷"乃至于"啼血"而鸣,其情实在太感人。我们不难看到,巴蜀上古神话的基本意象,已成为后来中国神仙故事的基本模式,长生不老、白日飞升以及羽化成仙等内容,正是中国道教的主要框架,而道教在蜀中创设的原因,以及创始时28个教区蜀中占23个的盛况,亦正在于巴蜀盆地神话的丰富和体系完整。

　　可以说,中国神祇谱系中的两大主神都源自巴蜀。主宰文运、功名利禄的文曲星(文昌帝群)是蜀中梓潼人;英武的战神杨二郎,因其"纵目"而备受崇祀,清嘉庆修《金堂县志》曾对之有具体解说:"川主,即史称秦守李冰,今所祀,皆指为冰子二郎。盖治水之绩,冰主其议而二郎成其功也。历代相传,必有其实,允宜祀。"

其实这正是一种巧辩善言,以掩盖对巴蜀土著"纵目"神的偏爱而有意忽略"秦守"的功绩,我们不妨从宋代蜀中民俗的好尚去证明这点。宋代张唐英《蜀梼杌》载,后蜀王衍崇拜二郎神并追摹其形姿:"衍戎装,披金甲,珠帽锦袖,执弓挟矢,百姓望之,谓如灌口神。"宋代洪迈的《夷坚志》更是明确地叙述蜀人的狂热:"灌口神祠,爵封王,置监庙官,蜀人事之甚谨。每时节献享及因事有祈者必宰羊,一岁至四万口。"这里正积淀着蜀人对区域土著神崇拜的价值心理。

集巴蜀上古神话传说故事之大成的典籍是《山海经》。历来被视为"奇书"的《山海经》,虽仅约31000字,却记载了40个方国,550座山,300条水道,以及百余个历史人物和有关这些人物的世系与活动,还突出地描写了有关的地理地貌、重要物产及风土民俗,故被人们视为中国上古社会的百科全书。因此《汉书》划之为《数术略》,《隋书》列其为《地理》类,《宋史》置之于《子部·五行》类,清代《四库全书》因其"书中序述山水,多参以神怪……道里山川,率难考据。案以耳目所及,百不一真","核实定名,实则小说之最古者"①。该书以大量的大胆幻想和丰富的想象,以及狂荡的夸张而被视为"古今语怪之祖",司马迁也曾感叹其文思的"放哉"而自惭"所有怪物,余不敢言也"。鲁迅则在《汉文学史纲要》和《中国小说史略》中,以其"记神事"而界定其为"古之巫书"。当代神话学专家袁珂认为它是一部"神话之渊府"②。尤其值得强调的是,在先秦时期,华夏民族各方国都整理出各自的区域文化代表典籍。邹鲁有六艺,齐有五官枝,楚有三坟、五典,"巴蜀之地也当有它自己的书,《山海经》就可能是巴蜀地域所流传的代表巴蜀文化的古籍"③。

在《山海经》中,有关上古帝王谱系的描述,其风格与北方中原文化典籍完全不同,其对传说中人物的价值评判也显得标准各异。如《左传·襄公四年》将"羿"描述为"恃其射也,不修民事而淫于原兽";《论语·宪问》更诅咒其"不得其死焉"。而《山海经》则尽情颂扬其英雄豪气:十个太阳同时出现在天空,土地烤焦了,庄稼都枯干了,人们热得喘不过气来,一些怪禽猛兽也都跑出来,在各地残害人民。天帝命令善于射箭的后羿来到人间,协助尧解除人民的苦难。后羿带着天帝赐给他的弓和箭,还带着他美丽的妻子嫦娥一起来到人间。射去了九个太阳,天空只剩下一个真正的太阳,但是后羿的丰功伟绩却受到了其他天神的妒忌,他

---

① 《四库全书提要·山海经》,中华书局,1965年版。
② 袁珂:《山海经校注·序》,上海古籍出版社,1980年版。
③ 蒙文通:《略论〈山海经〉的写作时间及其产生地域》,见《巴蜀古史论述》,四川人民出版社,1981年版。

们到本部领导人那里去进谗言,受了委屈的后羿和妻子嫦娥只好隐居在人间,靠后羿打猎为生。《山海经》描绘了后羿"扶下国""去恤下地之百艰"的义勇并赞誉其为"仁羿"。这种强烈的独异意识还表现在以"南、西、北、东"的方位排序去对抗北方的"东、南、西、北"方位概念,以十万为亿的计数方式区别于中原以万万为亿的方法。特别是《山海经》将巴蜀地区置于"中"心的视角,在为之作注时就直接点明"都广之野"为"其城方三百里,盖天下之中也",可以说是抓准了该书的价值观核心所在,揭示出巴蜀先民虽处"西僻之国",却时常怀抱"戎狄之长"的豪气,以及由此所呈现出的精神特征和自居为"天下之中"的骄狂意识。

对此,还可以从《孟子》所叙述的舜的故事去比较。一名叫瞽叟的农民因偏爱后妻及后妻所生的象而憎恶舜,将舜赶出家门。舜却毫不计较,辛勤耕作并帮助别人,受到人们普遍的尊敬。尧了解到其德能后,把娥皇、女英两个女儿嫁给他,为他修造房屋仓库并赠送一大群牛羊,还想将帝位禅让他。嫉妒舜获好运的瞽叟夫妇和小儿子象以放火烧仓、填地塞井等方式几次谋害舜,但舜都毫不计较,终以"贤孝"而被立为天子。北方中原文化对"人"的价值判断取向标准和"犯而不较"的中庸思想,于此被典型地表现着。

显然,在对后羿与舜的价值评判上,《山海经》与生成于中原文化的《左传》《论语》《孟子》是不同的。这种在审美价值取向与审美诉求上的差异还可以从《山海经》所讲述的另外几个大的神话故事中看出来。如"夸父逐日"对体硕壮大的巨人夸父"与日逐走"的述说:夸父追赶太阳,追至太阳身边,因炎热而口渴,喝干了江河仍嫌不足,于是,欲饮沼泽之水,未等喝到,不幸渴死。手杖弃于路边,竟长成一片桃林。夸父是一个半神的部落首领,他耳朵上挂着两黄蛇,手里拿着两黄蛇,在与艰难搏斗的漫漫征途中,他显示了巨人般的意志,虽渴死而不息,这种顽强拼搏精神以及"珥两黄蛇,把两黄蛇"的图腾特征,正体现出巴蜀先民特有的区域人文精神。又如"刑天断首""猛志固常在"的不屈不挠,"怒而触不周之山,折天柱,绝地维",彻底摧毁既存世界的反叛者共工,以及"精卫填海"的复仇精神及其"羽化"模式等,都洋溢着凌厉无比、遇到困难和挫折而不屈不挠的负重奋勇精神。而对鲧的性格描写,《山海经》更是强调了其"不待帝命"的独立意识,为人民安危去"窃帝之息壤以堙洪水"的牺牲精神和反叛无上权威的斗争方式,以及骄狂自立、蔑视和反抗最高权威、大胆叛逆、顽强搏击乃至至死不渝的美学精神。可以说,《山海经》中的神话人物都表现出一种顽强搏击的崇高精神。《山海经》所描述的英雄性格和流露的英雄崇拜意识,既是上古巴蜀先民在漫长的生命进化史历程中人生体味的积淀,也是他们在适应自然,为生存而改造、创造自然的生存体验,更是他们在特定时空条件下对世界的一种直观思考的形式和对人类命运的原始思维方式。这些不仅融汇于中华民族文化精神之中,更是厚重地积淀于巴蜀盆地的人文意识深处,成为巴蜀区域文化性格的特色根源和区域精神核心的原始意象及一种集体无意识。可以说,在漫长的中国历史长河中,巴蜀文化精英辈出并且成就斐然,正是得益于其区域文化积淀和区域集体无意识的深沉根基。汉巴蜀中作家群体如司马相如、卓文君、扬雄的大胆反叛和勇于创造,唐代李白、陈子昂的骄狂豪气及敢于开拓的自信,宋代苏轼父子三代人的创新之路,明代杨慎独树一帜的伟健,还有郭沫若毁灭、创造、反叛、进取的业绩,都是这种区域性格原型的再现方式,都在不同程度上复现着区域人文精神的集体无意识。

中国是诗的国度。因此,就中国文学而言,诗歌(包括词、曲)是最主要的艺术表现形式。诗歌的体式特征决定着其价值标准偏重于情感和想象。可以说,历代巴蜀作家成就显赫、艺术个性鲜明的原因,正在于其区域文化精神和区域人文性格模式最适应诗歌的艺术格局和话语方式,其原初意象仍然可以从《山海经》中找到。

《山海经》中所记载的神话故事既洋溢一种崇高精神和英雄气概,又充满天真,呈现出一种质朴、纯真的审美风貌。书中尽可能地采用幻想与夸张的手法,想象奇特,构思奇诡,怪诞夸张,风格神奇,塑造了众多怪诞的人物形象,表现了巴蜀先民渴望超越人类生理极限的焦灼。如"建木"可使人"上下于天","可以不死"的三脸一臂之人,能够制造"不死药"的巫山人,凭借所造"飞车"在空中往来的国家,以及"羽民""奇肱""无肠""墨齿""聂耳"等荒诞国度民俗及生理现象的描述,都显示着该书丰富而奇异的浪漫想象力。

除《山海经》外,东晋蜀人常璩的《华阳国志》中保存了不少巴蜀上古神话传说。出于对巴蜀历史的追怀和重构巴蜀文化的热情,常璩根据古蜀地残存的典籍史料和民间流传的大量神话、传说、故事,以一种独立方国的价值标准,对古蜀国的文化史进行了比较系统的整理①,收集并保存了不少神话传说故事。

此外,巴蜀上古神话中还有"嫘祖"的神话传说。嫘祖,民间又叫"蚕母娘娘"。她是黄帝的妻子,是远古神州大地的第一夫人。她与黄帝生有两个儿子:玄嚣和昌意。据《史记》记载,夏、商、周三世帝王,春秋十二诸侯以及战国七雄的祖先,均来源于黄帝与嫘祖的血系,跟他们一脉相承。司马迁《史记·五帝本纪》记载云:"黄帝居轩辕之丘,娶西陵氏之女,是为嫘祖。嫘祖为黄帝正妃,生二子,其

---

① 《巴蜀文化与四川旅游资源开发》,四川人民出版社,2000年版,第703页。

后皆有天下。"正义解释说:"西陵,国名也。"这就是说,住在轩辕之丘(今河南新郑西北)的黄帝娶了西陵国王之女为妻。也就是说,黄帝的妻子嫘祖,原本是西陵国人。而四川绵阳市盐亭县就是当年西陵国的所在。

盐亭县始因与产盐的盐井比邻而得名。近现代,人们在盐亭发现了大量的蚕桑文物、化石、嫘祖文化遗迹、唐代《嫘祖圣地》碑,还发现了许多关于嫘祖发现天虫、养蚕制丝的传说。人们因此相信,盐亭县应该就是当年嫘祖的出生地,也是西陵国的所在。在盐亭县城南60千米处还有一座嫘祖山,上面有个嫘祖穴,据说是嫘祖出生地。20世纪末,人们又在当地祖家湾古墓群中发现两幅石刻,分别是《轩辕酉长礼天祈年图》和《蚩尤风后归墟扶桑值夜图》。如今,盐亭每个与丝织有关的地名都有一个嫘祖蚕桑织业的故事在流传,老百姓仍保留有每年祭祀嫘祖的民俗。

当然,盐亭只是西陵国管辖境内的一个区域。西陵国的势力范围到底有多大,详细数据无从考证,今人也只能做一下猜测。盐亭境内有一条河叫作潺水,上古时称西陵河。当时生活在附近的上古各小部落,就是沿西陵河建起了西陵诸侯国,选后来出生了嫘祖的部落的领袖为酋长,其势力大约北达今天四川的梓潼、剑阁、昭化、广元,西至四川的三台、中江、广汉,南抵四川的射洪、蓬溪,东止四川的阆中、南部、仪陇、巴中。

西陵国是上古巴蜀地域里的一个非同一般的古老王国。人们曾经在西陵国境内发掘出高60厘米的青铜跪俑,其年代比三星堆更古远。还有一座上古界碑,上面刻有50多行类似文字的符号,与西安半坡彩陶刻画符号相似,是属于公元前四五千年前的文化遗存。

巴蜀之地自古被称为"天府之国",有着非常适合居住的环境条件,境内有山,有水,有丘陵,属亚热带气候,四季温差不大,特别适合各类植物和农作物生长。盐亭一代为长江开口之地,处荆山之西南,巫山以东,方圆数百里。当地人的种类,按照被广泛认同的人类起源学说,应该是从非洲抵达中国南方的晚期智人的后裔,与中原地区生活的原始人类在开始时接触不多,但生理特征应该没有太大区别。他们以地名做族名,将一个个小部落联合在一起,就好像炎帝、黄帝先后领导的部落联盟一样。当时,长江尚未疏导,四川西陵一带水患严重,洪水动辄淹没数月乃至经年,氏族群落不可沿江而居,只有盐亭一带利于人类居住。盐亭附近有座雷丘(即雷公山),在那里曾经居住着西陵国部落联盟中的雷氏部落。这支部落以狩猎种植为生,兼营养蚕缫织,也许这个雷氏部落就是西陵国的统治者所在的部落,而嫘祖的名字也可能与雷氏部落的"雷"字有关。

按照神话传说,在黄帝世代到来后,西陵国因嫘祖与黄帝联姻而与中原统一,应该也经历了一个相当繁荣的时期。

黄帝迎娶嫘祖的传说故事在《世本》《大戴礼记》《史记》中都可以找到记载;历代史书,从《史记》到《华阳国志》,都认定巴蜀的祖先是黄帝、高阳氏的后代支庶。这些记载多半是根据的传说,而巴蜀人自己的传说,时代显然较近,应该更为具体,更接近真实。

根据传说,巴人则认为他们的祖先是廪君。据说巴人有五个姓氏,居住在武落钟离山(又名难留山,在今湖北长阳县境)。山上有赤、黑二穴,巴氏住赤穴,其余四姓住黑穴。他们决定选出一个首领,把五姓人统一起来,便于生存。其选法是先比赛投剑,谁能中穴,谁为首领。结果,巴人务相投中,其余不中;又比赛乘船,船是泥土做的,那四姓人坐上去都沉没了,唯独务相的船漂浮水面。大家决议立巴人之子务相为首领,号曰"廪君"。廪君率领五姓人组成的部落,乘船历经艰险来到西南地区,以后,他们的子孙遍及川东、湖北西部及贵州东北一带,春秋时代建立以江州(今重庆)为中心的巴国。

神话传说中蜀人的祖先是"蚕丛"和"鱼凫"。蜀与"蠋"通,即野蚕。蚕丛"目纵",居岷山下的石穴里,蚕丛、柏灌、鱼凫三代都有数百岁,"神化不死"。他主要的功绩是"教民蚕桑"。从《蜀王本记》到今日川西民间口头故事都有很多这方面的传说。鱼凫即鱼老鸹,本是一种捕鱼的水鸟,这是神话中蜀人的祖先和部落的图腾,现温江一带有不少关于鱼凫的故事和遗迹。

蜀地有关杜宇的神话传说最多、最美,传播也最广。鲁迅说:"迨神话演进,则为中枢近于人性,凡所叙述,今谓之传奇。"①杜宇的故事正是这个由神话"演进"为"近于人性"的"传奇"的标志。《华阳国志·蜀志》记载:"七国称王,杜宇称帝,号曰望帝,更名蒲卑。"时间约在公元前 666 年以前,春秋时代(秦灭蜀在公元前 316 年,取代杜宇的开明王朝统治应在 350 年)。据《史记·三代世表》后序索隐与《古文苑·蜀都赋》注说,杜宇是"从天而降"的,他的妻子则是从"江源"出来的。他的最大功绩是"以汶山为畜牧,南中为园苑","教民务农"②,以致他"仙去"后化为杜鹃鸟,每到春天来临便啼叫不止,催民春耕春种,以致啼出血来。取代杜宇之后开创"开明"王朝的鳖灵,据说是从楚国漂上来的一具死尸,到纹山下复活了。被杜宇任为相,以治水有功而得王位(很可能是有治水经验的楚人到蜀

---

① 鲁迅:《中国小说史略》,人民文学出版社,1958 年版,第 23 页。
② 《华阳国志·蜀志》,上海古籍出版社,1987 年版。

夺取了王位)。这个时期,巴蜀之间的交往、巴蜀和外界的交往都多了起来,争斗自然也多了。传说中便塑造了两个称得上"民族英雄"的形象。一个是巴国的巴蔓子,一个是蜀国的五丁力士。五丁的故事流行于川西各地,说法不一,大多与开通蜀道有关。据《华阳国志·蜀志》记载:一是"蜀王好财",秦王送他五头能屙金子的牛,他派五丁力士去接回来,安置于现成都金牛坝;一是"蜀王好色",秦王送他美女,他派五丁去接,由此打通蜀道,秦乘势从蜀道灭了蜀国。五丁力士是一个集体的代名词,它是蜀人对开通蜀道的祖先的纪念。与此相联系的关于"成都山精化为美女"的传说,又从另一侧面表现了蜀文化的特点。

有关巴蔓子的传说,在《华阳国志》中有记载,至今在川东一带仍广为流传,重庆七星岗莲花池的"将军坟"和忠县的"土主庙"都是纪念他的。据说当年巴国遭蜀国的入侵,将军蔓子请楚国出兵援助,答应平定以后,将三城(其中包括忠县)割让给楚。事平,楚国使臣来要城,蔓子说"城不能给,要,就带我的头去"。"割头保土"就是"土主庙"的来历。每年农历三月四日,据说是蔓子割头的那一天,忠县百姓都要抬着蔓子夫妇的塑像游行,举办庙会纪念这位民族英雄。

从廪君的选择方式上可以看出,早期的巴人生活在以狩猎、捕鱼为主的部族社会,他们经常要和猛兽打交道,因此居石穴,而死后化为白虎,以虎为图腾。这就养成他们"质直好义,土风敦厚"以及"尚武善斗"的性格;另一方面也失于"重迟鲁钝,俗素朴,无造次辨丽之气"①,也就是不够机灵,不善于言辩。他们的首领廪君,不仅武艺高强,而且不为声色所惑。当他带领部落经过盐阳的时候,当地的"神女"千方百计想把他留下,结为夫妻共同统治那个地区,他都不为所动。为了部落的利益,他射杀了爱他的神女,带领部落继续前进。他和后来那个"割头保土"的巴蔓子,都是巴人的民族英雄,反映了巴人剽悍好义的性格特征。

蜀人的祖先,从"教民养蚕"的蚕丛到"教民捕鱼"的鱼凫,再到"教民务农"的杜宇和治水的开明,都和农业生产有关。农业比较发达,妇女地位较高,男女之事也就颇多。"蜀王好色"的名誉也就扩展到中原去了。比如蜀人最崇奉的祖先杜宇,又为望帝。传说当他的部下鳖灵带领人马去治水之际,他却和鳖灵的妻子私通,鳖灵归来,一种说法是他"自以为德行不如鳖灵"学尧之禅让,委国而去;另一种说法则是鳖灵用武力将他赶走。《太平御览》卷五六引汉应劭《风俗通》:"鳖令至岷山下,已复生,起见蜀望帝。"因此,左思《蜀都赋》云:"碧出苌弘之血,鸟生杜宇之魂。"李善注引《蜀记》云:"蜀人闻子规鸟鸣,皆曰望帝也。"杜甫《杜鹃行》云:

---

① 《华阳国志·巴志》,上海古籍出版社,1987年版。

"古时杜宇称望帝,魂化杜鹃何微细。"罗邺《闻子规》诗亦云:"蜀魂千年尚怨谁,声声啼血满花枝。"据《四川通志》记载:"望帝自逃之后,欲复位不得,死化为鹃。"禅让也好,赶走也罢,可能里面都包含一种"私情",只是蜀人不愿给他们喜爱的君主脸上抹黑,才有杜鹃催种之说。这个杜宇朝的末代皇帝,很可能和李后主一样生命力旺盛,是个多情种子,李商隐诗"望帝春心托杜鹃"暗示了这一点。

接着的开明王朝,又是因好色而带来灭顶之灾的。传说武都地区有"山精",变作女子,美貌无比,蜀国的女子都比不上她。蜀王把她接到成都,纳为妃子,她不习水土,病了,想回家。蜀王想方设法要她快乐,不成。她死了,蜀王在城中筑了一座武担山埋葬她(是把她故乡的土,老远地运到成都),墓上还安了一面大石镜作纪念。这件事传到秦国,秦惠王知道蜀王好色,送他五个美女。蜀王派五丁力士打通蜀道迎接五女,走到梓潼,碰见一头大蛇正钻入洞。一个力士紧紧抓住蛇尾,其他的人相助,轰的一声,山崩了,把五个力士和五个美女全都压在了山下。山分成五岭,山顶有平台,蜀王登台悼念,命名五妇冢;平台后人叫思妻台。老百姓都怀念五个力士,叫它五丁冢。秦王后来就派兵沿着五丁开的这条路灭了蜀国。

需要指出,在巴蜀审美文化中,这种善于想象与幻想、怪诞神异的审美特性并非仅仅体现在神话传说中,在广汉三星堆出土的"神树"及其青铜面具人像那长长的"纵目"眼柱和蒲扇般的巨耳,都旁证着巴蜀先民对人类生理极限的超越企盼。

由于区域环境、不同民族性格和文化心理,巴蜀两地间的民族风情和社会风尚存在着明显差异。在蜀地,农业、蚕桑、锦绣发展早,交易也比较盛行(关于蚕丛的传说中就有二月蚕市的记载),因此民风"多斑采文章""尚滋味""好辛香",甚至说它"君子精敏,小人鬼黠"①。这点与巴人有所不同。巴人"重屋累居",素朴敦厚,尚义言孝,锐勇刚强。据《华阳国志》载,巴地"其民质直好义,土风敦厚,有先民之流",供养父母,"永言孝思";"其好古乐","善祭祀"。同时,巴人"杀身取义","巴师勇锐,歌舞以凌殷人","前歌后舞",威武雄壮,"少文学"而"多将帅才"。巴人的这些民族文化特点造就了其强悍勇武、淳厚善战的性格特色和地域精神。秦汉时期,随着汉文化在两地的不断传播,两地的文化差别日益明显。在巴郡,巴人的社会风尚并未发生太大的变化,巴地仍是"人多憨勇"、个性淳厚、"勇敢能战"。《华阳国志》载巴人(汉称板楯蛮)"天性劲勇","以射白虎为事","初为汉先锋,陷阵,锐气喜舞"。这种军乐舞后由汉高祖命名为"巴渝舞"加以推广。

---

① 《华阳国志·蜀志》,上海古籍出版社,1987年版。

东汉时,巴人善战仍名冠全国。西羌数入汉中,"牧守遑遑,赖板楯蛮破之"。汉时赤甲军多取其民,"县邑阿党,斗讼必死。无桑蚕,少文学"。即使征募巴人至汉中作连弩士或至成都作郡军,"其人性质直,岁徙他乡,风俗不变"①等。这些都反映了巴人强悍、勇武、质朴、尚义的民族风貌。故常璩也说巴地"风俗淳厚,世挺名将"。如史籍载冯绲被拜为车骑大将军,又如《后汉书·梁传》载:"雄,巴郡人,有勇略,称为名将。"

与巴地相较,蜀地的文人则比较多,历代比肩继踵。两汉时期全国文化最发达,所出书籍和博士、教授、公卿等人才最多的地区是齐鲁梁宋地区、关中平原、成都平原和东南吴会四大地区,位于成都平原的蜀地是其中之一。西汉时,蜀中出现了名冠天下的"汉赋四大家":司马相如、严君平、王褒、扬雄。四人"以文辞显于世,文章冠天下"。据《华阳国志》记载,西汉蜀郡士人达19人,巴郡仅有13人。到东汉时期,蜀地仍是文化发达的四大重点区域之一,蜀郡士人41人,并涌现出一大批为全国所景仰的文学巨儒,如任安、景鸾、杨仁等。而巴郡士人虽增加到35人,却仍少于蜀郡。同时,蜀地士人多德行高尚、文学出众,多出任朝廷文臣,其中任为郎的士人占多数。而巴郡士人却多忠贞烈士,以文学著称者极少。可见,巴蜀两地在文化性格方面,特别是人物的文化性格方面,有共性,也有特殊性,差别比较明显。巴人"少文学","质直""敦厚",勇猛善战。蜀地"多斑采文章","汉征八士,蜀有四焉"。故古人概之曰:"巴有将,蜀有相。"

《汉书·地理志》所载的"俗不愁苦,而轻易淫,柔弱偏狭",应是蜀地民族区域特色的写照。在秦并巴蜀以前,由于蜀地自然条件十分优越,蜀人无须为衣食犯愁,故民神思幽远,华而不实,崇尚神仙。据《华阳国志》载,蜀国第三代君主"鱼凫王田于湔山,忽得仙道,蜀人思之,为立祠"。另外,据《隋书·地理志》载,"其人敏慧轻急性……颇慕文学……多溺于逸乐",并且"人多工巧,绫锦雕镂之妙,殆侔于上国。贫家不务储蓄,富室专与趋利"。这些记载都突出表现了蜀人的聪慧及其对文化的追求。故只有"工巧"之蜀人,才能织就名著天下的蜀布;也只有"机敏""鬼黠""趋利"之蜀人,才能远渡穷山恶水,将蜀布、邛竹杖等商品远销身毒(今印度)和西域诸国②。这其实反映出蜀人开拓进取的民族文化精神。应该说这种地域性的文化特征直到今日仍然存在。

---

① 《华阳国志·巴志》,上海古籍出版社,1987年版。
② 李桂芳:《试论两汉时期巴蜀人才的地域差异及影响》,载《中华文化论坛》,2005年第4期。

因此,应该说,《华阳国志》从蜀王谱系角度,描述了从蚕丛称王,历经柏灌、鱼凫、杜宇、开明等蜀王代换史及其主要事迹,其中辅以"蚕丛目纵""鱼凫仙道""杜宇化鸟""朱利出井"等神话内容,而这些正是巴蜀先民对社会历史的一种原始思维和直觉把握方式的体现。而"五丁开山""廪君化虎""鱼盐女神""巫峡神女"等故事以及巴人对白虎的图腾崇拜,都充盈着旺盛的生命力并呈现出浪漫奇幻的瑰丽色彩。其中一些神话原型意象一直复现在中国文学历史长河中,更是不断地在巴蜀作家思想性格及创作中被复现着,作为一种艺术的原初意象和区域文化集体无意识被表现着。正是出于这个角度考虑,卡西尔认为:"神话由于表达了人类精神的最初取向、人类意识的一种独立建构,从而成了一个哲学上的问题。谁要是意在研究综合性的人类文化系统,都必须追溯到神话。"①卡西尔甚至认为,一个民族的神话不是由它的历史确定的,而是其历史由神话决定的。如用人是历史创造创作者的观点看,神话作为上古先民直观、形象把握和阐述世界的方式,既是人们既有知识和生存经验的积淀,又作为一种传统文化模式和集体无意识去影响、规范着人们的价值判断以及创造方式,卡西尔的这种观点确有其合理性。这也是我们在探讨巴蜀审美文化的发生与发展时,必须对巴蜀上古神话的内容、特征,以及呈现重生、活力四射审美精神的原因加以分析的意义所在。

三、自由、热情四溅

巴蜀之地,水秀山名,大江贯通,是"道""禅"思想的灵源。巴蜀人深谙"至柔"之道,他们本就生长其间,这种"道"理所当然地渗透到人们生活行为的每一个角落。顺乎自然、劳逸有度、细心创造品味今生之美食是他们的生活观念。例如,大到兴修水利工程,如著名的都江堰水利工程,因势利导,善利万物而不争;小到创造精灵秀美的建筑方式和艺术风格,如青城山之二王庙,乐山之石刻。即使是装饰繁复处也透出精巧的造型,仙风道骨,清淡悠然。这里的人也是躬历山川、浪漫放歌、琴酒吟狂。如李白、司马相如等文人雅士,其文风也是俊丽、清幽、壮美、幽情。

巴蜀之地的艺术风格更是充满了跌宕的扩张力和想象力。如以三星堆出土文物为代表的文化遗物在艺术造型上是富于奇特想象的;关于巴蜀先民的远古传

---

① 恩斯特·卡西尔:《神话思维》,中国社会科学出版社,1992年版,第4页。

说和今日土家族傩舞面具都具有夸张的特点；还有神奇诡异的古代文献《山海经》等。

巴蜀盆地有着久远的生命史，曾以得天独厚的自然气候和地理条件使农耕文明达到极度辉煌的成就，也正是高度发达的农耕经济为广汉三星堆文化的辉煌成就提供着坚实的基础。与之相适应的，当然还有一种更辉煌的文学形态，如巴蜀神话所呈现的那样。但是，由于秦始皇的文化集权政策和焚书，巴蜀地区的文字消亡了，我们今天能见到的只是巴剑蜀戈和一些印鉴上残存的被称为"巴蜀图语"的符号线条。而春秋战国以来巴蜀地区偏安一隅，极少参加北方中原地区的政治角逐而常被忽略。也由于地理阻隔和交通落后，尤其是中原正统及中心意识的偏颇，孔子等人在搜集整理《诗》时有意无意地忽略巴蜀地区的诗歌。我们认为，巴蜀盆地久远的生命史，上古时期农耕文明的高度发达，都广、三星堆等颇具规模的城市文明，尤其是博大丰富、浪漫奇幻的巴蜀神话系统以及三星堆青铜文化的赫赫成就，都说明巴蜀上古语言形态的文学应该而且可以有一种辉煌。但我们现在却只能从零散的资料去梳理了。

原始歌谣与上古神话相同，都是最早出现的两种文学类型，它们最初都是以口耳相传的方式流行的，从产生的先后说，诗谣应更早于神话。原始歌谣大都采用二言形式，这是因为上古劳动动作简单，劳动节奏短促、鲜明，因而伴随劳动动作产生的诗歌节奏自然也不复杂。另外，上古汉语都是单音节词，两个单音节词组合是最初的句子，这种句子的产生与上古人的思维方式和语言能力直接相关。

周代诗歌总集《诗》（即后来的《诗经》），虽然没有明确表明收有巴蜀之风（民歌），但又将"二南"冠于首位。应该说，"二南"中实际上就有"巴风、蜀风"。《吕氏春秋·音初》记载："禹行功，见涂山之女，禹未之遇而巡省南土。涂山之女乃令其妾侍禹于涂山之阳，女作歌，歌曰'候人兮猗'，实始作为南音。周公及召公取风焉，以为《周南》《召南》。"历代学者对"南"有多种解释。如宋人程大昌在《诗论一》中指出："盖《南》《雅》《颂》，乐名也，若今乐曲之在某宫者也。《南》有'周''召'；《颂》有'周''鲁''商'。本其所从得，而还以系其国土也。"在《诗论二》中，他又说："其在当时亲见古乐者，凡举《雅》《颂》率参以《南》。其后《文王世子》又有所谓'胥鼓南'者，则《南》为乐古矣。"清人崔述在所著《读风偶识》中也云："《南》者诗之一体，盖其体本起于南方，而北人效之，故名曰《南》。"他们都认为，《南》是《诗》中独立的一种乐歌。大体说来，对《南》的解释共有六种：一是《南》为南化说：《毛诗·关雎序》曰，"然则《关雎》《麟趾》之化，王者之风。故系之周公。南，言化自北而南也"；二是《南》为南乐说；三是《南》为南土说；四是《南》为南面说；五是《南》为诗体说；六是《南》为乐器说，即认为《南》本是乐器（铃）之名，后孳乳为汝、汉、沱、江一带的南方乐调之名，是南国之风，故可视《风》诗之一体。应该说，这六说以"南化说"为主构成了"南"的六要素，缺一不可。同时，学者们也认为，"二南"的地域应该包括古巴蜀。如《楚风补·旧序》曰："夫陕以东，周公主之；陕以西，召公主之。陕之东，自东而南也；陕之西，自西而南也；故曰'二南'。系之以'周南'，则是隐括乎东之南、西之南也。"就明确地指出，"周南"即周公采邑之南，包括楚国和巴国部分疆域；"召南"即召公采邑之南，包括蜀国和巴国大部分地域。朱熹在《诗集传》中也指出："周国本在禹贡雍州境内岐山之阳，后稷十三世孙古公亶甫始居其地，传子王季历，至孙文王昌，辟国浸广。于是徙都于丰，而分岐周故地以为周公旦召公奭之采邑，且使周公为政于国中，而召公宣布于诸侯。于是德化大成于内，而南方诸侯之国，江沱汝汉之间，莫不从化。"他接着说："盖其得之国中者，杂以南国之诗，而谓之周南。言自天子之国而被于诸侯，不但国中而已也。其得之南国者，则直谓之召南。言自方伯之国被于南方，而不敢系于天子也。"由此，可以大体上断定：《周南》就代表楚风；《召南》则表征巴蜀民歌。

《吕氏春秋·音初篇》中《候人歌》："候人兮猗。"即为南音之始。传说大禹治水，娶涂山氏女为妻，大禹巡省南土，久不归，女乃唱了这首歌，渴望大禹归来。涂山在江州（今重庆）。"候人兮猗"的歌曲形式为有唱有和，即在主题歌词后，以和声伴唱，应该为夏代产生的巴蜀早期民歌。江水、汉水、沱水源于和流经巴蜀，蜀为西周南土，南音为诗经中的《周南》《召南》承传，并有新的发展。由此也可见中国早期南方音乐由巴蜀首创南音，到西周共和时期，形成了江、沱、汉、汝一带南方民歌的代表作《周南》《召南》。

清人方玉润在《诗经原始》中说："南者，周以南之地也，大略所采诗皆周南诗多，故命之曰《周南》。"《召南》中的诗歌主要是蜀国江、沱流域的民歌，同时也包括巴国的民歌。《诗经原始》中亦说："其所采民间歌谣，有与公涉者，有与公无涉者，均谓之《召南》。"

《召南·江有汜》就应该是巴蜀之地的民歌，"汜"指的就是巴国旧疆，而"沱"则指的是蜀国境内的沱江。为此，朱子曰："《江有汜》：水决复入为汜，今江陵汉阳安复之间盖多有之。江有沱：江、沱之别者也。""汜"与"沱"都是长江支流。从诗开头"江有汜、之子归、不我以"得知：其指的是鄂西的巴国故地，接着"江有沱、之子归、不我过"，它却指的是蜀国疆域。这应该是编诗者把两地相同的民歌综合在一起的结果。"沱"也指江水的回水处（或角落），如《川东情歌》有云："送郎看见一条河，河边一个回水沱。江水也有回头意，情哥切莫丢了奴。"这首后起的民歌，也可以作为旁证。巴蜀的歌舞自古有名,这就是著名的"巴渝舞"。相传阆中有渝水,渝水两岸聚居着賨人,天性劲勇。汉高祖发兵定三秦,征发巴民为前锋,巴人冲锋陷阵,锐气喜舞,立下殊功。高祖非常高兴,说:"此武王伐纣之歌舞也。"①于是下令让宫中乐人操演学习,从而在社会上层流行开来。这就是巴渝舞。巴渝舞虽在汉初大流行,但毫无疑问,它来源于古代巴人的歌舞。巴渝舞是一种集体舞蹈,一般为36人。用錞于和钲作为伴奏乐器。这种乐器在湘西、鄂西和四川地区都有发现。巴渝舞的舞曲很多,有很多流传后世,建安七子之一的王粲曾制作多首巴渝舞的歌词,其一曰:"材官选士,剑弩错陈,应桴蹈节,俯仰若伸,绥我武烈,笃我淳仁,自东至西,莫不来宾。"巴渝舞在唐以后逐渐从宫廷乐中消失,但在民间却一直延续下来。今天湘西土家族的"摆手舞"和四川地区的"花灯舞""踏蹄舞"均是古代巴渝舞的遗存。

巴蜀民歌原本是《诗·召南》收集的直接对象,但《诗》的篇幅毕竟有限,不可能包罗巴蜀民歌的全部,这样就会有许多未入选的诗流布于世。如上所述,由于蜀国的语言文字与中夏不同,所以,蜀国的民歌很自然地随语言文字的消亡而消亡了。巴人民歌却见录于《华阳国志·巴志》,其中有"农事诗""祭祀诗""好古乐道诗"三首。其"好古乐道诗"之一曰:"日月明明,亦惟其夕;谁能长生,不朽难获。"之二曰:"惟德实宝,富贵何常。我思古人,令问令望。"祭祀之诗曰:"惟月孟春,獭祭彼崖。永言孝思,享祀孔嘉。彼黍既洁,彼牺惟泽。蒸命良辰,祖考来格。"这三首诗歌风格、韵律等与《诗》诸篇如出一辙,非常优美流畅,适为姬姓巴人之作,简直可以把它们看作《诗经·召南》的逸诗。诗中"惟"字与"我思"词语的运用,与《诗》中的"风"诗几乎相同,从中也可以看到巴蜀文化与中原文化的融合。

巴蜀原始歌谣还见于清人沈德潜编的《古诗源河图引蜀谣》中,其曰:"汶阜之山,江出其腹,帝以会昌,神以建福。"它描述了从西部高原流下来的岷江之水,灌溉着成都平原,吟咏着杜宇与朱利的婚配而人丁兴旺;开明受禅于望帝,兴水利而农业兴盛,造福人民的伟业,其中洋溢着对巴蜀大地的赞美之情和对自己美好生活的喜爱。与之相类的"先民之诗"也在尽情歌唱着生活的美好:"川崖惟平,其稼多黍。旨酒嘉谷。可以养父。野为阜丘,彼稷多人,嘉谷旨酒,可以养母。"巴蜀先民对得天独厚的大自然恩赐及物产丰足的自豪,耽于物质享乐的现世人生态度,乃至用优质粮食酿酒的记载,以及"养父""养母"的世俗亲情和浓郁的家庭生活

---

① 《后汉书·南蛮西南夷列传》,中华书局,1995年版。

氛围,都呈现着其区域特征。巴蜀文化是在一个特定的区域空间中发生、运行和繁荣壮大的。上古神话传说、原始歌谣及先民之诗,既是巴蜀盆地特定气候,自然地理地貌和物产条件等客观存在作用的结果,又是影响、制约、规范、引导后来巴蜀文学发展运行的种种特征的一种"集体无意识"。而大盆地的四周阻隔又使这种文化氛围自成体系地运行流布,并影响着一代又一代作家,使巴蜀文学的区域特征越发明显。

物产的丰裕使巴蜀文化文学发展有着优越的经济基础,使巴蜀人士有充裕的条件去冶铸青铜器物和精雕细刻地创造出漆器、蜀锦等形式精美、色彩艳丽的文化艺术品。这些又与蜀中美丽多姿、繁复多样的山水花草景观,共同冶铸着巴蜀文人的审美心理机制,形成了巴蜀文人对文学形式美偏爱和艺术性审美价值取向特征。位居西南隅却经济实力雄厚的自然地理条件,使巴蜀人虽远离北方中原政治文化中心却不甘心常居"边缘"地位,这种区域人文性格正是巴蜀作家层出不穷且彪炳一代的内在原因。同时,也正是基于这种区域文化性格,巴蜀文人才常在历史剧变、文化转型和文学变革转折阶段奔突而出,成为一代俊杰,甚至开创一代新风。应该说,相如、文君大胆相爱及"当垆"壮举,李白诗中不离仙、酒、女人的自然性情流露,苏轼对烹饪技术的考究,还有被誉为"天底下至情文字"的李密的《陈情表》,都在一定程度上体现着区域人文精神对人生现世的关注态度。

如果说,北方中原由于严酷的自然条件和物产的匮乏,北方氏族常常为寻求一个更适宜自己生存繁衍的"乐园"而迁徙、征战,在他们的眼中,客观自然"有虔秉钺,如火烈烈",《公刘》《生民》等民族史诗就流露着对"载燔载烈"严酷自然的无可奈何。也正是基于这些原因,北方中原先民力图构建规范理性,以协调人与人和群体间的关系,以沉重的鼎和狰狞的怪兽造型去镇魇敌人和自慰。据《山海经·海内经》载:其时的巴蜀先民,自我感觉奇佳,认为"西南黑水之间,有都广之野,盖天下之中"。在他们看来,眼前的天地万物都是如此美好:"爰有膏菽、膏稻、膏黍、膏稷,百谷自生,冬夏播琴。鸾鸟自歌,凤鸟自舞,灵寿实华,草木所聚。爰有百兽,相群爰处。此草也,冬夏不死。"显然,这与北方先民重功利轻审美的"实发实秀"价值标准完全不同。而与之同时,南方荆楚先民尚在"筚路蓝缕,以启山林"的艰辛中开创着自己的文明。

原始诗歌实不歌唱的词,其盛行状况,还可以从史载巴蜀军队助周伐殷的史影中略见一斑,即《华阳国志》所载:"巴师勇锐,歌舞以凌殷人。"载歌载舞地冲锋陷阵,正是巴蜀先民长期养成的习惯的自然表现。鸿门宴侥幸逃出死路、后被赶往西僻之地的刘邦,一旦领略到巴蜀歌舞的魅力之后终生难舍。从偷渡陈仓到逼楚霸王乌江自刎、灭楚兴汉,其身边总是伴有一支"巴渝"歌舞队,甚至在其晚年大裁宫廷冗员时,仍保持着"巴俞鼓员三十六人"。上之所好,下必效焉,整个西汉时期,王公大臣盛宴聚娱,巴渝歌舞都是必演节目。直到魏晋,因巴渝歌"其辞甚古,莫能晓其句度",而由王粲记录为四章:《矛渝本歌曲》《安渝本歌曲》《安石本歌曲》《行辞本歌曲》,从而为巴蜀古代歌舞唱词留下一份见载于《王粲集》中的音乐史料。

作为一种刀剑文化,巴文化毫无疑问地影响了长江流域乃至中原。稍微熟悉中国古代文化的人,没有不知道"下里巴人"这句成语的。相传战国时期,宋玉在一次回答楚王的问话时,提到一人在楚郢都唱"下里巴人",这种通俗奔放的巴渝歌曲竟大受欢迎,"国中属而和者数千人"①。"下里巴人"就是巴人创作的歌曲。我们还必须注意这样一个事实,作为中国南方文学和中国浪漫主义文学的第一个代表,屈原的成就主要建立在整理、改编流行于江汉流域的民歌上,并根据民歌的自由体式创建了抒情自由、长短随意的杂言体,其"美人芳草"之譬喻,正是民歌的基本艺术手法。屈原的艺术成就离不开巴渝文学的影响。因为,如果屈原故里确在秭归,他就应该是巴人,秭归属巴地;他长时期生活于郢都,而郢都盛行流传着"下里巴人"歌舞,成百上千个人同声传唱"巴人歌"不可能不对他产生影响;他后来被流放于巴人聚居甚众的湘沅流域,其搜集的民间歌辞中肯定有不少的巴人歌词。他的作品中充盈着大量的巴地景物、地名和人物及传说故事,如"巫山""高唐""王乔""彭祖"等,其《天问》中关于"灵蛇吞象,厥何如?"的思考,正是"巴蛇吞象"神话原型和巴地民间文学的直接摹本。宋玉《对楚王问》云:"客有歌于郢中者,其始曰下里巴人,国中属而和者数千人。其为阳阿薤露,国中属而和者数百人。其为阳春白雪,国中属而和者,不过数千人。引商到羽,杂以流徵,国中属而和者,不过数人而已。是其曲弥高,其和弥寡。"由此可见巴渝歌舞的流行程度以及巴渝人对歌舞的狂烈热情。

虽然宋玉是想通过歌舞应和者众寡区别去说明自己声誉不佳的原因,强调"圣人瑰意绮形、超然独处"而难被世俗庸众所理解,但他却为我们证实了巴人歌谣在楚国都城盛行,受到广大民众喜爱的盛况。可以想见,巴人歌舞因其悦耳的音律和较好的节奏感而易于传唱,成为流行的大众艺术,也必然因其自由热情的抒情性而令人喜爱并引起共鸣,或许还会因其灵气飞动的浪漫和奇瑰斑斓的想象艺术博得楚地民众的神往。结合后来刘邦及其王公大臣对巴渝舞曲的偏爱、王粲

---

① 《文选》卷四五宋玉《对楚王问》。

对巴渝歌词的记录,以及刘禹锡对巴渝竹枝词的迷恋,我们的这种推想应该是符合实际的。初唐四杰入蜀留下大量名蜀物证蜀事的名篇、杜甫入蜀而诗风大变臻于炉火纯青、陆游对蜀中人文风物终生难忘和有"终焉之志"等的实例,都说明了大盆地风貌和人文景观对文学创作的诱引激发效应。也正是基于此,郭沫若曾劝告访华的泰戈尔"不要久在北京或上海作傀儡",而应该"泛大江、游洞庭,经巫峡,以登峨眉青城诸山"①,去接受大自然的馈赠而获得创作的灵感,这应该是作为巴蜀人的郭沫若的亲身感受。

四、古老、深邃神秘

巴蜀审美文化有着悠久而独立的始原,其神秘性和奇异性很早就引起了人们的注意。早在西晋,裴秀《九州图经》就称巴蜀为"绝域殊方"。东晋常璩《华阳国志》认为这块神秘殊方是"人皇九囿"之一,"囿中之国"就是巴蜀。唐代诗人杜甫入蜀,在《成都府》诗中写道:"翳翳桑榆日,照我征衣裳。我行山川异,忽在天一方。但逢新人民,未卜见故乡。大江东流去,游子去日长。曾城填华屋,季冬树木苍。喧然名都会,吹箫间笙簧。信美无与失,侧身望川梁。鸟雀夜各归,中原杳茫茫。初月出不高,众星尚争光。自古有羁旅,我何苦哀伤?"初来乍到的诗人,看到的山川是新的:"我行山川异,忽在天一方。"看到的习俗是怪异的:"喧然名都会,吹箫间笙簧。"看到的人是新的:"但逢新人民,未卜见故乡。"在诗人眼里,巴蜀文化是与中原文化迥然有别的充满神秘感的"别一世界"。直到近代,不少入蜀的文人还同唐代这位大诗人一样,对巴蜀有着特殊的神秘感。19世纪末,法国人古德尔孟《云南游记》认为四川是"绝妙未经开发的舞台,如经点缀,即可成为一东方的巴黎"。清代白屋诗人吴好山在成都《竹枝词》中简直把成都说成了人间胜境:"成都富庶小巴黎,花会年年二月期。艇子打从竹里过,茶亭常傍柳荫低。夕阳处处闻歌管,方径人人赛锦衣。"抗战时期,茅盾入蜀,看到新奇的成都,感叹这是"民族形式的大都会",是"小北京"②。就是现在也还有外国人认为成都既然是大熊猫的故乡,就必定在深山老林中,是个令人感觉神秘的城市。

---

① 郭沫若:《太戈尔来华的我见》,载《创造周报》,1923年10月第23号。
② 茅盾:《成都——"民族形式"的大都会》,见钱理群:《乡风市声——漫说文化丛书》,复旦大学出版社,2005年版。

巴蜀审美文化始原悠久而独立、文化传承五千年连绵不辍,是处于地球北纬神奇线上的巴蜀。"蚕丛及鱼凫,开国何茫然",远古蜀地种种蜀王神秘传说的迷蒙,正在被宝墩、三星堆、金沙等考古发现所破译,神秘面纱正在被揭开。

属于远古蜀审美文化的三星堆位于今四川省德阳广汉市南兴镇北面,主要分布在鸭子河和马牧河两岸的脊背形台地上,分布最集中、堆积最丰富的地点有仁胜、真武、三星、回龙4村,总面积12平方千米,是上起新石器时代晚期,下至商末周初,距今3000年至5000年左右的古蜀文化遗址。其中心区域是一座由东、西、南三面城墙环抱的古城。据考证,它是3000多年前古蜀的都邑,规模与河南商城相当。平畴之上,有三个起伏相连的黄土堆,宛若三颗星辰,古名"三星堆"。在三星堆遗址上专门修建有博物馆,馆内存放着大量珍贵的文物,包括造型极其神异的人面鸟身青铜像,这在中外考古史上从未发现过;陈列在此的还有几块成吨重的巨形玉石和大量玉璋、戈、剑等玉器。玉石碾琢、磨制、雕刻均非易事,这证明,在新石器时代晚期,生活在蜀地的人们已经掌握了后人几千年后才拥有的玉器雕刻技术。众多出土的青铜造像,铸造精美、形态各异,组成了一个千姿百态的神秘群体。此外,三星堆还出土了大量精美绝伦的金杖、黄金面罩、多种黄金动物图形和装饰品等,显示了古代蜀人是世界上最早开采和使用黄金的古老部族之一。

三星堆遗址的考古发现,揭开了川西平原古蜀国的神秘面纱,位于三星堆南端的两座祭祀坑出土了上千件美轮美奂、精巧绝妙的珍贵文物。这其中,有被称为世界铜像之王的青铜大立人像,有造型奇特的青铜纵目人像,有流光溢彩的纯金权杖,更有神灵怪异的青铜神树……异彩纷呈的三星堆青铜器作为三星堆文化的重要组成部分,不仅为我们彰显了古蜀先民灿烂的青铜艺术成就,更揭示了古蜀国神秘的宗教信仰和文化习俗。

古蜀青铜艺术在其整个发展过程中,被古蜀先民以一种朴素怪诞的信仰,蒙上了诡谲奥秘的色彩。纯朴的宗教信仰、优越的自然环境和相对封闭的地理环境,使巴蜀青铜文化在一两千年间,保持并发展了自身的风格。它具有中国古代雕塑注重群体组合、以体量和气氛取胜的共性,也有人物造型个性化、性格化的特性,特别是突出人体、动植物造型和"肖型"纹样的传统,使它产生了有别于其他文化的艺术魅力,"形""神"兼备,精彩纷呈。巴蜀青铜器正是以其怪异的"形"体面貌与深邃的"神"采内涵有机结合的艺术风格,在世界青铜文化中创造了独树一帜的古代文明之花。

三星堆出土的青铜器数量之大、质量之高都是前所未有的。这些青铜制品种类丰富,不仅有中原青铜器中常见的尊、罍等礼器以及兵器,还有独树一帜的人物雕像、动物雕塑、植物雕塑。正是这些大量的人物、禽、兽、虫、植物造型构成了三星堆青铜器物的主要特征。在人物雕像中有整体的,有仅是头像的,也有面具。整体的人像中有立着的,也有跪着的。而在动物雕塑、植物雕塑以外,还有集人物雕塑、动植物雕塑于一体的器物雕塑……这一件件精美的艺术品构成了一个奇美的梦幻世界,令人流连忘返,赞叹不已。结合相关的出土情况与文字记载,我们可以推测:青铜的人头像、人面像和人面具代表被祭祀的祖先神灵;青铜的立人像和跪坐人像则代表祭祀祈祷者和主持祭祀的人;眼睛向前凸出的青铜兽面具和扁平的青铜兽面具等可能是蜀人崇拜的自然神祇;以仿植物为造型特点的青铜神树,则反映了蜀人植物崇拜的宗教意识。以祖先崇拜和动、植物等自然神灵崇拜为创作者的宗教观念,构成了早期巴蜀先民最主要的精神世界。

三星堆两个祭祀坑中出土的青铜器中,除青铜容器具有中原殷商文化和长江中游地区的青铜文化风格外,其余的器物种类和造型都具有极为强烈的本地风貌,这些青铜器的出土首次向世人展示了商代中晚期蜀国青铜文明丰富多彩的文化面貌。

器形高大、造型生动、结构复杂是三星堆青铜器的重要特点。二号祭祀坑中出土的立人像高达 2.62 米,重 180 多公斤,由梯形基座和方形的平台以及立人像三部分组成。人像头戴兽面形高冠,身着三层衣服,最外层衣服近似"燕尾服",两臂平抬,两手呈握物献祭状。这样高大的青铜铸像在商代青铜文明中是独一无二的。

同坑出土的大型兽面具宽 138 厘米,重 80 多公斤,造型极度夸张,方形的脸看起来似人非人,似兽非兽,角尺形的大耳高耸,长长的眼球向外凸出,其面容十分狰狞、怪诞,可谓青铜艺术中的极品。

青铜神树高 384 厘米,树上九枝,枝上立鸟栖息,枝下硕果勾垂,树干旁有一龙援树而下,十分生动、神秘,它把有关古代扶桑神话形象具体地反映了出来。

另外,三星堆遗址出土的黄金器也是目前发现的商文化遗址中最为丰富的。一是种类多,有金杖、金面罩、金箔虎形饰、金箔鱼形饰、金箔璋形饰、金箔带饰、金料块等。二是形体大,其中一号祭祀坑出土的一柄金杖,用纯金皮捶打而成,长142 厘米,重 400 多克,其上用双勾手法雕刻出鱼、鸟、神人头像和箭等图案。图案的意义大致是:在神人的护佑下,箭将鱼射中,鸟又将箭杆带鱼驮负着归来。笔者认为这是一柄权杖,同时又可看作具有巫术原理的魔杖。传说蜀的国王鱼凫以渔猎著称,因而后世尊奉为神,由此这柄金杖可能和鱼凫氏的传说有关。《蜀王本纪》谓鱼凫"蜀王之先名蚕丛,后代名曰柏濩(灌),后者名鱼凫。此三代各数百岁,皆神化不死,其民亦颇随王化去";又云:"鱼凫田于湔山,得仙,今庙祀之于湔,时蜀民稀少。"①由此可知,鱼凫部族渐渐式微。

在古蜀青铜器生动形象、奇形怪状的造型艺术背后,蕴藏着蜀人对天地自然、对社会生活的探索和理解。他们的认识与观念,借助这些物化的器具表达出来。

三星堆文化的繁荣时期,原始宗教发展到了一个前所未有的高度,通过具体的器物造型反映出来的内涵,融合了多方面的信仰习俗。其中主要有以"神树"崇拜为集中代表的自然崇拜观念;以"鱼、鸟"崇拜为突出特征的"图腾崇拜"习俗;以"眼睛"崇拜形式所表现出来的对"纵目神"——蚕丛的祖先崇拜等。同时他们还通过雕像群体来表现巫祭集团组织和主持的宗教祭祀活动。这些巫祭是处于人神中介地位的特殊人员,是一切涉神功能、涉神需要、涉神活动的体现者和组织者。"以自然崇拜、图腾崇拜、祖先崇拜为基本内容,以巫祭集团贯穿起各种宗教活动,构成了三星堆时期精神文化的基本框架。"②

三星堆青铜艺术的成就之所以如此辉煌,除了本身的历史、地理、文化因素之外,另一个重要的因素就是三星堆古国时期的立国之本——宗教信仰。三星堆古国的宗教信仰实现了神权和王权的有机结合。由巫祭发展而来的统治集团,有意识地运用各种原始宗教、信仰习俗,来维系古国在精神上、组织上的统一,以此来象征国家权威的支柱,并制造出大批专门祭神的雕像和器物,从而使其精神文化大放异彩并以物质造型的方式加以凝固,流传下来。这些反映不同信仰的崇拜习俗,在三星堆文明之中,并不是互相排斥、互相取代,而是被有目的地互相糅合、互相吸收,形成了多形态多层次的原始信仰融合在一起的有机整体。

三星堆审美文化中,以巨型青铜像及金杖、金面罩,以额鼻、纵目夸张为突出审美特征。其中出土的青铜立人像以"基本上符合中国人的身材比例和一般的艺术表现采用的造像量度",体现着对"人"的真实生存状况的关注。三星堆青铜造像突出地使用了彩绘着色技法,在眉毛、眼眶等部涂有青黑色,并在眼眶中画出很大的圆眼珠,嘴、鼻孔以及耳上的穿孔则涂抹着朱色。应该说,这正显示着巴蜀先民偏爱艳浓色彩和艺术华美的价值标准。从这些青铜器和人像绘刻的龙纹、云纹和服饰的阴线纹饰中,从其中表现的绚丽多姿的色彩绘涂中,我们不难看到巴蜀文化美学对精美形制和艳浓华美的追求和表现特征。这种美学追求,既是特定存

---

① [汉]扬雄:《蜀王本记》,见清严可均辑:《全上古三代秦汉三国六朝文》(第三册·卷五十三),中华书局,一九五八年版,第四一十四页。
② 赵殿增:《三星堆文明原始宗教的构架特征》,载《中华文化论坛》,1998年第1期。

在的产物,同时又在区域风俗习惯中被不断强化和复现。

陶器 以夹砂褐陶为多数,多轮制,手制极少。炊器一般掺石英砂较多。食器、炊器等精小器皿多数表面打磨光滑。器形有罐、豆、盘、杯、盉、尊、瓠,并有鸮、鸟、猪头人面像、人面鸟等多种陶塑艺术品。陶器纹饰有绳纹、划纹、弦纹,附加堆纹和各种云雷纹等。小平底罐(钵)、尖底杯、高柄豆、鸟头形器、尖底盏等一组器形最具地方特点,是蜀文化中有代表性的一组器物,而尊、盉、瓠等器形,则与中原地区夏商时期同类器物近似,说明蜀文化曾受到中原文化的强烈影响。

青铜器 一类是礼器,有尊、缶、罍、盘等。稍早的器物,形制风格基本上同于中原地区的同类商器;较晚的器物形制风格接近于长江中、下游地区及陕南地区出土的晚商青铜器。但均在花纹布局上略有不同,应是蜀人自己铸造的。另一类是具有浓郁宗教色彩的神像、偶像等。青铜大型立人像通高2.62米,重180多千克,大眼睛,直挺的鼻梁,方颐大耳,耳垂穿孔。脑后垂长发辫,头戴华丽高冠。身穿满饰龙纹、云霄纹的左衽长袍。左臂上举,右臂曲至胸前,双手极大,握手环形。双脚赤裸,站在方座之上。铜像采用分段浇铸法铸成。青铜人头像、青铜面具形态不同,大小有序。其中1件大型面具,宽138厘米,高65厘米,重数十斤。神树高4米左右,立于三山正中,上有花蕾、果实、飞禽走兽。

三星堆文化作为中国古代文明史上的一朵奇葩,代表了中国史前文明的高度文明结晶,是中华五千年悠久文化的优秀人文代表之一。但长久以来,作为有着相对独立起源和发展脉络并且高度发展的区域性文明,三星堆文化还没有得到充分的评估,许多谜团尚未得到破解。尤其是在三星堆遗址发掘后,其具有多元文化来源的复合型文明,在它的非土著文化因素中,来自世界其他地区的文明因素颇为引人注目。在三星堆文化出土的物品中,有的来自南方,有的甚至来自更远的热带海洋,如三星堆祭祀坑中出土的海贝和象牙等。同时,三星堆文化中大量出现的牙璋、有领瑗、有领璧等器类也同样见于中国南方甚至东南亚等地。这种情况表明在上古时期三星堆就已经与世界其他各地存在着频繁的经济文化交往。

金沙遗址位于成都市西郊青羊区苏坡乡金沙村。金沙遗址是中国进入21世纪后的第一项重大考古发现,2006年被评为全国重点文物保护单位。"金沙遗址"是民工在开挖蜀风花园大街工地时首先发现的,在沉睡了3000年之后被发掘出来,"一醒惊天下"。遗址所清理出的珍贵文物多达千余件,包括金器30余件、玉器和铜器各400余件、石器170件、象牙器40余件,出土象牙总重量近一吨,此外还有大量的陶器出土。从文物时代看,绝大部分约为商代(约公元前17世纪初—公元前11世纪)晚期和西周(约公元前11世纪—公元前771年)早期,少部分为春秋时期（公元前770年—公元前476年）。而且，随着发掘的进展，不排除还有重大发现的可能。金沙遗址博物馆是为保护、研究、展示金沙遗址及出土文物而设立的主题公园式博物馆，占地面积30万平方米，总建筑面积约35000平方米。由遗迹馆、陈列馆、文物保护中心等部分组成。

金器 已经出土的这1000多件文物的精美程度极高。在出土的金器中，有金面具、金带、圆形金饰、喇叭形金饰等30多件，其中金面具与广汉三星堆遗址的青铜面具在造型风格上基本一致，其他各类金饰则为金沙特有。太阳神鸟金饰金箔度0.02厘米，图案采用镂空方式表现，足见3000多年前古人雕刻工艺的精湛。太阳神鸟金饰呈圆形，器身极薄。内层分布有十二条旋转的齿状光芒；外层图案由四只飞鸟首足前后相接。该器生动地再现了远古人类"金乌负日"的神话传说故事，四只神鸟围绕着旋转的太阳飞翔，体现了远古人类对太阳及鸟的强烈崇拜，是古蜀国黄金工艺辉煌成就的代表。2005年8月16日"太阳神鸟"金饰正式成为中国文化遗产标志。

玉、石器 更令人惊叹的是，玉器上的刻纹细致，几何图形规整，其中最大的一件高约22厘米的玉琮，其造型风格与良渚文化的完全一致。出土的400多件青铜器主要以小型器物为主，有铜立人像、铜瑗、铜戈、铜铃等，其中铜立人像与三星堆出土的青铜立人像相差无几。石器有170件，包括石人、石虎、石蛇、石龟等，是四川迄今发现的年代最早、最精美的石器。其中的跪坐人像造型栩栩如生，专家认为，极可能是当时贵族的奴隶或战俘，这表明当时的蜀国已比较强大。金沙遗址是四川省继广汉三星堆之后最为重大的考古发现之一，金沙遗址的发掘对研究古蜀历史文化具有极其重要的意义。金沙遗址所提示的是以往文献中完全没有的珍贵材料，改写了成都历史和四川古代史。

金沙遗址的出土文物，很多是有特殊用途的礼器，应为当时成都平原最高统治阶层的遗物。金沙遗址的性质，目前推测有可能属于祭祀遗迹，但由于出土了大量玉、石器半成品和原料，不排除存在作坊遗迹的可能。不过，从出土的大量珍贵文物和周围的大型建筑、重要遗存来看，金沙所在区域很可能是商末至西周时期成都地区的政治、文化中心。遗址出土的玉戈、玉瑗表明，金沙文化不是孤立的，它与黄河流域文化和长江下游的良渚文化有内在联系，再次证明了中华文化的多元一体。

金沙遗址是我国先秦时期最重要的遗址之一，它与成都平原的史前古城址群、三星堆遗址、战国船棺墓葬共同构建了古蜀文明发展演进的四个不同阶段。已有的发现证明成都平原是长江上游文明起源的中心，是华夏文明重要的有机组成部分。金沙遗址的发现极大地拓展了古蜀文化的内涵与外延,对蜀文化起源、发展、衰亡的研究具有重大意义,特别是为破解三星堆文明突然消亡之谜找到了有力的证据。

金沙遗址出土的30多件金器是该遗址出土文物中,最具独特风格和鲜明特色的。与金器一起出土的玉器则更多留下了中原和长江下游良渚文化的痕迹。成都市文物考古研究所所长王毅称,出土的玉戈、玉钺等礼器明显与中原同时代文物一致,这说明金沙文化与中原文化有着深刻的内在联系。同时,金沙遗址出土的玉琮、玉璋并不是此地"土生土长"的,它们是通过长江这条自古以来的黄金水道自下而上运输至此的。金沙文化与中原及长江下游的频繁交流充分说明了此时的古蜀文化不是孤立的,而是中国古代文明的一个重要组成部分。这也再次证明了中华古文明的多元一体论,各区域的文化都是彼此作用和相互影响的。

根据文献记载,成都有文字可考的建城历史最早可追溯到张仪筑成都城的战国晚期,商业街大型船棺葬的发现属于开明蜀国统治者的遗存,成为开明蜀国在成都城区的重要标志,金沙遗址的发现所揭示的是过去文献完全没有记载的新的珍贵材料。已出土的1000多件文物折射出:古蜀统治者的活动早在3000年前就开始了。从金沙遗址所出土文物分析,很多是有特殊用途的礼器,应为当时蜀地最高统治阶层的遗物。这些遗物在风格上既与三星堆出土文物相似,又存在某种差异,表明该遗址与三星堆有着较为密切的渊源关系,玉琮的发现进一步证明长江下游文化对蜀地古文化的某种影响。铜器以小型器物为主,目前尚未出土与三星堆一致的大型青铜面具、神树等青铜器。

巴蜀文化是中国西南的地域文化,是四川盆地及周边地区内,以历史久远的蜀文化和巴文化为源头的本地区从古至今各族文化的总汇。先秦时期的蜀文化、巴文化文献记载极少,因此主要靠考古新发现填补其空白。巴国和蜀国在公元前316年为秦所灭,巴国、蜀国文化逐渐变成中国大一统政权下的地域文化。自20个世纪80年代以来,三星堆、金沙、宝墩遗址等的发掘,使巴蜀地区古老文化的年代大大向前推进:以宝墩文化为代表的先蜀古文化距今约5000年,以三星堆、金沙遗址为代表的古蜀文化距今三四千年,巴、蜀两个东周时期的古国距今二三千年。通过对比三星堆、金沙遗址的出土文物及文化特征,这两个遗址是古蜀文明留下的双子星座,其出土的文物、图像基本相同或十分相似,它们同时并峙,各领风骚,是邦国林立的巴蜀文化区域内先后的中心都邑。古蜀文化既有属于中华文化共性的一面,亦有区别于其他地域文化的内容,具有古老、深邃、悠远、神秘的独特性和不可替代性,还是证明中华文化多元一体的典型。

第七章

地域文化与巴蜀文化审美精神

巴蜀文化审美精神所表现出的文化个性与地域文化和地域文学的影响分不开。地域文化因素影响着巴蜀审美精神,决定了巴蜀审美精神的某些特征。地域文化的产生有时隐蔽,有时显著,然而总体上却有着非常深刻的影响,影响了地域的文化性格、审美情趣和审美精神,所以,从地域文化的角度来对巴蜀审美精神进行研究,更能揭示其个性特征。

就中国文化而言,地域差异普遍被认为是文化发展程度的差异,东部和西部之分就是一例。中国是一个多民族国家,区域文化往往与少数民族文化相关。每一个人都生长在一定的地域文化之中,特定的时空里汇聚着多种形态的文化,而且这些文化相互碰撞、交汇与融合,形成特定的文化氛围,从而引导、制约着人们的思想观念、思维方式与审美取向。地域文化中的多种形态的文化形成一股文化的合力,综合地作用、影响着人的审美诉求与审美取向。但是,必须注意,影响人审美诉求与审美取向的那个地域文化虽然可能汇聚着多种形态的文化,但是必然有占主导地位的文化,这往往决定着所持的基本立场与态度,恰恰是这种文化立场与态度在很大程度上影响着人的审美诉求与审美取向。

一、西南地域文化与审美意识、艺术精神

地域文化不仅深刻地影响着当地民众的思想观念、思维方式、生活习惯和行为准则,沉淀于人们的深层的文化心理结构之中,而且在相当大的程度上影响着生长于斯的人的审美取向。既然民族的文化与文学,包括审美意识、审美趣味、文化心态,离不开民族的地域文化的作用与影响,那么,作为个体的文学家的美学思想就更离不开地域文化的作用与影响。

应该说,西汉时期的西南地区,其文明程度是非常高的。当时,由于地理环

境、居民族属以及战略地位不同,汉王朝对以巴蜀地区为中心的西南边郡相应地采取了不同的治理政策和开发措施。和北部边郡突出战略防御不同,对包括巴蜀地区在内的西南边郡则重在政治治理,在经济开发上,为渐进式发展,投资规模小,发展也很缓慢,但稳定而持久。

秦汉之前,古巴蜀地区被称为"西南夷"。公元前4世纪末以前,"西南夷"和内地的联系非常少,应该说,还处于各自发展的状态之中。一直到公元前4世纪末,虽然有了和内地的交往,但也仅限于民间的经济来往,政治上并无联系。"西南夷"各族与内地政治上的联系始于中国大一统形成的秦汉时期。中原的秦汉王朝对"西南夷"各地进行了长期的开拓,终于使"西南夷"各民族纳入了统一多民族国家的版图之内。

秦王朝对"西南夷"的开发较早,约在秦灭六国时即已开始。公元前310年秦惠文王嬴驷灭蜀后,就以蜀地为基地,开始经营"巴蜀徼外"的"西南夷"。《史记·秦本纪》载:"(秦惠文王)九年(前329),司马错伐蜀,灭之……十四年(前324),丹、犁臣,蜀相壮杀蜀侯来降……武王元年(前310),诛蜀相壮……伐义渠、丹、犁。"《史记正义》云:"蜀相杀蜀侯,并丹、犁二国降秦。在蜀西南姚府内,本西南夷。"从这里可以知道,古巴蜀丹、犁二部接受秦的统治较早。公元前285年(秦昭襄王三十年),秦蜀郡太守张若又"取笮及江南地",笮地在今川滇交界的盐源、盐边、华坪、永胜、宁蒗诸县地,"江南地"为金沙江以南的今丽江、大姚、姚安诸县一带。说明公元前4世纪末3世纪初,秦国的势力已深入到金沙江以南的地区。

公元前246年,嬴政为秦王,继续以蜀为根据地开拓西南夷。首先从修筑道路开始,李冰在任蜀郡太守期间曾在川滇交界的僰道(今四川省宜宾市)地区开山凿崖,修筑通往"西南夷"地区的道路,这是兴修五尺道的开始。当时"蜀身毒道"东线的五尺道从蜀入滇,经戎州渡跨江南渡,纵贯昭鲁坝子,到达曲靖后改而西行,从昆明、楚雄、大理,和灵光道会合之后,再出缅甸和印度……

经戎州渡而过的五尺道又称僰道。筑路期间,过戎州渡进入关河峡谷,李冰见岩壁坚不可摧,便以"水火双攻"之法,先放火烧岩,再浇上冷水,一番热胀冷缩,岩石开裂,再锤錾斧凿,终于筑成五尺道。秦嬴政统一六国后,遣"常頞略通五尺道"①。常頞把李冰所筑的僰道往前延伸,从今四川省宜宾市一直修到今云南省曲靖市附近。此即历史上有名的"五尺道",亦是通过"西南夷"地区与国外经济文化交流中最古老的交通线之一,这条对外交通线首先被张骞发现,并称之为

---

① 张守节:《史记正义》,中华书局,1956年版。

"蜀、身毒国道"(即现今所谓的"南方陆上丝绸之路"或"西南丝绸之路")。秦朝参与蜀、身毒道的经营,进一步加强了"西南夷"与内地的联系。

秦王朝不仅在"西南夷"地区修筑道路,还将其郡县制引入"西南夷"部分地区。"秦时常頞略通五尺道,诸此国颇置吏焉。十余岁,秦灭。""邛、筰、冉駹近蜀,道亦易通。秦时常通为郡县"①。诸此国的邛、筰、冉駹皆为"西南夷"族部,秦时分布在川滇交界地,秦统一六国后便在其地"置吏",立郡县,派官吏进行直接统治。此为中央王朝在"西南夷"地区正式统治的开端。应该说,"西南夷"地区纳入国家的地方行政区划之内并非始于汉,而是开端于秦。公元前3世纪末,因汉王朝初建,无暇顾及"西南夷"地区,曾一度采取"关蜀故徼"的措施。在经过70余年的"休养生息"后,汉王朝国力增强,经济雄厚,正式开拓"西南夷"地区的政治、经济、军事条件业已成熟。汉武帝刘彻时,汉朝已是"天下殷富,财力有余,士马强盛"②。巴蜀地区更是"地沃土丰",以致"汉家食货,以为称首"。汉武帝刘彻的北抗匈奴、南收南粤、西通西域的政策已取得初战的成功,为汉开拓西南夷提供了条件。特别是张骞西域归来又盛言打通"蜀、身毒国道"利多弊少为可取。而开发西南夷又是巴蜀和西南少数民族地区经济文化发展的要求,政治上的隔离状态已阻碍了社会经济的发展,故巴蜀人民已采取"窃出商贾"的方式来抵制汉朝的封闭政策,开发"西南夷"地区已势在必行了。汉武帝从而决定采取大规模开拓"西南夷"地区的行动。

公元前135年(汉建元六年),汉武帝派唐蒙出使南越,发现从蜀经夜郎有水路通番禺(今广州市),建议招降夜郎,以击南越,"窃闻夜郎所有精兵可得十余万,浮船牂牁江,出其不意,此制越一奇也。诚以汉之强,巴蜀之饶,通夜郎道,为置吏,易甚"③。武帝乃拜蒙为郎中将,率领军队并携带大量缯帛,货币从巴蜀筰关入夜郎,招降了夜郎侯多同,将其地划入犍为郡。蜀郡西部的邛、筰(西夷)部的君长亦请求归附,"如南夷(夜郎)例"。"蜀人司马相如亦言西夷邛、筰可置郡"。于是汉朝于公元前130年(汉元光五年)命司马相如使西夷,在西夷邛、筰地区设一都尉,10余县,均属蜀郡管辖。

汉朝为有效地控制"西南夷"地区,又令唐蒙和司马相如分别修筑"南夷道"和"西夷道"。所谓"南夷道"是在秦五尺道的基础上使其延伸至牂牁江流域和滇

---

① 《史记·西南夷列传》,中华书局,1956年版。
② 《汉书·西域传赞》,中华书局,1985年版。
③ 《史记·西南夷列传》,中华书局,1956年版。

中地区(即石门道);而所谓"西夷道"则是自蜀(成都)经临邛以达邛、笮地区(即清溪道)。据《史记·平准书》记载:"唐蒙,司马相如开路西南夷,凿山通道千余里,以广巴蜀,巴蜀之民罢焉。"又云:"汉通西南夷道,作者数万人,千里负担馈粮,率十余钟致一石,散币于邛僰以集之……"由于修筑二道耗费了大量人力和物力,引起部分西南夷诸部的反抗。时汉朝廷内持反对意见者乘机诋毁汉对"西南夷"的开发:"当是时,巴蜀四郡通西南夷,戍转相馕。数岁,道不通,士罢饿离湿,死者甚众;西南夷又数反……上患之,使公孙弘往视问焉。还对言其不便……弘因数言西南夷害,可且罢。上罢西夷,独置南夷夜郎两县一都尉,稍令犍为自葆就。"①这应该是汉开拓"西南夷"地区的第一阶段。

公元前122年(汉元狩元年)张骞出使西域归来,"盛言大夏在汉西南,慕中国,患匈奴隔其道,诚通蜀、身毒国道便近,有利无害"②。于是汉朝又恢复了对"西南夷"地区的开拓,令"王然于、柏始昌、吕越人等,使间出西夷西,指求身毒国。至滇,滇王尝羌乃留,为求道西十余辈。岁余,皆闭昆明,莫能通身毒国"③。受阻于巂、昆明族。但使者归来时盛赞滇国的富饶,增加了汉武帝进一步开发"西南夷"地区的决心,从而开始了第二次大规模开拓"西南夷"地区的活动。

公元前120年(元狩三年),汉朝积极准备重新开拓"西南夷"地区,在长安"象滇河作昆明池"练习水战,以适应"西南夷"地区的江河湖泊作战。公元前111年(汉元鼎六年),汉朝军队平南越,接着"行诛隔滇道者且兰,斩首数万,遂平南夷为牂柯郡。夜郎侯始依南粤,南粤已破,还诛反者,夜郎遂入朝。上以为夜郎王"④。汉朝全部控制了夜郎地区。接着又诛反抗汉朝的邛君、笮侯,冉駹等部皆震恐,请求置吏,汉朝便"以邛都为粤(越)嶲郡,笮都为沈黎郡,冉駹为文山郡,广汉西白马为武都郡"⑤。将蜀西部的"西南夷"地区完全纳入汉朝的统治之下。此时"西南夷"地区只剩下拥有数万之众势力强大的滇王了。汉朝曾以诛南夷兵威招降滇王,但遭到滇的联盟诸部劳浸、靡莫的反对,汉朝便于公元前109年(汉元封二年)出兵击灭劳浸、靡莫,"以兵临滇,滇王始首善,举国降,请置吏入朝"⑥。于是汉朝在滇国境内设益州郡,赐滇王印,令其复长其民。至此,汉朝基本上将

---

① 《史记·西南夷列传》,中华书局,1956年版。
② 《史记·西南夷列传》,中华书局,1956年版。
③ 《史记·西南夷列传》,中华书局,1956年版。
④ 《汉书·西南夷传》,中华书局,1985年版。
⑤ 《后汉书·南蛮西南夷列传》,中华书局,1995年版。
⑥ 《后汉书·南蛮西南夷列传》,中华书局,1995年版。

"西南夷"地区纳入其统治范围,完成了对"西南夷"地区开拓的第二阶段任务。

公元1世纪,东汉王朝继续推行开发"西南夷"地区的政策,进一步向益州郡西部的哀牢、掸人地区发展。51年(东汉建武二十七年)哀牢部落的首领贤粟等率种人,"诣越嶲太守郑鸿降,求内属,光武帝(刘秀)封贤粟等为君长"①。67年(东汉永平十年),东汉王朝在哀牢和洱海地区置"益州西部属国"。69年(永平十二年),另一"哀牢王柳貌遣子率种人内属……显宗(刘庄)以其地置哀牢、博南二县,割益州西部都尉所领六县合为永昌郡"。东汉始通博南山,度兰仓水,将滇西边纳入汉朝统治范围,是为汉朝开发西南夷的第三阶段。至此,汉王朝在"西南夷"地区建郡七,基本达到了开发"西南夷"的目标。

秦汉王朝对"西南夷"地区的开拓置郡,建立政治上的联系仅仅是第一步,而如何在民族情况极为复杂,社会经济发展极不平衡的"西南夷"地区巩固其统治更是一项艰巨的事。故此,汉王朝又根据"西南夷"地区的具体情况,制定了一系列的统治措施。

第一,"以其故俗治",即不改变西南夷原有各民族的生产方式和各民族统治者的地位,和西南夷各民族首领建立羁縻统治。由于西南夷各民族在社会政治、经济、文化、语言和风俗等方面均与中原有较大差别,且情况复杂,不能采取中原的统治方式,而实行"以其故俗治"的统治方式。

属于巴蜀地区的益州,是以秦以来的"巴蜀四郡"(汉中、巴郡、广汉、蜀郡)为基础逐步经营完善的,其大规模拓展是在汉武帝时期。武帝分别派唐蒙、司马相如等人对西南夷进行经营,先后建立了犍为、牂柯、越嶲、沈黎(公元前111—前97)、文山(公元前111—前67)、武都、益州等七郡。东汉以后,又别出"治民比郡"之蜀郡属国、犍为属国、广汉属国,同时增设永昌郡,最终形成12个郡国,完善了西南边郡(国)体系。

西南边郡,地处高原,崇山峻岭,河谷纵横,居民族属众多。据《史记·西南夷列传》记载:"西南夷君长以什数,夜郎自大;其西靡莫之数以什数,滇最大;自滇以北君长以什数,邛都最大;此皆魋结、耕田、有邑聚。其外西自同师以东,北至楪榆,名为嶲、昆明,皆编发,随畜迁徙,毋长处、毋君长、地方可数千里。自嶲以北,君长以什数,徙、筰都最大;自筰以北,君长以什数,冉駹最大。其俗或土著、或移徙,在蜀之西。自冉駹以东北,君长以什数,白马最大,皆氐类也。此皆巴蜀西南外蛮夷也。"从司马迁这段论述中我们可知:西南夷种族群落较多,规模较小。其

---

① 《后汉书·南蛮西南夷列传》,中华书局,1995年版。

经济形式有农耕者,有半农半牧者,有游牧者。然其为患,却远不及北部游牧民族。《后汉书·南蛮西南夷列传》亦云:"其凶勇狡算,薄于羌狄,故陵暴之害不能深也。西南之徼,尤为劣焉。"西南边郡,由于居民种族群落较小,"其凶勇狡算,薄于羌狄,陵暴之害不能深也"。汉王朝对其统治有异于北部边郡,而以政治治理为主,采取了灵活变通的统治政策,实行郡县、土长并重的双轨制统治方式。既设郡县,任命太守、令、长执行大政方针,又任命大小部落首领为王、侯、邑长,郡县守令治其土,王、侯、邑长治其民,"以其故俗治"。所谓"以其故俗治",其经济上的意义是承认边郡民族的特殊性,在不强行改变边郡民族社会结构、生产方式及生活方式的前提下,对边郡民族实行相对宽松的经济政策。

第二,在经济开发上,实行"初郡无赋"的优惠政策。《汉书·食货志》云:"汉连出兵三岁,诛羌,灭两粤,番禺以西至蜀西者置初郡十七,且以其故俗治,无赋税。"所谓"无赋税",即对边郡民族实行免征或少征赋税。之所以采取这一政策,是由于边郡民族地区生产力水平低下,生产方式各有差异,并且发展极不平衡。两汉在西南设治的初始,就一度做到了免征或少征赋税。如西汉平南越、西南夷,于其地置17初郡,郡县吏卒的给养和车马,均由旁郡供给。即使在有些地区征税,也因民族间的差异情况,不和内郡一样按田亩交纳租税,而只是象征性地交纳土贡。如东汉且永昌郡,太守郑纯与哀牢人相约,"邑豪岁输布贯头衣二领、盐一斛以为常赋,夷俗安之"①。

封建统治者强调统治方式和治理措施的灵活性适应了西南边郡地区所存在的民族复杂性、多样性和发展不平衡的特点,对边疆地区的经济发展是有利的。

第三,因地制宜,发展农业和畜牧业。西南边郡的各民族,生产方式多样,大体分为"魋结,耕田,有邑聚"的农耕文化型;"编发,随畜迁徙,毋常处"②的游牧文化型;还有"或土著,或迁徙"的半农半牧文化型。在"以其故俗治"的前提下,两汉政府因势利导地对其进行了适度开发。如西汉末年,"以广汉文齐为(益州)太守,造起陂地,开通灌溉,垦田二千余顷";益州如此,西南边郡其他宜耕地区也多有用于灌溉的水利工程。《太平御览》卷791引《永昌郡传》说到犍为南部今云南昭通一带,"川中纵广五六十里,有大泉池水,楚名千顷池。又有龙池,以灌溉种稻"。《后汉书·郡国志》犍为条注引《南中志》曰:"(朱提)县有大渊池水,名千顷池。"此外,在今四川西昌、云南呈贡、大理等地,都出土了东汉时期的陂池和水田

---

① 《后汉书·南蛮西南夷列传》,中华书局,1995年版。
② 《史记·西南夷列传》,中华书局,1956年版。

模型,陂池与水田间有沟漕相连,足证内地农田灌溉技术已传入西南边郡地区。一些地区粮食丰裕,以致"米一斗八钱"①。

在宜牧地区,东汉时也设立了牧马苑。安帝永初六年:"诏越雟置长利、高望、始昌三苑,又令益州郡置万岁苑,犍为置汉平苑。"②在西南地区开辟了新的牧区养马,和当地畜牧业相互促进,并举发展。因此,西南边郡畜牧业量动辄几万几十万头③,亦说明当时畜牧业发展之状况。

第四,注重发展当地矿产业和特色手工业。西南地区矿产资源丰富。据查《汉书·地理志》和《续汉书·郡国志》,该地不仅采冶金属种类多,而且生产工场分布广泛:益州郡的滇池县产铁,俞元县出铜,律高县出锡、银铅,贲古县产铜、锡、银、铅,来唯县出铜,双柏县出银,羊山出银和铅;犍为属国的朱提县产银、铜,堂琅县出银、铅、白铜,武阳县和南安县出铁;永昌郡的不韦县出铁,博南县产金和光珠(宝石);越雟郡的邛都县产铜,台登县和会无县出铁,蜀郡临邛出铁。汉王朝通过对该地区丰富矿产资源的渐次开发,使得中原金属冶炼和铁器制造技术传入西南边郡广大地区。西汉前期,西南夷地区还不会冶铁,使用的铁器均来自蜀地。东汉时期,滇池、不韦、台登、会无诸县均有产铁记载。

不仅矿冶业得到很大发展,巴蜀地区其他手工业产品亦得到较快发展。《后汉书·南蛮西南夷列传》说:永昌郡"知染彩文绣,有兰干细布"。《华阳国志·南中志》亦说:永昌郡"有梧桐木,其华柔如丝,民绩为布,幅广五尺以还;洁白不受污,俗名曰桐华布,以覆亡人,然后服之卖与人"。牂柯郡也出产梧桐布④。此外,光珠、琥珀、水精(水晶)、琉璃、蚵虫、蚌珠、翡翠等特色产品也通过朝贡、纳赋以及商业交流流入中原。班固说,汉武以后"明珠、文甲、通犀、翠羽之珍盈于后宫"⑤。《后汉书·南蛮西南夷列传》亦称:"藏山隐海之灵物,沉沙栖木之玮宝,莫不呈表怪丽,雕被宫帏焉。"可知西南夷与汉朝之间贡纳、馈赠往来之盛;同时也说明汉代以来,巴蜀地区特色手工业发展的基本状况。

第五,发展交通,加强交流。汉朝为加强对巴蜀地区的经营,在武帝时期相继开凿了三条道路:一是南夷道,亦称夜郎道。元光五年(前130年),汉廷"发巴蜀

---

① 《华阳国志·南中志》,上海古籍出版社,1984年版。
② 《后汉书·安帝纪》,中华书局,1995年版。
③ 并见《华阳国志》《汉书·昭帝纪》《汉书·西南夷传》。
④ 《太平御览》卷956木部第五。
⑤ 《汉书·西域传》,中华书局,1985年版。

卒治通,自楚道指牂柯江"①,此道由今宜宾通北盘江。二为西夷道,又称零关道。《史记·司马相如列传》:"除边关,关益斥,西至沫、若水,南至牂柯为徼,通零关道,桥孙水,以通邛都。"这条道路由今成都至西昌。三是南夷道。《华阳国志·南中志·永昌郡》载:"孝武时通博南山,渡兰沧水、耆溪,置嶲唐、不韦二县。"联通今云南永平、保山和施甸。

  道路的修通,既是郡县设治的基础,也是经济文化发展差异运动的重要工具。它以郡县治所为中心,以邮亭、驿站为网络,深入民族聚居地,通过"交往效应",把西南边郡连为一体。同时,又通过经济较为发达的巴蜀,北上关中联系中原;东通汉水,连接江南之荆、扬地区;南向以南方丝绸之路为纽带连通岭南、缅甸、印度等地,使西南边郡和全国乃至域外联系起来。由此,带动人流、物流、资金流的交往,促进西南边郡地区经济文化的发展。《史记·货殖列传》云:"巴蜀亦沃野,……南御滇楚、楚僰。西近邛笮,笮马、旄牛。……栈道千里,无所不通。"《盐铁论·通有篇》载:"徙邛笮之货致之东海。"有学者研究指出,汉朝"建立益州等郡后,四川盆地和云贵高原的交通基本畅通,中原先进的冶铁技术传入和四川盆地铁器大量运入,云贵高原才开始使用铁器"②。也使云南地区具有和内地相同的文化面貌③。

  第六,采用移民屯垦的策略。如汉初,为了减轻西南夷各族人民的负担,各郡县官吏的费用粮食,一律从内地运往,"南阳,汉中以往郡,各以地比,给初郡吏卒奉食币物,传车马被具"④。由于汉朝派到西南夷的官吏士卒所需物资越来越多,仅靠毗邻郡县供给已很困难,"悉巴蜀租赋不足更(偿)之"。加以运输困难,实难满足需要,因此汉武帝刘彻采取了徙民屯垦的政策,屯垦队伍由三方面的人员组成。一是"募豪民田南夷,入粟县官,而受钱于都内"。即招募内地的豪民——地主、大商人到西南夷地区屯田,所获谷物交当地官吏供吏卒使用,凭官吏所给凭证在内地府库领取银两。二是将内地贫困破产及犯"死罪""奔民""滴(谪)民""三辅罪人"等人移徙西南夷地区屯垦,"汉乃募徙死罪及奸豪实之"⑤,"汉武帝时开西南夷,置郡县,徙吕氏以充之,因曰不韦县"⑥。也有的是破产农户"应募"而移徙西南地区屯垦的。三是郡县驻守的郡兵,即戍卒、屯田所获以给军食。移民屯

---

① 《汉书·西南夷传》,中华书局,1985年版。
② 汪宁生:《云南考古》,云南人民出版社,1988年版,第94页。
③ 陈晓鸣:《汉代北部、西南部边郡经济开发之评述》,载《江西社会科学》,2002年第11期。
④ 《史记·平準书》,中华书局,1965年版,下同。
⑤ 《华阳国志·南中志》,上海古籍出版社,1984年版。
⑥ 《后汉书·南蛮西南夷列传》,中华书局,1995年版。

种所生产的粮食保证了西南夷郡县官吏士卒的需要,减轻了当地和邻郡人民的负担,同时也使汉族的经济文化和科学技术在西南夷地区的影响不断扩大,巩固了统一的局面。

第七,选派廉洁官吏。选派廉洁官吏也是推动"西南夷"地区文化发展的有力措施之一。为了取得西南夷各民族的信任,汉王朝重视选择比较廉洁的官吏到西南夷地区去,如益州太守文齐和夷、汉各族人民相处"甚得其和"。因此当文齐死后,益州人为其立庙纪念。越嶲太守张翕与当地叟、昆明、摩沙等族关系较好,翕"政化清平,得夷人和"①。据传翕为越嶲太守,布衣疏食,俭以化民,自乘二马之官,久之,一马死,一马病,翕即步行。夷、汉甚安其惠爱,翕"在郡十七年,卒于任上,夷人爱慕如丧父母。苏祈叟二百余人,赍牛、羊送丧至翕本县安汉,起坟祭祀"。此外还有郑纯、景毅等人均能"清廉,毫毛不犯,夷汉歌咏"。由于官吏比较廉洁,治政又较稳重,并重视各民族的社会生产,因而联络了当地的各族首领,取得了西南各民族人民的信任,共同发展了社会生产,缓和了阶级矛盾,稳定了西南地区的社会秩序,促进了西南各民族社会的发展。

第八,帮助西南夷各民族发展生产和文化教育,这是汉朝治理西南夷政策的一项重要内容。首先是积极恢复和发展与西南夷地区的商业活动,将关中、巴蜀的"姜、丹砂、石、铜、铁、竹木之器,南御滇僰、僰僮,西近邛筰,筰马牦牛。然四塞栈道千里,无所不通,唯褒斜绾毂其口,以所多易所鲜"。内地商人因此而致为大富,当然也促进了西南夷各民族经济的发展。郡县官吏也重视发展西南夷地区的生产和推广内地的先进生产技术,如文齐在犍为属国"穿龙池,溉稻田,为民兴利",后又在益州郡内"造起陂池,开通灌溉,垦田二千余顷",使犍为、益州等地各民族生产有了较快的发展。郡县官吏还注意在西南夷地区传播中原文化,兴办学校,改变后进习俗。84—86年(东汉元和年间),益州太守王追"政化尤异……始兴学校,渐迁其俗"。西南夷各族也善于接受汉族文化。东汉末,牂牁郡人"尹珍自以为生于荒裔,不知礼义,乃从汝南许慎应奉受经书图纬,学成,还乡里教授,于是南城始有学焉"。据《孟孝琚碑》载,僰族孟孝琚12岁即入内地"受韩诗,兼通孝经二卷"。可见汉文化在西南夷中的传播情况,对后来西南夷各族经济文化的发展有着积极的作用。

总的说来,两汉对西南地区近三个世纪的渐进式开发,使西南社会经济得到缓慢而长足的发展,到东汉末年,西南边郡的社会情形已经发生了明显的变化。

---

① 《后汉书·南蛮西南夷列传》,中华书局,1995年版。

首先,在郡县治所及其周围地区,汉族移民的影响明显增强,形成了以汉族为创作者的大姓地方势力。《后汉书·西南夷列传》载:"公孙述时,(牂柯)大姓龙、傅、尹、董氏,与郡功曹谢暹保境为汉,乃遣使从番禺江奉贡。"《华阳国志·南中志》载,朱提郡有"大姓朱、鲁、雷兴、仇、递、高、李、亦有部曲";永昌郡有"大姓陈、赵、谢、杨氏"。这些大姓主要来自汉族移民,他们成为受官府支持的势力,是东汉以来汉族移民在南中影响进一步扩大的反映;同时说明,他们在传播中原文化中起到了积极的作用。

巴蜀地区的经济发展突出体现在人口的不断增加。以西汉平帝元始二年(2年)和东汉顺帝永和五年(140年)的户口看,西汉元始二年,益州刺史部户口为972783户、4608654口,到东汉永和五年增至1525257户、7242028口,分别增长了56.79%和57.14%;并且,从同期所占全国人口比例来看,增长尤为明显。西汉平帝元始二年全国共有人口59594978口,益州刺史部占7.73%,而到东汉永和五年全国共有人口49150220口,益州刺史部占14.73%,翻了近一番。

这样,到三国时期,由于经济的发展,巴蜀地区已经成为蜀汉政权巨大的财富来源之地。如据《三国志·诸葛亮传》记载,诸葛亮率领大军南征,其秋患平。"军资所出,国以富饶";又据《三国志·李恢传》记载,南征之后,蜀汉"赋出叟濮,耕牛、战马、金银、犀革,充继军资,于是费用不乏";《华阳国志·南中志》也载:南中诸侯,"出其金、银、丹、漆、耕牛、战马,以给军国之用"。其时,出产于巴蜀汉嘉的金、朱提的银,在当时享有盛名。刘禅时,南中开采的银窟就有数十座,"岁常纳贡"。

由于西南边郡巴蜀地区,尤其是西南夷地区社会经济的长足进步,到东汉末年,它已经成为全国重要经济区之一,与中原、江南经济区一起三分天下,文明程度极高。

文明程度高的区域有这样几个优势。一是文化传统的悠久。文化传统一旦形成,便有一种坚韧的力量,具有一种历久而弥新的品格。传统和现实是一个动态的关系。传统之所以成为传统,就在于它对现实发挥着作用;而现实,则是从自己的这一端来解释、承续和利用着传统。文化传统是不易被瓦解、被割裂的。例如秦汉之际,齐鲁地区的社会经济遭受巨大的摧残,然儒学传统仍不绝如缕。秦朝刚刚灭亡,鲁国便在楚汉纷争之中兴起礼乐。刘邦兵临城下时,"鲁中诸儒尚讲诵习礼乐,弦歌之声不绝"[①]。齐鲁地区再次成为著名的文化发达区。可见文化

---

① 司马迁:《史记·儒林列传》,中华书局,1959年版。

传统是一种精神的力量。这种力量可以突破时间的限制而把历史和现实衔接起来,把古人和今人联系起来。哪个地方的文化传统得以形成,并且得到弘扬,那个地方的文化便能保持发达的状态。二是文化积累的丰厚。文化传统是一种观念形态,文化积累则是种种物质载体,如学校、图书、碑刻、器具等。前者是软件,后者是硬件;前者可以承传,后者更可以承传。三是文化领袖的激励。文明之邦的创作者,是对本地区的人才或潜人才的思想与行为产生直接的激励作用的文化领袖。文化领袖有本地人,也有在本地流寓、做官和讲学的外地人;有古人,也有时贤。譬如汉时的蜀郡,在西汉前期,其文化仍比较落后。据《汉书·地理志》记载,"巴、蜀、广汉本南夷,秦并以为郡",至"景武间,文翁为蜀守,教民读书法令",这里才出现了一些文化气象。蜀地文化的发达,究其因,"由文翁倡其教"。这里的文翁,即文仲翁。再到"司马相如游宦京师诸侯,以文辞显于世",巴蜀地区的读书人受到很大的震动和激励,于是"慕循其迹,后有王褒、严遵、扬雄之徒,文章冠天下"。由此,也可见文化发展中文化领袖启蒙和激励作用的重要性。

二、中华地域文化与巴蜀审美精神

巴蜀文学的审美精神所表现出的文化个性与中华地域文化的影响分不开。作为文化的形成创作者总是生活在一定的社会环境中的,与他所处的环境有关,这样可见,环境对文化品格的形成极为重要。马克思认为:"人创造环境,同样环境也创造人。"①人与自然、文化之间相互创造和被创造的事实表明,一定自然文化圈内形成的某种地域文化生存形态,以"集体无意识"不自觉地制约着人们的生活和思维程式,使生存其中的人们逐渐形成具有特定价值观念的文化心理结构,地域文化积淀以隐性传承的方式影响人们的文化个性和审美创造。显然,作家、艺术家较之一般人,个性气质与其所在地域的民族文化背景有更直接更深刻的联系。古希腊自然气候四季温热,人们常年赤身露体,颇爱角斗、拳击、掷铁饼等健美性质的竞技,进而成为希腊雕塑家对健壮人体美的长期直观范例。丹纳认为,地域文化背景是雕塑成为古希腊中心艺术并获得空前繁荣的原因。当然,丹纳环境论的单因逻辑有失偏颇,自然环境和社会结构都深深地影响着区域文化的形成和发展。古希腊雕塑与爱琴海岸的自然环境和古希腊城邦政治孕育的重理智、思

---

① 马克思恩格斯:《马克思恩格斯选集》第1卷,人民出版社,1972年版,第92页。

辨的科学文化和外向性格有直接联系,裸体雕塑用逻辑的雕像表现了普通性、理性的精神,理性天才——亚里士多德正产生于此地域文化背景。海明威作品中的"硬汉子精神"也源于北美洲大陆移民国家的杂交文化,形成了美利坚民族独特个体本土文化和富于创新精神的文化。福克纳认为,美国南方密西西比州一切文化的流泻,都是那颗深深扎入这一块邮票大小地方生活的民族精神大树的结晶。福尔斯作品深处对于维多利亚、马尔克斯、加勒比,都充溢着本土文化的深层结构。同样,以司马相如为代表的巴蜀文人的思想性格、个性气质及其审美创造也当然植根于巴蜀文化的土壤中,浸润着巴蜀地区文化的历史文化传统。

受所植根的丰厚而独特的地域文化的作用,尤其是在特定的民族文化背景、传统模式、生存方式、哲学观念以及感知方式等多方面因素的影响、制约下,产生、形成和发展起来的巴蜀地区民族文化心理结构,即差异文化的作用和影响,巴蜀美学形成了其独特的品格和特征。

与此同时,巴蜀文化毕竟是中国文化的构成部分。因此巴蜀文化的深层结构自然活跃着中国文化内部,文化间的交流,以及各民族与地域文化间的对话与沟通,并由此呈现出大一统的中华民族文化心理。

所谓民族文化心理,就是一个民族对其共同的社会经济、文化传统、生活方式及地理环境的反映。在黑格尔看来就是"民族精神"。黑格尔认为,这种"民族精神""构成了一个民族意识的其他种种形式的基础和内容",表现出每个民族的意识和意志的所有方面,表现出它的整个现实;这种特性在该民族的宗教、政治制度、道德、法律、风俗习惯、科学、艺术和技术上都打上了烙印①。一个民族如果缺乏精神理念,就像一座庙宇尽管装饰得富丽堂皇,却没有神像一样。民族精神有广义和狭义之分。广义的民族精神泛指一个民族的精神,是民族情绪、民族心理、民族的生活风格、思想风格、思想方式、价值观念以及民族文化的通称。狭义的民族精神则是指民族意识中的积极成分,主要是一定民族在其历史发展进程中凝聚起来的民族意识中的精华。如我们通常所说"厚德载物,自强不息"的中华民族精神,主要是就后者而言的。由于民族精神具有历史性和时代性,因而其与"民族的精神"的区分就不是绝对的。应该说,"民族精神"与"世界精神"是辩证统一的并体现在普遍性与特殊性之中,"世界精神"只能存在于"民族精神"之中,而不是相反。"民族精神",或谓民族文化心理结构,就是文化的差异性之所在。

中国传统美学及其审美观念的确立,必然受地区民族文化心理结构的制约和

---

① 黑格尔:《历史哲学》,生活·读书·新知三联书店,1956年版,第95、104页。

导向，从而形成其独特的品格和特征。故而，研究作为中国传统美学构成的巴蜀审美文化及其审美精神，必须探讨地域的、民族差异文化的影响，同时，更应该探讨中华民族内部的具有普适性的文化心理结构对其形成的影响。基于此，分析"天人合一"的审美观念的确立和"以天合天"的审美体验方式对中国传统美学的作用，并通过此来看差异文化对巴蜀审美文化及其审美精神的影响与制约的问题，就显得极为重要。

在中华民族整体文化的沃土上，地域文化犹如群芳斗艳，文化传统的发掘和张扬遍及各个地区。现代文化价值论呼唤和追求文化个性特征和独特品格。纵观中国五千年历史，中国文化的精神可以用自强不息、生生不已和"厚德载物""中和圆融"来概括。这几点精神在巴蜀审美文化都有突出的表现。这可以从巴蜀文人的代表人物司马相如身上看出。

中华民族文化心理结构和审美观念的内在层次，就跟孕育和滋养它的中国大地一样深厚。对中华民族文化心理结构和中国传统审美观念做总体反观，就不难发现，它的美学思想的导向和价值观念的凝结，全是在一个参合天地的时空框架中进行大半封闭的观察、体认、思考和实践的结果。这个"框架"就是中华民族生息繁衍的自然地理环境，以及在此作用和影响之下所生成的物质文化、制度文化和精神文化，特别是由此而形成的特别稳定的中国古代宗法血缘纽带与强大的农业社会，和它所创造的典型的农业文明；其所以"大半封闭"，就因为华夏文明是在没有广泛吸收西方文化信息的特殊历史条件下，在自身的内环境中依靠多元素、多层次的重叠互补，而逐步生成、衍化和成熟定型的。因此，我们只有切实地对形成中华民族文化心理结构的中国古代自然环境、地域条件、古代社会的物质生活条件和文化衍生传统做还原似的考察，才可能对中华民族文化心理，及其受此影响而生成的中国美学思想、审美观念和特殊性质与成因得出正确的认识。

从地理环境来看，中华民族生息繁衍在欧亚大陆东部，其东面、南面濒临大海，西面紧接雪山，北面是荒漠和严寒地带，在地理形势上则属于"内陆外海"型。《尚书·禹贡》说："东渐于海，西被于流沙，朔南暨声教，讫于四海。"中国的北方是蒙古大草原和千里戈壁，戈壁滩以北是茂密阴冷的西伯利亚原始针叶林。西北方是比蒙古戈壁更为干燥的沙漠、盆地，"上无飞鸟，下无走兽。遍望极目，欲求度外，则莫知所拟，唯以死人枯骨为标识耳"。这样的沙漠、盆地也是难以征服的。在西南方，耸立着地球上最为高大险峻的青藏高原，平均海拔4000米，其上横亘着喜马拉雅山、唐古拉山、冈底斯山、可可西里山、昆仑山等山脉，全世界海拔8000米以上的高峰共有14座，有8座就屹立在这里，是名副其实的世界屋脊，要想翻越它们,更是不可能。虽然中国也有很长的海岸线,在它的东、南方,是一望无际的太平洋。但是,中国人所面对的海洋形势与希腊完全不同。它既不像欧洲大陆,海洋是伸入陆地内部的,也不像希腊所濒临的地中海那样宁静安详。中国所面临的海洋一望无涯,波涌际天,一旦乘船离开陆地,你便会即刻产生投身无边浩海的陌生和恐惧。早在公元前4世纪,庄子就曾经描写过大海,大海在他的眼中是"千里之远,不足以举其大;千仞之高,不足以极其深"。它那"万川归之,不知何时止而不盈;尾闾泄之,不知何时已而不虚"的浩瀚无穷,在中国人看来永远是一个想也无法想,碰也不敢碰的神秘的未知世界。甚至在此后的一千多年中,中国人对大海仍然只有无尽的感叹和疑问,永远是一筹莫展。从屈原"东流不溢,孰知其故"的话问,到柳宗元的"东穷归墟,又环西盈"的回答,都仍未超出庄子的认识水平。东亚大陆所濒临的海洋因辽阔无际而增添了神秘性和征服的难度。因此,除了在一些较为容易的方面(如渔业、盐业)向大海做极为有限的索取之外,人们不可能在海上开辟远程航线,不可能展开对大海的征服。因此,虽然同样是濒临大海,但像古希腊那样以航海为基础的海洋文明,在中国始终没有出现。结果是,海洋在希腊是一条通往外界的通道,而在中国则是与世界隔绝的又一个天然屏障,因而成就了中国在地理上近似封闭的格局。

  中华民族的创作者汉民族是通过以黄河流域为生存中心逐渐融合四周的民族而形成的。这些民族被统治者分别指称为"东夷""南蛮""西戎""北狄"。在这样的地理环境和历史背景中,中国人很早就形成一种尚"中"意识,认为自己就处于天下的中心。相传中华民族的建构,最早为炎、黄两族。在氏族部落之战中,黄族胜而炎族败,黄族据胜之地就被尊崇为天下之"中"。随着"中"的区域的扩展,尚"中"的意识也不断超拔升华,并被最终奠定为中华民族文艺审美创作意识的基础。中国古代很早就有"中土""中州""中原""中国"之说,商代已经有"中央"之说。《周书》曰:"王来绍上帝,自服于土中。""土中",即"天下土地中央",也即天下之中的意思。司马相如《大人赋》云:"世有大人兮,在乎中州。"注云:"中州,中国也。"这种尚"中"意识,正是华夏自我中心意识的表露,即如宋代石介所言:"天处乎上,地处乎下,居天地之中者曰中国。"①华夏民族对自己民族的人种、地域(山河大地)、文化历史传统、制度文化、精神文化的审美与自我肯定之情溢于言表:"中国者,聪明睿知之所居也,万物财用之所聚也,贤圣之所教也,仁义之所施

---

① 石介:《徂莱石先生文集》卷十《中国论》,中华书局,1975年版。

也,诗书礼乐之所用也,异敏技艺之所试也,远方之所观赴也,蛮夷之所义行也。"①"中国"是一个涉及"聪明睿知""万物财用""圣教仁义""诗书礼乐""异敏技艺"等诸方面的共名。正是受这种尚"中"意识的影响,自古以来,中华民族就非常推崇"中和"境域与审美理想。这是一种独立持中而不偏、悦乐和美而亲仁的理想境域,它"刚健、笃实、辉光,日新其德"②,圆融和熙,表现出天地人相合的"中和"之美。

从其社会条件来看,中国文明发祥很早,生活于得天独厚的温带黄河流域,自然地理环境条件相对美好,以农业为基本生产形式的周氏族战胜了农牧混合型的殷商,其后,虽然中国较早地中断了奴隶制的发展而进入封建社会,但氏族的宗法血缘关系却形成了异常顽固的纽带并且长期延续。因此,中国古代社会实际上是血缘关系极浓的氏族宗法制度与封建农业生产方式相结合的社会。侯外庐说得好:"如果我们用'家族、私有、国家'三项作为文明路径的指标,那么'古典的古代'是从家族到私有再到国家,国家取代了家族;'亚细亚的古代',是由家族到国家,国家混在家族里面,叫做'社稷'。"③在中国西周时代,诸侯称国。"国"者,繁体写作"國",从"或";"或"者,"域"也。在欧亚大陆东方大地的方域之中,世代生息繁衍着尚中不移、以血缘及血缘观念为纽带的华夏氏族,这便是由中华民族文化心理结构所认同的"中国"与"中和"。"中"为"国",血亲则为"和"。国之外,大夫称家,亦有"天子建国,诸侯立家"④的说法。废除封建以后,国家二字仍然联用,如瓜瓞绵绵。实际情况,是以家庭作为组成国家的"基本单元",家庭与国家同构,这便是"中和",也就是"礼"(所谓"周礼",无非是周初确定的一整套典章、制度、规矩、仪式等);用意识形态的力量将"礼"巩固下来,这便是儒家力倡的"仁",也即儒家所推崇的礼乐合一,或谓"中和"。"礼"是"中",是人在物质生活资料生产过程与生活实践中的人伦协调关系;"乐"是"和",所谓"乐者,天地之和也"⑤。"仁"的伦理学与美学实质,是将礼看作人内心的自觉欲求而非外力所强制。就其伦理学的角度看,是中庸而不走极端,执中而不偏。这里的"中",是在一定社会中人与人之间关系的规范和表率。就其美学角度看,所谓"中"则是追求和

---

① 《战国策·赵策》,中华书局,1995年版。
② 《周易·大畜·象传》,中华书局,1980年版。
③ 侯外庐:《中国古代社会及其亚细亚的特点》,见《中国思想通史》第一卷,人民出版社,1957年版,第11页。
④ 《左传》桓公二年,中华书局,1982年版。
⑤ 《礼记·乐记》,中华书局,1981年版。

衡量人与人、人与社会之间关系的和谐、人格的完美的审美标准和审美理想。在这里,我们既可以看出中华民族文化心理结构的特点,也已经能够从中发现作为中国美学个体的天人合一、美善合一、情性与理性合一直观体悟审美境域构筑方式的基本特征。

首先,巴蜀文学所体现的自由创新审美意识呈现了中华文化"自强不息"、生生不已、求新求变的心态。如司马相如就提出有关辞赋审美创作构思方面的"自得"。他还以"苞括宇宙""控引天地",来鲜活、生动地描述辞赋家审美创作中神思自由驰骋的状态。载于《西京杂记》卷二的司马相如的这段话无疑是明确的汉赋评论:"合綦组以成文,列锦绣而为质,一经一纬,一宫一商,此赋之迹也。赋家之心,苞括宇宙,总览人物,斯乃得之于内,不可得而传。"这里所谓的"赋家之迹"指赋的审美表达,"赋家之心"指赋审美创作构思。司马相如一方面强调了赋的审美表达的丰富性,强调辞采的华丽和音韵的和谐,一方面强调了赋的审美创作构思"得之于内,不可得而传"的"自得"性。所谓"自得",从司马相如的有关辞赋创作的论述来看,他认为,辞赋创作既要深思熟虑,又要自然兴发,乘兴随兴,自得自在;要自得于心,即自己要有心得体会,如《礼记·中》要自娱自乐,自言自道,即所谓"夫子自道",自得其乐。

"苞括宇宙""控引天地","得之于内,不可得而传",以这种精微的思绪和宏大的物象为题材正是辞赋创作的突出特点。所以,李白认为,"辞欲壮丽,义归博达"(《大猎赋》序)。即如《晋书·成公绥传》所指出的:"赋者贵能分赋物理,敷演无方,天地之盛,可以致思矣。历观古人末之有赋,岂独以至丽无文,难以辞赞;不然,何其阙哉?"

"得之于内"与"得之于心",即必须"自得"。所谓"自得",就是自由、自在、自然,不是刻意为之,必须是从实际生活中亲身得来的感觉和体验。这就是说,在司马相如看来,辞赋创作既要深思熟虑,又要自然兴发,乘兴随兴,自得自在,自得于心。要出自自性、自情、自心,出自本心、发自肺腑,依自力不依他力;同时,"自得"还有自娱、自乐、自言、自道的意思,即所谓"夫子自道",自得其乐。

受"自得"说的影响,中国文学批评家论作家,非常重视作家在文学史上通过"自得"所取得的首创功劳和独创的成就。巴蜀文人中的重要人物扬雄的《连珠》就有其首创的功绩。刘勰在《文心雕龙·辨骚》说扬雄之"肇为连珠"也是"覃思文阁,业深综述",又说"其辞虽小而明润"。相反,刘勰对模拟的作家作品总是否定多于肯定,这又从反面说明了他强调创新的主旨。刘勰在《辨骚》和《事类》等篇中指出扬雄基本上是一个模拟的作家,作品大多是模拟的作品。除了对扬雄的少数篇章某些表现和若干言论有所肯定外,对扬雄的为人和作品大都是否定的。如提到扬雄的为人时,他说:"扬雄嗜酒而少算。""彼扬马之徒,有文无质,所以终乎下位也。"(《程器》)论及其作品时,则说:"扬雄之诔元后,文实烦秽。"(《诔碑》)又说:"扬雄吊屈,思积功寡,意深文略,故辞韵沈膇。"(《哀吊》)还说:"剧秦为文,影写长卿,诡言遂辞,故兼包神怪。"(《封禅》)"子云羽猎,鞭宓妃以饷屈原……娈彼洛神,既非罔两……而虚用滥形,不其疏乎。"(《夸饰》)"雄向以后,颇引书以助文。"(《才略》)继承必须革新,革新不废继承,因为"变则其久,通则不乏",唯其如此,文艺创作才具有永恒的艺术魅力。

体现在巴蜀文人身上这种重视出自本心、发自肺腑的创新精神离不开巴蜀地域环境的影响。巴蜀之地的"四川为一完美之盆地","冬季寒风不易侵入,故水绿山青,气候特为和暖",四川又是富饶的天府之国,有平原、高原、丘陵、山地、草地等地理景观及不可胜数的物产资源,因而形成巴蜀人多斑采文章,尚滋味,好辛香,君子精敏,小人鬼黠,多悍勇等特点。其中"尚滋味""好辛香"属饮食文化,"多斑采文章"等与楚人浪漫之风和"九头鸟"精明强悍的性格气质颇为相近。蜀地山川雄伟,多名山大川,气势壮阔,巴蜀风情融合楚文化更显瑰丽色彩和奇幻想象。自古文人皆入蜀,更多为蜀地山水,且入蜀后诗风为之一变。"蜀山去国三千时里",环绕的奇山峻岭阻隔了封建的正统文化,使巴蜀人的个性自由不羁,从司马相如到陈子昂、从李白到苏轼等皆具相同的文化气质——放浪形骸、不拘礼法、崇尚自然、张扬个性、独抒性灵及瑰丽文采、奇幻想象等,巴蜀地域化的楚文化特征非常具有自然界的结构留在民族精神上的印记。

巴蜀文人身上这种重视出自本心、发自肺腑的创新精神还离不开道家思想的影响,与庄子"法无贵真"和"原天地之美"的思想追求一脉相承。其热情奔放、神思飘发、自由不羁、个性张扬等可见庄子的神髓;其纵横的才气、豪放的气势、宏大的气魄又颇得苏东坡的神韵;其瑰丽奇幻的抒写又受着屈原的浸润;司马相如的赋作虽接受了中原文化的影响,但故乡传统文化的渊源仍显而易见。司马相如对自然的礼赞与崇尚大自然原始活力的巴蜀文化紧密相通,巴蜀文化元素赋予司马相如赋作内在的生命力。司马相如赋作的主要意象,如山川、树林等,贯穿着巴蜀文化山川、树神崇拜的原型,象征着青春、生命、力量及自由、和谐、宁静,积淀着民族文化的深层结构。可以说,司马相如推崇"自得"说,是与其放诞风流、张狂不羁的个性特征和形成其个性特征的巴蜀地域文化精神分不开的。汉时的蜀郡,在西汉前期,其文化仍比较落后。至"景武间,文翁为蜀守,教民读书法令",这里才出现了一些文化气象。而所谓"风雅英伟之士命世挺生",司马相如游宦京师诸侯,以文辞显于世,从梁国归来,并且与临邛巨富卓王孙之女卓文君成婚,则是文翁在蜀立学以后的事。可见,其个性特征的形成与文翁大量引入中原文化和兴学成都分不开。这以后,巴蜀之地的读书人受到很大的震动和激励,于是"慕循其迹,后有王褒、严遵、扬雄之徒,文章冠天下"。因此,司马迁才认为,巴蜀地区文化的发达,其原因乃是"文翁倡其教,而相如为之师也"①。

巴蜀文人身上还具有一种强烈的大胆冲决创新进取意识。如作为巴蜀文人的代表人物,司马相如在《难蜀父老》中说:"盖世必有非常之人,然后有非常之事;有非常之事,然后有非常之功。夫非常者,固常人之所异也。"可以说,司马相如自己就是一个"固常人之所异也"的"非常之人"。他喜欢张扬个性,狂狷诡黠、张狂不羁、倜傥风流、自由放诞。据司马迁《史记·司马相如列传》记载,相如"少时好读书,学击剑",同时,由于"慕蔺相如之为人,更名相如"。他还当过游说之士,"客游梁",与邹阳、枚乘等"诸生游士居数岁"。他既具有纵横家的个性特征,又具有浓厚的入世思想,想轰轰烈烈干一番经国大业,以实现儒家的道德理想。辞赋创作则提倡创新,主张"自得"说,要求另辟蹊径,独立门庭,以引起世人注视,以利于广结天下文林俊杰,来共传济世之道。此外,他也是为了创造一个崭新的艺术美的境域。他所主张的"得之于内""得之于心",就是追求独创之品的表现。的确,汉代能文的人很多,但写得好的人却很少,而司马相如、司马迁、刘向、扬雄却是当时文苑中最享盛名的巨擘。如果他们平平常常,"与世沉浮,不自树立",那么就不可能撰写出垂范后世的杰作。可见,司马相如之所以提倡"自得",正是他自我树立的表现。

《汉书·地理志》谓巴蜀人"未能笃信道德,反以好文刺讥,贵慕权势",这在班固笔下是贬辞,但确实道出了巴蜀民风的特点。正因为不能笃信道德,故巴蜀人多任情而作。可以说,强调任情适性既是巴蜀之民风,也是巴蜀文人的特点。任情适性,就是强调情感的自由表达和身心的自然愉悦,强调为文的真情、率直、流畅。证之古代巴蜀文学史,不难见出此特点,司马相如、扬雄、陈子昂、李白等都是显例。司马相如本为汉景帝武骑常侍,景帝不好辞赋,相如常郁郁。时梁孝王来朝,其属下邹阳、枚乘、严忌皆善辞赋,相如见而悦之,遂称病免官,游梁,为梁孝王门下客。放着皇帝的近侍不做,去当诸侯王的门客,旁人看来,此盖有悖仕宦之道。但相如为悦己者容,投奔梁孝王,只为一适情而已。至于琴挑文君、黉夜私奔,更是只能在"未能笃信道德"的蜀地才会有的壮举。嵇康,这位魏晋名士,越名

---

① 班固:《汉书·地理志》,中华书局,1962年版。

教而任自然的领袖,其《高士赞》对相如表达了敬佩和赞美。文云:"长卿慢世,越礼自放。犊鼻居市,不耻其状。托疾辞官,蔑此卿相。乃赋《大人》,超然莫尚。"①其实无须再举例,只此一家已能说明问题。

对其他文章而言,"不得已而言"是"得乎吾心",也就是要表达出内心的真情实感。在《太玄论·上》中,苏洵说:"言无有善恶也,苟得乎吾心而言也,则其词不索而获。""不索而获"就是汩汩滔滔,自然成文。在苏洵看来,《易·系辞》《春秋》《论语》这些著作皆为作者"思焉""感焉""触焉"而得,更何况抒情达意的文章呢?苏洵又说:"方其为书也,犹其为言;方其为言也,犹其为心也。"这显然来自扬雄的"心声""心画"的影响。

《文心雕龙·原道》云:"旁及万品,动植皆文:龙凤以藻绘呈瑞,虎豹以炳蔚凝姿;云霞雕色,有逾画工之妙,草木贲华,无待锦匠之奇。夫岂外饰,盖自然耳。"②强调自然为文,就是要情动于中而后形于言。司马说自己的赋作"得之于心,不可得而传","得之于内"其实就是对自然为文,"不得已而言"的最佳诠释。任情适性一方面是要求表达真情,另一方面是要求顺从、满足人的正常欲求。反之则是矫情戕性。总之,强调为人的任情适性,强调为文的抒写真情,是巴蜀文学的鲜明特征,也是司马相如赋学思想的突出内容。

同时,有鲜明独特的人格个性,方有自标一格的文风。而独特的个性特征的形成又与特定的地域文化的影响分不开。司马相如主张"赋家之心,得之于心,不可得而传"就与巴蜀士人的奇异特行有关。自汉迄宋,巴蜀多一流作家,这些作家无一不以鲜明风格引起文坛注目。"务一出己见,不肯蹑故迹",不只是苏洵一人的个性,而是整个巴蜀士人的群体特性。盖巴蜀本为西南夷,夷风的存留,山多水多、相对隔绝的地理环境,远离王权中心的疏离状态,都适宜培养个性的张扬。"女娲补天""蜀犬吠日",两个成语,一褒一贬,但都鲜明地折射出巴蜀人的个性。"未能笃信道德"、狂傲自放、好奇逐异,成为蜀风的标志。检诸载籍,此类文字处处可见。例如,司马相如之"大丈夫不坐驷马,不过此桥",扬雄之淡泊自守,陈子昂之碎百万之琴,李白之使高力士殿上脱靴,薛涛之歌伎身份,苏涣之拦截商旅、劝人造反,苏舜钦之以伎乐娱神,张俞之数征不就等。

自然,人格个性不等同于文学风格个性,但文学风格却可折射出人格个性。巴蜀士人的奇特异行与巴蜀文学的奇风异彩是有内在联系的。

---

① (清)严可均辑:《全三国文》卷五十二,商务印书馆,1999年版。
② 范文澜注:《文心雕龙注》,人民文学出版社,2006年版。

总之,人总是生活在特定时空之中的。特定时空所铸造的地域文化,既源自该地域诸环境的制约和影响,又同时成为后者的文化原型、文化范型,使生活于此中的人们,自觉或不自觉地受其浸润、制约、影响。以此,巴蜀文化中的两汉先贤意识,杂学特色,异端色彩,切人事、重抒情的个性,尚节气、重操守、务出己见的蜀人士风,与"三苏"文学创作及文艺思想的形成有密切的关系。

其次,巴蜀文学美学思想所体现的"天人合一"的追求既是中华民族文化心理结构的体现,也是大陆型农业经济眼光的极高人生境域与审美境域。天地人同构是汉代作家的普遍共识,是他们重要的传统文化模式和根深蒂固的观念。他们在文学创作中往往自觉不自觉地展现天地人同构的场景,尤其那些具有较好哲学素养的作家,他们的作品所显露的天地人同构趋向更为明显。其中司马相如是一位全面发展的作家,他的作品所表现出的天地人同构意念和其他作家相比尤为突出。"苞括宇宙,总览人物,斯乃得之于内,不可得而传"的"苞括"和"总览"是要求作家对宇宙大千世界有一个全面和整体的审美观照。"人物"系人与物的合称。所谓"宇宙",一指时空。《庄子·让王》云:"余立于宇宙之中。"《淮南子·齐俗》:"往古来今谓之宙,四方上下谓之宇。"司马相如《上林赋》云:"流离轻禽,蹴履狡兽……捷狡兔,轶赤电,遒光耀,追怪物,出宇宙。"就提出"宇宙"一词。《汉书·司马相加传》载《上林赋》,颜师古注引张揖曰:"天地四方曰宇,古往今来曰宙。"随又驳之曰:"张说'宙',非也。许氏《说文解字》云:'宙,舟舆所极覆也。'"《史记·司马相如列传》载《上林赋》,张守节《正义》释"宇宙"二字时亦引《说文》驳张揖之说,与颜氏同。高步瀛《文选李注义疏》释《上林赋》中"宇宙"一词曰:"上下四方曰'宇',就空间言;往古来今曰'宙',就时间言。此云'出宇宙''宇宙'则但指空间;故小颜、小司马皆不以张(揖)释'宙'字为然也。'宙'字从《说文》本义解,则'宇'字亦不推及上下四方。'宇'训屋边,本有下覆之义,故《鲁灵光殿赋》张(载)注曰'天所覆曰宇',则合'宇宙'字而为上下四方矣。"从这些材料不难看出,汉代的学者对"宇宙"一词的用法可分两派。道家学派的学者上承《庄子·庚桑楚》"有实而无乎处者,宇也;有长而无本剽者,宙也"的释义,以"宇宙"分指空间与时间。即如《文子·自然》篇云:"往古来今谓之宙,四方上下谓之宇。"《淮南子·齐俗》篇的解释与此相同。作为蜀人,深受黄老与道家学派影响的司马相如,在其"苞括宇宙,总览人物"中,将"宇宙"二字作为合成词,并列对举,以分指空间、时间。并且"苞括宇宙"正好和"控引天地"相联系,反映了汉代的天人同一观念。天人同一之说中的"天",是指包括整个人类在内的宇宙总体;作为某一个人,其身体的各个部位器官则又与天相应,所以又成了宇宙的一个缩影。

又如，司马相如的《上林赋》就是顺着东西南北的次序进行描绘的。受此影响，汉大赋的思维及写作方式都是按照四面八方的方位和顺序展开穷形尽相的描绘的。同时，司马相如竭力描述山水之美，运用"登巉岩而下望""中陂遥望""登高远望""仰视山巅"的描写，似聚天下山水胜景如一处，实多想象夸张之辞，以收到惊心动魄效果的大手法写《子虚赋》和《上林赋》，前赋是楚子虚向齐王夸耀楚国九百里云梦之广阔富饶，高山之险峻，江河之奔涌，皆从大处下笔；后赋则是描写帝王花园上林苑之巨丽。例如，描写苑中之水曰："丹水更其南，紫渊经其北。终始灞浐，出入泾渭。邦镐潦潏，纡余委蛇，经营乎其内。荡荡乎八川纷流，相背而异态……"竭力夸饰山水之美。刘勰在《文心雕龙·体性》中指出五位汉赋大家描写日月出入景象之雷同："夫夸张声貌，则汉初已极；自兹厥后，循环相因……枚乘《七发》云：'通望兮东海，虹洞兮苍天。'相如《上林》云：'视之无端，察之无涯，日出东沼，月生西陂。'马融《广成》云：'天地虹洞，固无端涯，大明出东，月生西陂。'扬雄《校猎》云：'出入日月，天与地沓。'张衡《西京》云：'日月于是乎出入，象扶桑于濛汜。'此并广寓极状，而五家如一。"他们用细腻笔触，刻画山水、人情，犹如一幅幅工笔山水画，达到了出神入化、浑然一体的境域，写出了人与大自然之间的相互依存、密不可分的关系，深化了传统的"天人合一"的文化观念。而出现在这些赋中的大自然还具有不同于后来诗文中的自然风景的美学风貌，特别是有别于唐诗宋词里的婉约娇媚而又优美和谐的自然山水，而表现出大自然的野性、蛮荒、神秘和不驯服，气概恢宏，呈现出的是力的美，是野蛮的美，是大自然透露出的雄性气势和阳刚的壮美。在他们的笔下，大自然被人格化了，仿佛有了自己的生命和灵魂，仿佛都燃烧着生命的火焰，秉有了生命的灵性和活力。大自然或奔腾跳跃，或呻吟呼号，或喃喃细语，或咆哮暴虐，或汹涌澎湃，或狂放不羁，显示出一种久违的野性雄风，一种大自然本身的强力和自由蓬勃的生命活力。他们同时也写出了人对自然的亲近和热爱，体现出较强的生态意识。在这些赋中，不仅描绘了一种新的自然景观，展示了一幅幅壮美的图画，更主要的是深入探讨了人与自然环境的关系，或者说重新思考了人与自然的关系。

故而，正如我们所看到的，在中国传统的审美观念中，承认差异而使之互补，承认变化并使之不逾常，承认多样性而终归使"多"统一于"一"，推崇"以天合天""意象合一""情景相生""中和之美"、博大求同、敦厚谦和，而作为中国美学个体的司马相如的辞赋美学思想之所以崇尚"天人合一"的审美观念，则正是基于这种特定的差异文化的制导与影响。

再次，巴蜀文学美学思想所体现的"美善合一"，则是宗法关系与简单再生产相结合的中华差异文化作用于中国传统审美观念的结果。和中原文化一致，巴蜀审美文化也突出地呈现出"美善合一"的审美取向。

以文道统一、情理统一、人艺统一为基本内容的美善统一，是中国古代审美文化的一大特点。这一特点在巴蜀审美文化中得到了极为充分的富于时代特征的表现。在秦代，它是以极端功利主义的尚用形式表现出来的；在汉代，几乎巴蜀所有的思想流派都主张审美、文艺服从、服务于政治教化、伦理重塑、人格再造、稳定大一统的主旨。这种强调美善结合、刻意弘道济世，注重政治教化的审美功能观，在汉代审美文化的理论形态、感性形态和生活形态都有显著的表现，成为巴蜀审美文化显而易见的特征。

远古时期，巴蜀文化从关于巴蜀先民的远古传说到《山海经》中的《海内经》和《大荒经》，以及老子见关令尹于成都青羊肆、苌弘入蜀化为碧血的传说等，都具有鲜明的浪漫奇特的思维和浓烈的道家仙化意味，都表明古代巴蜀存在着与中原文化不完全相同的另一个文化传统。但到秦汉时期，巴蜀文化与中原逐步接轨并逐步融入中原文化，于是巴蜀审美文化也具有了中原文化"美善合一"的审美意识，即宗法关系与简单再生产相结合的审美文化差异性。汉初文翁兴学，使蜀地精神文化产生了质的飞跃，"其学比于齐鲁"。两汉时期全国文化最发达、所出书籍和博士、教授、公卿等人才最多的地区是齐鲁梁宋地区、关中平原、成都平原和东南吴会四大地区，巴蜀是其中之一。西汉时，蜀中出现了名冠天下的"汉赋四大家"："以文辞显于世，文章冠天下"。其中尤其是司马相如，是文韬武略的通儒，他开启了巴蜀辞赋审美创作既重文学，又重"美善合一"的传统，成为后代扬雄师法的榜样。扬雄被他的朋友桓谭誉为"西道孔子"，也是"东道孔子"，认为其具有汉代儒圣的地位。这正是蜀人注重"美善合一"审美诉求的生动体现。到东汉时期，从审美文化的内涵看，习经、注重"美善合一"之风已在巴蜀盛行。其时，经学占有主要地位。在经史子集四部著作中，巴蜀史部著作占第一位，说明巴蜀史志独称发达，是巴蜀文化的一大特色。这一特色在魏晋以后更加鲜明地突显出来了。谯周、陈术、来敏、孙盛、李尤、陈寿，均是著述巴蜀古史的名家。蜀汉末西晋初的巴西郡安汉（今南充）人陈寿著《三国志》，是著名的历史学家。东晋常璩著的《华阳国志》，从历史地域学的角度，对巴蜀历史做了全盘整理和总结，是中国第一部集大成的地方史志著作。文学审美创作方面，唐代文学革新前驱陈子昂、诗仙李白、诗圣杜甫、宋代文宗苏轼与陆游、明代文坛著述第一人杨升庵、清代涵海大家李调元、性灵诗宗张问陶，直到现代文化巨人郭沫若和巴金，这些"天下第一秀才"均出生于蜀，或虽不是蜀人，却是因巴蜀文化熏陶而成就为文化巨人的。他们不仅是文坛宗主,而且是百科全书型大家,都注重"美善合一"。

也正由于此,古往今来,巴蜀文坛英才辈出,群星璀璨,名流竞秀,佳作纷呈。从古代的司马相如、扬雄、陈子昂、李白、苏武、杨升庵、李调元,到近现代的郭沫若、巴金,差不多每两三百年巴蜀大地就要产生一位在当时全国文坛领袖群伦的巨人,在他所处的时代开一代文风。如司马相如是汉大赋的奠基者,扬雄在文学、哲学和语言学上达到汉代的最高成就,陈子昂是振六朝颓靡开古文新风的奠基者,李白是浪漫诗人的第一人,苏武是我国古代多才多艺的典型代表,杨升庵"读书之博,著作之富"在明代是第一人,李调元是清代百科知识编纂集大成的人物,郭沫若开一代新诗之风,又是杰出的剧作家和中国马克思主义史学的开路人。他们的成就,证明了巴蜀大地是产生这类巨人的合适的文化土壤。

在古代,特别是在古代文化发展鼎盛的唐宋时期,很多外省籍的诗人、画家纷纷入蜀,在这里留下了丰硕的、"美善合一"的艺术珍品,受到了蜀中先民的喜欢和爱戴,以至"老夫白首欲忘归"(陆游《成都书事》)。这其中,最著名的有王勃、卢照邻、高适、杜甫、吴道子、岑参、白居易、刘禹锡、元稹、贾岛、李商隐、韦庄、李珣、孙光宪、黄庭坚、陆游、范成大等。他们的游踪在今天的四川仍然处处可见,杜甫、黄庭坚和陆游更是受到蜀中的历代祀奉。

唐代的双子星座李白与杜甫,也都是蜀文化熏陶出的巨子。他们是汉唐雄风的推导者和讴歌者,其文学作品特别能反映汉唐气象。除了这些顶尖级的文人以外,还有众多才华横溢的作家,如众星捧月,成就了巴蜀文坛群星璀璨的绚丽景象。比如,隋代的李密,唐代的雍陶、唐求,宋代的苏舜钦、文同和"三苏",清代的彭端淑和张问陶等,都是名闻当世,流芳后代的人物。

宗法血缘纽带是中国社会关系的中心轴,也是中国文化结构的中心轴。垦荒、务农,农业的收获如何往往不在耕种者自己,而是听天由命,依赖老天。人的意志无论如何强大,也不能阻止干旱、洪水、风暴的到来。所以,成功的纤绳便由人这一方拱手转让给天(自然),从而产生出浓厚的宿命思想和憨厚性格。另外,农业一般是一年一收,见效慢,而人又无法改变它,无法加快作物的成熟与收获。所以,中国人就常常生活在无尽的等待、盼望之中,难以施展出人的能动性,因而缺乏进取、冒险的锐气,形成中国人突出的忍耐力。正如林语堂所说:"中国人使自己适应了这样一种需要耐力、反抗力、被动力的社会与文化环境。他已经失去了一大部分征服与冒险的智力和体力,而这些都是他们原始丛林中祖先的特征。"若再进一层,我们就会发现,不同的经济方式也必然会反映在社会结构上。在商业经济中,人们与之打交道的对象是不断变动的。为了自身的利益,他们不得不准备同许许多多无论是熟悉还是不熟悉的人交往,从而大大扩大了人际交往的范围,打破了原有的固定的生活圈子,封闭转为开放。这样,原始氏族社会的以血缘为纽带的人际关系便迅速解体,代之而起的是新型的利益关系。这种利益关系后来以一种固定的形式确定下来,那就是"契约"。而中国正好相反。在农业经济中,人们与之打交道的对象几乎是完全固定的,那就是土地,而土地的所有权又仅在一个家庭或家族的手中。在农业生产和产品交换过程中,生产者所要与之发生联系的对象一般也是较为固定的,他们不需要与更多的、经常变化的人群打交道,因而没有形成像古希腊那样一种对氏族血缘关系的冲击力量。相反,农业文明对土地的依赖又加强了个人对家庭的依赖,使血缘关系得到进一步的巩固。中国文明没有能够像西方那样彻底干净地割断同氏族血缘关系的联系,相反,它把氏族社会的血缘关系继承、延续下来,直接带入奴隶社会和封建社会,从而建立了更加稳固的形式和更为完善的功能。

建立契约关系便意味着在这关系之中人人平等,因为契约只有在平等的基础上建立起来才能真正发挥作用,才能真正保护商业经济的正常秩序,使商业真正按照经济规律运转。换个角度说,正是由于人人平等,没有特权,没有居高临下的力量统治、支配、调节人与人之间的交往,才需要制造一个东西来制约人的行为,规范人的交往,这个东西就是"契约"。契约就是现在的"法"的前身,它是法治文明的开端。而建立在血缘关系上的文明则不同。血缘关系有两个特点:先验性和等级性。由血缘关系所结成的集体(家族)是一种立体状的等级结构。父对子,长对幼均有着绝对的支配权,在他们之间是不存在平等的。加之血缘是一种先验的、超个体的、超意愿的关系,任何人都无法改变它,也无法摆脱和超越它。个人只有认可、服从、顺应这种关系,才能获得自己的位置和利益。中国的家庭本位制就是建立在这个基础之上的。

这样,在中国,通过氏族血缘关系的作用,天人、君臣、官民、父子、师生等所有这些人与自然、人与社会、人与人的关系全都可以纳入父子关系的模式而得到相应的解释。比如,君临一切的是"天",而坐金銮殿的皇帝则是"天子"(即天之子),万民百姓又是皇帝的"子民";地方官员通常被称为"父母官",他们在大堂正中挂的匾上横书"爱民如子"。"一日为师,终身为父"的观念曾经非常流行,不仅老师是"师父",连老师的亲属也被相应地称为"师母""师兄""师弟""师姐""师妹"等。按照美籍华裔学者许烺光的说法,亲属体系有"夫妻型"与"父子型"之分,"夫妻型"表现为不连续性、独占性和选择性,而"父子型"则表现为连续性、包含性和权威性。中国传统的"父子型"宗法血缘纽带维系着各种复杂的结构和机制,注定了"尚齿"和唯尊、唯上的价值诉求。不仅如此,我们还可以看到,中国人不爱标新立异,不爱自作主张,不爱打破砂锅问到底(从孔子与学生的问答看,所谓"入太庙,每事问",主要是问"怎么样",而很少问"为什么")的传统习惯,还由于简单再生产对民族文化心理结构的影响。刻板的、模式化的操作程序周而复始地重演,前人、师父把一切都安排好了,只需照此办理,不需劳神费力去做探求,也不可越雷池半步。"为学日益,为道日损"(《老子》四十八章),"是非之彰也,道之所以亏也"(《庄子·齐物论》)。显然老子和庄子都不赞成求知;孔子虽赞成求知,但要求"知"为"仁"服务。在中国古代美学中,"温柔敦厚"的"诗教","尽善尽美"的审美标准,"言志""缘情""文为世用"的理论,以及重经验真实而不重本质真实,重群体感情而不重个体感情,重现实干预而不重现实超越等诸种价值观念与审美心态,都可以从"隆礼""重恕""求仁""向善"的伦理观念中找到根源。

最后,巴蜀文学美学思想所体现的情性与理性合一直观体悟审美境域构筑方式正是中华民族文化心理思维方式的突出体现。重情性与理性合一直观体悟是巴蜀文学审美意识的又一特性。司马相如在其赋的美学思想中提出"赋家之心"与"赋家之迹"。所谓"赋家之心"指的是"文心",即性灵,是赋家的本性、心灵与视域、境域。"赋家之心"能"苞括宇宙,总览人物","控引天地,错综古今",这种"文心"是"斯乃得于内,不可得而传",可意会不可言传,可捉摸而难于形诸文字,犹如佛祖拈花迦叶含笑一样,靠内在心灵的开悟与精神的流动。应该说,"赋家之心""苞括宇宙,总览人物"的审美意识和中国古代的心物感应说分不开。中国古代哲人认为,人与自然万物都以"道(气)"为生命本原,人与自然万物的关系是统一的,人来自自然,"实天地之心""性灵所钟""五行之秀";同时,人又是远远胜过"无识之物"的"有心之器",是宇宙的精神与智慧的最集中的体现。我们知道,既然能够"鉴周日月""写天地之辉光"的人与"宇宙"、万物都同原共本,所以在中国人的思想意识深处,本来就存在着一种天人一源、物我一类、形神一统、"宇宙""人物"苞总的观念。自觉地追求天人的契合、心物的交融、形神的相彻、"宇宙""人物"的括揽,这不但是司马相如所要求的辞赋创作中应该达到的审美境域,也是他所推崇的在辞赋创作审美活动中应该努力采用的直观体悟方式。

这也就是巴蜀人的"文心",巴蜀文人的审美特性。元代人张翥《谒文昌阁》云:"天地有大文,吾蜀擅宗匠。"巴蜀地区自古有"文宗在蜀"的传统,即作为文坛大师、"宗匠",必须呈现出能通过自己的"文心",直观并表征出"天地"之"大文"。

"文心"总括"天地"的直观体悟审美方式与前述古蜀仙道与巴蜀道教的影响分不开。受重仙意识的浸润,巴蜀文人在审美创作中喜欢"仙游"。司马相如倡导的仙游文化是其开端。他写的《大人赋》淋漓尽致地表现出羽化登仙、凌霄步虚的仙游四方的气概。汉武帝读了这篇赋,竟然感觉"飘飘有凌云之气,似游天地之间意"。以仙化浪漫为特征的蜀文学就是由这篇赋开端,形成了巴蜀的"文心"。

当然,巴蜀审美文化"文心"总括"天地"的直观体悟方式的生成主要还是中原文化的作用。由于封闭的地理格局、土地栽种的生产方式、山区交通的艰难和家庭化的活动方式,只能因地制宜地发展农业经济,从而创造了世界最古老的"农业+伦理"的文明模式和"经验+实用"的文化精神。农业劳动的对象,无非是山川河流、土壤肥料、黍稷重穋、禾麻菽麦。即如冯友兰在《中国哲学简史》中所指出的:"农所要对付的,例如土地和庄稼,一切都是他们直接领悟的。他们纯朴而天真,珍贵他们如此直接领悟的东西。"因此,重直觉领悟而不假形式逻辑,就成为中国哲学与审美运思的一个出发点了。马克思在《政治经济学批判导言》中说:"生产不仅为创作者生产对象,也为对象生产创作者。"长期作为人类劳动对象的自然物,包括自然地理环境条件所提供的草木禾稼、鸟兽鱼虫在内的种种活泼多样的生命形态,也逐渐创造出一个个能够充分地、整体地感受它们的审美创作者。此外,农业小生产的技能传承历来是采取师徒授受的方式,这种活动方式的重叠积累,必然产生某种集体无意识。中国的学术文化不像西方那样是在自由论争的空气里发展起来的,而是受宗法观念的制约,在师徒相授、口耳相传的条件下发展起来的。因此,心解意会、直觉了悟便形成蔚为壮观的学风。所谓"读书百遍,其意自现","熟读唐诗三百首,不会作诗亦会吟"。这种直觉了悟不一定遵照逻辑的规则,但思路大幅度转折腾挪,有时可以达到相当精彩的地步。先秦时就有好例:"子夏问曰:'巧笑倩兮,美目盼兮,素以为绚兮,何谓也?'子曰:'绘事后素。'曰:'后礼乎?'子曰:'起予者商也,始可与言《诗》也矣。'"(《论语·八佾》)到南宗禅学,直觉顿悟更是登峰造极。禅宗机锋峻烈,讲究活参,最讨厌老实巴交、亦步亦趋地死啃字面意义。比如,僧问"如何是祖师西来意",禅师们著名的回答有"干屎橛"(云门文偃)、"麻三斤"(洞山良价)、"庭前柏树子"(赵州从谂)等。这是因为,"祖师西来意"就是"禅",此乃宗门极则事,它是无言说、超思维的。禅师们的回答,就是要把问者的心思挡回去,告诉他"你问得不对",由此截断意根,引起返照。活参则是超理性的瞬间顿悟,它如电光石火,来去无踪,稍纵即逝。如《五灯会元》卷七:"外面黑,潭点纸烛度与师。师拟接,潭复吹灭。师于此大悟,便礼拜。"又,同书卷九:"(智闲)一日芟除草木,偶抛瓦砾,击竹作声,忽然省悟。"这些所谓"悟",在我们看来,都不是思辨和知性认识,而是个体在某种偶然机缘触发下产生的直觉体悟,是在感性自身中获得的超越。这种状态,禅宗典籍描写为:"智与理冥,境与神会。如人饮水,冷暖自知。"(《古尊宿语录》卷三十二)中国古代美学中所谓"玩味""体味",所谓"学诗如参禅""陶钧文思,贵在虚静"等,都是这种情性与理性合一直观体悟审美境域构筑方式所造成的传统审美观念。

三、巴蜀地域的文化特征

从根本上说,巴蜀文化是本土文化不断容纳和吸收外来文化,从而逐步构成的一种很有地方特色的区域文化。巴蜀文化的构成过程就是其自身不断吐旧纳新、弃旧图新的自我完善过程。综观巴蜀文化的历史地位,它具有以下特征。

首先,巴蜀文化具有强烈的纳新、开发性。孕育巴蜀文化的巴山蜀水,百川交流,形成巴蜀文化汇纳百川的态势,因此,巴蜀文化的构成是多元文化的融合。早在巴蜀文明的初生时期,它就是一个善于容纳和集结的开放性体系。如巴蜀和荆楚的交流融合就源远流长。研究表明,楚民出自颛顼,来自西南蜀中。如应邵《风俗通义·六国》云:"楚之先出自颛顼,其裔孙曰陆终,娶于鬼方氏……"长期遭殷人、周人的歧视和侵伐,巴蜀民族只是依靠不屈不挠的奋斗,由小到大,由弱变强,终成雄踞南方的强大民族。从文献资料考察,巴蜀先民的一支开明氏又从荆楚西行川西①。考古发掘也可发现巴蜀与荆楚先民之间的迁移交流融合,带着"巴蜀图语"的典型巴蜀铜器为铜矛、虎钮镦与等曾在汉中出土,新都马家乡的木椁大墓及大量器物亦清楚地表明了楚文化的强烈影响,其中一器物盖上有"邵之食鼎"四字,与其时的楚国文字同出一辙②。秦统一天下,许多楚地之人行徙川东,以至有"江州以东,滨江山险,其人半楚"的记载(《华阳国志·巴志》)。楚人入川必然带来楚地文化。楚文化、巴蜀文化不仅与中原文化发展差异运动与融合,也在与周邻文化相互渗透、联系、融合中发展壮大。唐宋巴蜀天府之藏,经济发达,不仅成为帝王避祸战乱之地,而且各地移民大量入川,骚人墨客云集蜀中,巴蜀文化汇纳百川,与各地文化发展差异运动与融合。至明末清初,"湖广填四川"带来了巴楚人口与文化的大融合。这种融合并未使巴蜀与荆楚、巴与楚、荆与楚及各地域文化失去地区和民族特点,在数千年的互相交流与渗透的历史进程中,"从文化上说

---

① 袁庭栋:《巴蜀文化》,辽宁教育出版社,1995年版,第60页。
② 王建辉、刘森淼:《荆楚文化》,辽宁教育出版社,1995年版。

是同一类型"的巴蜀荆楚文化圈的文化共同性仍很鲜明,即道文化因素和浪漫色彩。

从客观性进程看,巴蜀地区的若干考古发现已经证实,秦汉以前,巴蜀文化的创作者,是具有地域民族特色的独立文化型。巴和蜀既是地域的概念,又是特定地域内生活的众多民族或部族的复合概念。战国后期,秦国灭蜀以后,巴与蜀的创作者最先融入秦文化。后来它又融入中原文化,成为汉文化的一部分。西汉以后,巴蜀文化就其创作者而论,已不再具有地域和民族的双重独立性,而是汉文化体系中具有地方特色的一支子文化,巴人与蜀人的称谓,不再具有民族性,而只是地域或地望的称号。巴蜀文化与汉文化的融合,不是巴蜀文化的消失,而是一种质的蜕变,它在西汉以后仍在以新的形式和内涵继续变化发展。"禹兴于西羌",夏禹文化兴于西蜀而流播于中原及至东部吴越。三星堆文化一二期出土的铜牌饰与二里头夏文化相同,表明夏禹文化的西兴东渐是个历史过程。三星堆和金沙遗址的玉琮、牙璋与东方的良渚文化相似,表明东西部不同区域文化的特征交流和集结很早。三星堆青铜文明的诡异特色,主要表现在具有地方性的礼器和神器上,而其尊、罍等酒器和食器则和中原殷墟是一致的,这说明它善于在创造自己地方性特色的基础上,特别是在创造体现蜀人精神和心灵世界的神器的基础上,吸纳中原文化并与之交流。良渚文化与三星堆文化均以精美玉器为其特征,表明长江文化很早就具有一致性,这是彼此开放交流的结果。从历史的进程看,巴蜀文化北与中原文化相融会,西与秦陇文化交融,南与楚文化相遇,并影响了滇黔文化。正如四川的地形一样,崇山峻岭屏蔽盆地,使之易于形成相对独立、自具特色的文化区域;同时,盆地又犹如聚宝盆,使巴蜀文化易于成为南北文化特征交汇和集结的多层次、多维度的文化复合体。它的开放性还体现在很早就与外域文化相交流。它是著名的"南方丝绸之路"传输的集散中心,三星堆遗址的海贝、金杖,表明与中亚、西亚及海洋文明有联系;新都画像砖上的翼形兽、雅安高颐阙前有翼的石狮形象,明显是安息艺术的影响。汉代的蜀郡漆器曾在蒙古的诺音乌拉和朝鲜的乐浪郡出土。唐代不少印度和日本僧人流寓西蜀,带来佛教文化。早期雕版书"西川印子"和宋代印刷精品"龙爪蜀刻"曾流播于日本、高句丽。五代前后蜀时期,波斯人李珣家族世居成都,人谑称"李波斯"。这类文化发展差异运动与认同例证可谓数不胜数。

作为农耕文明的典型,巴蜀文化自然有其封闭板结和落后的保守的一面,这是自然经济带来的必然的特征;但它确实又含有渊源于古典工商城市生活方式的极具开拓、开放、兼容性因素的另一面。巴蜀虽为盆地,虽为"内陆大省",但它有很早就发达的"货贿山积"的工商业城市和充满向外扩张活力的水文化,努力冲破盆地的束缚,尝试突破传统、变异自我、超越自我。正是这种静态的农业社会的小农生活方式与动态的工商社会的古典城市生活方式的矛盾运动,构成了巴蜀文化既善于交流和开放,又善于长期保持稳定和安定的多彩画面,并引起了思想领域和思维方式的相应变化。

古巴蜀文化融入秦汉文化这一性质根本蜕变的客体性进程,必然对巴蜀文化的发展进程产生振荡和影响,这绝不是自然而然、自觉自愿接受转变的过程。从广汉三星堆、成都十二桥、成都方池街、青羊宫、羊子山、彭县竹瓦街、新都马家墓等古文化遗存看,古蜀国在被秦灭亡以前有策有典,文明程度是很高的。秦灭蜀以后,从商鞅燔诗书的遗策到始皇的焚坑政策,受振荡最大,受害最深,受到几近毁灭性打击的就是建设于巴蜀大地上的巴蜀文化。其时,土著蜀人大多被迫南迁,巴蜀典册遭到焚毁,多年形成的区域文明受到毁灭性的破坏,巴蜀祖先的历史被从记忆和口头流传中加以扫荡。

从文化发展史的视域看,这些措施带有文化融合促进文化发展的强制性[①]。它加速了巴蜀文化融入秦文化的自然历史进程,在一定程度上是历史的进步。但从保留原生态区域文化的立场看,毁策毁典,弃国弃鼎,毕竟是使具有强烈地域色彩的区域文化遭到破坏的事实。所以,从两汉到南北朝,特别是蜀汉时期,不难发现蜀人抵制坑灰同化,力图保持巴蜀文化独立性的尝试和努力。从司马相如、扬雄、郑伯邑到谯周、来敏、秦宓纷纷"各集传说以作(蜀)本纪"[②]。当时著《蜀王本纪》《蜀记》《蜀志》《巴蜀异物志》的多达20多家。秦宓对巴蜀古史肇于人皇作了极度的夸张,谯周从正统政治宣传的需要出发,致力于蜀记、三巴记的改作。晋人常璩则从历史实证学角度,为巴蜀文化史的进程做了总结,成就了蜀人第一部巴蜀地方文化史的系统著作。无论是尘封的记忆,还是口头的流传,只要是有关蜀人祖先的,他们都努力搜采,网罗的撷拾,旧闻遗说,在所不弃,形成了巴蜀文化史上第一次著作高潮,"故其见于记载,形于歌咏者,自扬雄蜀王本记、谯周三巴记、李膺益州记以下,图籍最多,遗事佚闻,皆足资采摭"[③]。现今人们所能看到的《蜀王本纪》等古仆型的涉及蜀地历史的著作,所能了解到的蚕丛、鱼凫、杜宇和开明的祖先序列及其故事,就是这一著作高潮时期的产物。如果再深一层从人类文化

---

① 谭继和:《巴蜀文化研究趋向平议》,载《社会科学研究》,1996年第2期。
② 《华阳国志·蜀志》,上海古籍出版社,1984年版。
③ 《四库全书总目·史部·地理类·益部谈资》,中华书局,1995年版。

学视域切入,还会从中发现蜀人的文化精神与呈现方式,是与这个时代古巴蜀原生态文化独立性的消融相悖逆的。《汉书·地理志》说:"教民读书法令,未能笃信道德,反以好文刺讥,贵慕权势。及司马相如游宦京师诸侯,以文辞显于世,乡党慕循其迹。后有王褒、严遵、扬雄之徒,文章冠天下。"这里显然表明中原汉文化与巴蜀文化两种趋向在融会中的相互冲突。中原重经学,蜀地重文学。秦早期蜀人的读书学习,没有学到"笃信道德"的精髓,反而沾染上好文辞、慕权势的习气。这正是当时古巴蜀原生态文化独立性在消融的进程中,同蜀人力图恢复和重建这种独立性进程相悖的一个证明。从汉至三国蜀汉时代,对巴蜀古史的搜集、加工和整理,正是经历了这样一个过程。他们带着文献不足征,"开国何茫然"的遗憾,力图以恢复和重建古巴蜀史的新体系和巴蜀原生态文化的独立性的尝试,与正在消融其独立性的巴蜀文化相抗争。因此,可以把这段时间看作文化发展史上古巴蜀史再构成的时期。

从区域文化学角度来研究,巴蜀文化应是具有悠久而独立的始源,并具有从古及今的历史延续性和连续表现形式的区域性文化。巴蜀文化的建构,就是同中华整体大文化达到最广泛的文化认同的历史发展过程。

巴蜀文化的始源既具有独立性,同时也是同中华整体文化实现最广泛认同的历史过程的开端。巴蜀文化的始源可追溯到旧石器时代乃至人类起源时代,"蜀之为国,肇于人皇也殊未可知"①。但这个时代,四川虽有考古发现,却很薄弱,阙环很多,状况茫昧。就新石器时代晚期由广泛的文化,升华和诞生出区域性文明的时期看,其代表性遗存是成都平原出现古城文明的宝墩文化。它为四川境内的新石器时代的文化谱系的建立确定了一个可靠的基点。其上源可能源于四川的细石器时代,下限的流向则与三星堆文化、金沙遗址、十二桥遗址、黄忠遗址相衔接。这支文化下传到战国早期的商业街船棺葬遗址以及较晚的什邡市城关、广元昭化宝轮院、荥经县同心村、蒲江县、大邑县等地的船棺葬,因是自成始源自成序列的一支新文化,有学者定名为"早期巴蜀文化"②。这支文化与中原二里头夏文化、二里岗商文化、湖南湖北的楚文化交流和相互播化很密切,如多节形玉琮、陶盉、牙璋、铜牌饰、青铜尊罍就分别同良渚文化、二里头文化、二里岗文化、楚文化有相似点。从中可以看出,早期巴蜀文化形成和发展的过程,就是同一大统的中

---

① 李学勤:《蜀文化神秘面纱的揭开》,载《寻根》,1997年第4期。
② 赵殿增:《四川原始文化类型初探》,见《中国考古学会第三次年会论文集》,文物出版社,1984年版。

原华夏文化实现最广泛的文化认同的历史进程。秦汉以后,巴蜀文化的特质和内涵则发展为融入汉文化,同汉文化实现最广泛的文化认同的历史过程。这一过程一直发展到现代,仍在延续,以主流文化为核心,在保持和发展本土区域性特色的基础上,由区域性文化向主流文化紧紧围绕和凝聚,并共同为增强和发展向心力和凝聚力而达到更高层次的文化认同。

同时,巴蜀文化具有从古及今的历史延续性,从未中断,更不是秦汉融入汉文化以后就消失了。巴蜀文化早期是认同和融入华夏文化的过程,这一过程在秦汉时期发生了结构性的突变。众所周知,所谓文化或文明,实际上是指一定民族的全面的生活方式。早期巴蜀文化是从采集渔猎时代到定居农业时代,逐步积累文明因素,逐步形成和发展出文明并融入华夏生活方式的过程。而秦汉以后,巴蜀则以得天独厚的自然条件和优越鼎盛的农耕文明的生活方式融入汉文化。它虽为汉文化的一部分,却一直延续着自身生活方式的区域性特色,成为整体文化中的一种特殊形式,并以阶段变化展示出历史的延续性来。

并且,巴蜀文化还具有连续的表现形式,有历代巴蜀文化认可传承并被赋予了特殊重要性的传统文化模式。从三星堆诡异的人面到成汉墓陶俑、汉朝司马相如"铺张扬厉"的大赋,到李白、苏轼的浪漫文学巨人,一直传承到现代文学天才郭沫若。前文已论述了蜀人"贵慕权势"的另类思维特征,这一特征被历代传承,形成蜀"尚侈好文"[1]的文化性格和"以文辞显于世,文章冠天下"[2]的文化创造力,这就是蜀文化的传统模式所决定的精神呈现。至于巴人"刚悍生其方,风谣尚其武"[3]的性格也是由其特有的传统文化模式形成的,这里不再分析。巴人和蜀人虽然文化性格有所不同,但因他们亲缘相近,演变的动力机制相近,在历史发展的长河中,二者能将迥不相同的价值诉求和审美情趣整合在一起,形成具有共同性的生活结构体系和内隐的心态价值系统。

其次,巴蜀文化具有强烈的兼容、融会性。巴蜀文化从其诞生时期,即开始向大一统的中原文化凝聚和集结,实现"最广泛的文化认同"(美国学者亨廷顿语)的历史进程。一方面,从文化认同角度看,其特质和内涵从秦汉以后即融入中原文化之中,成为汉族文化的一部分。另一方面,从区域特色的延续性角度看,它又在新的时代条件下,以蜀人自身的思维方式,努力实践其区域性文化个性的更新

---

[1] 《大明一统志》卷67引李膺《益州记》。
[2] 《汉书·地理志》,中华书局,1995年版。
[3] 左思:《蜀都赋》,见《文选》,浙江古籍出版社,1999年版。

与崛起。从数千年的历史进程看,巴蜀文化始源独立发展的时期相对较短,而其与汉文化融合的时期则较长,表明巴蜀人历代对于母体文化体系有最广泛的文化认同的中和观念和圆融观念。

在巴蜀文化体系下,巴文化和蜀文化本是两支各具个性特色的文化。古语说:"巴人出将,蜀人出相。"四川所出四大元帅,三个是巴人。而四川的著名文人则多数出于西蜀。这表明巴人和蜀人的文化性格是不同的。蜀人自古即柔弱褊诡、狡黠多智,而巴人则历来强悍劲勇、朴直率真。但在历史发展的进程中,巴人和蜀人都能将迥不相同的价值观念和文化品味整合、熔铸在一起,相异而又相和,相反而又相成,形成巴蜀文化的价值诉求和审美情趣的整体性,整合为有别于其他区域性文化的巴蜀文明统一性。而同时又在一定程度上保持着各自地方特色的价值体系和行为模式。我们仍然可以细致区分出:重庆人开拓进取性强,成都人思维细腻、追求完美;重庆人善于创业,成都人善于守业。二者又常常在生产、生活各方面能融洽地加以整合,显出四川人共同的个性来。

这种融会特征产生的社会根基在于巴文化和蜀文化,虽是两支始源独立(一支源于岷江流域,一支源于汉水清江流域)的文化,但它们又是亲缘相近、演变的动力机制相近、具有共同性的生活结构体系的文化。所以,从西晋裴度的《九州图经》到唐代杜甫的蜀中纪行诗,直到19世纪末法国人古德尔孟的《四川游记》都一致认为巴蜀是"异俗嗟可怪"的"别一世界",表明其文化心理结构,包括内隐的心态和价值系统具有巴蜀的个性。虽有巴和蜀各自的特性,但均可被整合为以"巴蜀"连称的统一的"个性",即巴蜀文化的融会性。这种融会性的文化内涵说明巴蜀人善于将不同因素加以融会出新,善于恰当地将相互矛盾的因素融会整合为突破传统、锲而不舍、奋发进取的积极力量,这对我们当前调整经济结构,融会不同心态,将是一种有益的启示。

巴蜀文化的这种融会性与其悠久的农业文明的作用分不开。在巴蜀文化从古及今的诸发展阶段中,以农业文明为最长。"天府之国"的丰庶自然条件形成巴蜀农业文明独有的特征"士民之庶,物力之饶,甲乎天下"和蜀人"俗不愁苦,人多工巧"的生活方式。这种农业生产方式和生活方式的特征,因其历史之悠长而成为巴蜀文化性质及其展现面貌的决定性因素。直到近现代进入工业社会后,这一决定性因素对于蜀人的心理状态、思维方式、社会习俗和人情世态,还起着相当大的作用,究其历史文脉传承还得从这里去探寻。所以,我们可以说,巴蜀农业文明的特征,就是巴蜀文化的基本性质和特征。巴蜀文化的基本性质与历时最长、直到现在还有主要影响的巴蜀农业社会有关。不认识这一特质,我们很难对巴蜀文化的基本性质做出判断。

　　这种传统模式所发挥的文化想象力,对比其他地域有不同的特点。中原文化重礼,以诗教为特征。荆楚重巫,以楚辞为圭臬。巴人"尚鬼信巫",以巫教为特征,蜀人重仙,以司马相如的"大人赋"和道教的羽化为特征。三星堆遗址和金沙遗址出土的诡异金、石人面像、战国蜀地青铜器上的仙人羽化形象,直到汉画像砖石上刻画的仙化形象,充分展示了蜀人对于仙化的想象力。《华阳国志》中"鱼凫仙化,随王化去,化民往往复出"就是蜀人仙化想象力的真实记载。《诗·宾之初筵》"屡舞僊僊",《庄子》"僊僊乎归矣",《说苑》"辨哉士乎,僊僊者乎",司马相如《大人赋》"僊僊有凌云之气",清代黄生认为"此盖借僊字轩音为先",通仙人之仙。仙化就是僊化。僊就是迁,二字同源。迁徙变化被称为仙,后来道教就借用了这个"仙"字,构成了"神仙"一词,仍含有迁徙变化的含义,但被提升为升仙羽化。鱼凫民本生长在平原上,受杜宇氏的压迫被迁到了山上,这个迁的过程就被想象为仙。后来仙化之民又回到平原,故"化民往往复出"。这里的鱼凫"化民"就是文献记载的具有仙化想象力思维的第一代蜀民。这一思维特征在道教里得到传承。蜀地能够成为道教的起源地,同这一思维是有渊源的。

　　相比较而言,中原重礼化,楚重巫化,巴重鬼化,蜀重仙化,这是几种不同的文化想象力,由此而将巴蜀文化与其他地域文化相区别开来。仙化思维特征体现在技巧、技术和物质的因素上,也体现在价值、思想、艺术性和道德性等因素上,构成了巴蜀文化的一个重要特征,就是"神"。神奇的自然世界、神秘的文化世界、神妙的心灵世界,这就是巴蜀文化两千年积累、变异和发展留下来的历史传统和历史遗产,构成了巴蜀文化的独特性。难怪西晋裴秀《图经》称巴蜀为"别一世界";唐代杜甫称巴蜀为"异俗嗟可怪";近代法国人古德尔孟游历四川,惊叹发现了一个可称为"东方的巴黎"的新世界;茅盾在抗战时期入蜀,赞其为"民族形式的大都符"……这些感叹正表明中原人及其他地域人的文化心理,对于神秘的巴蜀的特殊感受。直到今天,这种神秘性对于初入蜀的国内外人士还有着特殊的魅力。

　　最后,巴蜀文化具有强烈的开创性与进取精神。巴蜀人杰地灵,人才辈出,且皆具有强烈的前瞻意识,善于顺应社会结构转型,富有更新的超前性、冒险性精神。这一精神的形成与巴蜀文化的"英雄崇拜"心态有关。

　　英雄崇拜的产生与人类最初的自然崇拜分不开。自然崇拜可以从两个方面来说明,即一方面是其崇拜的对象是大自然;另一方面是这种崇拜是人类思维刚刚开始觉醒,处于朦朦胧胧之中的一种崇拜,或是一种半本能半意识的崇拜,是一种自然而然的崇拜,是主观意识还不够自觉的崇拜。这种崇拜的最大特征是为了解释人类所处自然环境的一种崇拜。

随着自然崇拜的发展产生了图腾崇拜。如果说自然崇拜是为了解释人类所处自然环境中的一些不可理解的自然现象,那么图腾崇拜则主要是人类为了维系氏族和部落生存和发展的一种崇拜。这种崇拜是自然崇拜的最成熟的形态,又是神灵崇拜的不成熟形态。神灵崇拜是将图腾物进一步人化(这种人化都是以一种超人的形态——神灵表现出来的)。神灵的出现,其中包括人的灵魂的出现,是人们对现实存在的一种虚幻的解释,这种解释既反映了人们思维的进一步复杂化,同时也是人们借以抚慰自己心灵的一种人为塑造。而偶像崇拜则可以说是神灵崇拜的进一步精密化和固定化。这种崇拜也是由图腾崇拜发展而来,只不过是将图腾物换成了神灵,并将其偶像化,从而对塑造出来的偶像进行直观、统一、固定地崇拜。偶像崇拜发展到一定阶段则产生英雄崇拜。英雄崇拜的前期是将神灵人化——神化的英雄。而后期经由个体崇拜的发展,逐步使英雄人化、个性化。一方面使崇拜回到了人本身,回到了现实中来,同时也使崇拜心理世俗化,使崇拜的不可比性逐渐淡化,增强了可比性。

就巴蜀神话看,从女娲补天到大禹治水是古巴蜀地区的早期"英雄时代",因为在这时,生活在古巴蜀的先民为了自身的生存和发展,在与大自然和周边他族的斗争中,涌现了一大批巨人般的英雄。因此,古巴蜀民族的"英雄崇拜情结"的产生,至少可以追溯到原始氏族社会末期。这些英雄都是些对本氏族有突出贡献的人。治水的英雄大禹就是这样一个最突出的人物。当民族因桀骜不驯的巨龙疯狂肆虐而命运岌岌可危时,作为氏族领袖,大禹毅然率领全体氏族成员,劈波斩浪,因势利导,与滔滔的洪水展开了一场旷日持久、坚苦卓绝的斗争。在这场斗争中,大禹时时刻刻站在民众之中,走在治水队伍的最前列。这以后,巴蜀地区的英雄则层出不穷。就文字记载看,早在商周时期,武王伐纣就得到"巴蜀之师"的加盟,为正义之战赢得了决定性胜利。可以说,从蚕丛、鱼凫到杜宇、开明,就是古蜀文化史上的"英雄时代"。这一时代的物质文化成就的最高代表有三个。一是都江堰水利工程,这是孕育光辉的古蜀文化的肥壤沃土和两千年来蜀文化发展的源泉,"蜀山川及其图纪能雄于九丘者,实乘水利以蓄殖其国"①。都江堰工程实是当时世界农业文化的一个结晶。二是成都十二桥遗址的竹木结构建筑——"干栏"式技术的发展,这是巴蜀绵远的巢居文化在当时发展的顶峰,此后绵延两千多

---

① (宋)张愈:《郫县蜀丛帝新庙碑记》,见都江堰文献集成编委会编:《都江堰文献集成·历史文献卷》。

年而不衰。巢居、笮桥和栈道,是巴蜀巢居文化的三大特色,盛行于岷江上游的横断山脉中。而古代的成都恰恰是这三种物质文化发展的中心。三是广汉三星堆遗址、彭县竹瓦街遗址、成都百花潭考古发现、新都战国木椁墓为代表的青铜文明。其中巨型青铜偶像及金杖、金面罩,以额鼻、纵目、夸张为特征,富于奇特想象。如果我们上与鱼凫仙化、"化民复出"的传说相联想,下与今日土家族傩舞面具相比较,再看看以夸张为特点的汉大赋滥觞于西蜀,不难明白这种发散型思维是古蜀民的一个重要特征。古蜀时期,还不是成都城市正式出现的时期,因而城市文化还没有真正出现,但文化中心正处在由高山丛林转移到西蜀的平原和河流的过程中。成都平原成为古蜀农业文化的中心,经历了漫长的时期。

这一时期成都平原超过了关中。原来富庶的关中,这时反而向成都平原看齐,车为"近蜀"。农业的高度发展是成都城市经济发展和文化形成的基础,但对成都古典城市文化形成具有重大影响的物质条件却是城市工商业的发展。《盐铁论·通有》说:"求蛮貊之物以眩中国,徙邛筰之货致之东海。"这说明西蜀边陲已与中原和东海地区有了发达的商品交换关系,而这种商品交换的重要集散地中心正是成都。成都市场是这一时期西南的经济中心,是国内甚至南亚市场和商业网络的一个部分,它对于促进成都有城市意义的文化的形成和发展,有着重要作用。

这一时期,成都城市文化成就的最高代表有三:一是成都城市结构和布局的古典定型化。秦城和汉城都是大小城相并连的格局。古人称为"层城"或"重城"。这一格局或显或晦地承续了两千多年,成为中国古代城市格局定式的一种类型。二是有地方特色的独特的手工技艺,特别是丝织和漆器的发展。如成都城内自产的蜀布、蜀簿(粗布)、蜀缚(蜀细布)、蜀"织成"锦(宫廷用品)、锦缎等,以锦水濯漂,鲜润细腻。除成都锦外,市场上还有西南边陲夷人的产品:拼(氐人殊缕布),哀牢夷的阑干(绖)、帛叠(棉布)、厨认(毛织品),西南夷的幢华布(木棉布)、黄润布(白纤布)等,皆具地方民族特色。此时的织锦技术已与齐纨鲁素相匹敌,故《隋书·地理志》说成都"绫锦雕镂之妙,殆牟于上国"。城内不仅有官府工匠聚集的"锦官城",而且织机遍于家常人户,"百室离房,机杼相和","女工之业,覆衣天下"。由此可以想见城市丝织技术文化发展的盛况。漆器则以"金错蜀杯""蜀汉铂器"[①]为漆器工艺的最高代表,远销于青川、荥经、长沙、江陵、贵州清远镇、朝鲜平壤、蒙古诺音乌拉。至于蜀布、邛竹杖、枸酱,则是南方海外商路开辟的先驱,而它的大本营正在成都。三是城市精神文化的飞跃。先秦时期"蜀左言,无

---

① 《隋书·地理志》,中华书局,1995年版。

文字"①,"蜀无姓"②,仅有口耳相传的祖先神话和巫术式的巴蜀图语,其精神形态并没有发展到理性化程度,尚处于原始幼稚阶段。但汉初文翁兴学,则使蜀地精神文化发生了质的飞跃。它不仅具有首创地方官学的意义,而且更重要的作用在于:它引进了中原学术文化,并按蜀人特有的思维方式接受了中原文化的熏陶。唐卢照邻把文翁石室比喻为"岷山稷下亭"是确当的,它确实起了稷下学的作用。所谓"文翁倡其教,相如为之师"③,"其学比于齐鲁",正说明了蜀文化体系接受中原文化影响的过程。班固说文翁兴学的效果,不是使蜀人"笃信道德",反而使蜀人"好文刺讥,贵慕权势"。这说的正是文化形态的区别。以汉文学的蜀四大家司马相如、王褒、扬雄、严遵为例,他们不是走传统经学道德的路,而是"以文辞显于世","文章冠天下"。他们达到了汉文学的代表体裁——汉赋成就的顶峰。司马相如尤其是汉赋定型化的奠基者,代表了汉大赋鼎盛时期的最高成就。文景武帝之世,统治者为了选择一种适合全社会的统治思想,正在黄老和儒法之间游弋,最后才选择了独尊儒术,作为正统思想。司马相如等人没有去赶这个时髦,而是着眼于文字学和文学一类雕虫小技,这不能不说是因为蜀文化的独特性的影响的缘故。他们的赋善于虚构夸张,语言富丽,用字新奇,不师故辙。其艺术构思主张"赋家之心,苞括宇宙,总览人物,斯乃得之于内,不可得而传"④,这正是古蜀人"发散式"思维方式的生动体现,它在文学上形成浪漫主义的倾向,富于文采和想象力,这对后世富于激情的文化心理有一定启示作用。严遵则是蜀学术的代表,其《老子指归》直接影响于张道陵入蜀创立天师道所著的《想尔注》,是他们把《老子》一书从人学变为神学,为道教符箓一派的创立奠定了理论基础⑤。这说明蜀学术思想已与中原宗儒思想有了很大的不同。古代还有"天数在蜀"的说法,这是蜀人发散式思维向天文学、哲学的发展。还必须指出的是,如前所说,秦人灭蜀以后,执行商鞅燔诗书的遗策,古蜀祖先的历史事迹被扫荡殆尽,典册散失,留在后人记忆中的只是一鳞半爪的传说。在这种情况下,从汉以来,不少蜀人对古蜀历史的探究,有特别浓厚的兴趣。应该说,两汉时期是成都古典城市文化在城市工商业和蜀地农业基础上迅速形成并充满生机活力的时期。这一生气勃勃的发展,

---

① 《蜀王本纪》,见(清)严可均:《全上古三代秦汉三国六朝文·全汉文》,中华书局,1965年版。
② 《史记·三代世表》索引《世本》说。
③ 《汉书·地理志》,中华书局,1985年版。
④ 司马相如语,见《西京杂记》卷二"百日成赋"条。
⑤ 谢祥荣:《〈想尔注〉怎样解老子为神学?》《中国文化》第四辑。

不仅使成都成为古代西南的经济中心,而且成为古代西南的文化中心。并且,作为汉大赋的故乡,成都是道教的滥觞,是古天文学界的一个中心。在古典城市文化发展上,成都占有独特的历史地位。"虽兼诸夏之富有,犹未若兹都之无量也"①。

可以说,正是在这种生气勃勃、活力四溅的心态作用之下,蜀人始具有一种反叛心理。在历史上一个突出的文化特征是先乱后治的精神。"天下未乱蜀先乱,天下已定蜀后定"是句古话,最早见于明末清初人欧阳直公的《蜀警录》,而更早的渊源则可追溯到《北周书》上蜀人"贪乱乐祸"的说法。如果加上下一句就更让人确信无疑了,那便是"天下先治蜀后治"。似乎巴蜀从来就是一个不安分的地方,先乱后治的传统延续了上千年。历朝历代,巴蜀始终是让帝王最头疼也最不愿割舍的地方,无论从文化还是军事、经济的地位,巴蜀总是若即若离,你乱我治,你治我乱,既显得与华夏整体格格不入,又难分难舍。但如从文化学角度看,它说明巴蜀人的先乱后治精神是一种建设性的竞争思想。

这种精神当然与地域文化的影响分不开。作为巴蜀文化的中心,成都文化发达,但又离权力中心较远,一方面容易形成盆地意识,另一方面也形成独立思考的传统,所以有"天下未乱蜀先乱"的说法。它源于成都士人的变革思想和独立精神。这种先乱后治的精神,也表明巴蜀人的开创性、超前性和风险性意识强。它的社会文化生成土壤同巴人的冒险进取性、超前性与蜀人的追求完美性、稳定性的结合具有密切关系。这种精神在改革开放的今天仍有重要的价值。

应该说,巴蜀文化的特色性就在于开创性与完美性的结合,在于顺应社会结构转型和更新的超前性、冒险性精神。巴蜀文化既有它阴柔美丽的一面,同时又有它血性刚劲的一面。即如唐人魏颢所说:"剑门上断,横江下绝,岷峨之曲,别为锦川。蜀之人无闻则已,闻则杰出。"②郭沫若在《先乱后治的精神》文中则认为,"能够先乱是说革命性丰富,必须后治是说建设性彻底",这两方面结合起来就是"先天下之忧而忧,后天下之乐而乐"的精神。在他看来,这种精神已经"深深地刻印在历代的四川人的性格里",成为四川人的精神财富。他以李冰凿离堆为例,以天下第一的古代水利工程说明"这是何等的革命精神"!他还认为"四川人的丰富的革命性和彻底的建设性是由李冰启发出的",是"李冰的建设,文翁的教化,诸葛

---

① 左思:《蜀都赋》,见《文选》,浙江古籍出版社,1999年版。
② 魏颢:《李翰林集·序》,宋咸淳本。

武侯的治绩,杜工部的创作"①感化和启迪的结果,这是很有见地的。先乱后治的精神,表明巴蜀人的开创性、超前性和风险性意识强。它的社会根基正同巴人的冒险进取性、超前性与蜀人的追求完美性、稳定性的结合有密切关系②。

总之,巴蜀审美文化属于兼容并蓄的多元文化,具有强烈的开放性和包容性。在古代有中原文化、秦陇文化、氐羌文化、滇黔夜郎文化在这里交汇,到近现代则有各种移民文化在这里汇集,融合为各个时期的巴蜀文化。巴蜀审美文化集儒家的"仁义为本"、佛家的"慈悲为怀"、道家的"道法自然"等诸多理念于一体,融入了中华文学、哲学、美学的精髓,海纳百川,兼容并蓄,是中国几千年灿烂文化在巴蜀地区集中展现的历史产物,具有博大精深的中国传统文审美化内涵,展现了中华民族活的文化传统的独特价值,是中华文化发展史上的一大发明。巴蜀审美文化所蕴含的鲜明的民族特色、独特的民族特点和朴实的民族风格,不仅使它成为中华审美文化中一朵奇葩,同时也是中国传统文化的一种符号象征。研究巴蜀审美文化,有利于继承、丰富和传播、振兴中华民族文化,而且可以将它作为西部地区展现中华传统文化的独特窗口,作为对外交往的桥梁和纽带,加强中国人民与世界人民的友谊,使世界人民通过巴蜀审美文化了解中国,了解中国传统文化,了解东方文化,从而使东西方文化达成一种平衡。

---

① 郭沫若:《先乱后治的精神》,见《郭沫若全集》文学编第18卷,第345-347页。
② 谭继和:《巴蜀文化辨思集》,四川人民出版社,2004年版,第67、92页。

第八章

巴蜀文化与审美精神的生成

巴蜀文化是中华民族传统文化中的一株灿烂奇葩。先秦时期,当中原大地上正群雄逐鹿、百家争鸣的时候,偏安一隅的巴山蜀水却显得那样沉静,巴蜀人民的欢笑与喜悦、哀伤与痛苦几乎没有在文学上留下什么痕迹。然而也正是在这个时候,远离中原战场的成都平原正一步步走向繁荣,逐渐发展成真正的"天府之国"。

通常认为,文化有两种现象,一是"物化"现象,即文化方面各种各样的物质产品;一是"人化"现象,即人的精神及其产品。其实,第一种现象也是"人化"现象,因为物质产品都是人创造的,是人的力量的对象化。人创造了文化,文化也创造了人,对文化与人之间的互动以及共生关系的认识与把握,是审视文化价值的一个十分重要的现代视角。最能体现巴蜀文化特点、表现其艰苦创业的"筚路蓝缕",正是这种文化与人的关系的真实写照。巴蜀历经数代国君与国民的奋力开拓,成就了"天府之国"。然其最初,只是夏、周王朝在歧视政策下封于蛮荒之地的一个蕞尔小邦。除蜀山氏外,蚕丛、柏灌、鱼凫等三代蜀王,率领他们的族群在巴山蜀水之间的穷乡僻壤耕垦,过着古朴的生活,创造了灿烂的蜀文化的起点。虽然地区都不同,却通称为"蜀",这个蜀国,曾在商代创造了辉煌的三星堆文明。经过了春秋战国的乱世,在公元前316年巴、蜀两国统一于秦,秦便把巴、蜀两国改成郡,并设立了以巴郡和蜀郡为中心的若干个郡,以巴和蜀作为川地的政治经济中心的地位便延续下来。到隋唐以后巴和蜀不再是地域的名称,但作为地区的代称仍继续使用,今天则成为地域和文化的重要标志。

巴蜀文化的发展与中原文化的交流、互动分不开。同时,巴蜀文化不仅与中原文化交流融合,也在与周邻文化相互渗透、联系、融合中不断发展壮大。唐宋巴蜀天府之藏,经济发达,不仅成为帝王避祸战乱之地,而且各地移民大量入川,骚人墨客云集蜀中,巴蜀文化汇纳百川。在与各地文化发展差异运动与融合中,巴蜀文化不断采撷中原文化精华,孕育了无数贤俊奇才。这之中司马相如无疑是其中一颗耀眼的明星,他像一声惊雷,打破了巴蜀文学沉寂的局面,也震惊了中国文坛。可以说,以司马相如为首的巴蜀文人人格的建构与其艺术精神的建立,既离不开他们对理想和抱负的执着追求,更是中国几千年优秀传统文化,尤其是生于斯养于斯的巴蜀文化孕育和熏陶的结果。应该说,巴蜀文化传统的熏陶是巴蜀文人与文学个性及艺术精神的文化原点。

一、巴蜀地域文化与人文品格

应该说,生成于长江流域的巴蜀文化与中华文化呈一体多元交叉发展,黄河流域和长江流域同为中华民族的摇篮,孕育了中华民族文化的两大元文化——黄河流域的中原文化(邹鲁文化、三晋文化、燕齐文化等)和长江流域的巴蜀文化(上游的巴蜀文化、下游的吴越文化)。建立在粟麦农业基础上的北方中原文化以儒学标榜,儒在钟鼎,注重人与社会的协调,滋生伦理规范和内省模式;建立在水稻农业基础上的南方巫鬼文化——巴蜀文化以道学著称,道在山林,注重人与自然的和谐,崇尚自然、耽于幻想。一方水土养一方人,地域内山川、土壤、气候,大致相同的语言、信仰、习俗、生活方式以至文化心态形成该地域的地理历史文化传统,影响和塑造着这一区域的文学风格,也影响和塑造着文人艺术家的气质人格和美学风格。因此北有孔子儒学及其所编朴实无华的《诗经》,南有屈原及其奇幻瑰丽的《楚辞》,以及司马相如、扬雄侈丽闳衍的大赋,南北交相辉映。

北方朴实的理性光华与南方奇丽的浪漫色彩共同构成中华文化的两大源头。由于中国传统文化的主干——儒学植根于北方,因而中国的政治文化中心多在北方,在长期的南北文化相互影响、渗透融合之中,北方文化占有总体优势。因此,在几千年的历史进程中,巴蜀文化已融汇于中原文化之繁衍大观的儒家文化。但是,中国地域广袤辽阔,无论山川水土自然地理环境还是语言风俗政治经济文化,各地之间的人文环境往往迥异,地域文化特征始终以隐性传承的方式存在。明代屠隆认为:"周风美盛,则《关雎》《大雅》;郑卫风淫,则《桑中》《溱洧》;秦风雄劲,则《车邻》《驷驖》;陈、曹风奢,则《宛丘》《蜉蝣》;燕、赵尚气,则荆、高悲歌;楚人多怨,则屈骚凄愤,斯声以俗移。"(注:屠隆.鸿苞集.卷十八)近代梁启超论及南北文学风格时指出:"燕赵多慷慨悲歌之士,吴楚多放诞纤丽之文,自古然矣,自唐以前,于诗于文于赋,皆南北各为家数。长城饮马,河梁携手,北人之气概也;江南草长,洞庭始波,南人之情怀也。散文之长江大河一泻千里者,北人为优;骈文之镂云刻月善移我情者,南人为优。盖文章根于性灵,其受四周社会之影响特甚焉。"①"古今沿革,有时代性;山川浑厚,有民族性"(黄宾虹《九十杂述》)。"斯声以俗移",地域内的山川、土壤、气候、语言、信仰、习俗、生活方式以至文化心态等,形成了地域特有的历史文化传统,影响和塑造了区域的文学风格,及其作家、艺术家的气质人格与美学风格。

考察巴蜀文学审美精神中国传统文化的联系,不能不认为巴蜀文学审美精神深受长江流域源头巴蜀文化的影响。

天府之国的巴蜀是巴蜀文学及其审美精神生成的土壤。远古时,蜀与楚"从文化上说是同一类型"②。邓廷良《楚裔人巴王蜀说》通过考证提出巴蜀文化源于楚文化③。巴蜀奇丽的山川也酝酿了神话和巫风,在此背景下人们演唱着热烈婉转的歌谣,舞踊着激情迸发的诸神,助长了巴蜀文化的浪漫主义气质。

秦并巴蜀,为巴蜀地区与中原文明的经济文化交流敞开了大门。生活在巴蜀盆地中的先民,吸收中原地区的先进生产技术,修建水利工程,发展生产,使巴蜀地区成为当时全国最为富庶的地方。同时,又保持强烈的地方特色,在特定的地理地貌、水土气候中认识和改造客观世界,其思想意识必然被烙印着所在环境的鲜明印记,他们的生产劳作和生存方式,就正是所形成的意识观念和价值标准的外化和物化。这种物化形态就是"第二自然"。它通过反馈于后代创造者的意识又继续固化、强化着人们的创造特征,并不断地积聚、沉淀、繁衍壮大成为后代巴蜀人的文化生存环境。也就是说,巴蜀盆地独异的客观自然以及在此基础上原始先民创造物化的"第二自然",还有在此基础上形成的风俗习惯、道德意识和思维方式、文学艺术,不断地生成衍化、繁衍传递,逐渐积淀为特定的行为规范和心理模式,成为根植于世代人群内心深处的"集体无意识"。后代子民的行为举止和思维方式,都在意识和无意识中体现着这种思维方式,都在意识和无意识中体现着这种区域文化特征。而相对闭塞的地理阻碍使外界差异文化的入侵和影响减弱,辽阔的疆域和数量极大的人群,又使区域文化有充裕的运行流布的空间,"天府之国"优裕的经济条件也为巴蜀文化的发展繁荣提供着坚实的物质基础,多样的地貌景况和自然风物的缤纷多彩,"天下之山水在蜀"所提供的丰蕴多姿的审美观照物,又冶铸着巴蜀人的审美敏感机能。人类与生俱来的创造和审美天性,就在巴

---

① 梁启超:《饮冰室文集》第四册,云南教育出版社,2001年版。
② 《巴蜀论丛·论巴蜀文化》,四川人民出版社,1982年版。
③ 邓廷良:《楚史论丛·楚裔入巴王蜀》,湖北人民出版社,1984年版。

蜀盆地所提供的得天独厚的诸种优裕条件中得到了尽情发挥。综览中国文学史,每个阶段都活跃着巴蜀精英的创造雄姿,且大多是开一代见气的文坛巨擘。这种鲜明而强烈的规律性特征,都离不开"巴蜀"地域原因,离不开悠久而丰蕴的巴蜀文化的厚实积淀。这些,就是文化创造创作者的人文性格的形成物质客观前提。

二、巴蜀地域审美精神与文化心态

作为一种精神创造活动现象,文学首先呈现为创造者的人文性格特征。汉代,中国文化大一统局面刚刚完全定型,巴蜀处就凭借其大胆冲决的创造进取精神,对辞赋创作特征的准确体认和对大汉声威时代精神的表现,以汉大赋的艺术方式,成为汉代时代精神的艺术代言人。司马相如以后,有扬雄、王褒,这以后,历经魏晋李密,唐之陈子昂、李白、薛涛,五代西蜀花间词人,宋代的"三苏",元明清的虞集、杨慎、李调元,到20世纪的郭沫若、何其芳和20世纪末的"巴蜀新生代诗"群体,莫不因其大胆冲决、反叛、创新和强烈的个性情感表现和体验而积淀为中国文学的范式精品。因此,对司马相如赋作艺术精神的探讨,应首先从巴蜀地域文化心态对其人文性格特征的形成和影响着手。

(一)大胆冲决的创造进取精神与巴、蜀地区喜好标新立异,敢于大胆反叛权威和勇于自作主张,不乏偏激骄狂之心等地域文化心态

以巴蜀第一文学家司马相如为例,司马相如出生于天府之国的四川,荆楚文化和巴蜀文化的渗透融合及故乡历史文化积淀给予司马相如文化品格、精神气质以很大影响。因为文艺审美创作意识觉察的无意渗透和诱导,司马相如从小就具有浪漫主义气质——敏感的艺术型少年感悟和认同巴蜀文化的浪漫色彩。

地域文化是历史范畴,既带有传统的继承性,又具有现实的具体性,特别是受社会历史和现实环境,更主要的是受个人主客观因素的制约。司马相如青少年时代的家族文化背景和早年生活氛围、文化教育及故乡的民俗风情给予了他较多道家文化的影响。

其深层文化心理结构中的巴蜀文化元素因文艺审美创作意识的参与而被激活。司马相如以破坏偶像、崇拜自然、尊重个人、独立自由的精神及以奔放不羁的文化个性反抗专制黑暗,发展"一任自己的冲动在那里奔驰"的叛逆性格和浪漫心性。

传统文化中的道家原本是最富有文学气质的一派,它存在不少消极面,但在

严肃典重的儒家礼乐体制之旁给人们腾出一条开阔新鲜的自由想象之路,赐福于中国文学者甚多。然而,道家与其他传统文化一样,在中国文化、文学由古典向现代转型中遇到了严峻的挑战,其盛衰浮沉取决于本身素质。它所蕴含的自然哲学、人生哲学、社会哲学在现代的重新解读,与西方文化的接触点沟通程度,与人类心性的本质联系,使其在中西文化的冲突中仍具有调适和融合的活性。在新旧嬗变的时代,巴蜀文化的浪漫不羁以炽热的情感鼓励中华民族追求美好理想,同样具有适时性,于多种文化成分融合过程中颇具现代文化不可缺少的因素。以巴蜀文人代表司马相如与李白的文化性格极其文学创作来看,老庄"破坏偶像崇拜自然、尊重个人独立自由"①的精神深刻地影响了司马相如与李白的思想,引发了他们不羁礼法、张扬个性、独抒性灵的浪漫精神,也激发了他们反抗封建藩篱的文化意识。同时,他们亦认同孔子务实的品格和人文精神。他们的作品体现了崇尚自然、独抒性灵、主观外向的特点,洋溢着乐观向上的精神。同时,他们礼赞自然,借自然景色酣畅淋漓地抒写性灵,飞扬凌厉,通过创作来抒发其效法造化的精神。他们自由创造,创造尊严的山岳、宏伟的海洋,创造日月星辰。他们驰骋风云雷电,萃之虽仅限于我一身,放之则可泛滥乎宇宙。

应该说,司马相如和李白的创作与庄子"法无贵真"和"原天地之美"的思想追求一脉相承。其热情奔放、神思飚发、自由不羁、个性张扬等可见其神髓;其纵横的才气、豪放的气势、宏大的气魄又颇得庄周的神韵;而那瑰丽奇幻的抒写受着屈原的浸润。他们的诗作虽接受了多种外来文化的影响,但故乡传统文化的渊源仍显而易见。他们对自然的礼赞与崇尚大自然原始活力的巴蜀文化紧密相通,巴蜀文化元素赋予他们诗歌内在的生命力。他们作品的主要意象:太阳、月亮、树神,都贯穿着巴蜀文化光明崇拜的原型,象征着青春、生命、力量及自由、和谐、宁静,积淀着民族文化的深层结构。

就司马相如而言,对于西汉初的中国文坛和当时整个的赋作领域,他的确是劈空而来的一位天才作家。司马相如之前,巴蜀文坛一片蛮荒景象,虽有所谓"巴渝舞曲"不仅受到汉高祖刘邦的喜爱,后来还被"建安七子"之一的王粲改编成颂体的《俞儿舞歌》,但其实质不过是一种原始歌舞,类似今天某些民族的"锅庄"。而司马相如青年出川,客游梁时,即写下浩荡之文《子虚赋》,令爱好文艺的汉武帝见而慨叹:"朕独不得与此人同时哉!"司马相如受召到长安后,又相继写出《上林赋》《大人赋》《长门赋》等名赋,后代论汉赋,多推司马相如为第一大家。司马相

---

① 杨义:《道德文化和中国现代文学》,载《中国社会科学》,1997年第2期,第148页。

如的出现使巴蜀文学的发展首次震惊世人,司马相如于巴蜀文学,不啻混沌初开时最亮的那颗星。

扬雄的话应该能够代表当时人的看法。他说:"长卿(司马相如字长卿)赋不似从人间来,其神化所至耶?"①并在创作中把司马相如的作品当作典范模仿。在当时的人看来,司马相如作赋是得到了神助。他的赋华美艳丽、汪洋恣肆、气势宏大,后世赋家很少有人能够与之比肩。对于汉赋的美学价值,李泽厚在《美的历程》一书中以他敏锐的眼光,拨云见日地指出:"被后代视为类书、字典,味同嚼蜡的这些皇皇大赋,其特征恰好是(西汉)时代精神的体现。"关于汉大赋的出现,马积高在《赋史》中从文体发展史的角度做了精到的分析:"一种文体在某一时期特别发达,本身发展的规律是一定作用的,同时也要受到其他文体的制约。问答体的文斌在汉代特别发达,首先是因为它在战国末才产生,尚有充分的发展余地,其次则是当时其他文体不能充分满足社会和作者表达思想感情的需要。在汉代,论说文和文学已逐渐分家,史传自司马迁以后,也向着与文学分家的方向在发展。当然,这是指在实践上,在理论上还无此认识。乐府诗人才由民间兴起,文人尚不熟悉。这样,赋自然就成了文人最注意的一种文体。而在赋中,骚体已经得到了较充分的发展,而且它较适合于抒情言志,而不适合于从各人方面去反映帝王生活的气派。只有文赋形式比较自由,无施不可,自然就受到特别的注意了。"②

对汉赋的探讨现在已日趋全面深入,然而对汉赋的代表作家蜀人司马相如,人们却还没有作出与之地位相称的研究。为什么历史把启动汉赋的重任交付这样一位来自"西僻之国,戎狄之长"的西蜀作家来完成,而不交给才学堪与匹敌的贾谊,或东方朔、枚乘、邹阳? 司马相如大赋曾数受批评,甚至被讥为"字林",然而他的大赋却又令后代无法企及,司马相如为汉赋大家也是不争的事实,人们对他的喜爱揭示了什么问题? 对司马相如及其赋的分析总给人隔靴搔痒的感觉,这反而使问题更显神秘和迷离。因而揭开司马相如成功的秘密,对揭示巴蜀文学特征将大有裨益。

1. 放诞风流的个性与张狂不羁的审美精神

司马相如从事辞赋创作的目的既有献赋求仕的意愿,还有"自娱"的要求。这点使他与扬雄不同。他献赋后只不过为博得君王一笑而已,而扬雄并非专门的辞赋家,辞赋只是他晋身和讽谏的工具,他不能像司马相如那样热爱它并从中得到

---

① 葛洪:《西京杂记》卷三,中国文史出版社,1999年版。
② 马积高:《赋史》,上海古籍出版社,1987年版。

愉快和满足。扬雄是要辞赋一定达到讽谏目的,一定要有用处的。然而汉赋的价值其实并不在于讽谏,而在于司马相如所主张的那种"赋家之心,苞括宇宙,总览人物"的盛大气势,在于"一经一纬"所形成的五色生辉宫商弥漫的华丽之美。刘熙载有这样一句话:"司马长卿文虽乏实用,然举止矜贵,扬雄典硕。"①这句话道出了汉赋的美学价值之所在。而扬雄却摒弃美学价值追求实用价值,或通过美学价值来实现实用价值。这是两汉经学家辞曲理论的内在矛盾,扬雄未能脱此窠臼。而在元延三年过后,扬雄反思的结论是通过美学价值不能实现实用价值,"讽乎?讽则已;不已,吾恐不免于劝矣。"②于是扬雄决定放弃汉大赋的写作。《法言》中记载,有人问扬雄对赋的看法,扬雄的回答是"童子雕虫篆刻""壮夫不为也"。他进一步解释道:"诗人之赋丽以则,辞人之赋丽以淫。"对此,二百年后扬雄的一位同宗,以聪明敏捷才思过人出名的扬修曾有过如此评价:"修家子云,老不晓事,强著一书,悔其少作"③。

因此,可以说,在司马相如身上更多地体现了古巴蜀人"精敏、鬼黠"的文化个性。我们知道,虽然蜀地占尽天时,但其地理环境对蜀文化的发达也有一定程度的挟制作用。蜀地呈一盆地状分布,因此它与中原文化的交流甚为困难,故而在文化的发展上稍显闭塞。杜甫《东西两川说》所录云:"近者,交其乡村而已;远者,漂寓诸州县而已。实不离蜀也。大抵只与兼并家力田耳。"或许正是蜀人生活的富足与自然环境的舒适形成了蜀地自得意满的文化心态。

的确,相对中原地区而言,蜀地仍然属于政治文化中心之外的边缘之地,因而在文明尚不发达的蜀中大多数地方,本土之人常表现出一种桀骜不驯的文化心态。且巴蜀地处西南,故而兼有南方文化的绚丽多情和西部文化的雄健坚韧。这些文化心态在司马相如的身上都有突出的体现。由于大一统的国家格局的作用,政治因素带来的中原文化冲击的一次次加强,使得巴蜀地区的文化消化、吸收了中原文化,同时也使得巴蜀文化缘着长江而出,与吴楚文化、中原文化、齐鲁文化交流、融会,构成新的文化特色。

据历史资料记载,秦汉时期巴蜀地区曾有过两次大的人口迁徙。第一次大移民发生在秦灭巴蜀与秦灭六国之后。公元前314年,秦以张若为太守,"移秦民万家实之"④。秦灭六国后,秦始皇又迁六国豪富入蜀,如徙赵国卓氏、齐国程郑等。

---

① 刘熙载:《艺概·赋概》,见《刘熙载文集》,江苏古籍出版社,2000年版。
② 扬雄:《法言·吾子》,见《扬子法言译注》,黑龙江人民出版社,2003年版。
③ 杨修:《答临淄侯笺》,见(清)严可均辑:《全三国文》卷六,商务印书馆,1999年版。
④ 《华阳国志·蜀志》,上海古籍出版社,1984年版。

公元前238年,秦始皇平息嫪毐之乱后,又将其舍人"夺爵迁蜀者四千余家"①。第二次大移民则发生在东汉末年。这样,巴蜀地区与中原之地发生了频繁的人口迁徙和商业交往。显然,这种人口迁徙和商业的交往,使得四川盆地成为一个开放系统,带来了四川盆地与外部物质、能量与信息流的输入和输出。中原文化缘长江而上传入蜀地;蜀地文化也缘长江而出,与中原及各地文化产生融汇。身处西蜀繁华之都的蜀中文人也不例外。当时由成都经乐山缘江而出,水路畅通,往东可达长江入海口。蜀中人多由此路出川,往政治经济文化中心的中原地带去寻求功名,成就一番伟业。从而形成巴蜀地区开放的文化心态。

　　加之巴蜀的远离儒家正统文化权威使儒家理性压力很小,而感情的生长显得十分峻急和赤裸,特别是这种傲情与某种巴蜀作家恃才傲物的叛逆意识一相配合,更加势不可挡,无所顾忌。在众多踌躇满志的出川士人中,司马相如堪称"出川第一人"。他在"走出夔门"强烈愿望的驱使下,进行了一种义无反顾的跨越,开拓了自己的视野,开创了出川的传统,为后世川人在更广阔的天地里闯荡提供了不竭的动力。他一生孤高猖狂,后来虽遭朝廷闲置,也决不与邪俊为伍。他洁身自好,在官场受挫后,经过几度的徘徊和痛苦的思想斗争,怀着对黑暗现实的愤怒,做出了最后的决定:挂冠归里。他以后的川人,如扬雄、陈子昂、李白等这些"奇瑰磊落"的人物,也都是从那块隐藏于西南一隅的神奇土地上走出去的。这些走出四川的学人所取得的成就,在每一个时代都是最顶尖的:司马相如是汉赋写得最好的,扬雄是汉代最为博学多才的作家学者,慷慨高蹈的陈子昂唤醒了唐诗的风骨,李白是唐诗作得最好的两人之一,而另一人晚年也入川了。于是,早在东汉,班固就已在感叹四川"文章冠天下"了。

　　值得注意的是,凡"走出夔门",取得成功的川人,大多呈现出"奇瑰磊落"的文化性格。这应该与他们生长的巴蜀地域环境有关。就司马相如来看,可以说,青少年时在蜀中的任侠生活带给他性格中的率性自然、慷慨仗义,影响了他一生的作为。他热烈向往侠者非同凡响的生活,挥金如土,自由超脱地调笔笑谈。司马相如一生总是自命不凡,雍陶带着一腔豪情壮志出蜀去,到暮年却辞荣归隐,与尘世隔绝了。官场上走一遭后,他更加怀念起蜀中生活的闲适,"自到成都烧酒热,不思身更入长安",对仕途的厌倦使他更加傲然于世。

　　司马相如在离蜀做官之时,留下了较好的名声。西汉鼎盛时期的繁荣气象有包容万邦、海纳百川之宏大气概,而此时的巴蜀虽受上千年中原文明浸润滋养,然

---

① 《史记·秦始皇纪》,中华书局,1965年版。

终因僻居西隅,封闭而又物华天宝,士人多自视雄长、恃才傲物,却又有浓烈的浪漫与几分天真。一旦出蜀溶入主流文化之中,往往以狂放不羁、锐意进取之姿态,特立独行,终落得"木秀于林"的结果,为治国者所难容,仅能在风骚领域流芳百世,在自由人格上为人景仰,在传统文化中成为独放异彩之奇葩。

从另一方面来看,巴蜀盆地的天然屏障,蜀中得天独厚的自然气候和物产条件,以及朝廷所实施的一系列发展农耕、鼓励生产的政策迅速提高了其实力,使当时的巴蜀盆地成为社会稳定安宁、经济繁荣的一方乐土。也就是说,巴蜀盆地那相对稳定安宁的区域环境,相对丰裕的物质经济基础,都为一个新的精神文化创造高潮的出现,准备了良好的前提条件。而"蜀之位坤也,焕为英采必斓","天下之山水在蜀"的美丽自然风貌,色彩缤纷繁花似锦的繁复多样自然美之观照物,又陶冶铸造着巴蜀人的美感心理机制和审美价值诉求,形成着巴蜀文艺美学对形式美偏好的特征。

时代精神的表现需要以及社会环境的稳定和物质经济基础的优越,都为西汉时期司马相如的辞赋创作准备着极好的前提条件,而大盆地中美丽的自然山水等"客观存在"对他审美创造心理意识进行了模塑,而他对华美艳稚和形式精美的区域文化美学的规范导引,决定着一种新的文学创作高潮的格局规模,从而使他以自己的辞赋创作和表现形式特点,以及数量众多的赋作作品,尽情赞美世俗人生享乐的思想内容和对文学创作华丽形式美的大胆建构,为中国文学的发展树立了一种全新的范式,从而成为漫长的中国文学发展史上一株独异的奇葩。

所以说,巴蜀文化的特殊情蕴与中原主流文化的碰撞,加上个人的天纵才情,从而成就了巴蜀人独特的个性。这种独特的地域文化心态,概略地说,就是兼容并包的大家气度,特立高标的独创精神,入世而又超越的人生态度,既深情婉媚又雄浑阔大的艺术境域以及诙诡谐谑、化俗为雅的幽默风趣。

要说明司马相如,必须注意这样一个事实,即巴蜀文化事业在汉代的发展,起于汉景帝末年蜀守文翁在蜀立学。所谓"风雅英伟之士命世挺生"是文翁之后的事。而文翁兴学成都时,司马相如已经从梁国归来,并与临邛巨富卓王孙之女卓文君成婚,也就是说,司马相如个性特征的形成是在文翁大量引入中原文化之后,这使得他在文学上的崛起颇富传奇意味。任何一种文学体裁总是有一个渐渐发展到高峰的过程,然而司马相如一出场便为汉赋树起一座高峰。巴蜀文学的魅力,由此可见一斑。

有人把这归因于司马相如类似于战国纵横家的气质,的确有这一方面的原因。武帝罢黜百家独尊儒术之前,战略余风犹在,凭三寸不烂之舌或生花妙笔轻取富贵是许多士人的梦想。秦始皇焚书坑儒并未能阻断百家思想传播到西蜀这样的地方。秦灭巴蜀,移民万家实之;秦末战乱,人们多有避乱蜀中,他们带来了中国第一个文化高峰期即春秋战国时期的思想文化以及诸子典籍中众多光芒四射的人物形象。司马相如"少时好读书",这些书显然是诸子之书而非仅儒家经典。他学击剑,这也符合一个受战国余风影响、富雄心壮志的士人的特征。他还仰慕被司马迁称赞为"名重泰山,其处智勇,可谓兼之"的赵人蔺相如,因为崇拜他,司马相如才将自己由"犬子"改名为"相如",立志要做一个智勇双全的人。而在后来奉命出使西南以及力劝武帝通西南夷并最终西南夷内服的一系列事件中,司马相如也显露了自己的政治才华。然而这些都不是他的本质特征。在贾谊、邹阳、司马迁等人的身上,战国之风的影响都是很明显的。由于时代的变化,他们都被迫把才情转移到文学上,在东方朔的《答客难》中,我们可以清楚地看到这一痕迹。

当我们把司马相如和贾谊放在一起比较的时候,真相才开始显现。贾谊人称"洛阳才子",非常年轻就受到文帝器重,"召以为之位",21岁就"超迁至太中在夫",文帝甚至还准备让他就"公卿之位"。后来受到老臣们的嫉妒,被调去任长沙王太傅,其政治才华是相当出众的。贾谊论说文和赋也写得非常好,代表作有《过秦论》《论积贮疏》《治安策》及《吊屈原赋》《鵩鸟赋》等。有人将贾谊与屈、宋并提,是有其道理的。在贾谊的赋中,我们看到是严谨的论证、深刻的哲理、旷达的思想、深刻的历史感,看到的是战国末期以来百家思想融汇而成的先秦理性,以及经过与贾谊的才情结合而展现出的光彩与魅力。而在司马相如的赋中,我们看到的是雄浑的气势、华丽的文辞、天马行空般狂放不羁的想象,神话、历史、现实相融无间的文学意象,看到的是感性生命的极大张扬。这显然是两种世界观和审美观的差异,它们源于两种不同的文化土壤。

贾谊生长的洛阳,公元前8世纪就成为东周的都城。洛阳所在的伊、洛地区长期以来是华夏族的文化中心,河南、山西一带,春秋时是列国交争和会盟的主要场所,战国时的兼并战争和外交活动也主要在这里进行。各国发愤图强,是改革较早的地区。故这一地区多法家、纵横家,其文章和说辞气势凌厉,富于雄辩色彩,又生动犀利,颇具文学性。到西汉制礼作乐,处士横议之风减,士人的热情投入维护一个新兴的统一的封建大王朝中。这就形成了贾谊的文风,说理绵密、富有气势、娓娓道来、曲折生动,其忠于国家之良苦用心历历可见。

此外,如果说三代的钟鼎还让人窥见巫术时代的痕迹的话,那么到春秋时经过孔子对"怪力乱神"的扫荡,在《诗经》中人们看到的是雅颂各得其所,看到的是文质彬彬、中庸与克制。通过对神话的历史化，孔子确立了先秦实践理性精神，这在当时是对思想的极大解放，体现了人文主义精神。它和诸侯争霸的形势一起推动了实用文风的发展，这就是散发着理性思辨光芒的诸子散文。这显然是社会的进步。然而进步是有代价的，这就是对审美追求的放弃，对原创力与想象力的扼杀。

到了秦汉，先秦实践理性精神进一步发展为工具理性，诸子对宇宙、自然和人类的热烈探讨已成往事，哲学和理性的任务到此只剩下如何为帝国的存在与统治建立合情合理的理论，以及如何使统治更有效的问题了。董仲舒完成了封建国家的哲学建构；司马迁完成了历史理性的最高成就；而贾谊，则成为这种理性精神在文学上的代表。

而司马相如是不理会这些的。尽管他初次出川时在城门发下"不乘赤车驷马，不过此门"的豪言壮语，尽管他后来奉使通西南夷取得成功，但他并不刻意于功利。他没有东方朔的满腹牢骚和强烈的士不遇感，没有司马迁那种震撼人心的悲剧感，也不像贾谊那样随时随地竭忠尽智为国家出谋划策。他的最高官位是任中郎将出使西南夷。史载他"与卓氏婚，饶于财，故其事宦，未尝肯与公卿国家事，常称疾闲居，不慕官爵"。这就是司马相如。

司马相如是自由而不受约束的。他出生于中等资财的家庭，其家庭大概在西南商业中心成都经营工商业，后来父母为了"犬子"（相如少时名）的前途，他们孤注一掷地将资财全部用来为儿子置办车骑服饰，让他也上长安去做郎官。相如游梁归来，生计无着，只得投奔好友临邛令王吉，演出一场"凤求凰"的"窃资于卓氏"的喜剧。临邛巨富卓王孙，"富至僮千人，田池射猎之乐，拟于人君"，时才貌双全的文君正新寡在家，相如于是和王吉合谋演了一出双簧戏。卓王孙听说县令来了贵客，就设宴相邀，相如故意"谢病不能往"，而王吉在席上则"不敢尝食，自往迎相如"，在几百宾客的引颈盼望中相如姗姗而来，雍容闲雅，风流倜傥，"一座尽倾"。席间王吉捧琴上前，相如奏了一曲《凤求凰》以挑文君之心。文君本慕相如大名，此时从门偷窥，更是心向往之。相如又贿赂文君的侍女，向文君表白心迹，文君"夜亡奔相如，相如乃驰归成都"。到了成都，文君才发现相如"家徒四壁"，后来二人又回到邛，卖掉车骑开了酒店，文君当垆卖酒，相如"身著牧犊鼻裈，与保庸杂作，涤器于市中。"卓王孙羞愤交加，闭门不出，后经人劝说，勉强分给文君"僮百人，钱百万，乃其嫁时衣被财物"，"文君与相如归成都，买田宅，为富人。"

这件事在当时传为美谈，司马迁修《史记》，将它记录在司马相如传中，作为司马相如"鬼黠"的证据。司马相如本人或其他人对此也津津乐道。然而后来有人据此骂他"窃资无操"(《颜氏家训·文章》),简直是历史的误会。其实并非他"无操",而是他根本没有所谓"操守"的概念,他的本性就是"放诞风流"。

他的家庭没有教他节操的观念,他所读之书则教他随机应变抓住一切机会。此时的巴蜀大地,还没有什么文明与礼制的观念能够束缚他思想的自由,反倒哺育了他狂放自在的个性和奇伟的想象力。司马相如当然不是标准的"士",他身上少了一些"士"应有的历史沉重感,然而古今人们对他的认可与喜爱恰恰反映了当时的巴蜀与中原不同的文化特征。

2. 骄狂大胆的个性和标新立异的文化精神

由于大盆地的地理、历史和文化常处"边缘",巴蜀文人身上时常带着巴蜀人文性格特有的骄狂大胆和惯有的标新立异文化精神,为自由天性的正常发展提供坚实的保证。司马相如"大丈夫不坐驷马,不过此桥下"的骄狂大胆性格的形成是崇尚自我表现、张扬个性,强调真情自然流露的"直觉",将文艺视为经作家情感浸润的对世界本质的形象化表现方式,要求以美的体味去透视万物并力求表现自我个性和主观情感。一方面他主张从大自然的郁勃生机和美丽秀色中去汲取灵感,另一方面要求表现"万物之灵长"的人类强悍生命意识。文艺是作家的一种生命存在方式,文艺创造的关键是作家内心冲动的生命意识力度,在于生命活力的激荡程度和对自我本体沉醉、感悟的程度。只有保持"动的精神",才能使文艺创作真正做到"形式上绝端的自由,绝端的自主"。那长短随意、杂错不羁的诗行,悠肆狂浪的口语,恢宏巨制与精致短章等多种诗体的创新实践,有韵与无韵并行不悖的自然,都正是其冲决一切羁绊的创造豪情的呈现方式。还有那浓郁的巴蜀民俗场面和大量巴蜀方言的使用,都使巴蜀文学在强烈的时代内容和鲜明独特的艺术形象中,呈现着浓郁的民族本土化和巴蜀区域文化色彩。

巴蜀文学的人文性格还可以概括为"胆大"。巴蜀区域精神传统对权威的蔑视嘲弄,"未能笃信道德,反以好文讥刺"的文化品格,"巴蛇吞象,三岁而出其骨"的骄狂执着的进取搏击精神,都通过其赋得以体现。

"巴蛇吞象"的神话原型似乎正是巴蜀之士狂傲气度的绝妙隐喻,而这一特性在司马相如身上也获得了极其鲜明的表现。他常常是杂取各家,为我所用,并能将其相融相通之处锻铸成自家之思想,体现了一种兼容并包的大家风范。在政治态度上,他多取儒家积极用世的思想,其澄清天下的自信溢于笔端。有了兼容并包的大家气度,才能有高标特立的独创精神。在文学艺术的各个领域,司马相如都能够兼采前人之所长,随性而施,又能不泥古人,自出新意,表现出"天才"的独创品质。在文艺观上,他既承续了儒家重道致用、寓物托讽的传统,又不胶柱鼓瑟、泥古不化。常能任真率性,凭一己之意气所到,随意取舍。其《天子游猎赋》则写得高下抑扬,极尽龙蛇之变幻,驾空行文,以无为有,唯意所到;气势磅礴,纤徐委备,无不尽集于一身而又随性独衍。真可谓魁伟宏博,气高力雄,特立高标,自成一家。

  司马相如的大赋就是这种兼容并包、特立高标创新精神的集中体现。使人如登高望远,举首高歌,逸怀豪气,浩荡磊落。写情,则深挚婉媚,抒怀,则雄浑豪宕。其疏狂超拔,飘逸潇洒,乐观开朗,通脱豁达,叫人读其赋,慕其风,想见其为人,不由心向往之。或许,司马相如身上最有魅力,也是最为人所称道的,还是他那极率真、极耿介、极执着而又极随缘、极通脱、极放达的独特性格。后来,历代文人的入蜀,除了依赖诸多政治因素(如杜甫为躲避政治动乱,高适、陆游等因宦游而入蜀)的推动外,巴蜀文化的独特魅力,不能说不是一个重要原因。入蜀者带着自身的乡籍文化,浸润于巴蜀式的生存环境中,感受着它丰饶的物产、奇丽的山川、积淀甚厚而又多姿多彩的精神气质以及社会政治的积弊和民众生活的疾苦艰辛。所有这些,在他们的心灵深处,势必造成一次多重文化的相遇、冲撞、激荡和交融,于是,巴蜀文化的深厚积淀激发出来。入蜀文人的精神气质、心灵境域也得到丰富和提升,文学创作风格也常会出现很大变化。唐代陕西人白居易宦游川东,浸淫于川东竹枝词的愁怨凄苦之气,诗风顿显凄怆;五代文人避乱西蜀,锦城的繁华富丽、酣歌曼舞与江南文化的雅致清丽,孕育出了花间派绮丽柔靡的词风。张问陶生于这块土地,长于这块土地,就不能不在无意识中受其熏染。正因此,他才能敢于标新立异,敢于大胆锐利地进取开拓。他力主"性灵",否定因循抄袭,就是对同样力主"性灵"说的当时前辈袁枚,他也能自豪地说:"诗成何必问渊源,放笔刚如所欲言。汉魏晋唐犹不学,谁能有意学随园。"可见在他眼中,无师无法,只有自我的真情实感。不受礼教之缚,只醉心于夫妻恩爱,香仓诗好。最后诗人还表示:只要夫妻同车,哪怕年年月月在路上颠簸,都甘之如饴。这种对夫妻之爱的狂热追求,这种对内心情感的坦率表露,在古诗中是罕见的。

  司马相如的赋作处处表现了大胆反抗叛逆的个性解放精神和强烈的自我表现意识。其赋作"摆脱一切羁绊"的抒情主人公,冲决一切藩篱,并借古老神话所创造的意象表现对礼教的彻底否定和反叛。司马相如的赋作大胆反抗叛逆的精神深深地受着楚文化代表人物庄子"独志"①(《天地篇》)、"独有之人"、"独与天地精神往来"(《天下篇》)、"汪洋姿肆以适己,秕糠皆可为尧舜"及庄子行为所表

---

① 陈鼓应:《庄子今注今译》,中华书局,1984年版。

现的反权威、反偶像崇拜思想的浸润,承传着巴蜀文化不拘礼法、个性张扬的传统,洋溢着强烈的"自我"表现意识。其苞括宇宙、日月、星辰和总揽人物、社会、时机的疯狂的自我扩张和自我实现与屈原《离骚》《问天》淋漓尽致表现"自我"的梦想与追求、身世、遭遇何其相同。屈原的"自我"所表现的意识不是"个体"意识,而是蕴含了极其深切的国家和民族意识。同样,司马相如的"自我"也不仅仅是"小我",不仅仅是一己的个性解放,而是以强烈的"自我"情感抒发蕴含仰观俯察、上下求索、追求光明、渴望新生的情愫,挖掘了深藏于自我心底的内在能量,让受压抑的创作者个性自然伸张,通过自我的能量辐射创造温热、创造新的审美境域。

3. 个性的张扬与豪放、轩昂和超凡脱俗的艺术精神

巴蜀文学具有巨大的气魄、奇幻的意象,充溢着浓烈的张扬的个性,其表现手法承继了楚辞诗人的艺术思维方式,以诗人式的直观想象气质,遨游于神话幻想之中,追忆于历史传说之中。以狂幻的激情,凭虚架危,创造许多奇幻的意象雪朝、光海、霁月、风、雷、电等,颇具时代特征和现代意识。与楚文化奇幻的想象一脉相承,其巨大的气魄、丰富的想象和夸张的手法可溯源于《庄子》浩荡之奇言,瑰丽生动的文风,浩瀚恣肆的文思和广含深蕴的意气;溯源于屈原《离骚》飘风云霓的神奇缥缈;溯源于庄子大胆的夸张、奇丽惊人的幻想、排山倒海的气势,豪放、轩昂和超凡脱俗。如此浓烈的浪漫主义激情无疑是楚巴文化潜质受现代文化意识的导引并使之升华,并其赋作的显现。

物质的富饶使古蜀国在西南地区各部族中具有绝对的优势地位,也造就了蜀人的自负。"周失纲纪,蜀先称王","七国称王,杜宇称帝,号曰望帝。……自以为功德高诸王,乃以褒斜为前门,熊耳、灵关为后户,玉垒、峨眉为城郭,江、潜、绵、洛为池泽,以汶山为畜牧,南中为苑囿。"对于秦国这样一位日渐强大的邻居,蜀人竟轻蔑地称之为"东方牧犊儿"。公元前4世纪蜀国被灭后,秦在蜀地实行强硬的同化政策,镇压蜀人的反抗和对先王怀念,使巴蜀成为秦统一全国的后方基地。后来又采取统一文字度量衡等措施,随着时间的流逝,后代难以再睹古蜀文化的风采。然而物质生活的富饶所造成的自负,却成为一种心理的积淀,成为蜀人的人文特征之一。即使在杜宇开明之后三千多年的今天,我们仍可以在成都平原上处处发现这种心理的影响。这种自负是建立于地理而非文化上的。自负可以使人狭隘,也可以使人自信。"以我为上"的骄狂可产生夜郎自大,却也可能在文学上导致一种狂放的风格。物质的丰富可以使人耽于世俗生活的安乐,却也可以因感性世界的丰富而产生文学风格的富丽。司马相如赋中感性的张扬、"巨丽"的风

格,是有脉络可寻的。

以法术治国的秦国没有也无意对蜀地文化发展做出贡献,实行黄老无为之治的汉朝高祖、文、景也未曾对西蜀提出改造性意见。司马相如就这样无拘无束地生活在这样一片自由而富饶的土地上,一面瞻仰蜀地先祖们留下的遗迹,一面浏览他所能获得的书籍,除了练习击剑外,他还斗鸡走马,观看奇妙无穷的杂技……成都是西南各部族经济、文化的辐辏之地,城市中往来的有川西高原、川南甚至云贵高原上来的各部族,偶尔还会有印度、东南亚的异国商人。当地富人习惯买民族人作僮仆,卓王孙就有许多"滇、僚、賨、僰"的僮仆。世界在司马相如的眼中是神秘的、灵性的、生动的和充满感性的,这给了他无穷无尽的想象空间,发挥于赋中,就出现了这样的文字:"于是乎游戏懈怠,置酒乎昊天之台,张乐乎轇輵之宇,撞千石之钟,立万石之钜;建翠华之旗,树灵鼍之鼓。奏陶唐氏之舞,听葛天氏之歌,千人唱,万人和,山陵为之震动,山谷为之荡波。""岩突洞房,俯杳眇而无见,仰攀橑而扪天,奔星更于闺闼,宛虹拖于楯轩。"这样的意象,在贾谊笔下是不可能出现的。

常璩写作《华阳国志》时,正是意识到古蜀国人文地理对蜀人个性的影响,其在《华阳国志·蜀志》中写道:"其卦作坤,故多斑采文章;其辰值未,故尚滋味;德在少昊,故好辛香;星应舆鬼,故君子精敏,小人鬼黠。"虽有附会之处,但其对蜀地民俗的把握却是非常敏锐的。

蜀人对感性事物的敏锐捕捉,对色彩的感受和喜爱,对万物灵性的认同,一方面极易流于对世俗生活的狂热追求,流于以生活世俗为本质的风尚;另一方面又使蜀文化始终处于边缘地位因而具有对主流文化的冲击力,一旦天才型人物出现,这种冲击力便爆发出来。但是巴蜀文化对巴蜀作家的影响始终以潜意识的方式存在,不经训练和激发,就会始终处于原始状态。感性过度或理智过度,都不足以产生伟大的文学,感情散漫流溢而不以理智整束之,必将流于混乱无序。司马相如出川是非常重要的一步,这是克服自身文化缺陷、吸收其他有益成分、寻找文学创作灵感的重要举措。这一点只需要我们注意到这样一个事实,即司马相如的传世作品都是出川后所作即可明白其重要性。

西蜀虽好,却有其致命的缺陷,除了交通闭塞难以与其他文化交流外,"蜀文明发祥地成都平原规模不大,虽然物产丰富,若供一族一国进入文明社会当然足足有余,而要兼并全区形成大国则底气不足,所以蜀文明相对柔弱,文化辐射力不强。若与秦据关中八百里秦川,楚处江汉四达之国相比较,确有劣势,特别是缺乏经济文化的后续实力。"蜀文化赋予司马相如一种原始的活力和冲击力,然而蜀地的狭隘性和文化的封闭性难以给这种活力以适当释放形式。于是司马相如带着天赋的文学才华和激情来到长安,"会景帝不好辞赋",司马相如无处展其才。正当司马相如进退两难之际,"梁孝王来朝,从游说之士齐人邹阳、淮阴枚乘、吴庄忌夫子之徒,相如见而悦之,因病免,客游梁。"梁国当时是纵横游说之士和文学之士聚集的中心,邹阳、枚乘、庄忌都是当时驰名的辞赋家。能够与大批一流的辞赋家互相切磋砥砺,这对司马相如文学天分的激活、文学技巧的提高无疑是非常重要的。司马相如在梁国,视域大开,更重要的是激发了他的创作灵感,"司马相如得与诸生游士居,数岁,乃著《子虚之赋》"。几年后司马相如被武帝召到长安,他的创作才情在大汉声威的刺激下终于迸发出来,相继写出一系列优秀作品。中外历史多次证明,艺术家创造的才情是与时代精神成正比的。伟大的历史学家司马迁不是也曾受到与司马相如类似的激发吗?

游士经历无疑使司马相如的文学才能和思想水平得到提高。司马相如有着澎湃的创作激情,然而激情若无深厚的感情为后援,则散漫而无可观。古蜀文化特质与游历生涯的结合,使情感与理智的张力达到最适于文学表达的完善境地,司马相如至此才真正成熟起来。

巴蜀地区远离中原而长期处于中央政权和主流统治文化的"边缘"状态,长时期被轻视为"西僻之国",却又因物产丰足、疆域辽阔和人口众多而常居"戎锹之长"地位,其间还常因"扬一益二"的经济优势和"比之齐鲁"的文化繁荣状况而倍增骄狂之态。一方面,因"山高皇帝远"的离心作用与封建中央集权统治及正统文化保持着一定距离,另一方面又由于自给自足、无须外求的经济物产实力而滋生着"夜郎自大"的骄狂意识。在漫长的中国历史进程中,巴蜀地区在各个历史剧变阶段和转折关头总是表现出一种独特状貌,巴蜀民众对之自诩为"世浊则逆,世清则顺"。历代流传的谚谣称"天下未乱蜀先乱,天下已治蜀未治",正是将巴蜀盆地视为一个孕育危机的险境,有史书则干脆直截了当地说:"蜀人好乱,易动难安。"晋代蜀人常璩的《华阳国志》在追溯巴蜀盆地人类历史初期时,就特地强调过巴蜀人文性格的表现特征:"周失纲纪,蜀先称王,七国皆王,蜀先称王,七国皆王,蜀又称帝。是以蚕丛自王,杜宇自帝。"以之说明巴蜀人文精神那喜好标新立异、敢于大胆反叛权威和勇于自作主张、不乏偏激骄狂之态等区域性格表现。应该说,常璩著《华阳国志》的心理动因,正是对秦汉统一中国尤其是思想文化大一统后巴蜀区域文化被遏制的一种忧虑,从而有意识地去整理、重构巴蜀历史文化。正是这种心理动因和"寻根"的价值选择决定了《华阳国志》的内容和文化学价值,之后的《蜀史》《蜀杌梼》《全蜀艺文志》等史学和文学典籍的问世,都是基于作者对自己区域文化的一种自豪和自觉地认同皈依等价值观作用。

(二)对精美形制和艳秾华美的审美追求与巴蜀地区爱好穷形极相的夸饰、铺张扬厉的铺陈和华美艳丽文风的地域文化心态

一年四季的分明,繁复多姿的美景,产生巴蜀文化的气候与地区铸造着巴蜀人的文化心态,由文化习俗遗传因子的影响,世代相传并造就了巴蜀人对美敏感的心理机制,决定了他们的审美诉求与创造特色。"广汉三星堆"出土的青铜立人像基本上符合中国人的身材比例和一般的艺术表现采用的造像量度,体现着对"人"的真实生存状况的关注。但更重要的是除了对人体各部分甚至脚踝的细节雕塑写真外,还突出地使用了彩绘着色技法,在眉毛、眼眶和颧部涂有青黑色,并在眼眶中间画出很大的圆眼珠,口部、鼻孔以至耳上的穿孔则涂抹着朱色,这正显示着巴蜀先民偏爱艳秾色彩和艺术华美的价值标准。这些青铜器和人像绘刻的龙纹、异兽纹、云纹和服饰的阴线纹饰,从其中表现的绚丽多姿的色彩绘涂中,我们不难看到巴蜀文化美学对精美形制和艳秾华美的追求和表现特征。这种美学追求,既是特定存在的产物,与中原"中和之美"和北方"真善"为美迥然不同,同时又在区域风俗习惯中被不断强化和复现着。

秦代蜀中"巴寡妇清"①三代经营朱砂矿而"富敌祖龙",致使一代雄豪如秦始皇也不得不"筑台怀清"进行笼络。按当时的科技水平程度,朱砂矿主要的用途应该是用于印染颜料和化妆品材料,巴寡妇清那宏大的经营规模,实际上正是由巴蜀民众对色彩和颜料的消费规模而决定的。正是巴蜀民众对色彩艳丽华美的消费需求,才有了巴寡妇清那富可敌国的生产盛况。"西蜀丹青"成为秦宫贡品,也说明巴蜀地区在对色彩的研究和颜料生产工艺上达到了领先水平。以汉代漆器生产来看,当时的漆工艺有许多划时代的发明和创造。如西汉初期发明了锥画漆器,西汉中期又在锥画的线条里填金彩,这是后代"戗金"的先声。汉以前虽然有镶嵌漆器,但嵌料多是单一的,西汉出现了"七宝""列宝""杂宝"漆器,即是用许多宝贵材料,杂嵌于一器之上,这是后世"百宝嵌"漆器的始祖。战国晚期刚刚出

---

① 巴寡妇清,生卒于秦惠文王设置巴郡之后到秦朝初期,为当时我国南方著名的大工商业主。今长寿千佛人,中国最早的女企业家,出巨资修长城,为秦始皇陵提供大量水银。晚年被接进宫,封为"贞妇"。据史籍记载,巴寡妇清一家,因擅丹穴之利数世,积聚了数不清的资财。到她掌管经营家业后,更至"僮仆千人"。她曾凭借财力而保一方平安,并对国家修筑万里长城给予过资助,连秦始皇也十分看重她,尊其为"贞妇"。她死后,就埋葬在家乡今千佛寨沟龙寨山。随后,秦始皇又下令在其葬地筑"女怀清台",以资表彰。获此殊荣者,在有秦一代,并不多见。其事迹《史记》《一统志》《括地志》《地舆志》《舆地纪胜》《州府志》等史籍有记载。

现的扣器,在汉代大量流行,并且有金扣、银扣、铜扣等许多品种,风行一时。在战国还处于试制阶段的夹纻胎漆器,汉代不仅大量生产,而且技术和质量有了很大提高,如在麻布外再裱缯帛,或干脆用缯帛制胎。这样,漆器表面更加光洁,造型更加美观。虽然商代就发明了金箔贴花,但只有到汉代,金、银箔贴花才大量流行,并达到相当完美的境界。堆漆是汉代漆器装饰的新创造,它使图像具有浅浮雕的效果。而其时巴蜀地区的漆器生产无论是数量还是质量皆居全国第一,广汉、成都被汉皇室指定为漆器生产基地并设专门机构进行管理,其基本色调为红、黄、黑、棕、绿等浓烈色调,且"花纹精致,色彩斑斓,华而不浮,缛而不艳,轻灵幻美,悦怡心","奇制诡器,胥有所出,非中原墓中所有者"①,因而受到世人广泛喜爱,甚至远销日本、朝鲜等国家。扬雄《蜀都赋》曾极尽繁文丽词地铺叙当时漆器生产的盛况,是"雕镂扣器,百伎千工","百位千品",其生产规模的巨大可见一斑。于此,我们也不难理解司马相如等汉代蜀籍赋家那穷形极相的夸饰、铺张扬厉的铺陈和华美艳丽文风的真正原因了。

《西京杂记》载司马相如论及作赋之法,曾以"含綦组以成文,列锦绣以为质"为喻,强调了文学创作的结构艺术、语言艺术的形式美,这也体现着巴蜀美学意识华美艳秾标准对其创作的直接作用。蜀中,汉代就以"细密黄润"的蜀布行销全国,甚至远至西亚地区。汉扬雄《蜀都赋》云:"筒中黄润,一端数金。"这里所谓的"黄润",就是指黄润细布,是一种纤细的精美麻布,而蜀地是其主要产区。成都一带古来盛产大麻,织品远近驰名,《华阳国志·蜀志十二》载:"江原县(即今四川崇州市)……安汉上、下朱邑出好麻,黄润细布,有羌筒盛。"蜀地盛行蚕桑之事,蜀锦是汉至三国时蜀郡(今四川成都一带)所产特色锦的通称。蜀锦花纹绚丽,丰富多彩,大多以经向彩条为基础起彩,并彩条添花,其图案繁华,织纹精细,配色典雅,富丽堂皇,独具一格,是一种具有民族特色和地域风格的多彩织锦。蜀锦兴起于汉代,早期以多重经丝起花(经锦)为主,唐代以后品种日趋丰富,图案大多是团花、龟甲、格子、莲花、对禽、对兽、翔凤等。西汉时,蜀锦品种、花色甚多,用途很广,行销全国。三国时无论魏王曹操,还是吴王孙权,都喜好蜀锦。如据《后汉书·方术左慈传》记载:"操恐其近即所取,因曰,吾前遣人到蜀买锦,可过敕使者增市二端。"可以说,正由于此,其时蜀国的刘备与诸葛亮都经常以蜀锦作为外交礼物,或者为奖掖之物。如据《三国志·吴志·孙权传》注引吴历云:"蜀致马二百匹,锦千端,及方物。"《三国志·蜀志·先主传》注引典略云:"备遣军谋掾韩冉赍

---

① 商承祚:《楚漆器集·考释》,载《文物》,1993年11期。

书吊,并贡锦布。"《全三国文》卷六十六载《张温表》云:"刘禅送臣温熟锦五端。"《太平御览》引《诸葛亮集》云:"今民贫国虚,决敌之资唯仰锦耳。"曹丕《与群臣论蜀锦书》云:"前后每得蜀锦,殊不相比,适可诉,而鲜卑尚复不喜也。"①应该说,正是蜀锦的美艳,致使曹丕感叹不已。左思在《蜀郡赋》中描写当时成都丝织业之盛云:"百室离房,机杼相和,贝锦斐成,濯色江波,黄润比筒,籝金所过。"到唐代,蜀锦更是以细腻艳丽而受人喜爱。杜甫《白丝行》诗云:"缲丝须长不须白,越罗蜀锦金粟尺。"再次显现出蜀人对蜀锦美的高度诉求。在此背景下出现的晚唐花间词群体以及其表现的艳秾华美文风,可谓极为自然。即使是"忧患苍生"的杜甫,入蜀之后也入乡随俗,被俗习、俗风所熏染,而诗风大变,其蜀地诗风的形成和诗艺的精美化,离不开巴蜀文化的陶染与习染。

  作家的创作是一种最具有个人化的创造性的精神劳动,具有独创性、新颖性是优秀的文艺作品的一个重要标志。文学的独创性无不是根植于深厚的民族生活的沃土,从而成为弘扬民族精神与时代精神最美丽的花朵。从以上物化形态的蜀地青铜器、漆器、蜀布、蜀锦等器物中不难发现创造者的审美尺度特征的地域文化积淀,因为就生产和消费的关系而言,"没有需要,就没有生产。而消费则把需要再生产出来"②,正是由于普遍而强烈的审美消费需要,才有对精致华美艳秾形式美的生产和规模的扩大。绵竹、梁平年画以艳丽色彩而行销各地,也正说明了这种区域审美价值标准的广泛性和深入性。在文艺美学意识达到自觉的20世纪,郭沫若对"文艺的全与美"的强调和"为艺术而艺术"的追求,何其芳创作思维中浮现的那些"色彩、图案、艳丽"意象,都是这种根深蒂固的地域美学积淀的有意识或无意识的复现。因为"人们自己创造自己的历史,但是他们并不是随心所欲地创造,并不是在他们自己选择定的条件下创造,而是在直接碰到的、既定的、从过去随继下来的条件下创造的"。此外,司马相如"临邛窃妻"的敢作敢为和"当垆"的现世生活态度,李白诗中关于酒、女人、仙道的颂赞,苏轼对山间明月、江上清风"耳得之为声,目遇成色"的自慰方式和对"东坡肘子"世俗生活内容的精研,以及"天地万物,嬉笑怒骂,无不鼓舞笔端"的自由审美创作方式,都体现着一种注重生命存在的现世人生观态度和执着于自我个性自由的坦直真诚。被誉为"天地人间千古之至情文字"的李密在《陈情表》中流露的,则是尘世的苦辛远胜于庙堂宫阙纷争的世俗情感。可以说,巴蜀文人常在文学领域驰骋才华,关键原因正在

---

① (清)严可均辑:《全三国文》卷六,商务印书馆,1999年版。
② 马克思恩格斯:《马克思恩格斯全集》第2卷,人民出版社,1995年版,第9页。

于区域文化熏染形成的巴蜀人文性格。

  总之,巴蜀文学是在一个特定的区域空间中发生、运行和繁荣壮大的,上古神话传说、原始歌谣及先民之诗,既是巴蜀盆地特定气候、自然地理地貌和物产条件等客观存在的结果,又是影响、制约、规范、导引后来巴蜀文学发展运行的种种特征的一种"集体无意识"。存在决定着意识及意识的物化形态——反映的内容和形式,而"反映"的物化就是后代人面临的一种新"存在"——第二自然。如此循环往复就构成一种文化氛围。而大盆地的四周阻隔又使这种文化氛围自成体系地运行流布,并通过作用影响一代代作家而愈益深化,使巴蜀文学的区域特征愈益明显。例如从唐代蜀中"杂剧"到清代"川剧"的发展历程,即是典型体现。物产的丰裕使巴蜀文化文学发展有着优越的经济基础,使巴蜀人士有充裕的条件去冶铸青铜器物和精雕细刻地创造出漆器、蜀锦等形式精美、色彩艳秾的文化艺术品,这些又与蜀中美丽多姿繁复多样的山水花草景观,共同冶铸着巴蜀文人的审美心理机制,养成巴蜀文人对文学形式美偏爱和艺术性审美价值诉求特色。位居西南隅却经济实力雄厚的自然地理条件,使巴蜀人虽远离北方中原政治文化中心却不甘心常居"边缘"地位,他们总是寻找机会去大展才华,以大胆的冲决、创造的豪气常常成为中国文学的一代霸主。这种区域人文性格正是巴蜀作家层出不穷且彪炳一代的内在原因。同时也正是基于这种区域文化性格,巴蜀文人才常在历史剧变、文化转型和文学变革转折阶段奔突而出,成为一时俊杰,甚至开创一代新风。优秀的文学艺术作品是时代精神的缩影和升华。

  的确,文学艺术只有与时代同步伐,踏准时代前进的鼓点,回应时代风云的激荡,领会时代精神的本质,文艺才具有蓬勃的生命力,才能产生巨大的感召力。

三、巴蜀文学成就与文化气息

  正如许多学者所指出,汉文化(尤其是西汉文化)准确地说应称为楚汉文化,"汉起于楚,刘邦、项羽的基本队伍和核心成员大都来自楚国地区。项羽被围,'四面皆楚歌';刘邦衣锦还乡唱《大风》;西汉宫廷中始终是楚声作主导,都说明了这一点。楚汉文化一脉相承,在内容和形式上都有其明显的继承性和连续性,而不同于先秦北国,楚汉浪漫主义是继先秦理性精神之后,并与它相辅相成的中国古代又一伟大艺术传统。它是主宰两汉艺术的美学思潮,不了解这一关键,很难真正阐明两汉艺术的根本特征。"

但是人们往往有意无意地忽略这一关键。在西汉文化中，各个部分的发展风貌是有差异的，儒家学者强调某一部分而忽略另一部分是想为儒家思想在文艺领域的统治地位找到理由；而在潜意识中，将两汉文化风格归于三代的古拙也比归于南楚的华丽更易于为西汉的正统地位找到合理性的根据。于是人们很容易地就将汉代艺术，如乐府诗、画像石、雕塑等的特点归之于质朴、古拙，也很容易就与三代礼乐文化中的"庙堂之音雅而不艳，一唱三叹"的美学特点联系起来，也很容易与《诗经》简洁隽永的风格联系起来。然而他们都漠视了这样的事实，即上述汉代艺术中传达的对生命的强烈热爱与礼赞，不仅是后代难有嗣响，即使在三代钟鼎文化中也是找不到的。生命力的张扬在画像石这种充分发展了的汉代艺术中可以清楚地看到，其奥秘即在于力量、运动和速度。"这里统统没有细节，没有修饰，没有个性表达，也没有主观抒情。相反，突出的是高度夸张的形体姿态，是手舞足蹈的大动作，是异常单纯简洁的整体形象。这是一种粗线条粗轮廓的图景形象，然而，整个汉代艺术生命也就在这里。就在这不事细节修饰的夸张姿态和大型动作中，就在这种粗轮廓的整体形象的飞扬流动中，表现出力量、运动、速度以及由之而形成的'气势'的美。""尽管在政治、经济、法律等制度方面，'汉承秦制'，刘汉王朝基本上是承袭了秦汉体制，但是，在意识形态的某些方面，又特别是在文学艺术领域，汉却依然保持了南楚故地的乡土本色。"①

一个蓬勃向上的强盛王朝与富有活力的楚文化的结合，造就了这样生动活泼的画像艺术。它对生命的热爱和探索与新王朝对世界的探索和开拓是一致的。

但是与文学艺术的这种生气勃勃相对应的却是学术和思想上的自我收缩，先秦理性精神走到汉代已变得非常狭窄，对宇宙和命运的哲学探讨没有了，文字学、训诂学将思想分割得支离破碎，经学中处处是简单的比附，哲学降而成董仲舒的"天人合一"。新制度建立起来了，战乱终于结束，人们充满了热情，急切地要使这制度天长地久。汉代是行政效率最高的朝代，人们的努力是有效的。然而理性却萎缩了，诗歌也萎缩了、衰落了，文学的意义只是"讽谏"。在贾谊的作品中，闪耀着冷静的睿智的光辉，是先秦理性精神最后最亮的光焰。然而即便如此，其实用性也大大超过审美性。但是在生活中，以刘邦为首的西汉帝王们是无意以实践理性作为文艺的指导精神的，在实践上人们对司马相如的宠爱有加、群起仿效也说明了这点。

古蜀文化与楚文化有许多共通之处，这些共通之处使汉武帝对相如赋喜爱不

---

① 李泽厚：《美的历程》，文物出版社，1981年版，第68页。

已。二者的相通之外可从考古学上得到证明。先秦时期,秦国与楚国都与蜀毗邻,然而文化上相亲近的却是蜀楚而不是蜀秦。在川西地区发现的考古学资料上找不到秦文化因素。秦文化质朴无华,因而对蜀人来说秦文化并不具有很大的吸引力,可是在战国时代的蜀国文化上很容易找到楚文化要素,可以看出,楚文化对蜀文化影响多么深。为了装饰祭祀体系以维持统治权,蜀国不得不积极吸收楚国的华丽先进文化。楚骚的华丽瑰玮与司马相如的文辞的华丽和风格的扬厉在此有了共同的基础。

汉武帝才智过人,性格刚强,喜爱一切美好的东西:美女、珍宝、好马、土地及文艺。他精力充沛,头脑精敏,他任用儒学和儒生来保持社稷永存,但他决不让这些人来限制他的欲望。对于文艺他有敏锐的直觉并能使之朝着自己喜欢的方向发展。治国,是作为皇帝的职责;文学,则属个人的爱好。西汉建立才几十年,楚文化还未完全消溶于儒家正统文化中,楚人那种强劲的生命力与热爱生活的个性还留在他的血液里。汉武帝并不是儒家理想的圣贤式君王,而是个性色彩非常浓烈的皇帝,是楚汉文化熏陶出来的。蜀、楚文化相通之处使他与相如作品相见恨晚达到如此强烈的程度:"朕独不得与此人同时哉!"①

还有一个条件是不容忽视的,这就是长安文化环境的特殊性。夏商周的统治中心都在河南、山西一带,长安所在的关中在先秦一直处于文化的边缘地区。秦国定都咸阳,秦文化却一直被视为落后的戎狄文化。商鞅变法直至秦朝灭亡,实行法家政治的秦统治者基本上没有在这一地区采取积极的文化措施,这是秦国一直被中原各国贬斥的原因之一,也是秦朝的历史作用一直在奉儒家思想为正统的封建王朝以及众多思想家那里得不到恰当评价的原因之一。汉朝立国至武帝的六七十年间,黄老无为政治,统治者忙于休养生息,作为藩国的吴、梁、淮南等国反倒成为文士辐辏之地,文化活动异常活跃。武帝即位后,急欲改变这一面貌,既出于政治统治的需要,也出于个人生活的需要。长安的文化特征加上楚汉文化与蜀文化的趋同性,使司马相如受武帝召到长安时受到热烈欢迎,而要让司马相如在齐鲁受如此待遇是无法想象的事。这就是后来儒家思想渐居主导地位后,司马相如大受缙绅夫子批评指斥的原因之一。然而在整个西汉,批评司马相如的情况基本没有出现,相如赋一直受到人们的欢迎,受到人们的模仿。一直到西汉末,扬雄还因仰慕相如,作赋"常拟之以为式",却又每每自叹弗如,除了时代的变化,更有个性气质和文化环境的差异。

---

① 《汉书·司马相如传》,中华书局,1985年版。

总之,巴蜀审美文化及其审美精神和审美取向与故乡历史文化传统有着浓厚的联系,荆楚—巴蜀文化赋予了巴蜀士人浪漫主义的文化特质,并显现于创作和审美取向。诚然,作家的文化个性、思想特质和审美取向的形成是复杂的过程,受着多方面的文化影响。如果过分强调外来文化影响,忽视传统文化的继承性和保持自身文化的民族性、地域性则有失偏颇;反之,也不能夸大传统文化的影响。

四、巴蜀文学审美精神对地域文化的影响

司马相如为西汉文学的发展开辟了新的境域,也为巴蜀文学开启了新窗。司马相如之后,与巴蜀的开发和经济的发展相伴随的是文化的进步。景帝时文翁任蜀守,在成都"立文学精舍、讲堂,作石室,一作玉室,在城南"。文翁选吏民子弟入学,优异者被选送到京城长安深造,并向中央推荐人才,一时之间,"学徒鳞萃,蜀学比于齐鲁"。被文翁推荐到长安受业的张叔后来官至侍中、扬州刺史。许多巴蜀子弟即通过这一途径跻身上流社会,还有些如何武等还进一步使名节事迹史册。巴蜀、汉中由此学风大变。此前巴蜀虽然"世平道治,民物阜康",然而"学校陵夷,俗好文刻",此后巴蜀在意识形态上向主流文化一步步靠近。

西汉赋家,以司马相如、王褒、扬雄为代表,西汉大赋的风格是巴蜀文化特色与大汉声威相结合而成的。而随着巴蜀文化与主流文化逐渐由"小同大异"转为"大同小异",在三个赋家身上也有一个主流文化影响逐渐加深、区域特色逐渐减弱的过程。司马相如可以说是古蜀文化熏陶浸染出来的,而王褒是文翁及其后继者培养出来的,扬雄则是在百家合流的大趋势和独尊儒术的时代潮流共同影响下形成的,在他身上闪耀着秦汉朴素辩证思想、儒家及黄龙思想的光辉,区域特色却不甚明显了。三位文学家都是生长于蜀地,然后成名于京城,后半生皆在京城度过。除王褒病死于出使途中外,相如、扬雄皆卒于长安。

巴蜀文学审美精神首先显示为一种大胆创造,勇于开拓和艺术上自成一格的胆识。

中国传统美学的这种厚德载物、中和圆融的民族特色在司马相如赋作的美学思想中有充分的显现。司马相如是蜀中地域文化的典型体现,是中国传统文化中文人理想人格的典型体现,是中国传统文化中文人理想人格的表征。他胸襟博大,可以"苞括宇宙,总览人物";他"自摅妙才"、聪明敏锐而又豪放旷达,重灵感、富才气,随意挥洒;崇自然、爱生活、以俗为雅;既执着耿介、坦率直爽,又随缘自

适、处逆若顺;其幽默风趣每每令人解颐开怀,其正气凛然又常使人羞赧汗下。他大胆创造,勇于开拓,自成一格。

在政治思想方面,司马相如先于董仲舒提出以儒学为治国理论,以儒家圣人为效仿的榜样。董仲舒于公元前134年(武帝元光元年)建议武帝推行仁政德教、追蹑儒家圣人。据《汉书·武帝纪》记载,他在《举贤良对策》里提出"任德教而不任刑""以教化为大务","立大学""设庠序",修"五常之道","亲耕藉田",求养"贤士",以获致"三王之盛"和"尧舜之名"①。(卷五六)这些政治主张是回答武帝"何行而可以章先帝之洪业休德,上参尧舜,下配三王"等问题的。(卷六)而武帝所以提出上述问题,还是受了司马相如的启发。约在公元前136年(武帝建元五年),武帝读《子虚赋》而善之,以不遇其作者为憾事。及至招来司马相如,"给笔札"又为作天子游猎之赋(疑即《上林赋》)之后,竟使"天子大说"。从该赋结尾两段文字"天子芒然而思……恐后世靡丽,遂往而不返,非所以为继嗣创业垂统也。于是乃解酒罢猎,而命有司曰:'地可垦辟,悉为农郊,以赡氓隶,墙填堑,使山泽之民得至焉。实陂池而勿禁,虚宫馆而勿仞。发仓廪以救贫穷,补不足,恤鳏寡,存孤独。出德号,省刑罚,改制度,易服色,革正朔,与天下为更始。'于是历吉日以斋戒……游于六艺之囿,驰骛乎仁义之涂,览观《春秋》之林,射《狸首》,兼《驺虞》……修容乎《礼》园,翱翔乎《书》圃,述《易》道,放怪兽,登明堂,坐清庙……天下大说,乡风而听,随流而化,卉然兴道而迁义,刑错而不用,德隆于三皇,功羡于五帝"来看,在这里,司马相如以辞赋特有的讽喻手法提出许多政治建议,其要点不过是反对帝王奢侈靡丽,要求最高统治者注重创业垂统,通过关心民瘼,推行德政,讲修"六艺",张扬仁义,达到古代圣王(三皇五帝)的至治之境。也即他在《难蜀父老》中提出的"创道德之涂,垂仁义之统""上登三,下咸五"的政治理想。其后董仲舒所建言者,率不出此范围。可见司马相如实为推动汉皇实行仁政德教、以儒学教义治理国家、追蹑儒家先圣的首倡者和第一个成功的建言者。这导致自孔子张扬仁、礼而不被诸侯接纳,孟子倡说"王道""仁政"而屡被敷衍以来,儒家政教理论第一次付诸实践。它对封建社会的历史发展和政治思想的演变产生了十分深刻的影响。

在学术思想方面,司马相如对汉代尊崇儒术有奠基之功。尊崇儒术是古代学术思想史上一项十分重大的举措,它不仅为当代,而且为其后许多朝代提供了系统而有效的思想理论,成为长时期内的统治思想。一般认为,其倡始者是董仲舒。

---

① 《汉书·武帝纪》,中华书局,1985年版。

但是,认真细致地研究汉代的思想史料,会发现,在董仲舒于元光元年(前134)倡言尊崇儒术之前数年,司马相如在《子虚》《上林》二赋里表述的同一思想已使汉武帝受到很大的震动和启发。在此,还可以通过《汉书·武帝纪》看董氏的思想:"春秋大一统者,天地之常经,古今之通谊也……臣愚以为,诸不在'六艺'之科,孔子之术者,皆绝其道,勿使并进。邪辟之说灭息,然后统纪可一而法度可明,民知所从矣。"(卷五六)所谓"大一统",本自《春秋公羊传》,该传隐公元年注曰:"统者,始也。"谓"王者始受命改制,布政施教"。《礼记·坊记》曰,大一统即"从一治之",其"一",盖一尊之王也。董氏引《公羊传》的受命改制思想,颂扬汉王朝的一统天下。而此种思想司马相如在《上林赋》里已有表述:"改制度,易服色,革正朔,与天下为更始。"《上林赋》所述"游于六艺之囿,驰骛乎仁义之涂,览观《春秋》之林"的思想,与董氏倡扬"六艺"又特重《春秋》完全一致并早于后者。但是,司马相如不像董氏那样要求禁绝儒学之外的各派"邪说",而是要求吸收各学派思想中有利于中央集权的"略术",用以丰富和改造先秦儒学,有矫正董氏偏激之长。他的要汉家成就第七部经典,以与"六艺"并列的论说(俱见《封禅文》),也与董仲舒一样特重《春秋》,此说虽不一定早于董氏,但同属一个思想体系。因此,尊崇儒术的始作俑者不是董仲舒,而是司马相如。他以别人鲜有的政治敏感体察到了社会形势的变化,把汉初的尊奉黄老扭转到尊奉儒术的轨道上。之后,董仲舒又将这种思想与春秋公羊学结合起来,使之系统化、理论化。司马相如以儒学治国的思想散见于其所著《子虚》《上林》《吊秦二世》等赋和《难蜀父老》《封禅文》等文中;主要观点是:以《诗》《书》《易》《春秋》等经典为思想蓝本,以儒者为贤才,实现治国方略;以仁义谨孝为伦理准则,注重道德名义,用以教化民众、淳化世风;以秦二世为借鉴,禁荒淫、薄赋敛,取得民心;以理想化的古代君王为榜样,实现"登三咸五","继嗣传业垂统";以汉代的经济、军事实力为依托,实现"兼容并包""参天贰地",建立空前强大的统一国家。另外,作为春秋公羊学思想核心的天人感应,也在司马相如先后于董氏而发的著作里有所表述,因而董氏并不是此种思想在汉代的唯一开发者。司马相如的《封禅文》大肆铺陈武帝时代的种种"符瑞",如"一茎六穗"之谷、灵龟黄龙之兽等,并特作"颂诗"三首,作为"天人之际已交"的证据。他并联系阴阳五行之学,鼓吹和敦促汉皇封禅,张大儒学经典作为统治理论的崇高价值,对汉代经学的形成和立博士、设弟子员等文化制度的创设起了重大的推动作用。

在文学方面,司马相如是汉代代表文学———汉大赋的卓越奠基人。汉大赋那种光扬大汉精神,歌颂先进历史力量、进步事业和杰出人物功业的鸿文格局;以委婉谏诤的方法表述政见,影响政治决策的讽谕方法;以儒家思想为创作灵魂,为完善封建政教而服务的创作思想;全方位铺陈、极尽夸张渲染能事,从而表现恢宏气势、博大视野的叙写方法;以及写景状物渲染环境气氛,表现主人公情绪的抒情手法等,主要是司马相如在其《子虚》《上林》《长门》等赋作里创造出来的。自后,汉代的主要赋家如扬雄、班固、张衡等,皆以司马相如及其文章规模格局为范式,形成了汉代文学特有的风貌。因而,说司马相如是有汉一代文学风气的开创者,毫不过分。

在美学思想方面,司马相如是汉代主流美学思想———"巨丽"之美的首倡者,也是"楚汉浪漫精神"的重要体现者,对汉文化审美自觉的形成有不可低估的重大贡献。"巨丽"一词,首见于《上林赋》,指汉代皇家大宫观、大功烈、大苑囿、大铺张、大气魄、大格局之类恢宏博大、无与伦比的雄阔富丽之美。它是处于上升阶段的中国封建社会地主阶级代表人物所创设、矜伐的一种审美理想和审美标准,盛行于西汉中朝至东汉中期。它丰富了中国古代的美学内容。"楚汉浪漫精神"是李泽厚在《美的历程》里归纳的一种时代文化———审美形态,在楚辞和汉赋里有充分的表现,司马相如的赋作即充分体现了这种精神,故鲁迅先生评司马相如曰:"广博宏丽,卓绝汉代。"

第九章

巴蜀文学审美精神显现的形态

巴蜀文化不仅与中原文化交流融合,也在与周邻文化相互渗透、联系、融合中发展壮大。唐宋巴蜀天府之藏,经济发达,不仅成为帝王避祸战乱之地,而且各地移民大量入川,骚人墨客云集蜀中,巴蜀文化汇纳百川,与各地文化交流融合。至明末清初,"湖广填四川"带来了巴楚人口与文化的大融合。因此,应该说,"巴蜀文化发展的历史,在一定程度上可以视为巴蜀地区的各族先民以不屈不挠的精神与封闭型的地理条件进行顽强斗争并取得胜利的历史,可以视为巴蜀本地的先民以开放的姿态不断迎接与融合外来人群与外来文化并取得成就的历史",巴蜀文化海纳百川,诸子百家的思想在这里都能找到它生存的土壤。"青城天下幽,峨眉天下秀",青城山是道教的圣地,峨眉山是佛教的圣地,传统的儒家与道家、佛家等结合起来,杂糅在一起,促使巴蜀文化审美精神呈现出多种多样的特色。

一、开放、包容的美学精神

巴蜀审美文化突出地呈现出一种开放、包容的审美精神。巴蜀审美文化属于兼容并蓄的多元文化,具有强烈的开放性和包容性。在古代有中原文化、秦陇文化、氐羌文化、滇黔夜郎文化在这里交汇,到近现代则有各种移民文化在这里汇集,融合为各个时期的巴蜀文化。巴蜀审美文化是中国民族文化的大熔炉,在这里整个中华民族融合无间,使社会文化获得综合的向上发展。

首先,从地域特色来看,巴蜀之地"为一完美之盆地","冬季寒风不易侵入,故水绿山青,气候特为和暖"。巴蜀又是富饶的天府之国,有平原、高原、丘陵、山地、草地等地理景观及不可胜数的物产资源,形成巴蜀人多斑采文章,尚滋味,好辛香,君子精敏,小人鬼黠,多悍勇等地域心态。其中"尚滋味""好辛香"属饮食审美文化,"多斑采文章"则属于文艺审美创作。蜀地山川雄伟,名山大川的风光和壮阔的气势,使巴蜀风情具有瑰丽色彩和奇幻想象。自古文人皆入蜀,且入蜀后诗风为之一变。"蜀山去国三千时里",环绕的奇山峻岭阻隔了封建的正统文化,使巴蜀人的个性自由不羁,从司马相如到陈子昂、从李白到苏轼等皆具相同的文化气质——放浪形骸、不拘礼法、崇尚自然、张扬个性、独抒性灵及瑰丽文采、奇幻想象等,巴蜀地域化的楚文化特征颇有"自然界的结构留在民族精神上的印记"。但巴蜀文化自古又保持与中原文化发展的差异运动和认同、互动,并由此形成巴蜀文化"通经学古"的传统,造成巴蜀审美文化开放性、包容性审美精神的蕴藉与呈现,并作用于巴蜀文人逐异好奇的个性及巴蜀人的奇特、虚幻性审美心态。

其次,这种包容性还体现在所表现的意旨和熔铸的意象弘大而广泛。大赋篇幅弘大,可以容纳的内容无疑也就多而广。作为战国末期才形成的一种新的文学样式,在司马相如之前,赋作的审美包容性还非常有限。我们今天所能看到的当时的作品,只有荀子的《赋篇》,宋玉的《风赋》《高唐赋》《神女赋》《登徒子好色赋》,以及贾谊的《鹏鸟赋》《吊屈原赋》《旱云赋》《虡赋》等十余篇,分别被后人归入"美丽""览古""鸟兽""天象""音乐"五类①,其中还包括有可能是后人伪托的那些作品。到了司马相如生活的景、武时期,辞赋创作的题材内容与范围大大地扩展了。据不完全统计,这一时期共有13位作家的23篇作品传世。除了司马相如的赋作之外,它们是:邹阳的《几赋》《酒赋》(均见《西京杂记》),孔臧的《谏格虎赋》《杨柳赋》《鸮赋》《蓼虫赋》(均见《孔丛子》),羊胜的《屏风赋》(见《古文苑》),公孙诡的《文鹿园》(见《西京杂记》),枚乘的《七发》(见《文选》)、《柳赋》(见《西京杂记》)、《梁王免园赋》(见《古文苑》),公孙乘的《月赋》(同上),路乔加的《鹤赋》(同上),董仲舒的《士不遇赋》(见《艺文类聚》),刘安的《屏风赋》(同上),刘胜的《文木赋》(见《古文苑》),刘彻的《悼李夫人赋》(见《汉书·外戚传》)和司马迁的《悲士不遇赋》(见《艺文类聚》)。这些作品的题材类型在原有五类的基础上一下子增加了"器用""饮食""草木""鳞虫""室宇""言志""旷达""狩"八类,其绝对数已与南朝萧统编《文选》以题材分历收赋为十五类相差无几。

据《汉书·艺文志》载,司马相如有赋29篇。今仅存《子虚上林赋》(《文选》分为2篇,前人已多辨其非)、《哀二世赋》《大人赋》(以上见《〈史记〉本传》)、《长门赋》(见《文选》)和《美人赋》(见《古文苑》)五篇。题材分属"蒐狩""览古""旷达""美丽"四类,其中"蒐狩"与"旷达"为其首创。随着艺术观念的不断开拓,艺术创作的题材内容与范围也在不断扩大。另外有目可考的尚有《梨赋》(《文选·

---

① 曹明纲:《司马相如对辞赋创作的贡献》,载《社会科学战线》,1987年第3期。

魏郡赋》注引)、《鱼葅赋》(《北堂书钞》引)和《梓桐山赋》(《玉篇·石郭》言及)三篇。这样司马相如赋作所涉及的审美内容与范围从表面来看,已占了当时总数的一半以上。从作品的实际描述来看,司马相如的巨作《子虚上林赋》几乎包括了当时甚至以后辞赋创作的大多数常见审美内容与范围。它除了主要表现诸侯和天子的游猎活动外,还对地貌山川、草木鸟兽、宫馆苑囿和音乐舞蹈等做了广泛的描写。这些内容有的已是当时辞赋创作的流行表达内容与范围,如草木、鸟兽等;有的则在后代逐步发展成独立的审美表现类型,如宫馆、舞蹈等。因此可以毫不夸张地说,司马相如辞赋创作的审美内容与范围几乎囊括了当时所有作家所涉猎的内容。正是司马相如的这种卓越的创作实践,才使辞赋发展的第一个高潮在武帝时即呈现出令人眩目的绚丽色彩。

再次,大赋以其叠床架屋,或称作"堆砌"的特有的结构形式以显示其叙述对象的巨大、宏伟。《子虚赋》描绘楚云梦泽中的一座"小山",整段文字是由上下四方各方面的内容陈列、架构而成的。它像是一座由大小不太相等的石头砌成的高大城墙,又像是一幢由各种不怎么规整的区域黏合在一起的大楼,粗犷而雄伟。它是一个整体,但不是由一块巨石或一大区域构成的一个整体。在石块与石块之间,在区域与区域之间,"其""则""则有",就是连接石与石、板与板的泥线;而在一个大段与一个大段之间,常用的连词则有"于是""若乃""且夫""于是乎"等。我们看到的这座山是立体的山,是从不同角度观赏到的山。这座山不仅高峻得蔽日亏月,而且幅员辽阔,"缘以大江,限于巫山",更有丰富的物产:各种林木花草,奇禽异兽。这样,就给读者一个强烈深刻的印象,这座山是高峻的大山。司马相如借子虚之口说它是云梦泽中的"小山",那么,云梦泽的大山更不知如何雄峻了。而云梦泽不过是楚国七泽中"特其小小者",更见楚国苑囿的广大。

从整体结构看,汉大赋不免显得粗犷朴拙,但从架构它的每一块"石头"和"区域"看,又无不纹理斐然。应该说,他的赋作描写"丽"的特征十分突出。所以批评它的人往往说"丽"得太过——侈丽、靡丽、淫丽;赞成它的人却说"丽"得很好,由于"丽",从而表现出一种娱乐性和抒情性,足以娱人耳目。即如汉宣帝所说:"辞赋大者与古诗同义,小者辩丽可喜。辟如女工有绮縠,音乐有郑卫,今世俗犹皆以此虞说耳目。"[①]的确,站在看重文艺审美社会价值诉求的立场来看"丽",常常只注意到它掩盖"讽"的一面;从娱乐美学的角度来看待"丽",则不能不承认它给读者带来了感观的愉悦。在司马相如赋作中,"丽"的表现是多方面的,其色彩的敷

---

① 《汉书·王褒传》,中华书局,1985年版。

设则是华丽的一个方面。如《上林赋》的铺采摛文,云:"丹水更其南,紫渊径其北。"经过精心选择,司马相如选用了有色彩感的丹水和紫渊入赋,又云:"明月珠子,的皪江靡。蜀石黄碝,水玉磊砢。磷磷烂烂,彩色澔旰。"又云:"玫瑰碧琳,珊瑚丛生。瑉玉旁唐,玢豳文鳞。赤瑕驳荦,杂臿其间……""雕画"错金镂彩,精细入微是华丽的又一种体现。如所谓"华榱璧珰",《文选》李善注引韦昭曰:"华榱为璧,以当榱头也。"又云:"乘镂象,六玉虬。"李善注引张揖曰:"镂象,象路也,以象牙疏镂其车辂。六玉虬,谓驾六马,以玉饰其镳勒。"真是金碧辉煌令人应接不暇。至于描绘女乐的一小节文字,更是精工细笔,艳丽无比:"若夫青琴宓妃之徒,绝殊离俗,妖冶娴都,靓妆刻饬,便嬛绰约,柔桡……妩媚纤弱。曳独茧之……眇阎易以戌削,媥姺徶屑,与俗殊服。芬芳沤郁,酷烈淑郁,皓齿粲烂,宜笑的皪,长眉连娟,微睇绵藐。"这里先交代女乐的美丽举世无双,然后依次摹写其施粉黛,修鬓发,举止轻柔,身段苗条,神态妩媚,服饰奇特,步履轻盈,体香芬芳浓郁,皓齿粲灿,笑靥可爱,娥眉细长,明眸含神,可用《上林赋》中所谓"丽靡烂漫"四个字来加以概括。

司马相如的赋作以巨丽为美的审美情趣的产生,原因是多方面的。第一,与大一统的政治局面有着密切的联系。国家统一,版图广大,使汉族人充满了自信和喜悦。篇幅比较狭小的诗、骚似已不足以表现大汉帝国的气象和魄力;早些时候产生的荀卿赋有类隐语,更显局促;表现贤人失志之悲为主的骚体赋情调又比较低沉,不足以再现汉族人昂扬向上的气概。在大一统的政治背景下,以巨丽为美的大赋应运而生。第二,汉代的物质文明为大赋提供了描述的对象。汉初,采取"与民休息"的政策,到了文、景两朝,号称大治,武帝初期已经具有雄厚的经济实力。由于有经济作为基础,武帝大修宫室苑囿。拥有奇花异木、宝禽珍兽、广阔无比的上林苑,雕金错彩高耸巍峨的宫室建筑群,长安都城纵横交错的街衢、繁荣的商业活动,以及种种的欢娱逸乐,都使赋家大开了视域。大赋种种描述,不全是夸饰,却都打上汉代物质文明的印记。随着经济的发展,国力变得雄厚,军事力量也强大了。《史记·武帝纪》曾记载封禅盛典之前的一次武力巡边活动,骑兵十八万,旌旗千里,行程一万数千里。第三,从汉族人审美情趣看,以巨丽为美也是时代的风尚。汉初作未央宫,萧何曾说"非壮丽无以重威",固然包含着功利目的,但壮丽或巨丽,确为汉族人所赏爱。汉族人的帛画、壁画、砖画,往往也体现以巨丽为美的特色,汉画的画面不局限于一人一物、一山一水、一花一鸟,画面容量之大、之奇丽,常常令人惊叹。1972年湖南长沙马王堆出土的西汉文物中有一幅彩绘帛画,画面上有太阳、月亮,有陆地、海洋;又有蟾蜍、兔和"嫦娥奔月"的场面,蛇身人首的图象;有贵妇人拄杖缓行,还有三侍人紧随其后;又有强健的巨人手托重物。"从幻想的神话的仙人们的世界,到现实人间的贵族的享乐观赏的世界,到社会下层的奴隶们艰苦劳动的世界。从天上到地下,从历史到现实,各种对象、各种事物、各种场景、各种生活,都被汉代艺术所注意,所描绘,所欣赏。"这是一个"神话—历史—现实的三混合的五彩缤纷的浪漫艺术世界"①。赋家的审美情趣和艺术家是相通的,司马相如在大赋的创作过程中,强调的也正是巨大和华丽两个方面:"控引天地,错综古今";"苞括宇宙,总览人物"——将神话、历史、现实融汇到他的作品中,规模巨大、气势宏伟。"合綦组以成文,列锦绣而为质,一经一纬,一宫一商",极尽描绘、刻画、比喻、夸张、铺陈之能事,五彩缤纷,琳琅满目。

特别值得一提的是,作为蜀中第一人的司马相如还以一个文学家和才子特有的敏感和细致的观察力,在辞赋作品中首先刻画了封建时代失宠皇后的悲惨命运和缠绵的感情。如其《长门赋》一般被后人归入"美丽"一类,其实只要稍加比较,便不难看出这篇作品与收入此类的其他赋作大都描写女子的美貌不同。它所表现的不是陈皇后外表的天生丽质,而是反映其退居长门之后内心的孤寂悲哀。因此完全可以认为司马相如是我国古代文学史上第一个倾注同情和才华于表现"宫怨""闺情"的作家,他的创作使辞赋成为首先反映这一具有深刻社会内容的表达材料的文学样态。

二、自由、创新的美学精神

美学意义上的中国传统观念,特别在其源头上,无疑是博大精深的,比如天人合一、天地有大美而不言、生生不息、天行健等,中国传统美学强调人的主体自由创新、审美精神,既重人、贵人,又重视人与自然和谐相处,推重整体的世界观,认为人是自然的一部分,甚至其源头具有指向人类终极的永恒意义。可以说,汤因比正是从这个意义上认为中国传统文化是挽救西方(也即世界,他们认为西方即世界)没落的最重要的甚至是唯一精神资源,这种精神资源就包括中国传统美学中的注重主体表现意识的自由创新。据《西京杂记》卷二记载,司马相如在答友人作赋的秘诀时,曾强调:"赋家之心,苞括宇宙,总览人物,斯乃得之于内,不可得而传。"这就是说,在司马相如看来,辞赋创作中,赋家的用心是最重要的。赋家的心

---

① 李泽厚:《美的历程》,文物出版社,1981年版,第80、77—79页。

神之运,无限广阔自由,上可以苞笼宇宙,下可以总览人物,世间万物(包括人事)都可以被感受,被体认。但这种"用心"是一种如鱼饮水、"得之于内"、自得于心的东西,只能自己去体会而不能言传。司马相如在这里所提出的"得之于内""自得于心"说,既表述了辞赋的审美创作构思"得之于内,不可得而传"的"自得"性,极言创作构思中艺术想象的包容性和时空的无限性,同时也揭示了中国美学所崇尚的创作者自由创新的审美精神。

文艺审美创作必须要创作者自己"得之于内"与"得之于心",即必须"自得"。所谓"自得",就是自由、自在、自然,不是刻意为之,必须是从实际生活中亲身得来的感觉和体验。这就是说,在中国美学看来,文艺审美创作既要深思熟虑,又要自然兴发,乘兴随兴,自得自在,自得于心。要出自自性、自情、自心,出自本心、发自肺腑,依自力不依他力;同时,"自得"还有自娱、自乐、自言、自道的意思,即所谓"夫子自道",自得其乐。

文艺审美创作必须"得之于内"与"得之于心",即必须"自得"的表述,在中国美学史上较早接触到了文艺创作自由创新之审美精神,对文艺创作具有普泛意义。

所谓"自得",从思想渊源上看,最早应还原到庄子。《知北游》云:"天地有大美而不言,四时有明法而不议,万物有成理而不说。圣人者,原天地之美而达万物之理,是故圣人无为,大圣不作,观于天地之谓也。"这里所谓的"观于天地"之"大美"、四时"不议"之"明法"和万物"不说"之"成理",而"原天地之美而达万物之理",以对天地的体察而达于大道的"无为""不作"的体验方式,就是"自得",也就是庄子所主张的"体道"的方式。庄子又云:"夫体道者,天下君子所系焉。今于道,秋毫之端万分未得处一焉,而犹知藏其狂言而死,又况夫体道者乎!视之无形,听之无声,于人之论者,谓之冥冥,所以论道,而非道也。""体道",即以"自得"这种直觉体验方式而通于大道。因此,郭象释之云:"明夫至道非言之所以得也,唯在乎自得耳!"[1]言语已然是一般性的概括,"至道"非这种概括传达所可得,只有创作者的亲身体验才能真正"得道"。同时,这种达于大道、"明夫至道""自得""体道"的方式,还应指一种从容不迫、优游闲适、超然远引的精神状态。

而与庄子同时的孟子则直接提出"自得"的概念。孟子云:"君子深造之以道,欲其自得之也。自得之,则居之安。居之安,则资之深。资之深,则取之左右逢其

---

[1] (晋)郭象注、(唐)成玄英疏:《南华真经注疏》卷七,中华书局,1998年版。

源。故君子欲其自得之也。"①赵歧注前句云:"造,致也。言君子问学之法,欲深致极竟之以知道意,欲使己得其原本,如性之自有也。"朱熹注云:"言君子务于深造而必以其道者,欲有所持循,以俟夫默识心通,自然而得之于己也。"又引二程注云:"学不言而自得者,乃自得也。有安排布置者,皆非自得也。然必潜心积虑、优游餍饫于其间,然后可以有得;若急迫求之,则是私己而已,终不足以得之也。"②从以上各家注释可以看出,"自得"这一概念包含以下意思:其一,君子欲得之对象并非一般知识,而是"道",即万物之本体与一切价值之本原;其二,此"道"非由他人传授而得,只能靠自己"默识心通",自然而得;其三,此"道"非来自外在之自然宇宙,而是存之于自己内心世界,是"性之自有";其四,求道的过程是从容不迫、自然而然的,就是说,这是一种体悟而非强刮狂搜。这就是说,在孟子看来,作为道之具体表现的仁、义、礼、智并非向外习得,它们乃植根于人们心中,即所谓"四端"。因此得道的过程亦即"发明本心""求放心"的过程。他说:"万物皆备于我矣,反身而诚,乐莫大焉。强恕而行,求仁莫近焉。"③按照这一逻辑,求道即等于存心养性、自我探寻,因而用"自得"来指示这种求道工夫,可谓恰如其分。当然,孟子也并非否认"道"的客观自在性,他只是认为存于宇宙自然中的"外在之道"与存乎人心的"内在之道"是同一的。正如《尚书》所说:"天听自我民听,天视自我民视。"④所谓知人亦即知天。这正是儒学"天人合一""合外内之道""浑然与物同体"等命题的主旨所在。孟子善于谈心说性,讲存养工夫,因而诸如"自得""自反""思""诚"之类的概念在其学说中就十分重要。对于"自得"这一概念的内涵,宋代新儒家在使用时一方面继承了孟子的原有之意,一方面又有所发展。如二程云:"学莫贵于自得,非在人也。人患居常讲席空言无实者,盖不自得也。为学治经最好,苟不自得,则尽治《五经》亦是空言。学者须敬守此心,不可急迫。当栽培深厚,涵泳于其间,然后可以自得。但急迫求之,只是私己,终不足以达道。"⑤张载云:"闻见之善者,谓之学则可,谓之道则不可。须是自求于己,能寻见义理,则自有旨趣,自得之则居之安矣。"⑥某常有数句教学者读书之法云:"以身

---

① 《孟子·离娄下》,见《四书章句集注》《新编诸子集成》第一辑,(晋)郭象注、(唐)成玄英疏。
② 《四书章句集注》,见《新编诸子集成》第一辑,中华书局,1983年版。
③ 《孟子·尽心上》,见《四书章句集注》《新编诸子集成》第一辑,中华书局,1983年版。
④ 《尚书·泰誓中》,见《四书章句集注》《新编诸子集成》第一辑,中华书局,1983年版。
⑤ 程颢、程颐:《程氏遗书》,见《二程集》,中华书局,1981年版。
⑥ 张载:《经学理窟》,中华书局,1978年版。

体之,以心验之,从容默会于幽闲静一之中,超然自得于书言象意之表,此盖其所为者如此。"①可见,"自得"这一概念应为自然而然地得之于己心,重在强调自我体验、自我感悟之于读书治经的优先地位,恰与外在的安排、传授相左。也就是说,在孟子那里,"自得"的主要意义是强调为学求道须反诸内心而无须旁索。在庄子那里其意义则一是高扬独立意识与创作者精神,二是倡导一种自由平和的精神境域,即先秦士人那种独立人格与创作者精神,昂然挺立的精神人格,自强自立的意识,将独立人格的自我建构当作自己的首要任务。在庄子,"自得"这个概念已经暗含着一种自我建构、自我树立的创作者精神,"自得"意味着个体人格价值的自我发现,意味着士人安身立命的价值依据,可以完全依据自己的标准和理想去创造社会文化价值观念体系和话语系统,"自得"显示了中国文人的某种自信心和责任感,也显示了他们在精神上不肯依傍他人的创作者独立意识。"自得"是一种没有任何外在束缚与强制的个体性精神活动,它的特点是自由、自觉与自主。超越了一切束缚与强制的以自由为特征的人格境域的向往,向内则是开辟一片心灵的净土,使心灵有个安顿处的精神需求。独自树立、标新立异,从不依傍他人。"无欲"即超越,即心灵的宁静与自由,昂然挺立的独立人格和创作者精神,特立独行、高迈远举,有着对个体精神自由的向往。苏轼在《宝绘堂记》中说:"君子可以寓意于物而不可以留意于物。寓意于物,虽微物足以为乐,虽尤物不足以为病;留意于物,虽微物足以为病,虽尤物不足以为乐。"②这即是人们所谓的"存无为而行有为","以出世精神做入世的事业"。苏辙在《黄州快哉亭记》中也说:"士生于世,使其中不自得,将何往而非病? 使其中坦然,不以物伤性,将何适而非快?"③既要积极入世有所建树,又要保持内心的和乐与自由,这就是中国文人的人生旨趣、人格理想之核心所在,也是"自得"概念的文化心理内涵的主旨所在。

的确,"得之于内""得之于心"的"自得"说洋溢着一种自由的气息,具有丰富的自由美学精神。

所谓自由,是人天生的摆脱奴役、不受羁绊、不受制约的倾向,它是人类所具有的一种普遍性的追求。不同文明的人类都表现了各自的对自由的理解和向往。从先秦开始,中国人就对自由进行探讨,形成了自己的自由传统。作为儒家的代表人物,孔孟并不否定人的自由,孔子相信人有意志自由,可以确定自己的人生目

---

① 杨时:《龟山语录》,见《龟山集》,载《文渊阁四库全书》,上海古籍出版社,1987年版。
② 苏轼:《东坡全集》卷三十二,台湾商务印书馆,1986年版。
③ 苏辙:《栾城集·黄州快哉亭记》,上海古籍出版社,1987年版。

标。他说:"为仁由己。"①"我欲仁,斯仁至矣。"②孟子认为在不同的价值目标之间,人有选择的自由。他说:"鱼,我所欲也,熊掌亦我所欲也;二者不可得兼,舍鱼而取熊掌者也。生亦我所欲也,义亦我所欲也;二者不可得兼,舍生而取义者也。"③孔孟在承认人自我决定和选择的自由的基础上,积极倡导通过道德修养所达到的道德和超道德的自由。孔子说自己"七十而从心所欲,不逾矩"④。所谓"从心所欲,不逾矩"是指人通过学习和品格修养,达到自身的欲望、行为与社会完全协调,因而能很自主地做他所应做的事,而不违反道德律令。这是一种道德自由,拥有这一自由的人,他所做的都是符合道德的道德行为。孟子主张"天人合一"的自由,说:"尽其心者,知其性也;知其性则知天矣。"⑤在他看来,人通过修养,把握自己的天赋本性,就能达到"上下与天地同流","万物皆备于我"⑥的境域。达到这个境域,一方面会使人觉得摆脱了一切外在的束缚,人的精神获得空前的自由和解放;另一方面会使人感到自己不仅是社会的一员,而且是宇宙的一员,从而更加自觉地进行道德行为,而无须勉强自己,克制情欲去服从道德律令。这既是一种超道德的自由,也是一种道德自由。孔孟阐扬的主要是这种道德和精神方面的自由,后来的儒家哲人基本上承袭了这种取向。如明王阳明崇尚"洒落"的自由,说:"君子之所谓洒落者,非旷荡放逸、纵情肆意之谓也,乃其心体不累于欲,无入而不自得之谓耳。"⑦这指的是人的心灵摆脱了对声色货利的占有欲和以自我为中心的意识,所达到的超越限制、牵扰和束缚的解放的境域,是一种精神上的自由。从孔孟到宋明理学,正统儒家的自由观大致就是如此的。由于这类自由的最大敌人是个人私欲,人放纵自己的私欲就会丧失自由,成为私欲的奴隶,沦为禽兽。所以,在传统的儒家看来,要拥有这方面的自由,就必须克制个人私欲。从孔子的"克己复礼"、孟子的"寡欲",到宋明理学家的"存天理,灭人欲",所有的心性工夫,针对的都是个人欲望。由于现代自由所凸显的是给予人的欲望、利益及其行动更多肯定和空间的现实自由,应该说正统儒家的自由观与现代自由相去甚远。

---

① 《论语·颜渊》,见《四书章句集注》《新编诸子集成》第一辑,中华书局,1983年版。
② 《论语·述而》,见《四书章句集注》《新编诸子集成》第一辑,中华书局,1983年版。
③ 《孟子·告子上》,见《四书章句集注》《新编诸子集成》第一辑,中华书局,1983年版。
④ 《论语·为政》,见《四书章句集注》《新编诸子集成》第一辑,中华书局,1983年版。
⑤ 《孟子·尽心上》,见《四书章句集注》《新编诸子集成》第一辑,中华书局,1983年版。
⑥ 《孟子·尽心上》,见《四书章句集注》《新编诸子集成》第一辑,中华书局,1983年版。
⑦ 《王阳明全集》卷五,上海古籍出版社,1992年版。

在中国传统中,道家思想具有更多的自由色彩。老子在政治上倡导无为,要求统治者限制自己的作用,实行不干涉政策,给予人民顺其自然而为的自由。他相信人民的自发性,认为让人民拥有顺其自然而为的自由,会产生良好的社会后果。说:"我无为而民自化,我好静而民自正,我无事而民自富,我无欲而民自朴。"①这里的"我"显然指的是当政者。老子的这一自由观既有回归原始简朴时代的蒙昧主义性质,也蕴涵着让人民有更大的自主性,允许个人自由发展的现代精神。庄子一方面像老子那样要求统治者奉行不干涉政策,给人的现实自由留出社会空间,另一方面又感到人在现实中的自由相对、极为有限,于是标榜逍遥游的绝对自由。他在尊重人的本性与多样性的基础上肯定人的现实自由。认为人的禀性不一,如果不加尊重,即使好心好意,也会酿成灾祸。说:"凫胫虽短,续之则忧。鹤胫虽长,断之则悲。故性长非所断,性短非所续,无所去忧也。"②他主张"天放",希望人能像野马一样,按照其自然禀性,无拘无束,自由生活。为了维护这一自由,他甚至主张不治之治,而走向无政府主义,说:"闻在宥天下,不闻治天下也。"③"在宥"就是听其自然、不加干涉的意思。应该看到,庄子主张的这一自由并不是我们今天所讲的每个人发挥自己的聪明才智、自由发展、自由竞争的自由,而是摆脱政教束缚,回到大自然中,"含哺而熙,鼓腹而游"④,无知无欲,自由自在,自得其乐的自由。庄子所标榜的逍遥游的自由是一种比儒家"天人合一"的自由更空灵的精神自由。他说列子可以乘风而飞,已经够自由逍遥了,但"犹有所待"⑤,还须依赖于风。这种自由还是相对的、有条件的。他真正追求的是无待的,不受任何现实条件规定、束缚、限制的自由。这是一种出世的、绝对超越的自由境域,是人的心灵"乘云气,骑日月,而游乎四海之外,死生无变于己"⑥的自由。他把达致这一境域的人,称为"至人""圣人""神人""真人""大宗师"。由此可见这一自由在他心目中的地位。他看到人在现实中受到种种条件的制约,因而就在想象、幻想和神秘的直觉中去寻找和拓展自由。不过,庄子逍遥游的自由尽管闪烁着自由的光芒,但它毕竟不是现实的、社会的自由,不属于现代自由的范畴。

中国古代思想中也不是没有一点现代意义上的自由观念。司马迁认为人们

---

① 《老子》五十七章,陈鼓应:《老子注释及评介》,北京:中华书局,1984年版。
② 《庄子·骈拇》,见陈鼓应:《庄子今注今译》,中华书局,1983年版。
③ 《庄子·在宥》,见陈鼓应:《庄子今注今译》,中华书局,1983年版。
④ 《庄子·马蹄》,见陈鼓应:《庄子今注今译》,中华书局,1983年版。
⑤ 《庄子·逍遥游》,见陈鼓应:《庄子今注今译》,中华书局,1983年版。
⑥ 《庄子·齐物论》,见陈鼓应《庄子今注今译》,中华书局,1983年版。

凭借自己的能力,自由追求经济利益,满足自己的欲望的行为合乎自然。他说,"人各任其能,竭其力,以得所欲"是"道之所符""自然之验。"①只要给人民经济上的自由,就能带来农工商业的全面发展,而无须政府的指导和"发征期会"。"故待农而食之,虞而出之,工而成之,商而通之,此宁有政教发征期会哉?"②这一思想与西方自亚当·斯密以来的经济自由主义观念几乎没有什么区别。

人的现实自由与绝对的君主专制、严格的等级秩序及禁欲主义的道德相对立。后者越是强化,前者越遭遏制。传统的中国人一般只是在君权衰落和政府奉行无为政策时,才拥有某种现实的自由,如在先秦、汉初和魏晋,但这种自由缺少保障。秦以后,专制主义的大一统是中国传统社会的主要特征,因此人的现实自由长期受到政治上的压制。如果从文化的视角看,中国人的现实自由则遭受过两次大的压抑。一次是两汉"独尊儒术",儒家纲常名教的强化,对人的现实自由的压抑;另一次是宋明理学"存天理,灭人欲"的道德禁欲主义,对人的现实自由的压抑。然而物极必反,两次压抑都导致了自由观念的勃兴。如两汉之后出现的"越名教而任自然"的道家式的对自由的追求,和宋明理学之后兴起的以李贽为代表的、具有更多现代精神的对自由的追求。

在情理问题上,传统的观念主张以理节情,以理制情。其经典说法是:"发乎情,止乎礼义。"③片面强调社会伦理道德对人的情感表现的规范和抑制。然而司马相如维护人的情感自由,反对一味的道德约束。在情感生活领域,他更是冲破礼教束缚,大胆追求爱情的自由。他倾心于卓文君,便不顾一切与其私奔。他主张婚姻自由,因为自由婚配,符合《易经》上说的"同声相应,同气相求,同明相照,同类相招,云从龙,风从虎,归凤求凰"④。这是对传统"父母之命、媒妁之言"的一种否定。20世纪伟大的科学家爱因斯坦曾说,科学的发展,"需要另一种自由,这可称为内心的自由。这种精神上的自由在于思想上不受权威和社会偏见的束缚,也不受一般违背哲理的常规和习惯的束缚"⑤。这其实是指思想的自由。

有无新意,是否具有独创精神,是"得之于内""得之于心"的"自得"说的又一基本审美内涵。欧阳修《六一诗话》引梅尧臣语云:"诗家虽率意,而造语也难,若意新语工,得前人所未道者,斯为善也。"要求作品立意新颖,不能人云亦云,要具

---

① 《史记·货殖列传》,中华书局,1965年版。
② 《史记·货殖列传》,中华书局,1965年版。
③ 《诗大序》,见(清)阮元主持校刻《十三经注疏》,上海古籍出版社,1980年版。
④ 李贽:《藏书·司马相如》,见《李贽文集》第三卷,社会科学文献出版社,2000年版。
⑤ 许良英等编译:《爱因斯坦文集》第3卷,商务印书馆,1979年版。

有独创性。"意新",是就创作者要表现的审美意旨与审美情趣而言,"语工",则是就艺术表达、遣词造句而言。可见,所谓"得之于内""得之于心"其规定的独创精神应包括审美感受的独特和艺术表现的新颖。据《国语·郑语》记载:史伯曾提出"声一无听,色一无文"的主张,可算最早发现艺术新奇性审美特征的记录。王充在《自纪》中指出:"饰貌以强类者失形,调辞以务似者失情。"强调"文贵异,不贵同"。刘勰在《文心雕龙·体性》篇中指出,创作者在进行创作构思时,都"各师成心",故而,其作品的风格也应"其异如面",他反对风格的单一,提倡风格多样化,要求作品应具有独创性。韩愈则进一步提出"唯陈言之务去"①的主张,要求艺术表现应具有创新性。无论中外古今,强调艺术的创新和独特性是共同的。托尔斯泰在《艺术论》中指出:"只有传达出人们没有体验过的新的感情的艺术品才是真正的艺术作品。"契诃夫也说:"如果这个作者没有自己的笔调,那他绝不会成为作家。"②他们从作品的思想感情和表现手段指出,新颖性是文学的重要审美特征。鲁迅也说:"诗歌、小说虽有人说同是天才则不妨所见略同,所作相像,但我以为究竟也以独创为贵。"③凡是成功的艺术品,都显现着艺术家对于美的独特感受和个性特征,都具有艺术表现的独创性,艺术创新在文艺作品成功的诸因素中占有重要的地位。

在继承的基础上,富于变化发展是"得之于内"说的主要规定性内容。陆机在《文赋》中说:"收百世之阙文,采千载之遗韵,谢朝华于已披,启夕秀于未振。""谢朝华于已披,启夕秀于未振。"唐大园《〈文赋〉注》云:"上句是务去陈言,下句是独出心裁。"陆机以花为喻,指出古人已用之陈言旧意,像早上已开过的花朵一样应谢而去之;古人未述之新意新词,则如未发之花,尽可取而用之。所谓"朝华"与"夕秀"是包括文意和文辞两个方面的,陆机主张两方面都应有革新变化。只有不断创新的艺术才具有生命力,时代前进了,就需要适应当时的具体情况,符合变化了的新要求。陆机在《文赋》中指摘当时文病说:"或藻思绮合,清丽芊眠。炳若缛绣,凄若繁弦,心所拟之不殊,乃暗合曩篇。""藻思绮合",既包括艺术构思和形象塑造,又包括词采、音律;"所拟不殊",指形象描写的问题。陆机在这里是本着"谢朝华""启夕秀",要求具有创新精神的审美批评标准来反对抄袭、雷同之作的。

要"得之于内""自得于心""自得",以创作出具有极高艺术价值的杰作,既要

---

① 韩愈:《答李翊书》,见钱仲联点校:《韩愈全集》,上海古籍出版社,1997年版。
② 契科夫:《契诃夫论文学》,人民文学出版社,1959年版。
③ 鲁迅:《不是信》,见《鲁迅全集》第三卷,人民文学出版社,1981年版,第231页。

有雄放的气魄和富瞻的才华,同时,更要有勇于创新的精神,锐意开拓,与时俱进,增强审美创作的创新意识。这就要求创作者因时而为,不断加强自身修养,只有这样,才能与时俱进,有所创新;并且,要发挥主观能动性,善于观察矛盾,抓住创新变化的最佳时机,不循定法,才能真正做到与时俱进。生生不已、锐意开创的文化遗传因子,塑就了中华民族"天行健,君子以自强不息"①的民族精神传统,构筑了中华民族不断进取的内在精神力量,也是中华民族繁荣发展的不竭动力。正因为中华民族具有与时俱进、生生不已的民族精魂,故而在汉唐以至清朝中期,其经济、科技、军事、文化等综合实力曾长期位居世界前列。但是由于清朝后期的统治者闭关自守,没有坚持民族优良的精神传统,拒绝学习世界先进的科学技术和制度,在近代以来,我们落后了。这也从反面说明了,只有与时俱进、不断创新,才能保持自己民族成为"可大、可久"②千年不衰的伟大民族。文艺创作与文化建设一样,只有发扬生生不已、与时俱进的传统精神,勇于探索,努力创新,与时俱进,才能取得突出成就。更新审美创作理念,发扬传统文化重"生"精神,坚持"得之于内""自得于心"的创新原则,是获得审美创作成功的关键。南朝梁著名作家沈约说:"周室既衰,风流弥著,屈平、宋玉导清源于前,贾谊、相如振芳尘于后,英辞润金石,高义薄云天。"③唐代伟大诗人李白写道:"扬马激颓波,开流荡无垠。"④还是鲁迅先生对司马相如的评价最为精准:"不师故辙,自摅妙才,广博宏丽,卓绝汉代。"⑤所谓"振芳尘""激颓波""开流荡无垠""不师故辙,自摅妙才"就是对司马相如创新精神的推崇。中国哲人认为,"生生之谓易"。易的实质在于"生生",即产生生命,生生不已,而这正是天地之大德。作为五经之首的《周易》蕴含的文化哲学思想,是"自得"说强调创新理念的基石。当代学者梁漱溟把儒家的形而上学的要义总结为"宇宙之生",其核心是万物化生,生生不已;熊十力依据《大易》强调翕辟成变、肇始万物。本心不在宇宙万象之外,就在生生化化的事物之中。牟宗三发掘《周易》的刚健创生的胜义,强调中国哲学以生命为中心,两千多年来的发展,中国文化生命的最高心灵,都集中在这里。在五千多年历史文化长河的奔流中,中华民族形成了与时俱进、不断创新的哲学观念和美学智慧,塑就了与时俱进、生生不已的民族精魂。《周易》作为蕴涵远古先民思维观念和后世观念发展源

---

① 《周易·乾卦》,中华书局,1980年版。
② 《周易·系辞传》,中华书局,1980年版。
③ 《宋书·谢灵运传论》,中华书局,1985年版。
④ 《古风》其十九,见赵昌平:《李白诗选评》,上海古籍出版社,2004年版。
⑤ 鲁迅:《汉文学史纲要》,人民文学出版社,1973年版。

头的文本,是一种不断变动、不断生成、不断创新、与时俱进的过程存在,而不是凝固僵化的实体存在物,"变"是整个《周易》的核心思想。中华民族古之学者认为世界运动变化的核心要义在于创新。《周易·系辞》上讲:"盛德大业至矣哉。富有之谓大业。日新之谓盛德。生生之谓易。""生生""日新"不仅是一种客观世界的哲学揭示,而且是人道行事与审美创作的基本原则和德行依据。只有"生生""日新",与时俱进,才与客观世界的本然状态相符,才是发挥主观世界的必然本性。就文艺审美创作而言,才能激发自己的思想才智,独具慧眼,以取得杰出成就。

"得之于内"说还规定在艺术表现上必须富于变化创新,"不可得而传"。落实到具体作品,则要求其审美结构和情节发展应该生动曲折,富于变化。如就小说和戏剧而言,则规定其情节必须新奇曲折,要"将三寸肚肠直曲折到鬼神犹曲折不到之处,而后成文"①,要使读者和观众在不知不觉中被变幻莫测的情节所吸引,和剧中人一同喜怒哀乐。只有做到情节婉转曲折,欲擒故纵,新奇巧妙,出人意料,使形象表现得异常突出动人,才能使作品获得永久的艺术价值。而就抒情性强的诗歌而言,则规定其必须表现出情感变化的跌宕多姿,从而达到引人入胜的境地。据《旧唐书·杜甫传》载,杜甫曾用"沉郁顿挫"来评价自己的诗作。"沉郁",是指感情深沉、含蓄;"顿挫"则指诗歌内在的审美情感运动的波澜变化和音律上的抑扬起伏。总的来看,"沉郁顿挫",指诗作中蕴含的情感是自然的流露,却又"若隐若见,欲露不露,反复缠绵"②,给人以千回百转的意味。杜甫诗中有"文章曹植波澜阔"③,"凌云健笔意纵横"之句,以"波澜阔","意纵横"评价别人或自己之作,都是指作品中情感变化上的波澜起伏。杜甫被称为"集诗之大成者"④,为"千古诗人之首"⑤,除了其诗歌中强烈的人文关怀外,在艺术表现上富于变化创新也是一个重要原因。但是,情节的曲折和审美情感运动的起伏又必须自然而然,这就是叶燮所谓的"变化而不失其正"。叶燮认为,优秀的诗作"其道在于善变

---

① 金圣叹:《两厢记》二本一折批文,见金圣叹著,周锡山编校:《贯华堂第六才子书西厢记》,万卷出版公司,2009年版。
② 陈廷焯:《白雨斋词话》,上海古籍出版社,1984年版。
③ 《追酬故高蜀州》,见(唐)杜甫著,(清)仇兆鳌注:《杜诗详注》中华书局,1979年版。
④ 《戏为六绝句》,见(唐)杜甫著,(清)仇兆鳌注:《杜诗详注》中华书局,1979年版。秦观语,见《杜诗详注附编·诸家论杜》,中华书局,1979年版。
⑤ 叶燮:《原诗》,上海书店出版社,1994年版。

化"，但接着又说"变化岂易语哉？"①强调应做到如苏轼所说"如万斛源泉，随地而出"②，孕变化于自然，只有这样，始为佳作。金圣叹也强调情节的变化应自然，应"无成心之与定规""自然异样变换"。在他看来，"自然异样姿媚"，也就"自然异样高妙"③。只有既符合自然，又具有无穷变化、新意迭出的作品，才具有极高的审美价值和永久的艺术魅力，令人百读不厌，回味无穷。

应该说，新颖的题材、独创的主题、起伏的情感、曲折的情节，是"得之于内""得之于内""自得"说的主要内容。

"得之于内"说对审美构思活动中自由创作精神的强调是有其传统美学思想根源的。中国美学极为推重审美活动中的自由阐释，提倡"各言其志""辞必己出""成一家之言"。人生论是中国传统哲学的中心。近代学者黄侃在《汉唐玄学论》中曾经指出："大抵吾土玄学，多论人生，而少谈宇宙。"的确，中国古代哲人对人与人生极为重视。他们孜孜不倦、锲而不舍地探究的不是外在世界，而是人的内在价值，是人生的奥秘与生命的真谛。不管是孔子、孟子、荀子、韩非子，还是老子、庄子、墨子以及后来的佛教禅宗，都把人生意义、人生理想、人生态度和人格理想作为自己探讨的重要问题。在人的本质和人的价值以及人生理想与人生境域问题上，孔子曾从人与人之间的社会联系这一方面来指出天地万物之中，人具有最为崇高的地位："鸟兽不可与同群，吾非斯人之徒与而谁与？"④这里所谓的"斯人之徒"指的就是有生命、有知觉、有道德观念，超越了自然状态而文明化的人。作为社会的、文明的创作者，人是天地之间最为尊贵的、最有价值的，故而孔子强调指出："天地之性，人为贵。"⑤人是社会文明的创造者，殷周的礼制从某种意义上说就是文明进步的一种体现，正是由此出发，孔子满怀敬意地说："郁郁乎文哉，吾从周。"⑥可以说，"从周"实际上就是孔子对人以及人类文明历史意义的确认。

人在万物中最灵最贵，以人为创作者的文明社会则应以仁义道德为核心，以仁道为规范，故而孔子"贵仁"。在孔子看来，只有人才是宇宙间最神奇、最贵重、最美好的存在。所以，他非常重视"人事"，强调人生"有为"，"不语怪、力、乱、

---

① 《原诗》，上海书店出版社，1994年版。
② 《原诗》上篇，上海书店出版社，1994年版。
③ 《西厢记·读法》，见金圣叹著，周锡山编校，《贯华堂第六才子书西厢记》，万卷出版公司，2009年版。
④ 《论语·微子》，见《四书章句集注》《新编诸子集成》第一辑，中华书局，1983年版。
⑤ 《孝经》引孔子语，中国社会科学出版社，2007年版。
⑥ 《论语·八佾》，见《四书章句集注》《新编诸子集成》第一辑，中华书局，1983年版。

神"。当子路向他询问鬼神之事时,他严厉地指责说:"未能事人,焉能事鬼?""未知生,焉知死?"①他认为,人与人之间应友爱、和睦。他所推崇的仁,其基本内涵就是"仁者,爱人"。据《论语·乡党》记载:一次马厩失火被毁,孔子退朝回来后,听说此事,马上急切地询问:"伤人乎?"而并不打听火灾是否伤及马匹。这件事表现的就是孔子对人的尊重和仁爱,这种尊重和仁爱是建立在关怀人与人生、重视人与人生的基础之上的。因为在孔子看来,相对于牛马而言,人更为可贵。作为与人相对的自然存在,牛马只是使人生活得愉悦、美好的一种工具或手段,只具有外在价值;唯有人,才有其内在的价值,才是目的。既然人是目的,那么就应该尊重人、爱人。《论语·为政》说:"今之孝者,是谓能养。至于犬马,皆能有养。不敬,何以别乎?"敬是人与人之间人格上的敬重。如果仅仅是生活方面的关心,即"能养",而不是人格上的尊重,那么,就意味着把人降低为"犬马"。作为目的,人不仅是一种感性的生命存在,还具有超乎自然的社会本质,也即人化的本质,而这种本质首先表现在人与人的相互尊重之中。对人的敬重与尊重,实际上也就是对人内在价值的确认,换言之,就是对人超乎自然本质特征的一种肯定,就是把人当成人看待,就是爱人。孔子的仁道原则和人生价值观在孟子处得到进一步发扬。孟子将人与禽兽的区别提高到一个非常突出的地位,并进行了充分的论述。孟子认为,禽兽是一种自然的存在,如果一个人也返回到自然的状态,那么他就丧失了人的本质,与禽兽一样了。在孟子看来:"恻隐之心,人皆有之;羞恶之心,人皆有之;恭敬之心,人皆有之;是非之心,人皆有之。"②人具有道德意识,也正是这种道德意识,才使人超越了自然状态,而成为一种文明化的存在。孟子曾举舜为例来说明人之为人的本质特性:"舜之居深山之中,与木石居,与鹿豕游,其所以异于深山野人者几希。及其闻一善言,见一善行,若决江河,沛然莫之能御也。"③舜即使生活在深山野外,也仍然能保持人之为人的本质特性,就在于那种以仁爱、恻隐为情感表现形式的道德意识。《孟子·公孙丑上》说:"恻隐之心,仁之端也。"总之,在孔孟等儒家哲人看来,"仁"就是人的本质特性。《孟子·尽心下》说:"仁也者,人也。"《孟子·尽心上》说:"仁人无敌于天下。"《中庸》也说:"仁者,人也,亲亲为大。""仁"的主旨就是"仁爱",或者说"爱人"。同时,"仁"也是善的标准。在孔子看来,作为人的生命活动的基础和承担者,人或谓人生创作者,首先应该能够认

---

① 《论语·先进》,见《四书章句集注》《新编诸子集成》第一辑,中华书局,1983年版。
② 《孟子·告子》,见《四书章句集注》《新编诸子集成》第一辑,中华书局,1983年版。
③ 《孟子·尽心上》,见《四书章句集注》《新编诸子集成》第一辑,中华书局,1983年版。

识的应该是人自身,因此,他所提出的仁道原则不仅表明他把人视为目的,而且还表明他认为人本身就具备行仁的能力。据《论语·颜渊》记载,一次,孔子的学生颜渊问他什么是"仁",他回答说:"克己复礼为仁。"又说:"为仁由己,而由人乎哉?"人不但是被尊重、被爱的对象,而且是施仁爱于人、尊重他人的创作者,人本身就蕴藉着自主的能力,"为仁"并不仅仅是被决定的,而是人自身本质力量的体现,完全"由己"。只有通过"自我控制""自我改造""自我完善""自我更新",以了解人生实质和创作者自身,才能解决人生的根本问题,以达到人生的理想境域;"为仁""爱人""事人"是人的本分,是作为人生创作者的人的自身活动的构成。"仁"既是为人之道,也是破译人的秘密的方法,反求诸己,推己及人,是"谓仁之方"。这种从人的生活和自身体验中知人,以达到"爱人"的目的的思想和方法,就是知行合一。

  孔子认为,"仁"既体现了作为创作者的人的尊严,同时更体现了人的创作者的内在力量。他指出:"人能弘道,非道弘人。"①"我欲仁,斯仁至矣。"②人之异于禽兽正在于人有道德、有理想、有追求。"欲"就是理想与追求。人"欲仁",并且,"人能弘道",能确立人生理想,通过自身的努力,以追求理想,实现理想,达到极高人生境域。故而,孔子强调:"士不可以不弘毅,任重而道远。"③人不仅要"自我完善""自我更新",要对自我的行为负责,而且还担负着超越个体的社会历史重任。"人能弘道"的历史自觉的前提是"任重而道远"的使命意识。正是基于这种使命意识与历史自觉,孔子自己才身体力行,坚持人能弘道的信念,虽屡遭挫折,但仍然"不怨天,不尤人",不懈地追求自己的人生理想,"知其不可而为之"。在我们看来,孔子"为仁由己","我欲仁,斯仁至矣"肯定了人的道德自由,"人能弘道","士不可以不弘毅"则从更广的文化创造的意义上肯定了人与人的自由。通过此而实现的,则是人自身价值的现实确证。

  中国古代哲人这种贵人、重人,肯定人与人的自由的思想已经具有极高的美学意义。我们知道,热爱人生、顾念人生、尊重人与人生既是审美活动本质特性,也是审美活动的目的所在。因为在我们看来,极高审美境域的获得是指在实现人生的价值与追求生命的意义的过程中,创作者对自身的终极价值的实现。在此境域中,创作者认识到自我、自觉到自我,并由此而顾念自我、超越自我、实现自我,

---

① 《论语·卫灵公》,见《四书章句集注》《新编诸子集成》第一辑,中华书局,1983年版。
② 《论语·述而》,见《四书章句集注》《新编诸子集成》第一辑,中华书局,1983年版。
③ 《论语·泰伯》,见《四书章句集注》《新编诸子集成》第一辑,中华书局,1983年版。

仿佛置身于自身潜能、自我创造的高峰,感觉到"众山皆小""天地宇宙唯我独尊",创作者自身成为自然万物的主宰。就像马斯洛曾经指出的:"像上帝那样,多多少少地经常像'上帝'那样。"自我的心灵自由搏击,摆脱常规思想的束缚,在空明的心境中进行自我体验,感到自己"窥见了终极真理、事物的本质和生活的奥秘,仿佛遮掩知识的帷幕一下子拉开了……像突然步入了天堂,实现了奇迹,达到了尽善尽美"①,以获得人生与宇宙的真谛。的确,审美活动的目的就是对生命意义的追求与人生价值的实现,是"心合造化,言含万象",是无心偶合,自由自在,于一任自然的自由心境中,使心灵自由往来,触物起兴,遇景生情。这之中又离不开创作者与作为审美对象的客体之间的相爱相恋、顾念相依,也就是儒家哲人所谓的"仁心"。即如熊十力在《明心篇》中所指出的:"仁心常存,则其周行乎万物万事万变之中,而无一毫私欲掺杂,便无往不是虚静;仁心一失,则私欲用事,虽瞑目静坐,而方寸间便是闹市,喧扰万状矣。"又如丰子恺在《绘画与文学》中指出的,"所谓美的态度,即在对象中发现生命的态度","就是沉潜于对象中的'主客合一'的境域"。在我们看来,这种"沉潜"到宇宙自然中去发现和凝合生命律动的顾念依恋意识,既体现着老庄哲人的情怀,也体现出艺术审美创作者的心态;既是审美体验,也是审美情感的流露。张岱年先生说:"唯有承认天地万物'莫非己也',才能真正认识自己。"②这是从哲学的高度,对古代艺术家在审美境域创构中所展现出的顾念自然万物的美学精神做出的充分肯定,强调它是一种高级的审美认识活动。西方哲人约德也认为,在这种心灵体验的审美认识活动中,"自我与非我相见之顷,因非我之宏远,自我之内容与范围遂亦扩大,心因沉思之宇宙为无限,故亦享有无限之性质。"③在对自然万物的审美体验活动中,创作者与客体物我相交相融,相顾相念,相拥相亲,从而扩大了创作者自我,觉"万物皆备于我",宇宙即吾心,吾心即宇宙。人与宇宙自然、山川万物息息相通,痛痒相关,这才是人的最高自由和人的价值在精神上的最圆满的实现,也是人生境域与审美境域的最高实现。

中国美学认为,所谓美,总是肯定人生,肯定生命的,因而,美实际上就是一种境域,一种心灵境域与人生境域。这种审美境域,"是诞生于一个最自由最充沛的深心的自我。这种充沛的自我,真力弥满,万象在旁,掉臂游行,超脱自在"④。在

---

① 马斯洛:《人的潜能与价值》,华夏出版社,1987年版,第367页。
② 张岱年:《文化与哲学》,教育科学出版社,1988年版。
③ 约德:《物质生命与价值》下册,商务印书馆,第461页。
④ 宗白华:《美学散步》,上海人民出版社,1981年版,第69页。

中国美学看来,审美活动的目的,则是创作者通过澄心静虑,心游目想,通过直观感悟,直觉体悟,通过"克己复礼""为仁由己""返身而诚",通过"归朴返真""以天合天""和光同尘""即心即佛",以达到这种"超脱自在"、兴到神会,顿悟人生真谛的审美境域,从而从中体验自我,实现自我。这样,遂使中国古代美学的审美境域论与中国古代人学中的人生境域论趋于合一。

中国古代人学始终在探索如何达到一种和合完美的人生的自由境域,如何克服客体的制约、束缚,以发展作为创作者的人的自身,达到"朝彻""至诚"的境域。这样,就能充分发挥人的深层自我意识,从而激发出探索自我与世界的巨大热情和珍惜人生的强烈愿望。所谓"能尽我之心,便与天同"①,"尽人之性",又"尽物之性","合内外之道",则能"赞天地之化育,则可以与天地参矣"②。只有与天地合为一体,使"天地与我并生,万物与我为一"③,才能使人成为自然的主人、社会的主人、自我生活的主人,而进入自由的境域。这种人生的自由境域感性真实地表现出来,以成为直观感悟和情感体验的对象时,实质上也就是一种审美境域,一种艺术的审美极境。

人生的最高境域与审美境域的合一是中国美学的传统特色,它和中国人"天人合一"的审美观念分不开。在中国人看来,人与自然、物与我、情与景、本质与现象、创作者与客体都是浑然合一,不可分裂的。天地万物与人的生命可以直接沟通,人与自然是一个有机的统一体。在天地人的浑然一体中,人是天地的中介,处于核心地位。正是在这种"天人合一"的传统美学思想影响下,中国美学极为强调人与社会、人与自然、美与真善的和谐统一,并由此形成中国美学把人生作为出发点与归宿,肯定人的生命价值与存在意义,关注人的命运和前途,以努力为人的精神生命创构出一个完美自由的审美境域为审美理想与审美追求。也正是在这一思想的作用下,中国美学主张人与人之间、人与社会和自然之间、人自身与心灵之间的和谐,力求克服人与自然和社会的矛盾冲突,以达到身心平衡,主客一体而进入自由的人生境域。

在中国古代,儒道美学与佛教禅宗美学都把人生的自由境域作为最高的审美理想与最高的审美境域。儒家孔子认为,人生境域的追求是由"知天命"到"耳顺",再到"从心所欲不逾矩"④的过程;道家的老子则把"同于道"作为人生的最高

---

① 陆九渊:《语录下》,见《陆九渊集》卷三五。
② 《中庸》二十二章,见《四书章句集注》《新编诸子集成》第一辑,中华书局,1983年版。
③ 《庄子·齐物论》,见陈鼓应:《庄子今注今译》,中华书局,1983年版。
④ 《论语·为政》,见《论语集注》,北京大学出版社,2003年版。

追求与一种极高的审美境域;而庄子则有对"无所待"而"逍遥游"的理想境域的向往,在他看来,人生的意义与价值就在于任情适性,以求得自我生命的自由发展,只有摆脱外界的客体存在对作为创作者的人的束缚和羁绊,才能达到精神上的最大自由;禅宗则追求超越人世的烦恼,摆脱与功名利禄相干的利害计较来达到绝对自由圆融的人生境域。

在我们看来,诸家人生境域论的建构与传统审美目的都是一致的。中国美学传统审美目的所努力追求的最高审美境域是心灵的自由与高蹈。"以类合之,天人一也"①。天人本来是一类的,人来自自然,自然万物与人一样具有性灵和生命。万物综综,各复归其根。人只有返回自然,在和自然融合中才能得到抚慰,从而消除烦劳和苦闷,获得心灵的宁静。在审美活动中审美创作者则必须保持恬淡自然、澄澈透明的心境,超越现实的束缚,使自己的心灵遍及万物,与天心相通,与万物一体,进而达到"万物皆备于我"的境域,直觉地体悟到宇宙自然深处活泼泼的生命韵律,从而始能获得人生与精神的完全自由。要达到此,创作者则必须经过"澄心",始能从一般境域转化到审美境域。只有忘欲忘知忘形忘世忘我忘物,才能使创作者进入精一凝神、视而不见、听而不闻的自由自在的审美心境,由此,也才能于心物交融、物我合一中获得审美的体验,进入最高的审美灵境。在这里,我们还必须注意到这么一个事实,即中国美学所推崇的最高审美境域的建构,主要还是来自道家美学的审美观念。老子认为"道"与"气"是宇宙万物的生命本原,作为孕育自然万物的核心生机的"道","先天地生","可以为天下母"②。它既是宇宙大化最精深的生命隐微,又是宇宙大化运行发展变化的必然及规律性,因此,也是审美体验所要追求的美与审美境域创构的本原。同时,老子认为"道"又是"无",是"无"与"有"的统一体,所谓"天下万物生于有,有生于无"(四十章),所以"无"才是最高的境域。当然,"道"既然是"无"与"有"的统一体,就绝对不是完全的"虚无",它是"其中有象""其中有物""其中有情""其中有信"(二十一章)。"象""物""精""信"是真实的存在,但也是有限的,而"虚无"即"道",才是无限的,因而才是最高的、绝对的美,其表现特征为空灵、自然、无为、永恒。老子认为,人道在于天道,应追随天道,而天道即自然之道。这样,人就不能背离自然,人应按照自然无为,损有余以补不足的原则,来追求自身纯朴自然的本性,以实现自身的人生价值。表现在审美活动中,要生成并显现这种宇宙之美,就必

---

① 董仲舒:《春秋繁露》卷十二《阴阳义》,上海古籍出版社,1989版。
② 《老子》二十五章,见陈鼓应:《老子注释及评介》,中华书局,1984年版。

须"绝圣去智""无知无欲",在"虚静"的自由境域中,让心灵自由飞翔、穿越,以超越有限的、具体的"象",而体悟到"道"——这种宇宙生命的精深内涵和幽深旨意,并进入极高的自由境域。此即司空图所谓的必须"超以象外",方能"得其环中",进入宇宙的生命之环。

作为巴蜀第一文人,司马相如"自得"说主张的创新意识影响深远。他之后,陆机就指出审美创作必须"谢朝花""启夕秀"。他在《文赋》中说:"或藻思绮合,清丽芊眠,炳若缛绣,凄若繁弦。必所拟之不殊,乃暗合乎曩篇,虽杼轴于予怀,怵他人之我先。苟伤廉而愆义,亦虽爱而必捐。"钱钟书解释这段话说:"若侔色揣称,自出心裁,而睹其冥契'他人'亦即'曩篇'之作者,似有蹈袭之迹,将招盗窃之嫌,则语虽得意,亦必刊落。"这就是说,在陆机看来,即便是作者苦心孤诣想出来的语意,倘若古人已经先说过,也要忍痛割爱。

刘勰也主张文艺创作贵创新。他在《文心雕龙·通变》篇中指出:"文律运周,日新其业。变则其久,通则不乏。趋时必果,乘机无怯。望今制奇,参古定法。"①不断发展的文学规律,就是"日新其业",这是刘勰对文艺创新意识的最可贵的认识,倒退是一条绝路,也不可能倒退。"日新其业"是客观存在的、必然的规律,而"通变"就是使文学创作能长远发展的必然道路,因此,刘勰鼓励作者大胆果敢地去创新,只要不忽略"有常之体"的基本原理,在"望今制奇"的同时,还应结合"参古定法"。他极分明地概括了通变的出发点,要求从学古中创新。"变通者,趋时者也",从这里也可见,发展创新确是刘勰通变论的主要思想。

刘勰虽以"师乎圣、体乎经"论文,却主要从文艺创作的角度,在《文心雕龙》中取其"衔华佩实"之义,其所本之道又非儒道,而是言必有文的"自然之道"。他不仅对纬书的"无益经典而有助文章"(《正纬》)予以肯定,更大力赞扬"自铸伟辞"而"惊采绝艳"(《辨骚》)的楚辞,其列论楚辞的《辨骚》为"枢纽论"之一,主要就是取"变乎骚"之义。这个"变"是指对儒家经典的变。楚辞由儒家五经发展变化而为文学作品,在刘勰看来,这并不违背儒家圣人的旨意。《征圣》曾明确讲到,"抑引随时,变通会适,征之周孔,则文有师矣",既然随时适变是圣人之文的特点,既然要师圣宗经,当然就不能固守五经而无所发展变化。于此可见,刘勰强调征圣宗经,并非为了坚守儒道,不是为了复古倒退,从来没有要求作家照搬照抄"古昔之法",而是从文学本身的特征出发,注重文学的发展新变。之所以借重于儒经者,主要是为了"矫讹翻浅",以图遏制"从质及讹"的发展趋势。不论哪个阶级的

---

① 《文心雕龙·通变》,见范文澜注:《文心雕龙注》,人民文学出版社,2006年版。

代表人物都不会为"古"而"颂古","好古"只是一种手段,最终目的是为了"今"。正如鲁迅所指出的:"发思古之幽情,往往是为了现在。"

受司马相如"自得"说的影响,刘勰论作家,非常重视作家在文学史上的通过"自得"所取得的首创功劳和独创的成就。屈原的《离骚》在辞赋中是首创的作品,在历史上是独创的现象。刘勰以前的人都未曾对其独创的特点予以评价,刘勰则指出它是独创的文学,他在《文心雕龙·辨骚》中说:"自风雅寝声,莫或抽绪,奇文郁起,其《离骚》哉!"又说:"气往轹古,辞来切今,惊采绝艳,难与并能矣。"此外,如《杂文篇》中谈到宋玉的《对问》、枚乘的《七发》、扬雄的《连珠》,刘勰都重视其首创的功绩。说宋玉之"始造《对问》"是"放怀寥廓,气实使之";说枚乘之"首制《七发》"是"腴辞重构,夸丽风骇",又说"观枚氏首唱,信独拔而伟丽矣";说扬雄之"肇为连珠"也是"覃思文阁,业深综述",又说"其辞虽小而明润"。相反,刘勰对模拟的作家作品总是否定多于肯定,这又从反面说明了他强调创新的主旨。刘勰在《辨骚》和《事类》等篇中指出扬雄基本上是一个模拟的作家,作品大多是模拟的作品后,除了对他的少数篇章的某些表现和若干言论有所肯定外,对扬雄的为人和作品大都是否定的。如提到扬雄的为人时,他说,"扬雄嗜酒而才算","彼扬马之徒,有文无质,所以终乎下位也"(《程器》)。论及其作品时,则说,"扬雄之诔元后,文实烦秽"(《诔碑》),"扬雄吊屈,思积功寡,意味文略,故辞韵沈膇"(《哀吊》),"剧秦为文,影写长卿,诡言逐辞,故兼包神怪"(《封禅》),"子云羽猎,鞭宓妃以饷屈原……娈彼洛神,既非罔两……而虚用滥形,不其疏乎"(《夸饰》),"雄向以后,颇引书以助文"(《才略》)。

刘勰认为"数必酌于新声",即要凭着自己的气性才情,用今天的语言,创作今天的时下的文艺作品。他反复强调"参伍以相变,因革以为功",就是告诫我们:继承必须革新,革新不废继承,因为"变则其久,通则不乏",唯其如此,文艺创作才具有永恒的艺术魅力。

三、任情、尽性的审美精神

巴蜀是"九天开出一成都,万户千门入画图"①的成都与古嘉州等数十座巴蜀历史名城被巴蜀人金雕玉琢般建设的优雅人居,宛似天然图画,有 4500 年以上历

---

① 李白:《上皇西巡南京歌十首》,见赵昌平:《李白诗选评》,上海古籍出版社,2004 年版。

史的城市文明的传承地；是栈道、笮桥、巢居和梯田四大特色的巴蜀文化,特别是世界少有的成都平原的林盘文化为特色的巴蜀乡村文化的衍化地。唐代长安为京都,故位于其南的成都是为"南京"。李白诗中极尽赞美的评价,令人不难想象当时作为巴蜀文化中心的成都的繁荣。"成都"之名的来由有多解,其中一个最权威的解释应该是,"成都"二字表示"蜀族居住之地"。"成"与"蜀"二字的古蜀音相近可通,而"都"在古蜀语中即"地方"。成都作为城市之名,首现在战国前期的古蜀开明帝时代。从建城到今天一直使用原名而不变的大城市,在中国只有成都一个。两千多年前,秦国将四川并入版图,并在巴蜀设郡。当时,"秦之迁民皆居蜀"。最早的"天府"之誉,本是赞美秦汉时期的关中(今陕西汉中)。关中没落之后,遂改秦成都为"天府"至今。楚汉相争时,刘邦夺取天下,经济来源主要在巴蜀。诸葛亮在《隆中对》中说:"益州(成都)险塞,沃野千里,天府之国,高祖因之而成帝业。"西汉前期,四川的经济实力已位居全国之首,正如《华阳国志·蜀志》所说,那时的成都"家有盐铜之利,户专山川之材,居给人足,以富相尚……汉家食货,以为称首"。东汉时,成都是首都长安之外的"五大都"之一。《后汉书》说:"蜀地沃野千里,土壤膏腴,果实所生,无谷而饱,女工之业,覆衣天下,名材竹干,器械之饶,不可胜用。又有鱼盐铜银之利,浮水转漕之便。"

  巴蜀地区自古以来物华天宝,地灵人杰。但作为巴蜀文化中心的成都则从来崇文不尚勇,此地也似乎只出诗人、文人、高士或学者。因为过于重文,这个少有的历代古都竟没有多少帝王之气,只是在街名地名中依稀可以感到昔日皇城的存在。古往今来,在成都休养生息和挥洒诗文的杰出文人"彬彬辈出",成都人物的历史长廊几乎全都由文人占据。"初唐四杰"中的王勃、卢照邻,唐代著名边塞诗人高适和岑参,画圣吴道子,诗仙李白,诗圣杜甫,伟大的现实主义诗人白居易,唯物主义诗人刘禹锡,著名大诗人元稹、李商隐,宋代的苏东坡、黄庭坚、陆游、范成大等,都曾在成都游历和定居,并且都有过许多流芳百世的华美诗文。其中,杜甫在四川期间曾写诗四百余首,有多半作于成都的草堂。明代何宇度在《益部谈资》中说:"蜀之文人才士,每出,皆表仪一代,领袖百家。"成都人司马相如便是四川古代文化史上第一个著名的文学家,汉武帝在读其《子虚赋》后竟惊叹:"朕独不得与此人同时哉!"成都人扬雄是西汉末期人,乃中国古代著名的文学家、哲学家和语言学家。唐代著名女诗人薛涛也是成都当地人,中国古代文学史上十分著名的"两表",即诸葛亮的《出师表》和李密的《陈情表》都写于蜀中。外埠入蜀者中名人也有许多,如汉景帝末年的蜀郡守、大教育家文翁,蜀汉王朝丞相诸葛亮,还有南宋大史学家李焘(《续资治通鉴》),明代的大才子、多产作家杨慎(号升庵)有各种著述四百余种,比西方著名的多产作家巴尔扎克还多三倍。在"蜀道之难,难于上青天"的那些年代,有这么多文人齐聚远离京城和中原的地方而寓居成都,实在令人称奇。还有,现代文学巨匠郭沫若、巴金、李劼人、沙汀、艾芜等也都是成都人或川西蜀地人。成都在文化上有如一个"国中之国"。

以成都为中心的巴蜀地区,以其别具一格的文化,独立不迁的个性,古老而又年轻的风貌,神奇而又坦然的胸怀,恒久的魅力和迷人的风采,激发了古往今来多少人了解它的渴望,升腾起热恋它的浓醇兴味。

的确,作为中华民族大文化的区系之一,巴蜀地区有其特殊的地域性。以天府之国养锦绣成都,以其厚德载物开光、开化人道,因此,以千秋大成之都为中心的巴蜀地区环流着一派汪洋恣肆的任情、尽性的审美精神。

众所周知,中华文明的形成有三种模式,即东北和西南的原生型、中原的次生型和北方草原的续生型。巴蜀文明属于原生型,成都平原古蜀国的宝墩文化同辽西的红山文化,刚好一在西南,一在东北,这是中华大地上两种悠久而独立的始原的文化,是中华多元一体大文化中最早的文明源头之一,显示"中华文明的曙光",是原生型文明的典型。

对此,巴蜀人有自己的文化解读方式。《华阳国志·巴志》云:"华阳之壤,梁岷之域,是其一囿;囿中之国,则巴蜀矣。其分野,舆鬼、东井。其君,上世未闻。五帝以来,黄帝、高阳之支庶,世为侯伯。"《华阳国志·蜀志》云:"蜀之为国,肇于人皇,与巴同囿。至黄帝,为其子昌意娶蜀山氏之女,生子高阳,是为帝喾。封其支庶于蜀,世为侯伯。"《华阳国志·巴志》又云:"《洛书》云:人皇始出,继地皇之后,兄弟九人,分理九州,为九囿,人皇居中州,制八辅。华阳之壤,梁岷之域,是其一囿,囿中之国则巴、蜀矣。"有关常璩的记述还有其他史籍可征。如《世本》云:"蜀之先,肇于人皇之际,无姓。"《史记·五帝本纪》:"黄帝……生二子,其后皆有天下。其一曰玄嚣,是为青阳,青阳降居江水。其二曰昌意,降居若水。昌意娶蜀山氏女。"《竹书纪年》《山海经》《通典》《太平寰宇记》都有类似记载。李学勤说:"蜀文化的源头,可以上溯到 5000 年前,甚至肇于人皇,殊未可知。"①根据考古发现和史书记载,巴蜀文化不仅可上溯到五千年前的五帝炎黄时代,还可上溯到更早的"人皇"时代,这是不同于中原看法的文化解读。巴国蜀国的古文化有其自身的特点和脉络,它在独立发展的过程中,同中原的三皇五帝都发生了关系,这种关系丰富了蜀国古文化自身的特点,引出种种富有文化想象力的神话和传说,这正

---

① 李学勤:《蜀文化神秘面纱的揭开》,载《寻根》,1997 年第 4 期。

是古蜀人文化创造力的表现。

三星堆出土的青铜器中,如鸟首人身青铜像、人身鸟足像以及各种鹰头杜鹃等凤鸟形象,应该是古巴蜀人羽化飞仙思想的渊源。

巴蜀人仙化飞升审美取向形成了具有浓重地域特色的任情尽性、随心所欲、富于激情、虚幻、神奇的文化心态和狂放不羁的审美精神。呈现于文艺创作,则其作品中往往表现出极富文采和超强的想象力。如司马相如辞赋创作中所原创的仙游审美形态,其《大人赋》就淋漓尽致地表现出羽化登仙、凌霄步虚的仙游四方的气概。汉武帝读了这篇赋,竟然感觉"飘飘有凌云之气,似游天地之间意"。应该说,由此开端,遂形成巴蜀审美文化的"文心"与性灵,以及"苞括宇宙,总览人物","控引天地,错综古今",靠内在心灵的开悟与精神的流动的、神奇梦幻、尽情任性的审美精神,使得从古至今巴蜀地区都是最适宜培养风流倜傥,张扬个性的区域所在。

司马相如以后,扬雄高傲地声称作赋是"雕虫小技","壮夫不为的";李太白则借酒装疯让高力士殿上脱靴;苏东坡的满肚子不合时宜;苏舜钦之以伎乐娱神等,都是蜀地特有的"不羁"世风,都是蜀地与众不同的文化个性。在这种文化性格与"不羁"世风影响下,巴蜀文人的文章,求奇求险,求空灵求生动,求义理之绝妙,求回味之无穷。同时,这也影响到巴蜀文人的品行风貌,造成其多以特立独行、愤世嫉俗、狂傲不羁的文化性格著称于世。

这种标新立异的文化传统和惊世骇俗的地域文化遗传因子,极大地影响了巴蜀地域文化的精神气质和巴蜀文人的集体人格。从正面意义讲,渴望与众不同是自我意识强健的表征,而且这种渴望的动力来自一种对地域文化遗传因子的自觉认同和传承,以及一种文化使命的自愿担当和背负。

应该说,这种特立独行、愤世嫉俗、狂傲不羁的精神在司马相如、扬雄等早期巴蜀文人的辞赋审美创作中就有突出的呈现。

辞赋创作滥觞于先秦,到西汉汉武时期,由于社会与时代的发展、统治者的提倡,以及丰厚的先秦文化的滋养,辞赋创作迅速兴盛起来。即如班固在《两都赋序》中所指出的,在武、宣之时,"兴废继绝,润色鸿业","言语侍从之臣若司马相如"等,"公卿大臣御史大夫倪宽"等,都醉心于作赋,他们都在那里"朝夕论思,日月献纳","时时间作","故孝成之世,论而录之,盖奏御者千有余篇,而后大汉之文章,炳焉与三代同风",所以钟嵘在《诗品序》中说当时是"辞赋竞爽"。在此前后,辞赋名家辈出,涌现出司马相如、扬雄、班固、张衡所谓"四大赋家",以及许多颇有特色的其他赋家。其中尤以司马相如的成就最高,他是汉赋的奠基者,中国文学史上最著名的赋家,其辞赋作品千百年来一直为人们所传颂。

作为辞赋大师,司马相如不但创作颇丰,而且已相当充分地掌握了辞赋创作的审美规律,并通过自己的辞赋创作实践和有关辞赋创作的论述,对辞赋创作的审美创作与表现过程进行了不少探索,看似只言片语,但与其具体赋作中所表露出的美学思想相结合,仍可见出他对赋的不少见解。从人格个性方面看,司马相如既具有纵横家的个性特征,又具有浓厚的入世思想,想轰轰烈烈干一番经国大业,以实现其社会理想。其人格个性鲜明独特,文风自标一格。"大丈夫不坐驷马,不过此桥"①的题词,更是生动地表现了他狂傲自放、好奇逐异的张扬个性和蜀人士风。与其人格个性相似,在辞赋审美创作方面,司马相如主张"赋家之心,得之于内,不可得而传",强调辞赋创作应对事物有真知灼见,有独到的体悟,且含化于内心深处,确有所得,必须务出己见,要"得之于内""得之于心"。在司马相如看来,辞赋创作必须具有创新精神,必须想出天外,另辟蹊径,独立门庭,以创造一个崭新的艺术美的境域,从而才能引起世人注视,以利于广结天下文林俊杰,共传济世之道。"得之于内""得之于心",就是追求独立、新颖之作的表现。

司马相如所提倡的"得之于心""自得于内"的"自得"说包含了强烈的自我意识、独立的人格和自由的审美精神,这种自我意识、独立的人格和自由的审美精神用道家哲人的话语来表述就是"自然"。

司马相如具有一种强烈的大胆冲决创新进取意识。他秉承了巴蜀人的自由不羁精神,具有不拘礼法、崇尚自然、张扬个性、独抒性灵的个性特征,同时,他的创作又与庄子"法无贵真"和"原天地之美"的思想追求一脉相承。其热情奔放、神思飚发、自由不羁、个性张扬等可见庄子的神髓;其纵横的才气、豪放的气势、宏大的气魄又颇得庄子散文的神韵。司马相如对以道家一脉所代表的中国式的个人主义对人道主义的改造,成就了他独树一帜的不拘礼法、大胆冲决一切的独立人格。老庄道家式的自我意识、独立的人格和自由的审美精神在司马相如身上得到了体现与张扬,成就了他"辞宗"的地位,使其辞赋创作在汉代赋作中达到了巅峰。

"人类的尊严"是一种梦想和崇高的理想主义。过于"文"化的文化的理想前途是从"巧辩矫饰"中退避出来,重新回到简朴的思想和生活里,而过于严肃的世界又必须有一种活泼泼的"智慧和欢乐的哲学以为调剂"②。从其人生道路与精

---

① 《成都记》,见《太平广记》条引。
② 林语堂:《生活的艺术》,群言出版社,2009年版。

神境域看,司马相如少时好读书,喜击剑,羡慕蔺相如的为人风范,更犬子为相如,可见其自视甚高。后来他以赀为郎,事孝景帝,为武骑常侍。"相如好书,师范屈宋,洞入夸艳,致名辞宗"①,而景帝不好辞赋。时梁孝王来朝,游说之士邹阳、枚乘、严忌等皆从,相如见而阅之,因病免,游梁,数岁,作《子虚赋》。后梁孝王卒,相如归家,因临邛令会卓文君,琴挑文君,与之自由结合,并携其私奔。其举可算惊世骇俗。婚后生活拮据,他又"自著犊鼻裈",夫妻二人开酒店,让文君当垆,自己涤酒市中,旁若无人。可见其行事不拘执,喜欢自由怀想、自由行事、自由自主、自由创造,追求现实现世的享受,并将此置于超拔的感觉生活与高蹈的精神生活之上,具有强烈的自我意识、独立的人格和自由的审美精神。

独立的人格和自由的审美精神在司马相如的思想中占有重要地位。他在《难蜀父老》中曰:"盖世必有非常之人,然后有非常之事;有非常之事,然后有非常之功。非常者,固常人之所异也。""且夫贤君之践位也,岂特委琐握(龌)龊,拘文牵俗,循诵习传,当世取悦云尔哉!"②不难看出,所谓"有非常之功",不"委琐龌龊,拘文牵俗,循诵习传,当世取悦",与"常人"相异的"非常之人",就是喜欢特立独行、自由自在,具有强烈的自我意识、独立的人格和自由的审美精神的人。

显然,司马相如这种强烈的自我意识、独立的人格和自由的审美精神与中国本土思想资源中的"个人主义"观念分不开,必然受道家思想中的"个人"与"自我"观念的影响。在中国传统文化中,儒、墨、道诸家都认识到了个体与群体、自我与他人之间密不可分的社会关联,都认识到个体自我是出发原点,无论是"立人""达人""兼爱利他",还是"不利天下""不取天下",都必须从一己之我出发,"立人""达人"是从"己立""己达"开始的;"兼爱利他""不利天下""不取天下"等的主语仍然是"我"。他们都不同程度地意识到了个人的"人类性",即任何个体都具有社会性。儒墨都讲国家天下,道家虽然讲个人与殊相,但他们仍然深刻地认识到在同一个体身上,仍有"社会"意义上的"我"的一面。儒家采用仁义礼制,墨家采用兼爱非攻,道家采用"贵己""为我",自我实现的途径虽然迥异,却在目的上殊途同归。就理想的"群体"而言,儒家的群体是君臣有分、夫妇有别、长幼有序的讲等差的群体;墨家的群体是"兼"而无"别"的群体;道家的群体是个人发展的群体。就理想的"个人"而言,儒家是为仁义礼制而生存的个人;墨家是利他而生的个人;道家则是为自我而存在的个人。而就总体意义上的"效果史"理解而言,

---

① 《史记·司马相如列传》,中华书局,1965年版。
② 《史记·司马相如列传》,中华书局,1965年版。

儒家追求社会秩序,墨家爱好社会平等,道家讲究个人自由。老庄道家标举自主、独立的人格精神,"举世誉之而不加劝,举世非之而不加沮"①,称举至人、神人、真人的人格风范。在庄子看来,他们都是超越经验世界的特立独行之士,他们不汲汲于功名,不孜孜于利禄,不奔走于权贵之门,不计较个人的荣辱毁誉,即鲁迅在《文化偏至论》《破恶声论》《摩罗诗力说》等早期论文中所说的"立我性为绝对之自由者","个性之尊,所当张大"等。在鲁迅看来,自主、独立的人格精神乃整个人生意义系统,为社会发展的真正起点与归宿,因此,极力推举个体人格的独立与自由的审美精神。

除了对个体人格的独立与自由的审美精神的尊崇之外,老庄道家之个人主义观念的另一重要内涵在于对"万物各听其异"的"个体多样性"的推崇。鲁迅在《汉文学史纲要》中引述《庄子》中的几段话,意在作庄子"其文则汪洋捭阖,仪态万方,晚周诸子之作,莫能先也"的论据,其中有一段《庄子·齐物论》中的话,颇能说明老庄"万物各听其异"的主张。在这段话中,强调在经验世界中,万物应该有一个统一的是非、正误尺度,并在此标准下趋同于"天下之正色";而王倪则主张万物应各听其异,天下根本就没有作为统一尺度的"正色",如果要勉强以一种尺度去统一各种不同的对象,结果只会导致无尽的纷争。显然,司马相如所提倡的、包含有强烈的自我意识、独立的人格和自由的审美精神的"有非常之人,然后有非常之事","得之于心""自得于内"的"自得"说,将独立的人格和自由的审美精神作为辞赋创作的意义系统和审美活动的真正起点与归宿,是与老庄道家的"万物各听其异"主张相似或者接近的,可以说是对老庄道家之个人主义观念的"重新发现"与发展。

崇尚自我的司马相如对自己的个性的认知是切合实际的,据《史记·司马相如列传》载,他在个人的生活选择中,虽"进仕宦",但"未尝肯与公卿国家之事,称病闲居,不慕官爵"。最后,他干脆"病免"于家,断然拒绝了升官晋爵的机会,从而才有可能保持其文人的个性,才有可能保证个人的言说不被群体的话语洪流淹没。但是这种与实践的疏离并不能成为他坚守纯粹个人主义立场的保障,相反,实践品格的缺席,某种程度上还会导致思想立场的松动甚或瓦解。因而,才有他死后"遗札书言封禅事"。

当然,作为中国早期的杰出的政治家,司马相如的群体意识还是极为浓重的。如他的《喻巴蜀檄》和《难蜀父老》,实际上就是两篇说理充分、情文并茂的政论

---

① 《庄子·逍遥游》,见陈鼓应:《庄子今注今译》,中华书局,1983年版。

文。在朝中,他还敢于上《哀二世赋》,以讽谏好大喜功的武帝。这种从个人到群体的"自由"转轨,实不难从道家文化中寻找到答案。从个人到群体的转轨,就与道家文化的逻辑构成不相冲突。因为老庄道家崇尚个体,关注自我,但也并非视自我为脱离社群存在的孤独个体。实际上,他们深昧二者之间的不可脱却的密切关联。先秦道家既讲"重己""贵我",无名、无功、无己,"隐居不仕"、寄寓田园,也讲一毫不取,"功盖天下""化贷万物",爱民治国,"乐俗""安居","利他不争","从俗""从令"等。这就为个体从个人关怀走向对社群乃至天下的关怀预置了通道。另外,道家讲"天地与我并生,万物与我为一",这就视"个人"与"天地""万物"为无等差的、无障碍的存在,从而为个人融入社会消除了观念上的樊篱。再者,老庄道家的"齐家物""一人我""无彼此"、相对主义哲学观念与思维方式,亦没有在个人与社群之间坚守各自的不可逾越的边界,从而为二者的自由出入发放了通行证。

儒道两家这种强烈的自我意识、独立的人格和自由的审美精神在司马相如的赋作中多有体现。所谓"绝殊离俗","其小无内,其大无垠",凭虚构象,而意象生生不息,"似不从人间来者"(扬雄语)。就中国古代思想史看,儒、道两家并非决然对立,而是相互补充、相互作用的。儒家是庙堂的、主流的哲学,道家是世俗的、放主流的哲学;中国人性格中的基本因素,如"老成温厚""遇事忍让""消极避世""超脱老滑""和平主义""知足常乐""幽默滑稽""因循守旧"等,大多是儒、道的糅合。对此,林语堂说得特别好:"道家的浪漫主义,它的诗歌,它对自然的崇拜,在世事离乱时能为中国人分忧解愁,正如儒家的学说在和平统一时作出的贡献一样。"①

综上所述,顺其自然,自由地舒展自己的性灵,以富于个体性的感受贴近生命的历程;或者不羁于樊篱,做一个奔放的情感流浪者与生活的歌咏者等,却又无一不是"性灵"中人,无一不富于强烈的自我意识、独立的人格和自由的审美精神的美。这是司马相如所倡导的"得之于心""得之于内"的"自得"说的深层美学内涵。

"得之于内""得之于心"的"自得"说的提出,表明了司马相如高度自觉地对个性化的追求,其独立自由之美学精神也影响并贯穿整个巴蜀文艺美学思想史。在中国文艺美学思想史上,曹丕在品评作家时曾经提出"文人无行"[2]的命题,认

---

① 林语堂:《中国人》,学林出版社,1994年版,第67页。
② 曹丕:《典论·论文》,见霍松林主编:《古代文论名篇详注》,上海古籍出版社,2001年版。

为自古以来,大多文人"不护细行"。而从另一方面来看,所谓"文人无行""不护细行",就是指这些文人行为张狂不羁、倜傥风流、自由放诞、特立独行。刘勰在《文心雕龙·程器》篇中曾列举以司马相如为首的十六个文人为"不护细行"的代表,认为"相如窃妻而受金",行为自由不羁、个性张扬,具有独树一帜、不拘礼法、大胆冲决一切的独立人格。孔子早就说过,"有言者不必有德"①。这应是中国古代文人"不护细行"的思想源头。司马相如以后,文人"不护细行"颇为流行,唐宋两代尤为明显。如唐骆宾王,《旧唐书》本传载其:"落魄无行,好与博徒游……坐赃左迁临海丞,弃官而去。"崔颢,史称"有俊才,无士行";王昌龄"以不护细行贬龙标尉";顾况"以嘲诮能文","为宪司所劾,贬饶州司户";元稹"素无检操";李商隐"与太原温庭筠、南郡段成式齐名,时号'三十六',文思清丽,庭筠过之,而俱无持操,恃才诡激,为当途者所薄,名宦不进,坎壈终身";《宋史·文苑传》称周邦彦,"疏隽少检,不为州里推重";柳永"喜作小词,然薄于操行";陆游为范成大参议官,"以文字交,不拘礼法,人讥其颓放,因自号放翁","晚年再出,为韩侂胄撰《南园阅古泉记》,见讥清议"②;等等,都是文人行为张狂不羁、独立自由的例子。

从孔子、孟轲、董仲舒到朱熹,儒家思想自身的发展,随着时代的变化,兴衰起落、吸纳变革,逐渐成为整个封建社会的统治思想,并渗透到社会的每一个角落。儒家思想中的一整套的伦理道德、礼义名分观念,始终是统治阶级用以巩固政权、维系人心、规范人们言行的理论武器。"君君、臣臣、父父、子子"③,不得僭越;"君臣、上下、父子、兄弟,非礼不定"④,"非礼勿动"⑤;"男女有别"⑥"男尊女卑"⑦,不准违犯;"不登高,不临深,不苟訾,不苟笑"⑧。一切都要循规蹈矩,恪守不违,否则,即使像曹操这样一位曾主张过"夫有行之士,未必能进取;进取之士,未必能有行",故任人重在取其材而不论其"负污辱之名,见笑之行"⑨的很通达的人物,为了维护其统治,也会以不孝为名将孔融杀掉。南朝统治者虽多信奉佛教,但儒家思想仍是统治思想,儒家的伦理道德仍须遵从,帝王仍借以维护统治秩序,士人

---

① 孔子:《论语·宪问》,见《论语集注》,北京大学出版社,2003年版。
② (元)脱脱等撰:《宋史·陆游传》,中华书局,1984年版。
③ 《论语·颜渊》,见《论语集注》,北京大学出版社,2003年版。
④ 《礼记·曲礼上》,见《论语集注》,北京大学出版社,2003年版。
⑤ 《论语·颜渊》,见《论语集注》,北京大学出版社,2003年版。
⑥ 《礼记·丧服小记》,见《论语集注》,北京大学出版社,2003年版。
⑦ 《晏子春秋·天瑞》,华夏出版社,2002年版。
⑧ 《礼记·典礼上》,见《论语集注》,北京大学出版社,2003年版。
⑨ 《魏书·武帝纪》,中华书局,1974年版。

皆不得违犯。诸如司马相如、扬雄、孔融、潘岳以及王昌龄、元稹、温庭筠等,这些被指责为"不护细行"的文学之士,或有媚上之嫌,或有另辟蹊径以求升迁之意,或有傲诞不羁之行,或有违碍名教礼仪之举,恰恰在政治上不利于封建统治秩序的维护,违反了儒家出处进退的名节,在生活上唐突了儒家的伦理道德,那就自然免不了生前受人侧目,仕途不尽如人意,死后还要被以成败论人的史家非议。

在中国传统美学看来,"文如其人""诗品即人品"。风格是一个创作者成熟的标志。当一个创作者通过"得之于内""得之于心",在创作上有了自己的独特风格时,这就意味着他在一个相当长的时期内,已经将艺术人格建构的自觉性提升到了较高的层次。在审美创作表现过程中,创作者固然并不忽视人格建构中应该注意到的其他方面,但更多地、更集中地是关注在艺术实践中怎样才能相对地稳定被自己解析与重组了的社会基本人格,并使其更具个性化。这种高度自觉地追求个性化,有利于创作者在更深层次上发现自我、完善自我,把自己的现实人格与所求求的价值联系起来。这里关键在于审美创作本身的个性化。北魏祖莹说:"文章当自出机杼,成一家风骨,不可寄人篱下。"①其意就是要求创作者敢于根据自我特性,从事创作上的探索,闯出属于自己的新路,绝不可在不能独成一家的路子上走到底。为此,创作者在自己的艺术实践中应该发挥自己的专长。当然,作为创作者,有什么专长,与其审美能力、审美气质、审美需求和审美兴趣有着极内在的联系。这种联系常在创作的起始阶段不为创作者所自觉,往往是其即将步入创作上的成熟期时,才幡然醒悟,而"得之于内""得之于心""自出机杼"说则要突出强调这种联系,就是要让创作者尽早明白审美创作个性化的重要性。实践表明,创作者对自身特性自觉得早,而且比较准确,他的审美创作就有可能较快地个性化。这种个性化了的审美创作,自然会越来越强化创作者的创作个性,并将其独成一家的优秀因素相对稳态化。可以说,正是基于这样的认识,陆游在《九月一日,夜读诗稿有感走笔作歌》中才不无感慨地说:"世间才杰固不乏,秋毫未合天地隔。"人世间杰出的诗人多的是,如果不懂得"天机云锦用在我",则不可能创作出隽永传世之作。可以说,创作者在其审美创作中只有"自出机杼",发挥专长,才可能创作出个性化的优秀作品。

同时,应该力破自己的偏见。创作者在努力使自己的艺术实践个性化的过程中,其求异心理常常促使自己与他人比较,在比较中显示自己的特点。这种"得之于内""得之于心""自出机杼"的求异心理是创作者追求鲜明的创作个性和自我

---

① 袁枚:《随园诗话(一八)》卷七,人民文学出版社,1959年版。

的艺术价值的动力,不可缺少。特别是在这种动力的作用下,创作者创作过程中的精力旺盛,常常会出现一个"黄金时期"。"生气远出,不著死灰。妙造自然,伊谁与裁"①正是创作者此时创作的总体精神特征。所谓"伊谁与裁",是说创作者尽力把文本写得比较完善,致使他人无可挑剔,创作者创作的"高峰体验"也大都集中在这个时期。然而鼎盛的"黄金时期"具有二重性,它既标志创作者步入了创作的成熟阶段,也对其敲响了万不可故步自封的警钟。因为创作危机常常就潜伏在这个关口,而也确有创作者在这里失足,即忘记了反思自己,陶醉和满足往往使他们陷入了重复自己的泥淖而不能自拔。更有甚者形成偏见,"坐井观天",把求异心理蜕化为固守自我,不再去创造、发现、飞跃和进取,走向了审美创作个性化的绝境。文学史上的这种现象提醒创作者们,在追求审美创作个性化的过程中,要不断地关注自己创作发展变化的轨迹,要对自身的创作始终有一个清醒客观的把握,这样才有可能经常保持着百尺竿头、更进一步的欲求,使求异心理与远大抱负结合起来。力破偏见还要求创作者对其个性化的艺术实践应持冷静审视的态度。南宋词人吴文英,"少好文词",写了不少哀时伤世的诗词,是一个"多情之人"。在情感表现方面,不仅在妇人女子生离死别之间,而且大到国家危亡,小到友朋聚散,或吊古而伤今,或凭高而眺远,无论是一花一木之微,还是一游一宴之细,都有一段缠绵之情蕴藉其中,而且还能于极绵密之中运以极生动之气。这可以说是吴文英坚持为情造文所展示出的独特个性。然而他过分地用典饰情,有时不免晦其本意而流于生涩。王国维在《人间词话》中曾分析过他创作的得失,一针见血地指出他的"写景之病","在一隔字"。这个"隔"字相当深刻地揭示出作为创作者,其审美构思活动,不论是求新追异也罢,还是显示自己独特个性也好,其创作心态都必须以自己的人生和自我感受的"不隔"作为条件。这种见解也有利于纠正创作者在"得之于内""得之于心""自出机杼"的审美创作中追求个性化方面的盲目性和偏颇性。

杰出的文艺创作者在终其一生的创作中都注重自己独立人格的建设,努力使之趋于完善。"我之为我,自有我在。古之须眉,不能生在我之面目;古之肺腑,不能安入我之腹肠。我自发我之肺腑,揭我之须眉。纵有时触着某家,是某家就我也,非我故为某家也。天然授之也。我与古何师而不化之有?"②这是自由独立的

---

① 司空图:《二十四诗品·精神》,见杜黎均:《二十四诗品译注评析》,北京出版社,2009年版。
② 《石涛画语录》,北京图书馆出版社,2007年版。

审美人格建设达到极高境域的表现,而这种境域的构成,无疑是要经过创作者不断的长期的努力。只有"得之于内""得之于心""自出机杼",才能"自有我在"。凡成功的有震撼力的作品,必然熔有创作者独特的生命体验。所谓"天机云锦用在我"似的生命体验,主要是指对人生内容的身心所历,而且是刻骨铭心的,浸透血泪的,是以自己全部生命去接受和拥抱的。这样,创作者奉献给读者的,才远不只是生动的文字、流畅的线条、丰富的色彩、悦耳的旋律、美妙的造型等,而更重要的是引人共鸣的心声,是关于人生命运的沉思或美好企盼。

可以说,无论哪种文艺形态,也无论是表现什么样的意蕴,归根到底都离不开创作者经历并体验过的人生,不能缺少创作者"得之于内""得之于心"的心灵世界的映照。一个创作者最深切同时也最容易熔于创作中的体验,通常不是在热热闹闹和左右逢源之时获得,更多是在一段寂寞中独行的长路上,通过对生活的细细品味而生成。因此,它可能酿成一种强烈的情绪和独具慧眼的判断,使创作者觉得负有一种使命,或得到一种特殊的悟性,成为创作的动机,并进而体现在创作内容、创作风格上,在创作构思中"自出机杼""自有我在",以表现自己独特的心路历程和生命意志,这样的作品才可能是"妙造自然"的隽永之作。

四、奇特、虚幻的审美精神

受巴蜀地域文化心理的影响,巴蜀文学审美思想极为注重主观体验,强调"得之于内,不可得而传"的心灵感悟,要求审美创作者应在一种"意思萧散,不复与外事相关"的空明澄澈的审美心境中营构审美意象,在一种永恒超远的时空结构中"苞括宇宙","总览人物",以穷极宇宙的微旨。正是这种虚静空灵的审美态势,使巴蜀文人在审美创作构思方面形成"苞括宇宙,总览人物"与"架虚行危""气号凌云"、凌虚翱翔等主要的、极具民族特色的审美想象活动方式。前者强调"应物斯感""联类无穷",要求"睹物兴情",重视由所见而生发开去,认为审美创作者必须感物起兴,以当下的观物为审美创作构思的契机,并由此展开审美想象活动。而"架虚行危""气号凌云"的审美构思强调"形在江海之上,心存魏阙之下",虽然生在当世,却可以悬想千载,洞古察今,尽管身居斗室,却可以臆测宇宙,上天入地,"凭虚构象","心生言立","穷于有数,追于无形","我才知多少,将与风云而并驱矣",要求从心灵出发,而起浩荡之思,生奇逸之趣,是一种偏重于心灵构想的审美想象方式,并突出地呈现出一种奇特虚幻的审美精神。

应该说，奇特虚幻是以司马相如的创作为主要代表的巴蜀文学审美精神的又一呈现。据司马迁《史记·司马相如列传》载："相如以'子虚'，虚言也，为楚称；'乌有先生'者，乌有其事也，为齐难；'无是公'者，无是人也，明天子之义。故空藉此三人为辞，以推天子诸侯之苑囿。"这就是说，司马相如喜欢运用"虚言""空藉""乌有其事""无是人"来"推"想"事""义"，熔铸审美意象，表现审美意旨，营构审美境域。同时，从其赋作也可以看出，司马相如主张辞赋创作构思应充分发挥创作者的审美想象力，去"下峥嵘""上寥廓""视眩眠""听惝恍""乘虚无""超无友"①，"视之无端，究之无穷"②，以架虚行危，凭虚构象。如他的《大人赋》就通篇都是想象之辞，其辞为"世有大人兮，在乎中州。宅弥万里兮，曾不足以少留。悲世俗之迫隘兮，朅轻举而远游。垂绛幡之素蜺兮，载云气而上浮。建格泽之长竿兮，总光耀之采旄。垂旬始以为幓兮，抴慧星而为髾……"于是，这位大人"邪绝少阳而登太阴兮，与真人乎相求。互折窈窕以右转兮，横厉飞泉以正东。悉征灵圉而选之兮，部乘众神于瑶光。使五帝先导兮，反太一而从陵阳"。"历唐尧于崇山兮，过虞舜于九疑。""遍览八紘而观四海兮，朅度九江越五河。"入帝宫，登阆风，"呼吸沆瀣兮餐朝霞，咀噍芝英兮叽琼华"。从这种审美观念出发，他在辞赋创作中喜欢将神话、历史融合到描写对象之中，虚实结合，在一篇（一段）语言摹写中有铺陈，而更多的则是夸饰和架虚行危、凭虚构象的想象。如《子虚赋》对楚王校猎场面的描写："于是乃使专诸之伦，手格此兽。楚王乃驾驯駮之驷，乘雕玉之舆，靡鱼须之桡旃，曳明月之珠旗，建干将之雄戟。左乌号之雕弓，右夏服之劲箭。阳子骖乘，纤阿为御。案节未舒，即陵狡兽，辚蛩蛩，躏距虚，轶野马而轊騊駼，乘遗风而射游骐。"这里，专诸是古代吴国刺客，阳子是秦穆公臣，纤阿是传说中的善御者；干将、乌号、夏服分别是传说中的宝戟、名弓、劲箭；蛩蛩、距虚、野马、騊駼、遗风、游骐，都是神话或传说中的兽名，足见作者想象力的丰富。即如刘勰在《文心雕龙·夸饰》篇中所指出的："相如凭风，诡滥愈甚。"又如刘熙载在《艺概·赋概》中所指出的："相如一切文，皆善于架虚行危。"对其《大人赋》，扬雄曾批评说："往时武帝好神仙，相如上《大人赋》欲以风，帝反飘飘有凌云之志。"③刘勰在《文心雕龙·诠赋》篇中也指出："相如赋仙，气好凌云。"当然，从传统讽谏的原则出发，"相如赋仙，气好凌云"，正应了"劝百讽一"这句话，可谓适得其反。不过，若转换

---

① 《大人赋》，见《史记·司马相如列传》，中华书局，1965年版。
② 《天子游猎赋》，见《史记·司马相如列传》，中华书局，1965年版。
③ 《汉书·扬雄传》，中华书局，1985年版。

一个角度,能使人"飘飘有凌云之志"者,则正是相如赋仙之作善于想入非非、凭虚架危、规矩虚位、刻镂无形、抟虚成实,才给人以思逸神超、亦真亦幻、飘飘然生凌云之志的审美感受。

陈子昂在《修竹篇序》中形容东方虬的《咏孤桐篇》诗云:"骨气端翔,音情顿挫,光英朗练,有金石声。遂用洗心饰听,发挥幽郁。不图正始之音,复睹于兹,可使建安作者相视而笑。"长期以来,人们只在这段话中所谓的"兴寄都绝"处寻找微言大义,却忽略了其后半段的文辞意义。认真分析起来,这里所谓的"骨气端翔",与刘勰所指的"相如赋仙,气号凌云"就有那么一些神秘而密切的联系。如果说"端"可以理解为刘勰所谓"结言端直"之"端直"的话,那么,"翔"就是对司马相如创作"赋仙"一类辞赋,任想象自由驰骋,"架虚行危""气号凌云"、凌虚翱翔的生动摹写。

司马相如认为:"赋家之心,苞括宇宙。""苞括宇宙"显然是极言艺术想象的审美包容性,具象地描述了艺术想象时空的巨大及艺术想象的自由驰骋,即如刘勰在《文心雕龙·神思》篇中所指出的:"文之思也,其神远矣。故寂然凝虑,思接千载;悄焉动容,视通万里。"神妙的艺术想象可以不受时空的限制,一任心灵的羽翼在辽阔无垠的宇宙中自由飞翔。刘勰以后,想象丰富奇特的诗人李白则用"俱怀逸兴壮思飞"来表述诗歌创作中想象的自由驰骋。"俱怀逸兴壮思飞"和陈子昂所谓的"骨气端翔",都是用飞翔的意象来描述艺术想象的自由驰骋。可见,从"相如赋仙"始,到陈子昂之作"方外十友"和李白被称为"诗仙",在中国古代特定的思想文化背景下,飞翔的意象因此而必然反映着道家或道教文化的信仰及心理,这一层意义是不言而喻的。而需要说明的是,所有这些以飞翔意象来描述或解说艺术想象的超时空现象,最终都出自一种原因,那就是"文以气为主"的基本观念。深入分析曹丕的《典论·论文》"文以气为主,气之清浊有体,不可力强而致。譬诸音乐,曲度虽均,节奏同检,至于引气不齐,巧拙有素,虽在父兄,不能以移子弟"即不难发现,在文学创作与体气之间,曹丕引进了一个中介物,即音乐。已有不少学者注意到,魏晋时期文学理论之所以好用音乐为喻,其根源还在此前的元气之说[1],而我们认为在上古,人们关于音乐文化的观念,实际上是由两个层次组成的,即"声音清浊"与"乐行而伦清"。以此对照曹丕之说,所谓"引气不齐",显然是就"声音清浊"——完全个体化的声音清浊而言的,所以,他的"文以气为主",归根

---

[1] 张伯伟:《中国诗学研究》,见《略论魏晋南北朝时期音乐与文学的相互关系》,辽海出版社,2000年版,第215页。

到底就是"文如其人"说。若沿着这样的思路,是不可能发展出"骨气端翔"而"俱怀逸兴壮思飞"的审美想象观的。问题在于音乐论上的体气说很自然地就同宇宙论上的元气说相贯通了。而在古代的宇宙论中,"气之清浊有体"就意味着"道集于虚廓,虚廓生宇宙,宇宙生气,气有涯垠,清阳(扬)者薄靡而为天,重浊者凝滞而为地。清妙之合专易,重浊之凝竭难,故天先成而地后定"①。这种元气混沌而清浊分异为天地的宇宙生成观念,原是人们所熟知的,而正是这里的"清扬"与"重浊"之分,从深层观念上确定了元气清扬而飞翔的思维定式。完全可以这样说,轻扬而飞翔,高引而升腾,但凡所有指示向上一路者,都将与"清"之概念有缘了。意气峻爽,是向上一路,慷慨激昂,也是向上一路,凌虚缥渺,还是向上一路,在这个意义上,审美想象的超时空性,最终也只能概括为令人振作奋发而使意气飞扬的审美体验,前所谓吁求思想自由和体味想象自由者,因此而应该侧重于自由方面,一言以蔽之,"风清骨峻"之"风清"即精神自由翱翔之谓也。独立的思想者,其最为难能可贵的精神,就在敢于用大于现实的思维方式去思考历史和现实。所谓大于现实,就是在价值选择上不随同于现实,也不屈从于现实,当然,也不因个人意气而嫉恨于现实。作为史家的客观态度要求他绝不以个人好恶为判断史实之标准,而作为独立思想者的超越意识又要求他绝不因循于既定之价值标准,因此这里就有了创造性意义上的主观与客观的统一。尤其重要的是,司马相如之作为独立的思想者,又是与其人格清浊的辨别意识相同一的。即如庄子一样,在对"怨邪非邪""是邪非邪"②的难题表示了其怀疑性的思考之后,他不仅要像伯夷等人那样做"举世皆浊我独清"者,而且立志要使历史上湮没不闻的浊世清士因自己的努力而"名益彰""行益显"并"施于后世"。从这样的理解出发,司马相如的辞赋创作虽以类相从而丰富多样,但其审美想象的超迈,最终还在"虚廓"之"生气"上。

"架虚行危""气号凌云"、凌虚翱翔的想象活动与"苞括宇宙,总览人物"的想象活动是不同的,后者的"宇宙"与"人物"等,偏向于形象的显现,而"架虚行危""气号凌云"、凌虚翱翔的想象活动中的"架虚""凌云""凌虚"则象虚而物实,偏重心灵的表现,追求在飘逸的用思中创造意与象融的"金相玉式,艳溢锱毫"的杰作。它要求在不思不想、"寂然""悄焉"中,以"虚静"空明的心境洞见宇宙生命真谛,在精骛八极,心游万仞,神思方运中直视古今,达到无所不想其极的审美境域。"通"不是思绪的具体展开,而是心灵的自由飞跃,自致广大,自达无穷;也是深层

---

① 《淮南子·天文训》,见《淮南子集释》《新编诸子集成》第一辑,中华书局,1983年版。
② 《史记·伯夷列传》,中华书局,1965年版。

生命意识的涌动,"枢机"方通,"关键"畅开,在无意识中让自我情愫飘逸到最渺远的所在,在追光蹑影,蹈虚逐无,"规矩虚位,刻镂无形"①中完成审美创作构思活动。司马相如在写作《上林赋》《子虚赋》时,就出现"意思萧散","忽焉如睡,焕然而兴"的精神状态。受到这种诗情的鼓荡,他快捷地完成了该诗的创作。"架虚行危""气号凌云"、凌虚翱翔的想象活动和夸饰既有联系又有区别。一般认为,想象是一种思维过程,夸饰是一种修辞手法。夸饰有时离不开想象,例如,说甘泉宫如何如何高峻,以至鬼魅不能自逮,半途下颠,鬼魅云云就是借助想象。但想象又不完全是夸饰,夸饰是以现实为基础的夸张增饰,想象则不受时间和空间的限制,"思接千载","视通万里","我才之多少,将与风云而并驱"②。《老子》说:"大音希声,大象无形。"这里的"象"就是虚灵的。所谓"无状之状,无物之象","惟恍惟惚"。《淮南子·天文训》说:"古未有天地之时,唯象无形。"有象但是却没有形,可见"象"实际上是没有其物,没有其形的,而是"心意"突破景象域限所再造的虚灵、空灵境域。正因为它是虚灵的,所以通于审美境域。庄子就继老子"大象无形"说而提出"象罔"这个哲学概念。庄子认为仅凭视觉、言辩和理智是得不到"道"的玄奥境域的,必须"象罔"才能得之。所谓"乃使象罔,象罔得之"③。庄子标举的"象罔"境域在有形与无形、虚与实之际。成玄英《疏》云:"象罔,无心之谓。""象则非无,罔则非有,不皦不昧,玄珠(道)之所以得也。"宗白华进一步加以阐释说:"非无非有,不皦不昧,这正是艺术形相的象征作用。'象'是境相,'罔'是虚幻,艺术家创造虚幻的境相以象征宇宙人生的真际。真理闪耀于艺术形相里,玄珠的烁于象罔里。"④"虚幻的境相"可以说正好是"架虚行危""气号凌云"、凌虚翱翔的想象活动中"象"的最恰当的解释,这和"苞括宇宙,总览人物"不同。"苞括宇宙,总览人物"是依附于视听等感知觉的直观体验,是"宇宙"与"人物",即自然天地与社会生活给创作者提供一个"联类不穷"的场所,一个"文思之奥府",创作者在此"意思萧散","忽焉如睡,焕然而兴"向"物沿耳目""物无隐貌"、物我陶然相融、氤氲满怀的审美境域升腾;而"架虚行危""气号凌云"、凌虚翱翔的想象活动则已经超越了这种境域,是在激荡中心灵自由飞跃,向更高层次上的升华,是心与象通,心灵与意象融贯,意中之象与象外之象凝聚,审美心态到宇宙心态贯通。庄子把这种审美境域创构活动称作"独与天地精神往来";刘勰则称此

---

① 《文心雕龙·神思》,见范文澜注:《文心雕龙注》,人民文学出版社,2006年版。
② 《文心雕龙·神思》,见范文澜注:《文心雕龙注》,人民文学出版社,2006年版。
③ 《庄子·天地》,见陈鼓应:《庄子今注今译》,中华书局,1983年版。
④ 宗白华:《艺境》,北京大学出版社,1987年版,第159页。

为"独照之匠,窥意象而运斤"。"独"是就心而言,它是指一种超越概念因果欲望束缚,忘知、忘我、忘欲、忘物,"物我两忘,离形去智","胸中廓然无一物",以"遗物而观物"的纯粹观照之创作者;"天地精神"与"意象"相同,就"象"而言,都是指超越一般客观物象的永恒生命本体,是自然万物所具有的共通的自然之"道(气)";共通的文艺审美创作意识和共通的自然之"道"又具有深层的共通,即宇宙意识与生命意识的同构。也正因为这样才促使了物我互观互照的共感运动和心灵飞跃,即刘勰说的"神用象通"。

由此可见,具体说来,司马相如辞赋创作中的"架虚行危""气号凌云"、凌虚翱翔的想象活动,就是指审美创作者"疏瀹五藏,澡雪精神",通过"驰神运思"的心灵体验,神游默会以体悟宇宙万物间的生命内涵与幽微哲理。刘勰《文心雕龙·神思》篇说:"夫神思方运,万涂竞萌,规矩虚位,刻镂无形。登山则情满于山,观海则意溢于海;我才之多少,将与风云而并驱矣。"在《文心雕龙·隐秀》篇中又说:"夫心术之动远矣,文情之变深矣,源奥而派生,根盛而颖峻。"在《文心雕龙·养气》篇中说:"纷哉万象,劳矣千思。"从这些论述中也可以看出,司马相如"架虚行危""气号凌云"、凌虚翱翔的想象活动,其"架虚""凌云""凌虚"中所凭借的就是刘勰"神用象通"中所谓的"神",是指一种自由的精神。有时刘勰也用"神思",或者用"神理""神道""神明""神气""千思""心术之动"等来表述。而所谓"神用象通",就是指审美创作者于"从容率情,优柔适会"的空明虚静的心境中,一任自由平和之心灵跃入宇宙大化的节奏里,以"穷变化之端",去"穷于有数,追于无形""源奥而派生","神道阐幽,天命微显"。在刘勰看来,"神用象通",是去体悟"道(气)"这种自然万物的生命本原,领悟宇宙天地间最为神圣、最为微妙的"大音""大象"(也即"大美"),从而表现为达到"万物为我用""众机为我运""寄形骸之外""俯仰自得""理通情畅"的审美境域的一种心灵体验方式。这种心灵体验方式的最大特色是"规矩虚位,刻镂无形",追虚捕微,抟虚为实。如桓谭《新论》所指出的:"夫体道者圣,游神者哲,体道而后寄形骸之外,游神然后穷变化之端。故寂然不动,万物为我用,块然之默,而众机为我运。"又如嵇康《赠秀才参军》诗所云的:"目送归鸿,手挥五弦,俯仰自得,游心太玄。"在我们看来,所谓"游神""游心",也就是"神用象通"的"神通"。

在中国古代哲人看来,作为宇宙万物生命本原的"道",是不可能通过感知觉把握到的。《文心雕龙·征圣》篇说:"天道难闻,犹或钻仰。"《文心雕龙·夸饰》篇说:"神道难摹,精言不能追其极。"创作者要在创作构思活动中把握并领悟深藏于自然万物深层内核的"道"这种生命真谛,则必须借助心灵。《文心雕龙·知音》篇说:"心之照理,譬目之照形,目了则形无不分,心敏则理无不达。"人凭借感知觉能把握客观事物的形状。而对蕴藉于形状之内的"理"也即生命本原"道"的把握,则只有依靠心灵之光的映照。"心敏则理达","神用则象通"。佛教教义云:"神道无方,触象而寄。"①在佛教看来,法身(佛的性相)是超乎物外、无形无名、无所不在的,所以如来佛显迹于各种各样的场合,冥寄于非有非无之间。佛教所揭示的人生真谛就有如道家所谓的"天地有大美而不言""可得而不可见""可传而不可受""神道无方",它是宇宙自然生命节奏和旋律的表现,故不许道破,不落言诠,而是将这种"神道"也就是人生真谛、宇宙之美,也即佛理与佛象浑融一体,借助佛象以表现佛理即"神道"的庄严、崇高,及其生命奥秘,从而把佛教具象化、生动化,以产生巨大的感染人的力量。因此,这种佛教效应并不仅仅限于对佛教塑像的敬畏,以及由此而来的顶礼膜拜;也不仅仅限于对佛理的图解。就佛理所揭示的人生真谛与宇宙之美来说,它还要指向更高处,即取"象"外之义。这是因为,佛家以超脱为旨归,不执着于物象,而认为"四大皆空","一切如如",故贵悟不贵解,以"求理于象外"。这种象外之理,能启人深悟,但不易为言语所表达,人们只有凭借心灵的俯仰去追寻与体悟,于空虚明净的心态中让自己的"神"与象外之理汇合感应,从而始能心悟到这种象外之理,也即宇宙间无言无象的"大美"。相传当年佛祖释迦牟尼在灵山聚众说法,曾拈花示众,是时众皆默然,唯迦叶尊者破颜而笑,默然神会。此即佛在心内,不在心外,故不假外求,不立文字,世尊拈花,迦叶微笑,只可意会,不可言传的"求理于象外"、假象以通神的典型事例。这种假象以通神,而神余象外的审美观念,在六朝绘画美学思想中较多。如宗炳强调"神超理得",谢赫提出"取之象外",刘勰则吸收这种思想到文学审美创作中,提倡"思表纤旨,文外曲致""文外之重旨""义主文外""情在辞外"②,并提出审美创作体验应"神用象通",凭虚构象。正是受此影响,遂形成后来唐代诗歌美学思想中的"象外"说。如贾岛的"神游象外"、皎然的"采奇于象外"、司空图的"象外之象""超以象外,得其环中"等。可以说,刘勰所提出的"神用象通"说是中国审美心理学史上最早从审美创作的角度来对神象关系学加以论述的命题。

具体分析起来,司马相如辞赋创作中任想象自由驰骋,"架虚行危""气号凌云"、凌虚翱翔的想象活动所规定的基本内容又可以分为"驰心于玄默之表"与"神游象外"两个层次。

---

① 慧远:《万佛影铭序》,见《广弘明集》卷15,上海古籍出版社,1991年版。
② 《文心雕龙·隐秀》,见范文澜注:《文心雕龙注》,人民文学出版社,2006年版。

"架虚行危""气号凌云"、凌虚翱翔的想象活动的第一个层次是"驰心于玄默之表"(《隐秀》)。所谓"玄默之表",指极为沉静地深思;玄默:深沉静默;表,意为末端,形容思考深入。故而"驰心于玄默之表",又可以看作"使玄解之宰,寻声律而定墨"(《神思》)。"玄解之宰",意指懂得深奥的生命真谛的心灵,它要求审美创作者"游心内运",在"寂然凝虑""悄焉动容"中"驰心"于自己内心世界的深处,去沉思冥想,以参悟本心。《情采》篇说:"心术既形,英华乃瞻。"《隐秀》篇说:"心术之动远矣,文情之亦深矣。"又说:"夫立意之士,务欲造奇,每驰心于玄默之表。"这些地方所谓的"心术""心术之动""驰心于玄默之表",在我们看来,也就是"游心内运"。萧子显说:"蕴思含毫,游心内运,放言落纸,气韵天成。"李世民说:"收视反听,绝虑凝神。心正气和,则契于妙。"他们都指出,创作者在进行审美体验时,必须脱身而出,"绝虑凝神",在空灵明静的心境中审视、体验自己心中的意绪和情感。"心以求境","万涂竞萌";"收视反听","以意授于思","言授于意",反身内求,通过心灵的内运以反观无意中记忆下来的、潜移默化在"玄解之宰""玄默之表"(即心底深处)的意识,使那些处于朦朦胧胧先前有了的、在心中活动的表象,以及"被长期保存在灵魂中,长期潜伏着"的意识"脱离睡眠状态","锐思于几神之区"(《论说》),"驱万涂于同归,贞百虑于一致"(《附会》),从而在意识深层获得一种无上的喜悦和美感,"我才之多少,将与风云而并驱矣",以体悟到一种平日苦思不得的人生哲理,使审美创作构思"枢机方通,则物无隐貌",达到"众物之表里精粗无不到,而吾心之全体大用无不明矣"①的最高审美境域。在刘勰看来,通过此,创作者可以"规矩虚位,刻镂无形",从无而得有,因虚而见实,虚构现实中不存在而又能表现现实的新颖独特的意象。可以"图状山川,影写云物"(《比兴》),"高谈宫馆,壮语畋猎"(《杂文》),创作出"腴辞云构,夸丽风骇"(《杂文》)的审美作品;还能够以"虬龙喻君子,云霓譬谗邪",创作出"惊采绝艳,难与并能"(《离骚》)的杰作和"移山跨海之语""倾天折地之说"(《诸子》)的神话。也就是说,通过"驰心于玄默之表"这样的心灵体验活动,促使自由心灵飞跃,创作者就可以超越具体时空的束缚,上下千百载,纵横亿万里,大至整个宇宙,小至草木鱼虫,实则拟于万物,虚则悬测鬼神,显即雕镂山川,隐则洞烛幽微,任意驰骋,无比活跃,珠玉吐纳,风云卷舒。

所谓"入兴贵闲",就是强调、闲适、虚静心态在审美构思中的重要作用。刘勰在《文心雕龙·隐秀隐秀》篇中认为,审美创作构思中必须"驰心于玄默之表""锐

---

① 朱熹:《大学章句》,见《四书章句集注》《新编诸子集成》第一辑,中华书局,1983年版。

思于几神之区",在创作者之"神"内"通"之先,则必须"秉心养术""率志委和",以保证心灵的自由专一,即创作者应该放松紧张的心理,清心静虑,"清和其心,调畅其气",使内心得到真正的轻松。这样,在刘勰看来,则能够使创作者"无务苦虑""不必劳情",既为创作者敏锐地捕捉自己心理的细微变化创造条件,又能够为心灵积极主动、兴奋活跃构筑必要的心境。故而他在《文心雕龙·神思》篇中说:"神居胸臆,而志气统其关键;物沿耳目,而辞令管其枢机。枢机方通,则物无隐貌;关键将塞,则神有遁心。是以陶钧文思,贵在虚静,疏瀹五藏,澡雪精神。"这种"贵在虚静"的审美心理势态,即使在创作构思的进程中也极为重要。《文心雕龙·神思》篇又说:"方其搦翰,气倍辞前;暨乎篇成,半折心始。何则?意翻空而易奇,言征实而难巧也。是以意授于思,言授于意;密则无际,疏则千里。或理在方寸,而求之域表;或义在咫尺,而思隔山河□是以秉心养术,无务苦虑,念章司契,不必劳情也。"就强调指出"秉心养术",保持宁静的构思态势在审美创作活动中的重要作用。王昌龄说得好:"夫作文章,但多立意。令左穿右穴,苦心竭智,必须忘身,不可拘束。思若不来,即须放情却宽之,令境生。然后以境照之,思则便来,来即作文。"①现代审美心理学认为,在紧张的审美构思活动中,由于神经过程负诱导规律的作用,使构思兴奋中心周围的神经活动受到抑制,从而导致创作者思路的狭窄,并且在现时的思路之内又没有问题的答案,这时就应该放松紧张的构思,让周围处于抑制状态的神经区域恢复兴奋,这样一来,就可以保证有更多的相关记忆表象在无意识中活动,为兴会的到来提供信息。所谓"人闲桂花落,夜静春山空",没有"人闲",就不可能体验到"桂花落"这种空灵静寂的审美意趣。同时,如果没有心境的静谧澄澈,也不可能体悟到似"春山"一样空灵透彻、精微神妙的意境。因此,要"驰心"到"玄默之表",沉潜到意识的底蕴,灵心内运,精思入神,以洞达天机,就得忘形忘骸,以进入无物无我的空明澄清的审美心境,从而在静静的反观内求中,促使潜意识活动,以再度唤起过去储存的种种带有内心情感的表象,获得妙悟心解。

要实现"驰心于玄默之表""锐思于几神之区"还离不开"寂然凝虑","悄焉动容",疏通"枢机",开理"关键"。这种"寂然""悄焉",沉寂宁静,思考专一,梳理开通支配心灵飞跃的关键,使内心通畅,精神净化的心理活动,又称之为"秉心""率志",保养"玄神",资养"素气","清和其心"。"驰心于玄默之表"或谓"收视

---

① 《文境秘府论·南卷·论文意》。见(日)遍照金刚:《文境秘府论》,人民文学出版社,1980年版。

反听",又称"内视反听"。董仲舒说:"故聪明圣神,内视反听,言为明圣;内视反听,故独明圣者,知其本心者皆在此耳。"①《史记·商君列传》云:"反听谓聪,内视之谓明。""纷哉万象,劳矣千想",天地间万事万物是纷纭复杂的,千百度思考这些现象十分劳神,只有通过"秉心率志",即"内视反听",才能"知其本心"。刘勰在《文心雕龙·神思》篇中说:"秉心养术,无务苦虑"。在《文心雕龙·总术》篇中又说:"因时顺机,动不失正。数逢其极,机入其巧,则义味腾跃而生,辞气丛杂而至。"由此可见,"收视反听"也就是"秉心养术"或"秉心率志",就是把外向的耳目等视听感官转化为内向,"秉心"以听自己的心声,观自己的心象,"因时顺机,动不失正",这样,"则义味腾跃而生",意象纷至沓来。从现化审美心理学理论的视角来看,"驰心于玄默之表"或谓"收视反听",则是要求创作者通过心气平和的心境,使"理融而情畅""从容率情,优柔适合",以让自己的构思指向内心深处,注意接收来自潜意识的信息,让那些潜在的或半潜于"玄解之宰"的意识在创作者"率志委和""清和其心""使刃发如新,腠理无滞"、气脉畅行无阻、"无扰文虑,郁此清爽"的细微精密的内省中涌现出来,于"义味腾跃而生""才英秀发,驭飞龙于天衢,驾骐骥于万里"②"兴会"心理中,帮助审美创作者更加深入地认识自己幽邃的心灵。同时,创作者亦只有通过"秉心养术""收视反听",以感悟生命奥秘,才能在进一步的审美创作构思中,以更强烈的烙印着文艺审美创作意识的情感渗透于客体之中,使客体幻化为创作者,再由创作者转变为客体。如金圣叹所描述的:"人看花,花看人,人看花人到花里去,花看人花到人里来。"③虚中也说:"心合造化,言含万象。且天地日月草木烟云,皆随我用,合我晦明。"④从而促成审美创作者之"神"与审美对象之"神"经过"写气图貌,既随物以宛转;属采附声,亦与心而徘徊"的相互作用与相互融汇,达到"神应思彻"的审美境域。陆机在《文赋》中曾对这种审美心灵体验过程做过生动形象的描述。他说:"其始也,皆收视反听,耽思傍讯,精骛八极,心游万仞。其致也,情曈昽而弥鲜,物昭晰而互进,倾群言之沥液,漱六艺之芳润,浮天渊以安流,濯下泉而潜浸。于是沉辞怫悦,若游鱼衔钩而出重渊之深;浮藻联翩,若翰鸟缨缴而坠曾云之峻。由百世之阙文,采千载之遗韵。谢朝花于已披,启夕秀于未振。观古今于顺臾,抚四海于一瞬。"显然,陆机也推崇心灵体验,可以说陆机的这段话是对刘勰"神用象通"式审美体验的生动说

---

① 董仲舒:《春秋繁露》,上海古籍出版社,1989年版。
② 刘勰:《文心雕龙·时序》,见范文澜注:《文心雕龙注》,人民文学出版社,2006年版。
③ 金圣叹:《鱼庭闻贯》,见《金圣叹全集》(四),台北长安出版社,1986年版。
④ 虚中:《流类手鉴》,见张伯伟:《全唐五代诗格汇考》,江苏古籍出版社,2002年版。

明，他把审美创作构思活动中的"神用象通""驰心于玄默之表""秉心养术"式心灵体验分为三个阶段。第一，"其始也"，放松意识活动。"耽思傍讯"，增强心灵的"穿透力"，静思默会，"收视反听"，"秉心养术"，"率志委和"，"万虑一交"，以促使创作者精神的自由往来和心神的悠游驰骋。第二，"其致也"，则是"枢机方通"，心灵摆脱常规思想的束缚，自由搏击，在空明的心境中"秉心""游心"，进行自我体验，并发现心灵的扩射，原来潜沉着的表象交互重叠，渐趋明晰，纷至沓来。第三，"沉辞怫悦"。以形象的语言，把在审美体验中的独特感受用物态化形式表现出来。从这段话中，我们也可以看到刘勰所推崇的"神用象通"这种审美体验的重要特点：即在保持证明、虚静的心态中，让心灵超越现实时空，"寂然凝虑。思接千载，悄焉动容，视通万里"，超越显在意识而进行的以"神""心"为主的邀游和自我体验。其中"驰心于玄默之表"与"秉心养术"对自我体验的实现起着极为重要的作用。

"架虚行危""气号凌云"、凌虚翱翔的想象活动是由创作者的内在生命之力所释放的积极的艺术意绪，受自我"志气"的支配，有着强烈的自我意识。《文心雕龙·神思》篇说："神居胸臆，而志气统其关键；物沿耳目，而辞令管其枢机。"这里的"志气"，就是创作者的审美理想与审美情趣，是创作者自我心灵的内质。刘勰之后，符载说："遗去机巧，意冥玄化，而物在灵府，不在耳目。"①郭若虚也认为："气韵本乎游心。"②审美体验中通过"情往似赠，兴来如答"所体悟到的审美对象的内在生命，实际上是由创作者灌注进去的，并由此而使对象具有一种灵趣和生命，此即所谓的"登山则情满于山，观海则意溢于海"。因此，在"神用象通"式审美体验中，自然界的一花一石一草一木都能够成为审美创作者"物以貌求，理以心应""澄怀味象""游心极目""陶钧文思"的对象，并与"道（气）"相通。普洛丁说："美是由一种专为审美而设的心灵的功能去领会的。"③又说："只要一件事物还外在于我们，我们就观照不到它，然而当它进入内在时，就会影响我们，但它只能是作为形式的内在才得以通过眼睛，否则怎能通过眼睛的窗口？"④这里所谓的"眼睛"则是指存在于审美创作者心中的"内在的眼睛"和"内在感官"，或阿瑞提所说的"申觉"。心理学的研究表明，人的大脑两半球可以产生"回忆表象"。在人们感知事物的过程中，在有关事物的刺激作用在人们的第一信号系统内形成一定的

---

① 符载：《观张员外画松石序》，见《中国古代画论类编》（下），人民美术出版社，1998年版。
② 郭若虚著，俞剑华注释：《图画见闻志》卷一，江苏美术出版社，2007年版。
③ 见《西方美学家论美和美感》，商务印书馆，1980年。
④ Ch. L. H. Nibbrig 编《美学史料读本》，西德 Suhrkamp 出版社，1978年版，第44页。

暂时神经联系,因而,以后在条件刺激的影响下,特别是在词的直接影响下,人们的第一信号系统就可以把这种当时并未影响人们的任何分析器的事物形象创作出来,这就是"想象表象"。张载说:"若以闻见为心,则止是感得所闻见。亦有不闻不见自然静生感者,亦缘自昔闻见,无有勿事空感者。"①这里所谓的"昔闻见"就是"回忆表象",而"不闻不见自然静生感者",则是在"回忆表象"上所产生的"想象表象",或称"内在的眼睛"与"内在感官",刘勰则称之为"玄解之宰""玄默之表",人们往往凭借它来弥补见闻之知的不足。故张载说:"天下不御莫大其心,故思尽其心者,必知心所从来而后能。"②这也就是刘勰在强调"神与物游"式审美体验的同时,还提倡"神用象通"式审美心灵体验的理论基础。

既然"神用象通"式审美体验是以创作者为主,是创作者将自然生命渗透到对象之中,去体悟审美对象的气足神完,"体物写志""宛转附物,怊怅切情",在灌注自我生命中发现对象的生命,"以心求境,取境赴心",从而达到主客一体的心灵活动,以表现"文外曲致""言外重旨""超以象外"、色尽情余的审美境域,那么,注重自我观照,通过自我观照以探求内心蕴藏的"真宰",使"博而通一,亦有助乎心力",以"综述性灵,敷写器象",强调创作者应该对自己的心灵有一种"内窥力","驰心于玄默之表""秉心养术""收视反听""游心内运",就显得极为重要。只有依赖无意识或"玄解之宰"中的表象,即"当时没有作用于感觉器官的对象和现象在头脑里产生的映象",它"是对过去的知觉进行加工和概括的结果",它的"生理基础是留在大脑两半球皮层上的过去兴奋的痕迹,在刺激物的影响下在大脑皮层上的神经联系恢复起来产生的映象"③,通过反身内求,"秉心率志",使这些潜藏在脑海或"玄解之宰"中的回忆表象,经过重叠而形成心理结构的再结合,不但了解它们的层次、侧面和方位等表层关系,而且窥见其中的"潜在项",由此才能达到对生命意蕴的真正领悟。对这一心灵体验过程,刘勰以后的中国古代美学家又称之为"妙悟""心悟""入神"。王世懋说:"使事之妙,在有而若无,实而若虚,可意悟,不可言传。"④徐渭则说:"填词如作唐诗,文既不可,俗又不可,自有一种妙处,要在人领解妙悟,未可言传。"⑤项穆也说:"是知书之欲变化也,至诚其志,不息其

---

① 张载:《张子语录上》,北京图书馆出版社,2002 年版。
② 张载:《正蒙·大心篇》,中华书局,1978 年版。
③ 波果斯洛夫斯基等编:《普通心理学》,人民教育出版社,1980 年版,第 235 页。
④ 《艺圃撷余》,见(清)何文焕编:《历代诗话》,中华书局,2004 年版。
⑤ 《南词叙录》,见《中国古典戏曲论著集成》(第三册),中国戏剧出版社,1989 年版。

功,将形著名,动一以贯万,变而化焉,圣且神矣。噫,此由心悟,不可言传。"①王士禛则运用禅宗所主张的"道由心悟"②,佛在心内,不在心外,因而应不假外求,不立文字,完全靠心解神领、顿悟成佛的思想来解释这种自我体验的审美活动。他说:"其妙谛微合,与世尊拈花,迦叶微笑,等无差别,迥其解者,可语上乘。"③这些见解和刘勰《文心雕龙·神思》篇所说的"至于思表纤旨,文外曲致;言所不追,笔固知止。至精而后阐其妙,至变而后通其数。伊挚不解言鼎,轮扁不能语斤,其微矣乎"的观点一样,他们都认为"神用象通""驰心于玄默之表""秉心养术""游心内运""心视反听"这种"内窥力"在审美创作构思活动中具有极为重要的作用。

总之,在以司马相如为代表的巴蜀文人看来,审美创作者通过生活的孕育和学识的积累,经过审美的追求和审美心理结构的强化,经过多次审美实践,使储存在内心深处的回忆表象不断积累和化分、化合,成为"嵯峨之类聚,葳蕤之群积""意态情性之所聚,天机之所寓,悠然不可探索者"④,然后才可能进入"架虚行危""气号凌云"、凌虚翱翔的想象活动,因而,在审美创作构思中,作为个体的创作者,则应"秉心养术""锐思于几神之区""驰心于玄默之表""游心内运",反视内探,以使"味飘飘而轻举""驭飞龙于天衢,驾骐骥于万里",让内心深处掀起并涌现出"异代接武""古今合力"的表象波澜,通过此,"参伍以相变,因革以为功",以引发那种既是种族进化的沉积物,又是成为整合心理素质的遗传和延伸的"虽旧弥新",属于创作者个体的"潜能"。如谢徽所指出的:"冥默觌思,神与趣融,景与心会,鱼龙出没巨海中,殆难以测度。"⑤刘勰在《文心雕龙·总术》篇中则说:"因时顺机,动不失正。数逢其极,机入其巧,则义味腾跃而生,辞气丛杂而至,视之则锦绘,听之则丝簧,味之则甘腴,佩之则芬芳,断章之功,于斯盛矣。"心海或"玄解之宰"里这种"鱼龙出没""义味腾跃""辞气丛杂",有的是清晰意识,有的是潜意识,有的则是明而未融的半潜在意识。当这些被压抑、被埋没的"绵绘""丝簧""甘腴""芬芳",即潜意识或前意识,在"秉心""游心"中,被此时创作者新的刺激模式激活过来,就会排着队,像开了闸的水一样涌出来,而"规矩虚位,刻镂无形","方其搦翰","暨乎成篇";而"吟思俊发,涌若源泉,捷如风雨,顷刻间数百言,落笔弗

---

① 杨亮注评:《书法雅言·神化》,江苏美术出版社,2008年版。
② 《坛经·宣召品》,见慧能著、郭朋校释:《坛经校释》,中华书局,1997年版。
③ 《带经堂诗话》卷三,见(清)何文焕编:《历代诗话》,中华书局,2004年版。
④ 练安:《金川玉屑集》,见(明)陈子龙等编写:《明经世文编》卷10,中华书局,1989年版。
⑤ 《缶鸣集序》,见蔡景康:《明代文论选》,人民文学出版社,1993年版。

能休"①。此时此刻,创作者"我才知多少,将与风云而并驱矣",以达到"神用象通"式审美体验发展到最高潮时的豁然开朗的审美境域。

当然,所谓"架虚行危""气号凌云"、凌虚翱翔的想象活动,也并非脱离现实的不着边际的虚玄想象,它需要"玄解之宰"中的回忆表象与自然物象为领悟生命真谛的源泉和起点,此即所谓"物以貌求,心以理应""拟容取心,断辞必敢"。但与此同时,"神用象通"说更强调"神游象外",或谓"神思",要求传神写意,讲求超越感官,依靠心灵体悟,"使玄解之宰,寻声律而定墨,独照之匠,窥意象而运斤",去体验审美对象中所蕴藏的深厚隽永的审美情趣。正由于此,遂形成刘勰"神用象通"说的第二个层次的内容。宗炳说:"应会感神,神超理得。"②司空图说:"超以象外,得其环中。"③徐祯卿说:"神越而心游。"④他们都注意到了"架虚行危""气号凌云"、凌虚翱翔的想象活动的这一特点。

应该说,"架虚行危""气号凌云"、凌虚翱翔的想象活动所凭借的"神",在先秦典籍中就已经出现了。《易·系辞》说:"知机其神乎。"《荀子·天论》也说:"不见其事而见其功,夫是之谓神。"由此可见,凡是"不见其事而见其功",即看不见、摸不着,却能确实知道其作用的一切自然的、社会的、思维的微妙深奥的活动,都可以称之为"神"。后来的刘勰就正是在这个意义上使用"神"这个概念来描述审美创作构思中那种微妙奇特的"架虚行危""气号凌云"、凌虚翱翔的想象活动。《文心雕龙·神思》篇说:"文之思也,其神远矣!……吟咏之间,吐纳珠玉之声;眉睫之前,卷舒风云之色,其思理之致乎!"就指出了创作者通过"神"这种自由的精神所进行的"架虚行危""气号凌云"、凌虚翱翔的想象活动,是一种激荡、高妙的审美体验过程,"其神远矣"! 它可以身在此而心在彼,由表及里。它能使创作者不受身观限制,超越现实时空,停止感官知觉,凝神妙思,悠游于心灵所独创的时空之中。在时间上,创作者的思绪可以一无阻碍地飘逸到最渺远的所在,悠游到过去、未来,在追光蹑影、踏虚逐无中完成审美创作体验活动;在空间上,创作者的心神可以迥出天机,随大化氤氲游荡,窥见四荒八极,而意象纷呈。刘勰之前,"驱万涂于同归,贞百虑于一致"。宗炳曾提出"万趣融其神思"的命题来概括表述审美创作构思活动中心灵体验的特征。刘勰在《文心雕龙》中则立专篇来论述这一审美构思现象,把"神思"作为审美创作思想中的重要范畴来加以发挥和运用。所

---

① 《缶鸣集序》,见蔡景康:《明代文论选》,人民文学出版社,1993年版。
② 《画山水序》,见《中国古代画论类编》(上),人民美术出版社,1998年版。
③ 《二十四诗品》,见杜黎均:《二十四诗品译注评析》,北京出版社,2009年版。
④ 《谈艺录》,见范志新:《徐祯卿全集编年校注》,人民文学出版社,2007年版。

谓"神思",实际上就是"神与物游""神用象通""神游象外",这在审美构思中极为重要。作为"神游"的审美对象是宇宙万物,这是一个繁复多样、扑朔迷离、深邃广漠、奥秘混沌的世界,即如《诠赋》所指出的"草区禽族,庶晶杂类"。同时,中国古代哲人认为,生成这一大化世界的生命本体是"道",而"道"即先天地而生的混沌的"元气"。人们必须凭借心灵的体验通过"心斋""坐忘",以整个身心沉潜到宇宙万物的深层结构之中,始能超越包罗万象、复杂丰富的外界自然物象,体悟到那种灌注万物而不滞于物,成就万物而不集于物,是宇宙旋律及其生命节奏秘密的、深邃幽远的生命之"气"(道),"触兴致情,因变取会",揭示这一统摄万事万物的宇宙精神。并且,从刘勰所推崇的这种审美体验的目的来看,就是要通过此以领会宇宙间"自然之道"的深刻意蕴,以描绘自然万物在阴阳二气盛衰消长下生成、发展、转化、和谐的宇宙图式。这当然只能由心灵感悟,"神游象外",即前面我们提到的刘勰在《文心雕龙·神思》篇所谓的"思表纤旨,文外曲致,言所不追,笔固知止。至精而后阐其妙,至变而后通其数,伊挚不能言鼎,轮扁不能语斤,其微矣乎"。故而只能采用所谓世尊拈花,迦叶微笑,不假外求,不立文字,只可意会,不可言传的"神游""秉心""驰心"式审美体验,去体悟宇宙生命的本原,以达到"触兴致情,因变取会"的审美境域。

如上所述,司马相如赋创作中所体现出的"架虚行危""气号凌云"、凌虚翱翔的想象活动是一种心象活动,是刘勰《神思》篇所说的"规矩虚位,刻镂无形"。通过这种凭虚构造、抟虚成实而熔铸成的形象,刘勰又称之为"意象"。《文心雕龙·神思》篇说:"使玄解之宰,寻声律而定墨;独照之匠,窥意象而运斤。"这里所提出的"意象"和上面所提到的"思理为妙,神与物游"中的"物"不同,它属于心灵虚象,是"胸中之竹"到"手中之竹"的过渡,起着将胸中之象化为手中之象的桥梁作用。意象的活跃能使抽象的精神获得生命的形式,即"象";同时又能够使客观现实成为心灵化的审美意蕴,即"神"。在情感的制约和心灵飞跃的作用下,"驱万涂于同归,贞百虑于一致",达到"神"与"象"的融会贯通,使"博而能一","以少总多,情貌无遗",这就是"架虚行危""气号凌云"、凌虚翱翔的想象活动。在这一心灵化体验过程中,刘勰所谓的"规矩虚位"中的"虚位"指"神";"刻镂无形"中的"无形"即是指"大象"。"架虚行危""气号凌云"、凌虚翱翔的想象活动中的"意象",经过创作者心灵的"独照",成为包含创作者自我意识和审美情趣的审美意象。这种审美意象的生成可能受某一事物的激发,也可能是心灵的综合。它是在某种情感和情绪的激荡之下,从"架虚行危""气号凌云"、凌虚翱翔的想象活动中铸造出来的,故而,它既是意中之象,又是象外之意;它的象能通神,而又神余象外,从中透射出来的是一片明净洞彻的审美心境。这就是"文外曲致""言所不追"的"象外之旨"。可见"架虚行危""气号凌云"、凌虚翱翔的想象活动,就是融会贯通,"神用象通",也就是"神"与"象"融会贯通、密合无间。神融汇于意象之中,意就是神的显现。而神熔化了象,给象以灵魂,使其生气潋注;象显现着神,神象浑融,是司马相如审美思想所推崇的审美构思体验的极致。

同时,凭虚构象,还离不并情感的灌注;在刘勰看来,"神用象通"还得"情变所孕"。"神居胸臆,而志气统其关键","关键将塞,则神有遁心"。所谓"志气"是指属于创作者的性气情志。审美创作体验是创作者情志的自然流露,受其才力情志的支配。"神用象通"之"神"为创作者心灵的表现,而情感则是人的心灵的内质,神的表现是由情感变化所造成的,创作者的审美构思活动,包括感知、想象、理解,无不受情感的制约,故而创作者的情志是审美创作构思中"神思方运"的"关键"。《附会》篇也强调指出,审美创作构思"必以情志为神明"即如刘勰所说"神用象通,情变所孕",所谓"情以物迁,辞以情发""情往以赠,兴来如答""谈欢则字与笑并,论戚则声与泣偕"。尽管"神用象通"是"规矩虚位,刻镂无形",是"夸饰在用,文岂循检""言必鹏运,气靡鸿渐"(《夸饰》),是"酌奇而不失其贞,玩华而不坠其志"(《辨骚》),但它也需要情感的伴随,需要"情变所孕"。在"神用象通""神游象外"式审美体验活动中,创作者要让自己进入纯精神领域,"秉心率志""驰心于玄默之表",去"游心于淡,合气于漠",创造一个平和宁静的心境,让自己在"神游"中进入洞见宇宙,直视古今,游心于无穷,并达到无所不至其极的审美境域。这种超旷的态度,也是一种旷达之情,是一种"寂然""悄焉""迹在尘壤,而志出云霄"的自由超脱情感。它来源于审美创作者高尚的人格和对宇宙、社会、人生的深切理解,故也可以说是由此而采取的乐观豁达的人生态度。既然"神游象外"式审美体验是一种心灵体验,如朱自清所指出的"所谓神思,所谓玄想之兴味,所谓潜思,我以为只是三位一体,只是大规模的心的旅行"[1],那么,要促成"大规模的心的旅行",促成这种心灵体验的进行,就需创作者对现实人生具有一种乐观、超旷的情感态度,形成特定的心境,以便心灵的自由往来。袁枚说:"诗如鼓琴,声声见心。心为天籁,诚中形外。我心清妥,语无烟火。我心缠绵,读者泫然。禅机非佛,理障非儒。心之孔嘉,其言蔼如。"[2]有什么样的情感,就有什么样的心境,并由此决定了所应采取的审美体验方式。只有超越世俗物欲与生死痛苦的羁绊,在

---

[1] 朱自清:《朱自清文集》,江苏教育出版社,1988年版,第247页。
[2] 袁枚:《小仓山房诗集》卷二十,影印清乾隆刻增修本,上海古籍出版社,1985年版。

精神上与现实物质世界保持一种距离感,不粘不脱,不即不离,才能增强心灵的穿透力,通过"神游象外",使创作者在精神上缩短与自然万物的距离,进而接触到宇宙大化的生命意蕴,最终使心灵的脉动与自然的律动和谐一致。

此外,这种"架虚行危""气号凌云"、凌虚翱翔的想象活动具有超越时空的无限广阔性。《文心雕龙·神思》篇说:"形在江海之上,心存魏阙之下。"又说:"寂然凝虑,思接千载,悄焉动容,视通万里。"马荣祖说:"神游无端。"①这些都表明"神游象外"有时空上的无限性。通过"神游象外",创作者可以在审美构思活动中"想入云霄之外,作者神魂飞越,如在梦中"②,"其境域皆开辟古今之所未有,天地万物,嬉笑怒骂,无不鼓舞于笔端,而适如其意之所欲出"③。它可以超出"常情""常理"之外,可以"神游"于象外,以俯仰古今,上天入地,周流四极,而空灵超隽。杜甫诗"乾坤万里眼,时序百年心"④就形象地表明了"神游"式审美体验"超以象外"、变化开阖、出奇无穷的无限广阔性的特点。

但是,这种"架虚行危""气号凌云"、凌虚翱翔的想象活动虽然微妙难测,无所不思,无所不想,可是由于进行这项活动的创作者是人,因而"神游象外""神游无端"也必然受人的生理、心理以及生活逻辑的制约。心理学认为,人具有社会属性,人的生理的机能和生理的需求是社会人的机能和需求,与人的社会属性相关联。人的心理也是在不断的劳动实践中进行的,是人的内在的社会规定性,它必然影响并规定着人的生理机能和需要。审美活动是人自我实现的需要,当然也离不开社会的制约与规定。在审美创作构思中,创作者的"神用象通"与"神游象外"既超越生活,又扎根于生活。"精骛八极,心游万仞"的始动力是"应物斯感"。通过此,创作者能动地创造着另一种生活,即"第二自然",同时,它又受动于生活,必须遵从生活的逻辑。"神与物游",在"志气"的作用下,超越感官,去体悟生活的真谛与宇宙大化中所隐含的、内在的生命意义。这是"架虚行危""气号凌云"、凌虚翱翔的想象活动的又一个重要的、根本的特性。

应该说,"神用象通"与"神游象外"式审美体验的哲学依据主要是先秦道家的人生论,同时,它也受传统思维方式的制约。

---

① 马荣祖:《文颂·神思》,见北京大学哲学系美学教研室:《中国美学史资料选编》下册,中华书局,1980年版。
② 李渔:《闲情偶寄》,见杜书瀛校勘注释:《闲情偶寄·窥词管见》,中国社会科学出版社,2009年版。
③ 叶燮:《原诗》内篇,上海书店出版社,1994年版。
④ 《春日江村》五首之一,见《杜甫诗注》,三秦出版社,2004年版。

"神游""秉心"就是庄子所谓的"游"与"逍遥"。"逍遥"一词,在先秦的其他典籍中也曾出现。例如,《诗经·郑风·清人》云:"二矛重乔,河上乎逍遥。"《离骚》云:"折若木以指日兮,聊逍遥以相羊。"但这些地方的"逍遥"都是安闲自得的意思,与形体的彷徨徘徊相关。而庄子的"逍遥"与"游"则是指超越感官与形体的纯精神的逍遥,常与"心"字连用,属于心灵的逍遥与遨游。如《应帝王》说:"予方将与造物者为人,厌,则又乘夫莽眇之鸟,以出六极之外,而游无何有之乡,以处圹埌之野。"《逍遥游》说:"乘云气,御飞龙,而游乎四海之外。"《人间世》说:"且夫乘物以游心,托不得已以养中,至矣。"《德充符》说:"不知耳目之宣,而游心乎德之和。"所"逍遥"与"游"的地方是"四海之外""无何有之乡""圹埌之野""德之和",都是超脱于世俗、个人没有束缚的自由的精神境域。可见,庄子所谓"逍遥"与"游"的实质就是让精神在玄远旷渺、无穷无尽的宇宙大化中飘逸遨游,以获得心灵的慰藉。不难看出,属于中国古代美学的庄子这种游心于无穷,与天地同流,与万物同化,以返回生命之根,偕道而行的思想,正是"神用象通"与"神游象外"说的美学依据。同时,刘勰所推崇的这种通过"神用象通"与"神游象外",以楔入审美对象深层的生命结构和自我内心深处的潜在意识,从而深切地体验到审美对象之"神"的心灵体验方式还建立在中国古代"天人合一"的思想之上。"最高、最广意义的'天人合一',就是创作者融入客体,或者客体融入创作者,坚持根本同一,泯除一切显著差别,从而达到个人与宇宙不二的状态"①。人与天都是"气"化所生,以"气"为生命根本,"有人,天也。有天,亦天也"②。自然万物不是人以外的外在世界,而是人在其中的宇宙整体,人与自然之间的关系是融合统一、差异同构的,因此,可以相交相游。在审美创作构思中,则可以通过"神用象通"与"神游象外",以创作者之生气去体合万物之神气,在"神合气完"中,达到主客体的浑然合一。如张怀瓘所指出的:"幽思入于毫间,逸气弥于宇内,鬼出神入,追虚捕微,则非言象筌蹄,所能存亡也。"③汤显祖也认为:"心灵则能飞动,能飞动则下上天地,来去古今,可以屈伸长短生灭如意,如意则可以无所不如。"④在"神用象通"与"神游象外"式心灵体验中,创作者精神的自由活动可以来无踪去无影,上天入地,茹古孕今,能打破时空限制,其"飞动""无所不如","生灭如意",似"鬼出神入",使思绪纵横驰骋,意象纷至沓来。显而易见,这一切活动的思想基础是和"天人合

---

① 金岳霖:《中国哲学》,载《哲学研究》,1985年第9期。
② 《庄子·山木》,见陈鼓应:《庄子今注今译》,中华书局,1983年版。
③ 张怀瓘:《书断》,中国古籍全录典藏。
④ 汤显祖:《序丘毛伯稿》,见徐朔方笺校:《汤显祖全集》,北京古籍出版社,1999年版。

一"的审美意识分不开的。

"神用象通"与"神游象外"这种极具中华民族特色的心灵体验方式还与中国人传统的审美思维方式分不开。我们知道,按照传统的审美观念,天地之间存在一种无形的"大象"、希声的"大音"和无言的"大美",它"得之于手,而应于心,口不能言"①,是一种最高的抽象的存在,只能意会,不可言传。审美创作者只有"听之以气",需"乘天地之正,御六气之辩"②,在无古无今、无死无生、无形无迹、无穷无尽、无失无得、无喜无忧的心理状态中,摆脱时空限制,摒绝尘世的一切矛盾纠纷,通过"神与象通"和"神游象外",去与"造物者为人,而游乎天地之一气"③,始能进入一片虚廓、静谧的审美境域,体验到"大象""大音""大美",获得和谐、恬悦的审美感受。《庄子·田子方》中"解衣盘礴"的故事里对画家顺应自然,一任心灵自由飞升的审美活动的具体描述,实际上就是审美创作中通过"神与象通"和"神游象外",以获得宇宙生命与艺术真谛所应保持的精神态势。因此,我们认为,正是这种对"象"外之"意"的审美追求形成中国人传统的审美情趣,并规定着中国人传统的审美思维方式,从而对刘勰"神用象通"说的产生与形成以直接影响。

巴蜀文学奇特虚幻的审美精神及其"架虚行危"、凭虚构象的想象论,其思想根源可以追溯到老子美学的"有无相生"论。在老子美学范畴系列中,"无"是同"妙""气""道""玄"等属于同一层次的。所谓"常无,欲以观其妙"的"无"是对"天地鸿蒙、混沌未分之际的命名",为宇宙天地的本初形态,故"无"实质上又是"有"。同时,在老子的生命哲学中,"无"和"道"又是相通相同的④,故他又进而指出:"天下万物生于有,有生于无。"⑤所谓"有生于无",老子自己对此做了解释,他借用具体事物为喻,说:"三十辐共一毂,当其无,有车之用。埏埴以为器,当其无,有器之用。凿户牖以为室,当其无,有室之用。故有之以为利,无之以为用。"⑥车、器、室都由于形成了特定的空间才有其特定的作用。老子看到空虚不等于零,有形之物都离不开无形之虚,而后才有其价值,于是老子得出了"有之以为利,无之以为用"的一般性结论。对此,王弼注解得极为精妙,他说:"有之所以

---

① 《庄子·天道》,见陈鼓应:《庄子今注今译》,中华书局,1983年版。
② 《庄子·逍遥游》,见陈鼓应:《庄子今注今译》,中华书局,1983年版。
③ 《庄子·大宗师》,见陈鼓应:《庄子今注今译》中华书局,1983年版。
④ 《老子》二章,见陈鼓应:《老子注释及评介》,中华书局,1984年版。
⑤ 《老子》四十章,见陈鼓应:《老子注释及评介》,中华书局,1984年版。
⑥ 《老子》十一章,见陈鼓应:《老子注释及评介》,中华书局,1984年版。

为利,皆赖无以为用也。"世上的事情多与此相似。老子说:"大音希声,大象无形,道隐无名。"①王弼注云:"物以之成,而不见其成形,故隐而无名也。"这也就是说,五音之成赖于希声之大音,众象之成赖于无形之大象,这也是以无为本的实例。推而广之,在无为与有为的关系上,无为为本,有为为用。老子说:"天地不仁,以万物为刍狗;圣人不仁,以百姓为刍狗。"(五章)通常人们只看到仁爱的好处,岂不知正是天地的自然无为,才成就了万物的生长繁衍,圣人的无为而治,才成就了百姓的自然发展;若是天地有意于仁,必不能遍仁,圣人有意于爱,必不能遍爱,故无为方能无不为。通常人们喜欢居前、积财、争功、亲仁义、美忠孝、尚智巧、逐于强力、厚于生生、依于法令。老子认为这些都是本末倒置,其结果必然是适得其反,欲益之反害之;还不如采取居后、节俭、不争、尚朴的人生态度,处无为之事,行不言之教,这才是守母归根之举,才能真正进入人生极高境域,获得成功。

老子将道体与道用的辩证关系概括为"反者道之动,弱者道之用"(四十章)。换句话说,就是生活的真理存在于对立的相互依存和相互转化之中,大道的现实功能依赖于柔弱的阴性而发生作用。在这样一种主阴贵柔的思想指导下,老子形成了自己独特的逆向传统文化模式,其特点在一个"反"字上,看重事物反面的性质,善于在对立之中思考问题和解决问题。在老子看来,自然万物间存在着以下一些关系。第一,相反相成。看起来完全对立的事物,实际上是相得相依的。如"有无相生,难易相成,长短相形,高下相盈,音声相和,前后相随"(二章),这是一类共时存在的矛盾,失去一方则另一方即不存在。第二,正言若反。事物的本然与其现象是矛盾的,所以要用否定性的术语来表述它的肯定性的内涵。如"俗人昭昭,我独昏昏;俗人察察,我独闷闷","众人皆有以,而我独顽且鄙"(二十章),"明道若昧,进道若退,夷道若纇,上德若谷,广德若不足,建德若偷,质真若谕,大白若辱,大方无隅,大器晚成,大音希声,大象无形,道隐无名"(四十一章),"大直若屈,大巧若拙,大辩若讷"(四十五章),"信言不美,美言不信;善者不辩,辩者不善;知者不博,博者不知"(八十一章)等。这种正言若反的表述方式,比一般的正面表述更深刻地揭示了所肯定的真理的高层次性和真理的内在性。第三,物极必反。任何事物对立的两极都是相通的,一物之中包含着否定性的因素,当该物发展到极点时,否定性成分变为主导,该物便转化为自身的反面。如"金玉满堂,莫之能守。富贵而骄,自遗其咎"(九章),"五色令人目盲,五音令人耳聋,五味令人口爽,驰骋田猎令人心发狂,难得之货令人行妨"(十二章),"企者不立,跨者不

---

① 《老子》四十一章,见陈鼓应:《老子注释及评介》,中华书局,1984年版。

行。自见者不明,自是者不彰。自伐者无功,自矜者不长"(二十四章),"甚爱必大费,多藏必厚亡"(四十四章),"天下多忌讳,而民弥贫;人多利器,邦家滋昏;人多伎巧,奇物滋起;法令滋彰,盗贼多有"(五十七章),"祸兮,福之所倚;福兮,祸之所伏","正复为奇,善复为妖"(五十八章),"民不畏威,则大威至"(七十二章),"兵强则灭,木强则折"(七十六章)等。在老子看来,否定性在事物发展和转化中起着决定性的作用,否定是内在的,当事物的发展失去控制时,否定便要逞其威风。第四,由反入正。既然对立事物总是向着自己相反的方向转化,那么为了达到正面的目标,就必须从反面入手,走迂回的路。如"圣人后其身而身先,外其身而身存"(七章),"曲则全,枉则直,洼则盈,敝则新,少则得","夫唯不争,故天下莫能与之争"(二十二章),"以其终不自为大,故能成其大"(三十四章),"将欲歙之,必固张之;将欲弱之,必固强之;将欲废之,必固兴之;将欲取之,必固与之"(三十六章),"道恒无为而无不为"(三十七章),"天下难事,必作于易;天下大事,必作于细。是以圣人终不为大,故能成其大"(六十三章),"合抱之木,生于毫末;九层之台,起于累土;千里之行,始于足下"(六十四章)等。正是这些由反入正的一系列命题,构成了老子的事物间既相互对立又相互汇通、相互统一的思想体系,其核心就在于从积极的方面正确运用事物转化和否定原理。第五,防止转反。如果说上一条是通过主观努力促使事物朝着有利于人的方向转化,那么这一条就是通过主观努力防止事物朝着不利于人的方向转化。如"多言数穷,不如守中"(五章),"持而盈之,不如其已""功遂身退,天之道也"(九章),"圣人去甚,去奢,去泰"(二十九章),"果而勿矜,果而勿伐,果而勿骄,果而不得已,果而勿强"(三十章),"大丈夫处其厚,不居其薄;处其实,不居其华"(三十九章),"贵以贱为本,高以下为基。是以侯王自称孤、寡、不穀""不欲碌碌如玉,珞珞如石"(三十九章),"知足不辱,知止不殆,可以长久"(四十四章),"圣人方而不割,廉而不刿,直而不肆,光而不耀"(五十八章),"治人事天,莫若啬""是谓深根固柢,长生久视之道"(五十九章),"慎终如始,则无败事。是以圣人欲不欲,不贵难得之货;学不学,复众人之所过"(六十四章),"圣人不病,以其病病;夫唯病病,是以不病"(七十一章)。老子已经看到,事物转化是有条件的,如果人能主动接纳它的否定因素,进行局部的及时的不断的自我否定,不使自身的行为失去控制,那么就可以使事物的否定性转化在自身内部进行,不会引起根本性的变化和差异性的丧失。第六,达到沟通。对立双方相比较而存在,假如双方一利一害,就不能只想存其利而去其害,根本的解决办法是取消这种相互对立的条件,把事物推向一个更高的发展层次。如"不尚贤,使民不争;不贵难得之货,使民不为盗;不见可欲,使民心不乱。

是以圣人之治,虚其心,实其腹,弱其志,强其骨,恒使民无知无欲"(三章),"吾所以有大患者,为吾有身,及吾无身,吾有何患?"(十三章)"大道废,有仁义。智慧出,有大伪。六亲不和,有孝慈。国家昏乱,有忠臣"(十八章),"绝圣弃智,民利百倍;绝仁弃义,民复孝慈;绝巧弃利,盗贼无有","见素抱朴,少私寡欲,绝学无忧"(十九章),"善行无辙迹,善言无瑕谪,善数不用筹策,善闭无关楗而不可开,善结无绳约而不可解"(二七章),"盖闻善摄生者,陆行不遇兕虎,入军不被甲兵。兕无所投其角,虎无所措其爪,兵无所容其刃。夫何故?以其无死地"(五十章),"善建者不拔,善抱者不脱"(五十四章),"塞其兑,闭其门,挫其锐,解其纷,和其光,同其尘,是谓玄同。故不可得而亲,不可得而疏;不可得而利,不可得而害;不可得而贵,不可得而贱"(五十六章),"圣人云:我无为,而民自化;我好静,而民自正;我无事,而民自富;我无欲,而民自朴"(五十七章),"古人之善为道者,非以明民,将以愚之"(六十五章)。老子看到社会人生中善恶并存,是非相依,福祸为邻,纷纷扰扰,无时而宁,治之而愈乱,防之而益危。他认为造成这一现象的根本问题是人类丧失了真朴之性,逐于外物而不能返本。所以他提出了一套取法于大道和自然、超出世俗和时代的根本治理办法与为人处世之道,关键就在"见素抱朴,少私寡欲,绝学无忧"十二个字。在老子看来,人道本于天道,天道自然,人的根本特性是纯朴自然,故而人应返朴归真,回到共有的自然属性,以实现人性的复归。第七,返本归初。事物的运动,最终都要回到当初的出发点,而这个出发点就是清虚渊深的大道。老子说:"万物并作,吾以观复。夫物芸芸,各复归其根,归根曰静,静曰复命。复命曰常,知常曰明。""知常容,容乃公,公乃全,全乃天,天乃道,道乃久,没身不殆。"(十六章)老子认为天地之间的万事万物,都是生生不已、不断发展变化的,其发展变化是"复",即向静态复归,因为有起于虚、动起于静,所以万物最后归于虚静,然后才能得生命真谛和人生的奥秘。人如果能知此殊途同归之理,则必能包容而无所不通,合于自然,同于大道,超越个体生命的有限。

巴蜀文学奇特虚幻的审美精神及其凭虚构象、"架虚行危"的想象论还与其时的"黄老"学和仙人观念分不开。

汉代经学的发达、帝王的尊儒,表面上看来,好像是以儒家思想为代表,可是事实却不尽然。因为汉代经学专重在训诂方面,所以真正的儒家思想中心却因之消沉,试看一代经学家,并没有在思想方面有所发明的。儒家思想消沉,道家思想就潜在地发展起来,所以甚至于表面上是经学,实际是道家思想掺杂在其中。皮锡瑞在《经学历史》中指出:"汉有一种天人之学,而齐学尤盛,伏传五行,《齐诗》五际,《公羊》《春秋》,多言灾异,齐皆学出。《易》有象数占验,《礼》有明堂阴阳……"因此,方士神仙之说,在汉非常盛行(方士神仙之说所以盛行,另一原因是汉代上下富庶,如武帝之徒,做了皇帝还不满足,想做神仙;神仙之念起于帝王,方士之说因之而盛),信道的人也很多。武帝一生曾竭智尽虑地求仙觅道,这样的行为,却不知受了多少方士的欺骗。他和文帝、窦后、景帝、宣帝等都信"黄老"。主上在上倡导,于是学者、民间也多闻风响应了。所以汉初"黄老"之学极盛。《汉书·淮南王安传》云:"亦欲以行阴德,拊循百姓,流名誉,拼致宾客方木之士数千人,作为《内书》二十一篇,《外书》甚众,又有《中篇》八卷,言神仙黄白之术,亦二十余万言。"

仙人思想是灵魂不灭观念发展到较高阶段的产物。最初的灵魂不灭是以祖先崇拜的形式表现出来。原始先民因死的恐惧而祈祷祖先让新生命不断到来,以维持整个聚落组织的存在,这是一种群体意义上对生命延续、生生不息的要求。进入阶级社会后,阶级分化、贫富差距的日益加剧使统治者越来越脱离民众,群体意义的"生"所涵盖的内容与范围也越来越小,直至个人。大概在(西周)穆王时,个人祈寿逐渐萌芽,到共王时典型的祈寿体例始称完备,共王以降,向祖先祈请个人长寿成为贵族的习尚①。对生的关怀由群体转移到个人,是仙人观念萌发的前提。

先秦时期,大约在西周末年,在古人的观念中人间寿命开始与天神产生关联。到春秋晚期,这种关系在社会各阶层得到普遍建立,人们对生命终极来源的认识因之"从原先的祖神转到天"②。同时,我们注意到代理天掌管人间生死的专职神——"司命"出现了,洹子孟姜壶③、《周礼·大宗伯》《礼记·祭法》《楚辞·九歌》等都记载了对司命的祭祀,显示出司命地位的尊崇和信仰地域的广泛。

春秋时期,百家争鸣,培养了人们敢于质疑、敢于想象的创新思维,观念的更新速度大大加快。所以,洹子孟姜壶上记载齐侯"用璧、两壶、八鼎"等去巴结"大司命",而此后相去不足三十年的齐景公则在心驰神往地问晏子:"古而无死,其乐若何?"(《左传·昭公二十年》)从完全听命于天到试图摆脱天对生命的控制,意味着一次巨大的思想飞跃。要不是晏子从既得利益的角度反驳"无死",齐君的求仙实践想必不会晚到威、宣时期。

---

① 杜正胜:《从眉寿到长生——中国古代生命观念的转变》,见《"中央研究院"历史语言研究所集刊》,第66本第2分,1995年版。
② 杜正胜:《从眉寿到长生——中国古代生命观念的转变》,见《"中央研究院"历史语言研究所集刊》,第66本第2分,1995年版。
③ 时代约在齐庄公(公元前553年—公元前548年)时。

到战国时,仙人思想已颇具声势,其体系大致可理为两大脉络。

一是活人成仙术,包含服食药饵、行气导引、房中术等方术。这些方术主要受古老的物精观念的启示,试图获取多精的物品或设法将精聚少成多,并被人所吸收,从而达到成仙不死的目的。

服食药饵,就是寻找或制造大量含精的物品以供服食。战国时期,"制造"这一途径尚不彰显,求仙者致力于"寻找"。最著名的范例是寻找不死药,此法流行于燕、齐地区。齐威王、宣王时,"使人入海求蓬莱、方丈、瀛洲",觅"诸仙人及不死之药",后来燕昭王也仿效之,但均"终莫能至"。原因是"三神山者,其传在勃海中,去人不远……未至,望之如云,及到,三神山反居水下。临之,风辄引去"①。行气导引,即所谓"吹呴(嘘)呼吸,吐故纳新,熊径鸟申","此道引之士、养形之人、彭祖寿考者之所好也"②。行气,就是使人体器官与自然界相沟通,吸纳天地之精气,通过调理内息蕴于己身。导引,则与人们的动物崇拜观念很有关系,意在仿动物屈伸之法,求动物之神性而长寿,可能是受了《山海经》中"不死民"的启发③。此不死成仙之技发展于楚地。

房中术,与前二方术向自然界求取精气相异,将摄精的目标指向人本身(女人),通过"接阴之道"来采气积精,养神炼形。《汉书·艺文志·方技略》房中类录有八种房中书,托名于容成、务成子、尧、舜、汤、盘庚、天老、黄帝等人,其中当有不少传自战国④。但这些匿名著录让我们难以明晰战国时房中流派的发展地区和代表人物。于容成见于《庄子·则阳》、务成子(务成昭)见于《荀子·大略》的情况看,我们约略判断房中术的流行地区在关东。

二是死后成仙构想,是在庄学"生死一体"思想的影响下产生的。

《庄子》内篇诸文对庄子之思想方法或证道功夫屡有点示,如"其神凝"(《逍遥游》)、"吾丧我"(《齐物论》)、"心斋"(《人间世》)、"坐忘"(《大宗师》)等⑤。《大宗师》中还以大段文字对"古之真人"的特点做了详细陈述,并指出了由"外天下""外物""外生",至"朝彻""见独""无古今",而达"不死不生"的一系列修道功

---

① 《史记·封禅书》,中华书局,1956年版。
② 《庄子·刻意》,见陈鼓应:《庄子今注今译》,中华书局,1983年版。
③ 《山海经》中不死民的形体也表现出怪异性,如羽民国民"人长头,身生羽",不死国国"人黑色"(《海外南经》);轩辕国民"不寿者八百岁","人面蛇身,尾交首上",白民国民"白身被发"(《海外西经》);颛顼之子"三面一臂,三面之人不死"(《大荒西经》)等。
④ 李零:《战国秦汉方士流派考》,见《中国方术续考》,东方出版社,2000年版。
⑤ 林继平:《庄子在仙学中展露的形象与思想——陈寿昌〈南华真经正义〉评介》,见《文史哲论集》,台湾书店,1990年版。

夫。此法所倡导的是一种"绝世离俗"的生活,要想不死成仙就必须离开人间世,"出六极之外,而游无何有之乡"(《应帝王》),所以《楚辞·远游》也称成仙为"度世",即从"此世"过渡到"彼世"①。

庄子后学对"生死一体"进一步诠释,《达生》曰:"世之人以为养形足以存生,而养形果不足以存生,则世奚足为哉? 虽不足为而不可不为者,其为不免矣。夫欲免为形者,莫如弃世。弃世则无累,无累则正平,正平则与彼更生。"这里,认为生(养形)不如死(弃世),由生到死实际上是从"生的世界"到"更生的世界",这种新的"度世"提法巧妙地化解了前一种提法无法证实的困境,将"死"解释为"更生""成仙",就可以在现实生活中加以操作。把人们常识中的"鬼途"与"仙途"结合起来,把"死亡"作为"成仙"的一个中间环节,增强了庄子后学说法的迷惑性和号召力。其时庄子后学们可能已具有方士的身份,赖此以吸引更多的信众,而不愿走庄子那种孤芳自赏的道路。

庄子后学的说法体现于墓葬最早是在楚地。"其具体手法是在墓室中放置飞鸟漆器和各种图画物,图画物上通常表现的母题是龙、凤"②。1949 年长沙陈家大山战国楚墓出土的《人物龙凤图》和 1973 年长沙子弹库战国楚墓出土的《人物御龙图》帛画均为例证。将龙从不死成仙思想中引入墓葬,并增加凤这一题材,很重要的原因就是龙、凤寓意着阴阳,是沟通生死世界的灵物,引入它们,赋予它们从"生"到"更生"过程中的重要媒介作用,可诱使人们相信死后成仙是能够实现的。

以上诸仙人思想及其实现方式,均兴起、发展或流行于关东六国的地域内,与之相比,秦国直到完成统一都没有土著的仙人思想产生。"秦之西有仪渠之国者,其亲戚死,聚柴薪而焚之,熏上,谓之登遐"(《墨子·节葬下》)。火葬大概对西汉晚期的神仙家有启发,发展为成仙的一条途径,《列仙传》中常见的成仙方式就是入火自烧。不过战国时,这种西羌人早就存在的葬俗仍停留在灵魂不死的较早阶段,即虽有了灵魂升天的认识,但未能被秦人赋予更深层次的内涵,只好距仙人思想的产生一步之遥而止。甘肃天水放马滩一号秦墓所出《墓主记》③简文,也表明战国晚期秦人的生死观仍是传统的司命神信仰,而没有在死而复生的过程中透露

---

① Ying-shih Yu, "Life and Immortality in the Mind of Han China", Harvard Journal of Asiatic Studies, Vol. 25, 1964–65. 转引自余英时:《中国古代死后世界观的演变》,见《中国思想传统的现代诠释》,台北联经出版事业公司,1987 年版。
② 宋公文、张君:《楚国风俗志》,湖北教育出版社,1995 年版。
③ 何双全:《天水放马滩秦简综述》,载《文物》,1989 年第 2 期;李学勤:《放马滩简中的志怪故事》,载《文物》,1990 年第 4 期。

出异样的方式。

那么关东的仙人思想是否进入到秦国并流行呢？《吕氏春秋·季春纪·先己》云："凡事之本，必先治身，啬其大宝，用其新，弃其陈，腠理遂通，精气日新，邪气尽去，及其天年，此之谓真人。"这段话集中了楚地的"真人"提法、行气理论等，很可能是吕不韦的楚籍门客传过来的。惜吕不韦恶死，他所收集的这些东西没能够传播和融进秦国文化之中。

战国仙人思想发展的东西失衡，使统一后的秦始皇在接触关东方士献来的求仙方时，不会因为有本土文化的存在而反弹，更大程度上是秦始皇依个人感受和心理变化进行选择。

据《史记》中《秦始皇本纪》和《封禅书》记载，秦始皇首次接触的仙人思想是秦王政二十八年东巡途中齐人徐市所呈的海上神山觅仙求药之方。对这一预先不曾料及的事件，始皇起初还抱有几分观望、怀疑的态度，"自以为至海上而恐不及"，但他对求仙已产生了兴趣，还是"遣徐福发童男女数千人，入海求仙人"，结果"船交海中，皆以风为解，曰未能至，望见之焉"。望得见却拿不到，无意间挫伤了自信到狂妄的始皇的自尊心，越是不成功越要做下去，求仙活动从此一发而不可收。二十九年，秦始皇再次东巡，登芝罘，希望有所收获，又不果，令他对齐地方士大为失望。

齐地方士的不成功并没有让秦始皇意识到海上神山觅仙求药之方的不可行，所以，兜售同样仙人思想的燕地方士接踵而来。三十二年，始皇的第三次东巡，弃齐地而径奔燕地，来到渤海西岸的碣石，派燕人卢生求仙人羡门、高誓，又派韩终、侯公、石生求仙人不死之药。始皇此次寄予的厚望已非先前那种试试看的心态，"秦法，不得兼方，不验，辄死"，燕地方士不敢再用"风大船不能至"之类的借口来搪塞，而寻求其他方法来拖延时间。于是"亡秦者胡也"的谶语被捏造出来，挑起了一场秦对匈奴的战争。

到三十五年，卢生仍然奉献不出不死仙药。这时候我们注意到仙人思想的不同流派间开始相互交流，卢生所献的"真人方"就套用了楚地不死成仙思想的一部分内容。他对始皇说："臣等求芝奇药仙者常弗遇，类物有害之者。方中，人主时为微行以辟恶鬼，恶鬼辟，真人至，人主所居而人臣知之，则害于神。真人者，入水不濡，入火不热，陵云气，与天地久长。今上治天下，未能恬淡。愿上所居宫毋令人知，然后不死之药殆可得也。"始皇遂不称"朕"，而自谓"真人"；又令二百里咸阳宫以复道、甬道相连，帷帐遮蔽，使人莫知其所在。卢生要从仙人思想的其他流派中寻求缓兵之计，可见他对如何应付始皇的仙药之询早无良方。卢生是燕地方士的代表人物，他的黔驴技穷无疑反映了燕地方士的普遍困境和感受。因而，我们推测房中术也在这段时期被献给始皇。不久，燕地方士终于无计可施，为保命，卢生约同侯生逃之夭夭，标志着齐、燕不死药成仙思想实践上的破产。

不死成仙思想中，一途是寻求不死药，已经屡次失败了；二途是房中术，效果也是遥遥无期；三途是行气导引，凝神忘我，苦修养精，却是秦始皇无法身体力行的。他实践楚地死后成仙思想正是在这种情况下的无奈选择。

三十六年秋，有人持始皇二十八年渡江所沉之璧，拦使者使遗始皇，言："今年祖龙死。"始皇闻之，默然良久，曰："山鬼固不过知一岁事也。"始皇无可奈何地默认谶言，说明他的观念已经转变，不再固执于自己是不会死的。《汉旧仪》载："三十七岁……奏之曰：'丞相斯昧死言，臣所将隶徒七十二万人治骊山者，已深已极，凿之不入，烧之不然，叩之空空，如天下状。'制曰：'凿之不入，烧之不然，其旁行三百丈乃止。'"扩建陵穴这样重大的事情，到这时（距陵园始建已近37年）才批示，一次动用的民工数量又如此巨大，给人的感觉是突发的、匆忙的。那么，一定是此前陵园的建设长期处于停工状态，到始皇决定按死后成仙的方法来操作时，才会出现丞相亲自督导急急赶工的现象。

三十七年十月，始皇最后一次东巡，一改前三次东奔齐燕的路线，而先向南游去楚地。行至云梦，望祀虞舜于九疑山；然后浮江东下，临浙江时，水波恶，始皇不再像二十八年那样"不得渡"便暴怒，"乃西百十二里从狭中渡"；又上会稽，祭大禹。态度变得如此谦恭，是以前始皇傲视三皇五帝、欺侮尧女舜妻湘君时所不曾有过的事。秦始皇南巡，主要目的当包含对楚地不死成仙思想的实地考察和方法借鉴，向已成为鬼神的古圣先帝悔过，是他不得不向死亡低头了。随后始皇抱着对不死药成仙的最后希望到琅琊，却再次化为泡影。抑郁难忍中，他下令入海者捕巨鱼，自己也以连弩候大鱼出射之。这一举动招致急火攻心，使他已被房中术淘虚的身体架不住了，归途中一命呜呼。

经秦始皇求仙实践的整合与导向，西汉早期的仙人思想进一步发生变化。仙人思想突破原来的地域和流派界限，交叉相融并外延，方式方法不断得到丰富和扩展。据《史记·封禅书》的记载，我们可以看到汉武帝时，方士的籍贯地与其求仙方的流派已无必然联系。例如，《史记·封禅书》云："是时李少君亦以祠灶、谷道、却老方见上，上尊之……少君言上曰：'祠灶则致物，致物而丹沙可化为黄金，黄金成以为饮食器则益寿，益寿而海中蓬莱仙者乃可见，见之以封禅则不死，黄帝是也。臣尝游海上，见安期生，安期生食巨枣，大如瓜。安期生仙者，通蓬莱中，合则见人，不合则隐。'于是天子始亲祠灶，遣方士入海求蓬莱安其生之属，而事化丹少诸药齐为黄金矣。居久之,李少君病死。天子以为化去不死,而使黄锤史宽舒受其方。"来自赵地的李少君,所献却老方并存齐(燕)、楚两套内容;祠灶方继承了齐燕不死药成仙的思路,但把方法由不可能实现的"寻找"转化为可加操作的"制造",即"化丹沙诸药齐为黄金",也就是炼丹术;谷道方即辟谷术,则源自楚地。又如,文成将军少翁本为齐人,所献鬼神方却以楚地思想为主。"夜致王夫人及灶鬼之貌云,天子自帷中望见焉",带有招魂之痕迹;"作画云气车","驾车辟恶鬼",又有了《远游》的影子;"作甘泉宫,中为台室,画天、地、太一诸鬼神,而置祭具以致天神",则是模仿卢生的"真人方",也是远承楚地思想。

如果说,李少君、文成的求仙方还可以在战国、秦代的仙人思想里找到来源,那么到了稍后的栾大、公孙卿时,方士编造求仙方的水平就达到了突破原有范畴、广采博取的地步。例如,五利将军栾大本是胶东宫人,他的方法是"衣羽衣,夜立白茅上","以下神"。这是受了先秦"羽人"①(如《山海经》里有羽民国民,考古发现有商代玉羽人、战国中期漆羽人②等)的启发。汉初,楚地对"羽人"的表现已很丰富,如汉文帝时期的长沙马王堆一号汉墓漆棺画中的"羽人"形象③。又如,齐人公孙卿,开放性就更突出。他说"见仙迹缑氏城上,有物如雉,往来城上",就是以前仙人思想所没有的,倒与秦国早期陈宝野鸡神(《史记·秦本纪》索隐)的传说近似;后又说"夜见大人","其迹甚大",似与周人始祖姜嫄践"巨人迹"(《史记·周本纪》)的传说相类。他还发展了秦时的宫室求仙法,把细节编造得越加具体:"仙人好楼居","于是上令长安则作蜚廉桂观,甘泉则作益延寿观";"作通天茎台";"甘泉更置前殿";"作建章宫","其北治大池,渐台高二十余丈,命曰太液池,中有蓬莱、方丈、瀛洲、壶梁,象海中神山龟鱼之属";"立神明台、井干楼,度五十丈,辇道相属焉"。

这些是不死成仙方面的例子,其共同特征就是汉初方士的开放性思维,使仙人思想原有体系在汇融整合的基础上不断趋向庞大,滋生出许多新内容,渊源也更加复杂起来。

马王堆汉墓出土了大量精美的随葬品,如丝织品、漆器、竹简、木俑等,对于研究西汉初期的历史、文化、手工艺等方面具有重要的价值。随葬品中的几幅帛画,为考察当时仙人思想提供了极其珍贵的资料。

---

① 中国文物精华编集委员会:《中国文物精华》图版66,文物出版社,1992年版。
② 荆州市博物馆:《湖北省荆州市天星观二号墓发掘简报》,载《文物》,2001年第9期。
③ 湖南省博物馆、中国科学院考古研究所:《长沙马王堆一号汉墓》,文物出版社,1973年版。

帛画是画在丝织品"帛"上面的绘画,具有独立的绘画样式。迄今最早发现的帛画是湖南长沙发现的两幅战国时代的《人物龙凤帛画》和《人物御龙帛画》,反映了中国绘画艺术脱离工艺装饰独立发展的早期面貌。汉代帛画流行,很多壁画题材亦出现在绘于丝帛的画上,一些以丝帛为材料书写的论著也附有图画。唐代张彦远著《历代名画记》书中所举古之秘画珍图目录,包括了经史、文学、天文、地理、医药、谶纬等内容,可惜这些作品早已失传。

马王堆汉墓出土的帛画有一、三号墓的两件铭旌,三号墓的车马仪仗图、导引图及长沙国南部地形图等。一号墓铭旌保存最为完好,出土时覆盖内棺之上。帛画呈"T"形,全长205厘米,上部宽92厘米,下部宽47.7厘米,向下四角缀有穗形飘带,顶部边缘裹有竹棍,两端系丝带用以悬挂,出殡时在灵车前举扬,具有招魂及引导死者升仙的作用。

马王堆出土帛画与战国帛画比较,表现灵魂升仙的思想是一致的,但在图绘的内容及形象塑造方面,马王堆帛画则丰富得多。一号墓出土铭旌全图共分天上、人间、地下三部分。上段天上部分正中画人首蛇身的宇宙或生命的主宰之神(可能是传说中的女娲或烛龙),两侧有仙鹤唳鸣,一角画带有金乌的太阳及扶桑树,另一角画带有蟾蜍和玉兔的一弯新月,一女子飞奔月亮,可能为嫦娥奔月的神话故事;天宫的下端有天阙,两司阍守门,又有神豹护卫,充满了神异想象;中段人间部分画墓主人的形象,身材肥硕,衣着锦绣,神态庄重,前有人跪迎,后有侍女相随,极力渲染长沙国丞相夫人的尊贵身份,画中形象与墓中女尸对照甚为肖似,显示出汉代肖像画的水平;中段下部画厅堂,中设案摆列鼎壶羽觞,两旁有人对坐向死者致祭。下端地下部分画一裸体巨人手托大地,立于两条大鱼背上,可能是传说的大地之神。

铭旌在一定程度上反映了西汉早期绘画所达到的水平,特别是天宫及地下部分,描绘了许多产生于远古的神话景象:日月交辉,游龙盘旋,飞兽奔跃,神人形象奇异,充满了丰富的想象,使我们联想战国时代楚先王庙壁画和汉代鲁灵光殿壁画,可与楚国诗人屈原的诗作《离骚》《天问》中描述的神话相对照。

汉初,不死成仙的各途径都有新发展。服食方面,明确了仙人的食物,李少君言"安期生食巨枣",这也是从以前的缥缈虚无向现实转变。行气导引方面,实践性大大加强。其一,所谓的"却谷食气",不再是不吃任何食物,而是有代用品可吃以对付饥饿,如马王堆帛书《却谷食气》所言"石苇"①;其二,模仿仙人餐风饮露,作"承露仙人掌之属",南越王墓所出铜承盘高足玉杯②,很可能就是承露盘③;其三,有详细的图解或文字说明来指导练习导引术,如马王堆帛书《导引图》④、张家山汉简《引书》⑤等。房中术方面,除了性技巧更趋完善,还和服食、行气的内容结合起来,"食气""翕气""食阴""引阴"等提法⑥增强了其理论阐释。

然而,不死成仙思想最为重要的变化还不是这些,而是在方士们深深染指政治的过程中所引发的政治思想的异化。史籍上明确记载方士干政是从秦始皇时代开始的。"燕人卢生使入海还,以鬼神事,因奏录图书,曰:'亡秦者胡也'。始皇乃使将军蒙恬发兵三十万北击胡。"(《史记·秦始皇本纪》)卢生献谶言的目的是通过挑动战争来分散始皇的注意力,以减缓始皇对他们求仙的督促。进入汉代,这种方士伪托谶言对政治活动发生影响的行为被继承下来。汉文帝对改正朔、易服色、敬神明之事感兴趣,就有鲁人公孙臣预言"汉当土德,土德之应黄龙见";又有赵人新垣平私做手脚,然后预言有人献"人主延寿"玉杯。武帝时,更有一批方士富贵至极,一时间"海上燕齐之间,莫不搤掔而自言有禁方,能神仙矣",文成的"帛书饭牛"、公孙卿的"黄帝鼎书"等都是谶言。这时期,方士献谶言主要目的是为了获取或延续皇帝对自己的宠信,想不到他们凭借仙术进身的成功,给了汉初以来屡受挫折的儒家以莫大的启示。为了给儒家思想套上一层神秘面纱,以迎合汉武帝的心态,儒士董仲舒把阴阳五行说和天人感应论吸收进儒学,从而一举确立了儒术"独尊"的官方地位。武帝以后,无论是儒生方士化,还是方士儒生化,都促使谶言同儒家经学结合起来,终于在西汉末期衰坏政治的催化下兴起了谶纬神学,并被两汉之际的各派政治势力所利用,东汉时成为统治思想⑦。

汉初,推行死后成仙思想的方士,将《山海经》中的冥神西王母改造为冥仙。

---

① 马王堆汉墓帛书整理小组编:《马王堆汉墓帛书(肆)》,文物出版社,1985年版;李零:《中国方术考》(修订本),东方出版社,2000年版。
② 广州文物管理委员会、中国社会科学院考古研究所、广东省博物馆:《西汉南越王墓》,文物出版社,1991年版。
③ 杨泓、孙机:《寻常的精致》,辽宁教育出版社,1996年版,第147页。
④ 马王堆汉墓帛书整理小组编:《马王堆汉墓帛书(肆)》,文物出版社,1985年版。
⑤ 彭浩:《张家山汉简〈引书〉初探》,载《文物》,1990年第10期;连劭名:《江陵张家山汉简〈引书〉述略》,载《文物》,1991年第2期。
⑥ 马王堆汉墓帛书整理小组编:《马王堆汉墓帛书(肆)》,文物出版社,1985年版。
⑦ 黄开国:《论汉代谶纬神学》,载《中国哲学史研究》,1984年第1期;钟肇鹏:《谶纬论略》,辽宁教育出版社,1992年版;丁鼎、杨洪权:《神秘的预言——中国古代谶言研究》,山西人民出版社,1993年版。

《淮南子·墬形训》和《大人赋》以昆仑山系为依托将神、仙之境分为四界。《淮南子·墬形训》所分"四界"为："昆仑之邱，或上倍之，是谓凉风之山，登之而不死；或上倍之，是谓悬圃之山，登之乃灵，能使风雨；或上倍之，乃维上天，登之乃神，是谓太帝之居。"司马相如在《大人赋》将其分为："西望昆仑之轧沕荒忽兮，直径弛乎三危。排阊阖而入帝宫兮，载玉女而与之归。登阆风而遥集兮，亢鸟腾而一止。低回阴山，翔以纡曲兮，吾乃今日睹西王母，暠然白首，戴胜而穴居兮，亦幸有三足鸟为之使，必长生若此不死兮。"对应起来，上界即"太帝之居""帝宫"，为天神所居，在最高山的上方；中上界即"悬圃之山""三危"，为天仙所居；中下界即"凉风之山""阆风"，为地仙所居；下界即"昆仑之邱""阴山"，为冥仙所居。西王母居于下界的"昆仑之邱"（《淮南子·墬形训》），亦即"阴山"（《大人赋》）。还有一个很重要的改动，就是不死药的持有者落到西王母头上，《淮南子·览冥训》曰："羿请不死之药于西王母。"这扩大了西王母对人死后能否成仙的决定权，于是能否拜会西王母成为死后成仙的关键。凿山为室，在模仿的背后是试图达到死者墓穴与西王母居穴的沟通。受山体或地貌条件的限制，又出现了意义相同、全部或部分以石条砌筑的石室墓，如广州南越王墓①、徐州北洞山楚王墓②、徐州后楼山西汉墓③等。这个时期，在苏鲁豫皖的交界地区还首先出现了石椁墓④和崖洞墓的流行区大致重叠，两者出现的原因应相同，区别在于后者的使用阶层社会地位较低。

"黄老"之说这样盛行，也就给予赋很大的影响。二者间的关系，可述者约有以下数点。第一，道家主自然，与文学有一息相通者，因为积极之士，他们大概都归入儒家而研究经学了。而致力于文学的人，大半是闲逸萧散的，故其思想，易流入道家；反过来说，道家思想，易与文学接近，因此道家思想盛行，自然对文学影响很大。第二，道家思想是超逸的，而一般文人，大都失意侘傺之士（因为失意侘傺之士，易发为感慨之作——文学作品——而成一文学家），抑郁愤激，发为文辞，往往是出世的，故易与道家通。既与道学接近，当然受其影响也深了。道家宗老庄，而老庄产于南方，赋也产于南方。故二者在思想方面、作品方面，自多相互影响。

---

① 广州市文物管理委员会、中国社会科学院考古研究所、广东省博物馆：《西汉南越王墓》，文物出版社，1991年版。
② 徐州博物馆、南京大学历史系考古专业：《徐州北洞山汉墓发掘简报》，载《文物》，1988年第2期。
③ 徐州博物馆：《徐州后楼山西汉墓发掘报告》，载《文物》，1993年第4期。
④ 燕生东、刘智敏：《苏鲁豫皖交界区西汉石椁墓及其画像石的分期》，载《中原文物》，1995年第1期。

地处西南边陲的巴蜀,自然免不了受盛行于其时的这种方士文化与羽化升天、不死成仙思想的影响。同时,自古巴蜀地区的神话与传说就极为丰富。与中原文化重"礼"、楚文化重"巫"相区别,蜀文化重"仙",巴文化则重"鬼",巴蜀自古就有五代蜀王仙化的传说以及"西蜀崇鸟"的民间信仰等。所谓"蚕丛及鱼凫,开国何茫然",蜀王仙化的传说很早。蚕丛是以食野蚕为特征的部族采集经济时代,柏灌与鱼凫是以渔老鸹捕鱼为特征的部族渔猎经济时代,这三代"治国久长,后皆仙去",他们部族的民众也成了仙化的"化民"。其中的鱼凫王畋猎湔山"得仙道",这是古蜀仙道诞生的时期。到杜宇王已是农耕定居开始的时代。杜宇"从天隧","望帝春心托杜鹃","声哀而吻有血",杜宇魂化为杜鹃,受到蜀人千百年的朝拜,这也是仙化故事。"魂化杜鹃"是蜀人羽化飞仙梦幻的开始,是后来道教以羽人飞仙为理念核心的滥觞。蜀王开明氏上天成为守昆仑之虚的开明兽,这也是仙化故事。古昆仑指的是岷山,岷山成为道教昆仑真官仙灵的中心,就是这么来的。古蜀王祖的仙化故事是古蜀人仙化想象力的真实记载,是古蜀仙道流传的真实记录。仙字古写为"遷",二字同源。仙化就是迁化,迁来迁去,引起羽化飞仙的浪漫想象,就成了仙。巴蜀乃仙源故乡、洞天福地,多千年古刹,受重仙文化的滋润,加上浓郁的巴蜀风情与楚文化的融合,从而使巴蜀审美文化更显瑰丽色彩和奇幻想象,并由此而生成生于斯长于斯的巴蜀人所具有的独特仙化传统文化模式,在审美创作表现手法上极具虚幻色彩,神奇夸张,风格独特。

受其时的方士文化与羽化升天、不死成仙思想影响,加之地域文化重仙色彩的作用,巴蜀审美文化的底层蕴藉着深厚的重仙意识。蜀人很早就有灵魂的观念,并由此而生成巴蜀审美文化乐观、幻化、梦幻般的神秘意趣,因此历来有所谓巴蜀地区是仙源故乡的说法。唐代诗人李白诗曰:"蜀国多仙山,峨眉邈难匹。"明代诗人周洪谟赞道:"三峨之秀甲天下,何须涉海寻蓬莱。""仙化"正是古蜀的特色。"九天开出一成都",这是道教术语。在李白看来,成都是在凌霄步虚的九天之上开辟出来的万户千门入画图的神仙洞府。杜甫的"天路看殊俗","殊俗状巢居",也是引自道教"行自翱翔入天路"(《三洞经》)的神秘话语。这也难怪诗仙李白要"隐居于岷山之阳",巢居以学仙了。

蜀重仙化,这是不同地域的文化想象力与不同地域人的思维方式的体现。应该说,仙化思维使蜀文化表现出极强的创造力和想象力,影响到社会文化生活的方方面面,表现在文学创作上便是善于夸张、虚构和想象。

从巴蜀考古发现看,三星堆的鸟首人身青铜像、人身鸟足像以及各种鹰头杜鹃等凤鸟形象,是蜀人的羽化飞仙思想的渊源。特别是金沙遗址出土的玉琮上有线刻的鸟翅人体像,这是最早的羽人。这些形象所体现的蜀人羽化飞仙的思想,正是后来道教的核心。尤其是三星堆的 A 型与 B 型青铜面具,人额顶正中生出一高高竖起的勾云翼,更是人脑额幻想飞升,魂魄欲化出人体而幻化为翼鸟的形象。金沙遗址出土的太阳神鸟金箔,其图形是四只金鸟绕日飞翔,每只金鸟又有三爪,这是"日中有三足鸟"的华夏太阳神传说的实物证据。金沙还出土有蟾蜍形金箔,三星堆有石蟾蜍,这说明西蜀也是华夏族,月为蟾魄传说最早的起源地。这两种日月神崇拜的特殊信物,后来在道教科仪里被广泛应用。"日者天之魂,月者地之魂",这是仙化飞升传统文化模式的产物,是蜀人特殊的仙道化过程的结晶。由此看来,巴蜀的确是 3000 年前古蜀仙道的起源地,是道教的创始地。

巴蜀地区是仙源故乡,既有山川俊美的自然风貌:地势多样,青峰竞艳,丹壑争流,又有秀冠华夏的历史人文。巴蜀文化源远流长,名人文豪竞相辈出,历史积淀深厚,民族风情多样,民风民俗魅力独特。蜀人多浪漫主义,想象力丰富。巴蜀文明从古到今延续五千年,从未中断,是原生型的文化,是中华文明最重要的源头之一。巴蜀地区是"秀冠华夏"的"天下第一秀才"与伟人英杰之乡。"巴蜀自古出文宗",巴蜀是中国文坛英豪的孕育地。汉代出现了"文章冠天下"的巴蜀汉赋四大家司马相如、王褒、严君平和扬雄。之后,又出现了唐朝的陈子昂、李白,宋朝的苏轼,明代著述第一人杨升庵,清代性灵诗歌大家张问陶、李调元,当代文化巨人郭沫若、巴金,以及"五百年来第一人"画家张大千、"中国的左拉"李劼人。才女则有卓文君、薛涛、黄崇嘏、花蕊夫人、黄峨等。他们领时代之风骚,遗后世以灵气,均是巴蜀文化熏育的一世才俊。"巴蜀自古出文宗""诗人自古例到蜀""自古蜀中多才女",这是巴蜀文学发展的三大规律,彰显着巴蜀文化的神异性与神秘性。

总起来看,中原重礼化,楚重巫化,巴重鬼化,蜀重仙化,这是两种不同的文化想象力,由此而将巴蜀文化与其他地域文化区别开来。仙化思维特征体现在技巧、技术和物质的因素上,也体现在价值、思想、艺术性和道德性等因素上,构成了巴蜀文化的一个重要特征,就是"神"。神奇的自然世界、神秘的文化世界、神妙的心灵世界,这就是巴蜀文化两千年积累、变异和发展留下来的历史传统和历史遗产,构成了巴蜀文化的独特性。难怪西晋裴秀《图经》称巴蜀为"别一世界";唐代杜甫称巴蜀为"异俗嗟可怪";近代法国人古德尔孟游历四川,惊叹发现了一个可称为"东方的巴黎"的新世界;茅盾在抗战时期入蜀,赞其为"民族形式的大都符……"这些感叹正表现了中原人及其他地域文化人对神秘的巴蜀的特殊感受。直到今天,这种神秘性对于初入蜀的国内外人士仍有着特殊的魅力。

仙人观念体现了中国人重生命的意识,对人有极大的诱惑力,尽管其中充满着枯燥无味的说教,但其神秘荒诞、上天入地的幻想,特别是其中有关长生之术,也给人展示了一种能超越现实时空的希冀,刺激了中国人的想象力,尤其是中国文人的想象力。而天资卓绝、想象力极为丰富的巴蜀文人,自然免不了受其影响了。

最后,必须指出的是,文化是人类包括审美活动在内的所有精神活动及其产品的总称。作为人类文明演进的精神形态,文化和人类文明之物质形态的经济以及人类文明之政治形态的政治相互联系,相互作用。文化一方面反映一定时期经济、政治的发展,一方面也反作用于经济和政治,推动或阻碍经济的发展和社会的进步。强调文化建设,必然要突出文化的民族特性,因为文化总是特定民族的文化,总具有民族的具体性和特殊性,这种文化上的民族特性从根本上讲也就是一种"民族精神"。民族精神是一个民族在长期的历史实践中创造积淀而成的、为本民族成员所普遍认同和承袭的民族思维定式、道德观念、审美意识、价值准则、性格禀赋、心理倾向以及民族凝聚力、自信心、自豪感等的总和,是一个民族文化最本质、最深刻的体现。正是包括审美精神在内的民族精神赋予了文化以灵魂和生命,成为一个民族赖以生存和发展的精神支撑。作为一种文化的核心力量,这种精神就深深熔铸在民族的生命力、创造力和凝聚力之中,已经历史地融进现代民族精神之中,构成整个民族精神发展中最具活力的内涵因素。应该说,现代民族精神同重视伦理的传统民族精神并不绝然矛盾,而是可以并且已经趋于兼容并蓄、相融互动的。民族精神的传统性和现代性的融合,必将并且已经初步成为当代中华民族精神的总体结构特征和主要演变趋向。

西部民族审美精神是中华民族精神的重要组成部分。以一种既弘扬又培育的科学立场和态度来理解、阐释西部民族的审美文化精神,是今天弘扬和培育民族精神的重要内容。可以相信,作为民族精神的有机组成部分,西部民族审美精神在新世纪、新时代的复兴,必将成为中华美学复兴的重要环节和内容。

参考文献

侯外庐:《中国思想通史》,人民出版社,1957年版。
胡适:《中国中古思想史长编》,安徽教育出版社,1999年版。
徐复观:《汉代思想史》,华东师范大学出版社,2001年版。
金春峰:《汉代思想史》,中国社会科学出版社,1997年版。
龚鹏程:《汉代思潮》,商务印书馆,2005年版。
郭沫若:《十批判书》,东方出版社,1996年版。
李申:《中国古代哲学和自然科学》,中国社会科学出版社,1989年版。
熊铁基:《秦汉新道家》,人民出版社,2001年版。
张松辉:《先秦两汉道家与文学》,东方出版社,2004年版。
孙以楷主编,陈广忠、梁宗华著:《道家与中国哲学》,人民出版社,2004年版。
孙以楷:《道家文化寻根——安徽两淮道家九子研究》,安徽人民出版社,2001年版。
那薇:《汉代道家的政治思想和直觉体悟》,齐鲁书社,1992年版。
胡家聪:《稷下争鸣与黄老新学》,中国社会科学出版社,1998年版。
丁原明:《黄老学论纲》,山东大学出版社,1997年版。
章启群:《论魏晋自然观:中国艺术自觉的哲学考察》,北京大学出版社,2000年版。
蔡钟翔、曹顺庆:《自然·雄浑》,中国人民大学出版社,1996年版。
蔡钟翔:《美在自然》,百花洲文艺出版社,2001年版。
安怀起、王志英:《中国园林艺术》,上海科学技术出版社,1986年版。
安怀起:《中国园林史》,同济大学出版社,1991年版。
曹春平:《东周青铜器上所表现的园林形象》,见《中国园林》,2000年第3期。
晁福林:《天玄地黄——中国上古文化溯源》,巴蜀书社,1990年版。
晁福林:《先秦民俗史》,上海人民出版社,2001年版。

陈来:《古代思想文化的世界——春秋时代的宗教、伦理与社会思想》,生活·读书·新知三联书店,2002年版。

陈来:《古代宗教与伦理——儒家思想的根源》,生活·读书·新知三联书店,1996年版。

陈明:《儒学的历史文化功能——士族:特殊形态的知识分子研究》,学林出版社,1997年版。

傅熹年:《傅熹年建筑史论文集》,文物出版社,1998年版。

高介华、刘玉堂:《楚国城市和建筑》,湖北教育出版社,1996年版。

顾颉刚、史念海:《中国疆域沿革史》,商务印书馆,1999年版。

郭德维:《楚都纪南城复原研究》,文物出版社,1999年版。

黎虎:《夏商周史话》,北京出版社,1984年版。

李建国:《周礼文化与社会风情》,人民教育出版社,1995年版。

李允鉌:《华夏意匠》,(第2版),(香港)广角镜出版社,1984年版。

李泽厚、刘纲纪:《中国美学史》(第一卷),中国社会科学出版社,1984年版。

李泽厚、刘纲纪:《中国美学史》(第二卷),中国社会科学出版社,1987年版。

叶朗:《中国美学史大纲》,上海人民出版社,1985年版。

王振复:《中国美学的文脉历程》,四川人民出版社,2002年版。

敏泽:《中国美学思想史》,湖南教育出版社,2004年版。

陈望衡:《中国美学史》,人民出版社,2005年版。

皮朝纲:《审美与生存——中国传统美学的人生意蕴及其现代意义》,巴蜀书社,1999年版。

皮朝纲、李天道、钟仕伦:《中国美学体系论》,语文出版社,1995年版。

张法:《中国美学史》,四川人民出版社,2006年版。

陈炎主编:《中国审美文化史》,山东画报出版社,2007年版。

张法:《美学的中国话语》,北京师范大学出版社,2008年版。

施昌东:《先秦诸子美学思想述评》,中华书局,1979年版。

于民:《春秋前审美观念的发展》,中华书局,1984年版。

蒋孔阳:《先秦音乐美学思想论稿》,人民文学出版社,1986年版。

罗坚:《先秦审美意识发展史》,广西师范大学出版社,2003年版。

霍然:《先秦美学思潮》,人民出版社,2006年版。

周均平:《秦汉审美文化宏观研究》,人民出版社,2007年版。

施昌东:《汉代美学思想述评》,中华书局,1981年版。

袁济喜:《六朝美学》,北京大学出版社,1989年版。
吴功正:《六朝美学史》,江苏美术出版社,1994年版。
仪平策:《中古审美文化通论》,山东人民出版社,2007年版。
曾永成:《文艺的绿色之思—文艺生态学引论》,人民文学出版社,2000年版。
鲁枢元:《生态文艺学》,陕西人民教育出版社,2000年版。
徐恒醇:《生态美学》,陕西人民教育出版社,2000年版。
袁鼎生:《审美生态学》,中国大百科全书出版社,2002年版。
曾繁仁:《生态存在论美学论稿》,吉林人民出版社,2003年版。
袁鼎生:《生态视域中的比较美学》,人民出版社,2005年版。
陈望衡:《环境美学》,武汉大学出版社,2007年版。
张皓:《中国文艺生态思想研究》,武汉出版社,2002年版。
盖光:《文艺生态审美论》,人民出版社,2007年版。
盖光:《生态文艺与中国文艺思想的现代转换》,齐鲁书社,2007年版。
李泽厚:《美的历程》,文物出版社,1989年版。
李泽厚:《李泽厚十年集》,安徽文艺出版社,1994年版。
李泽厚:《美学三书》,安徽文艺出版社,1999年版。
刘敦祯:《中国古代建筑史》中国建筑工业出版社,1984年版。
王大有:《龙凤文化源流》,北京工艺美术出版社,1988年版。
王利华:《中古华北饮食文化的变迁》,中国社会科学出版社,2000年版。
王其亨主编:《风水理论研究》,天津大学出版社,1992年版。
王学理:《咸阳帝都记》,三秦出版社,1999年版。
王学理、尚志儒、呼林贵等:《秦物质文化史》,三秦出版社,1994年版。
王毅:《园林与中国文化》,海人民出版社,1990年版。
吴晓敏:《效彼须弥山,作此曼拿罗》:天津大学硕士学位论文,1997年版。
夏晓虹编:《梁启超文选》,中国广播电视出版社,1992年版。
萧兵:《楚词的文化破译——一个微宏观互渗的研究》,湖北人民出版社,1991年版。
萧兵、叶舒宪:《老子的文化解读——性与神话学之研究》,湖北人民出版社,1994年版。
萧默主编:《中国建筑艺术史》,文物出版社,1999年版。
徐中舒:《徐中舒历史论文选辑》,中华书局,1998年版。
徐复观:《中国艺术精神》,春风文艺出版社,1987年版。

杨华:《先秦礼乐文化》,湖北教育出版社,1997年版。

杨宽:《中国古代都城制度史研究》,上海古籍出版社,1993年版。

杨向奎、张政烺、孙言诚:《中国屯垦史》,农业出版社,1990年版。

扬之水:《诗经名物新证》,北京古籍出版社,2000年版。

叶舒宪:《诗经的文化阐释——中国诗歌的发生研究》,湖北人民出版社,1994年版。

臧维熙主编:《中国山水的艺术精神》,学林出版社,1994年版。

张国硕:《夏商时代都城制度研究》,河南人民出版社,2001年版。

张家骥:《中国造园论》,山西人民出版社,2003年版。

张立伟:《归去来兮——隐逸的文化透视》,生活·读书·新知三联书店,1995年版。

张正明:《楚文化史》,上海人民出版社,1987年版。

张洲:《周原环境与文化》,三秦出版社,1998年版。

中国历史博物馆编著:《华夏文明史》,朝华出版社,2002年版。

周维权:《中国古典园林史》,清华大学出版社,1990年版。

宗白华:《艺境》,北京大学出版社,1987年版。

朱良志:《中国艺术的生命精神》,安徽教育出版社,1995年版。

容肇祖:《魏晋的自然主义》,东方出版社,1996年版。

赵志军:《作为中国古代审美范畴的自然》,中国社会科学出版社,2006年版。

牟钟鉴:《〈吕氏春秋〉与〈淮南子〉思想研究》,齐鲁书社,1987年版。

龚克昌:《中国辞赋研究》,山东大学出版社,2003年版。

费振刚、仇仲谦、刘南平校释:《全汉赋》,广东教育出版社,2006年版。

李天道:《司马相如赋的美学思想与地域文化心态》,中国社会科学出版社、华龄出版社,2004年版。

踪凡:《汉赋研究史论》,北京大学出版社,2007年版。

曲德来:《汉赋综论》,辽宁人民出版社,1993年版。

万光治:《汉赋通论》,巴蜀书社,1989年版。

章沧授:《汉赋美学》,安徽文艺出版社,1992年版。

蒋英炬、杨爱国:《汉代画像石与画像砖》,文物出版社,2001年版。

李发林:《山东汉画像石研究》,齐鲁书社,1982年版。

周学鹰:《解读画像砖石中的汉代文化》,中华书局,2005年版。

杨爱国:《幽明两界纪年汉代画像石研究》,陕西人民美术出版社,2006年版。

汤用彤:《魏晋玄学论稿》,世纪出版集团,2005年版。

汤一介:《魏晋玄学论讲义》,鹭江出版社,2007年版。

卿希泰主编:《中国道教史》,四川人民出版社,1996年版。

任继愈主编:《中国道教史》,中国社会科学出版社,2001年版。

杨通进编:《现代文明的生态转向》,重庆出版社,2007年版。

何怀宏主编:《生态伦理——精神资源与哲学基础》,河北大学出版社,2002年版。

李培超:《伦理拓展主义的颠覆——西方环境伦理思潮研究》,湖南师范大学出版社,2004年版。

朱晓鹏:《道家哲学精神及其价值境域》,中国社会科学出版社,2007年版。

雷毅:《深层生态学思想研究》,清华大学出版社,2001年版。

蒙培元:《人与自然——中国哲学生态观》,人民出版社,2004年版。

那薇:《道家与海德格尔相互诠释——在心物一体中人成其人物成其物》,商务印书馆,2004年版。

何怀宏主编:《生态伦理——精神资源与哲学基础》,河北大学出版社,2002年版。

余谋昌:《生态哲学》,陕西人民教育出版社,2000年版。

[美]霍尔姆斯·罗尔斯顿著,杨通进译:《环境伦理学:大自然的价值以及人对大自然的义务》,中国社会科学出版社,2000年版。

[日]冈大路著,常瀛生译:《中国宫苑园林史考》,农业出版社,1988年版。

[法]阿尔贝特·施韦泽著,陈泽环译:《敬畏生命》,上海社会科学院出版社,2003年版。

[日]岸根卓郎著,何鉴译:《环境论——人类最终的选择》,南京大学出版社,1999年版。

[联邦德国]顾彬著,马树德译:《中国文人的自然观》,人民出版社,1990年版。

[法]巴尔特著:《符号学原理结构主义文学理论文选》,生活·读书·新知三联书店,1988年版。

[英]霍克斯著:《结构主义和符号学》,译文出版社,1987年版。

[美]理查德·沃林著:《文化批评的观念:法兰克福学派、存在主义和后结构主义》,商务印书馆,2000年版。

[意]翁贝尔托·埃科著,王天清译:《符号学与语言哲学》,百花文艺出版社,

2006年版。

[英]汤因比著,曹未风等译:《历史研究》,上海人民出版社,1997年版。

[英]罗素著,何兆武、李约瑟译:《西方哲学史》,商务印书馆,1963年版。

[美]内贝尔:《环境科学》,科学出版社,1987年版。

[英]詹姆斯·乔治·弗雷泽著,徐育新等译:《金枝》,大众文艺出版社,1995年版。

[美]阿诺德·柏林特、陈望衡主编:《环境美学译丛》,湖南科学技术出版社,2006年版。

[加]艾伦·卡尔松著,杨平译:《环境美学——自然、艺术与建筑的鉴赏》,四川人民出版社,2006年版。

[美]阿诺德·柏林特著,刘悦笛等译:《环境与艺术:环境美学的多维视角》,重庆出版社,2007年版。

后 记

在美学界国际间格局逐步呈现一种良好发展趋势的同时,我国美学界也正在如雨后春笋般地厚积薄发。数千年的中国审美艺术文化传统奠定了深厚的审美文化基础,以民族传统文化为立足点,我们的民族审美文化正逐步摆脱西方部分当代审美观念的影响。结合当代审美文化和其美学思想的精要,深究民族传统审美文化内涵,充分挖掘并发扬民族传统美学思想和审美精神,从而构建新的既有强烈本土文化特征,又不失当代美学开放性与包容性的理论;继承传统,发扬民族审美精神,为中国的美学界乃至整个审美文化艺术界,找寻当代中国审美文化的切入点,找寻本源优势的现代美学理论体系——为继承民族传统和发扬民族传统审美精神起着无声的推动作用。在这个阶段,对传统本土文化资源的发掘和深入研究与学习,越发成为进行现代美学理论建构的首要课题。

对于现代美学理论建构来说,民族之魂应该是其具备的必要条件,而且要在继承什么、发扬什么、怎样为现代美学理论建构服务上用心研究。建立在民族文化的基础上,领悟民族审美文化和审美精神的真谛,会使其上升到一个新的高度;对于参透民族审美文化和审美精神来讲,它又是融会贯通的,不会被某一种呈现所限定,这就使得在阐释中可以将民族的精华从多种理论层面进行重新解析与解读,借助现代美学方法论及其与思想理论的有效结合,充分体现民族审美文化和审美精神本身所具有的时代性。落实到西部,民族审美文化和审美精神的生命就是要根植在西部的文化之中。书中提到的若干审美文化精粹以及对西部民族审美精神的揭示与呈现,无一不使人在深入的认识与阐释中产生心灵的碰撞;活动在西部民族审美文化和审美精神中,各种绚丽灿烂的西部审美文化使人目不暇接。在辉煌灿烂的西部传统民族审美文化、多元互渗的审美精神中,西北地区的古老文明、地道的传统审美文化,构成了对艺术、审美精神立足本土文化的清晰构架。与传统审美文化的有效结合,会发现很多民族审美精神的独到之处,并且从另一个层面交代了中华传统审美文化发展的可持续性。对于传统审美文化的继承又绝不能简单地采用"拿来主义",需要用理性的方法去审视、分析和研究探讨如何继承、如何发扬、如何为现代艺术行为提供创作条件和基本的创作精神。

2018年12月3日